utb 6185

Eine Arbeitsgemeinschaft der Verlage

Brill | Schöningh – Fink · Paderborn
Brill | Vandenhoeck & Ruprecht · Göttingen – Böhlau · Wien · Köln
Verlag Barbara Budrich · Opladen · Toronto
facultas · Wien
Haupt Verlag · Bern
Verlag Julius Klinkhardt · Bad Heilbrunn
Mohr Siebeck · Tübingen
Narr Francke Attempto Verlag – expert verlag · Tübingen
Psychiatrie Verlag · Köln
Ernst Reinhardt Verlag · München
transcript Verlag · Bielefeld
Verlag Eugen Ulmer · Stuttgart
UVK Verlag · München
Waxmann · Münster · New York
wbv Publikation · Bielefeld
Wochenschau Verlag · Frankfurt am Main

Prof. Dr. Irene Rath ist Professorin für Betriebswirtschaftslehre und Internationales Management an der Euro-FH Hamburg.

Prof. Dr. habil. Wilhelm Schmeisser war Professor für Finanzierung und Investition, Unternehmensführung, insbesondere für Finanzorientierte und Internationale Personalwirtschaft an der Hochschule für Technik und Wirtschaft Berlin.

Irene Rath, Wilhelm Schmeisser

Internationales Personal-management

Strategien, Aufgaben, Herausforderungen

UVK Verlag · München

Umschlagmotiv: ©bluestocking · iStockphoto

Bibliografische Information der Deutschen Nationalbibliothek
Die Deutsche Nationalbibliothek verzeichnet diese Publikation in der Deutschen Nationalbibliografie; detaillierte bibliografische Daten sind im Internet über http://dnb.dnb.de abrufbar.

DOI: https://doi.org/10.36198/9783838561851

– ein Unternehmen der Narr Francke Attempto Verlag GmbH + Co. KG
Dischingerweg 5 · D-72070 Tübingen

Internet: www.narr.de
eMail: info@narr.de

Einbandgestaltung: siegel konzeption | gestaltung
CPI books GmbH, Leck

utb-Nr. 6185
ISBN 978-3-8252-6185-6 (Print)
ISBN 978-3-8385-6185-1 (ePDF)
ISBN 978-3-8463-6185-6 (ePub)

Vorwort

Personal gilt häufig als wichtigste Ressource eines Unternehmens. Gute Unternehmen unterscheiden sich von exzellenten Unternehmen häufig nur durch ihr Personal. Dieses Lehrbuch gibt Ihnen einen Überblick über die verschiedenen Facetten des länderübergreifenden Personalmanagements. Zum Beispiel, wie motiviere und führe ich Mitarbeiter in 40, 80 oder 100 Ländern der Erde. Gibt es eine länderübergreifende Lohngerechtigkeit? Diese und ähnlich spannende Themen werden in diesem Lehrbuch erörtert.

Hinweis: Ähnliche Inhalte dieses Buches basieren auf einem von den Autoren unter ähnlichem Titel erstellten Studienheft der Europäischen Fernhochschule Hamburg GmbH, University of Applied Sciences.

Prof. Dr. Irene E. Rath Prof. Dr. F. Wilhelm Schmeisser

Inhaltsverzeichnis

1 Grundlagen, Theorien und Strategien des Internationalen Personalmanagements

Haben Sie schon mal darüber nachgedacht, was sich hinter International Recruiting alles verbergen könnte? Ist Recruiting wirklich nur Beschaffung von Personal? Wie kann man Recruiting definieren? Was versteht man unter der Entsendungsrichtlinie der EU, über die in Europa strittig diskutiert wird? Welche Theorien stehen dahinter? Solche und ähnliche spannende Fragen werden in diesem Kapitel behandelt.

Wir starten mit dem Gliederungspunkt 1, in dem es um die Internationalisierung von Unternehmen als Herausforderung des Personalmanagements geht. Im Gliederungspunkt 2 wird der Prozess des internationalen Personalmanagements vorgestellt. Punkt 3 erläutert Aspekte der internationalen Vergütung und der länderübergreifenden Motivation. Im Gliederungspunkt 4 wird das internationale Personalmanagement in unterschiedlichen europäischen Kulturbereichen vorgestellt.

1.1 Internationalisierung von Unternehmen als Herausforderung für das Personalmanagement

Lernziele

Sie haben ein grundsätzliches Verständnis für ein Internationales Personalmanagement und verstehen, warum Globalisierung heute ein ständiger Umgangsbegriff ist. Jedoch nimmt der Begriff der De-Globalisierung an Bedeutung zu.

Die fortschreitende Globalisierung der Wirtschaft hat für viele Unternehmen zunehmend Geschäftsaktivitäten im Ausland und eine Internationalisierung der Unternehmensstrukturen zur Folge. Struktur, Strategie und Kultur eines Unternehmens wirken sich auf alle Bereiche im Unternehmen und somit auch auf das Personalmanagement aus. Internationale Märkte sind gekennzeichnet durch erhöhte Konkurrenz zwischen den Unternehmen weltweit. Daraus wächst der Druck auf die Unternehmen, konkurrenzfähig zu bleiben. Ein wesentlicher Erfolgsfaktor für die Wettbewerbsfähigkeit eines Unternehmens sind die Kompetenzen der Mitarbeiter, die das sogenannte internationale Humankapital im Unternehmen bilden. Neben der fachlichen Qualifikation, werden Methoden-, Verhaltens- und interkulturelle Kompetenzen immer relevanter (Schuhmacher, 2014, S. 207).

Auch wenn wir häufig von einer De-Globalisierung sprechen, wird es weiterhin länderübergreifende Geschäftstätigkeiten geben, und auch lMiterarbeiter werden aus Autorensicht weiterhin länderübergreifend eingesetzt werden.

Durch diesen strukturellen Wandel und den strategischen Nutzen durch Mitarbeiter haben das internationale Personalmanagement und das internationale Recruiting in den letzten Jahren an Bedeutung gewonnen (Jung, 2011, S. 863) Besonderer Bestandteil ist dabei die Auswahl von Mitarbeitern für Auslandseinsätze und die Beschaffung von internationalem Personal aus dem Ausland. Bevor jedoch eine Auswahl getroffen werden kann, benötigt das Unternehmen erst einmal möglichst hoch qualifizierte Bewerber.

Aus der Studie „Recruiting Trend 2015“ geht hervor, dass eine Vielzahl der deutschen Top-1.000-Unternehmen Probleme bei der Stellenbesetzung sieht. Prognostiziert wird, dass 34,1% der Vakanzen schwer und 5% aus Mangel an Kandidaten gar nicht besetzt werden können (CHRIS, 2016, S. 8). Gründe dafür werden im demografischen Wandel und in einem Fachkräftemangel in Deutschland gesehen (Lorenz, 2015, S. 1), beispielsweise bei den MINT-Berufen (Mathematik, Informatik, Naturwissenschaften und Technik) (Hesse, Gero, 2015, S. 514), gesehen. Um diesem Mangel zu begegnen, stehen grundsätzlich zwei Wege zur Verfügung. Die Entwicklung von Mitarbeitern für einen Auslandsaufenthalt und/oder die Rekrutierung neuer Mitarbeiter wird in einer länderübergreifenden Studie untersucht („global sourcing“ oder global recruiting) (Berthel/Becker, 2013, S. 759) welche *Mitarbeiter mit welchem Potenzial gesucht werden.* Wegen fehlender Fachkräfte in Deutschland versucht man den personellen Bedarf im Unternehmen im Ausland zu decken. Dieser **„War for Talents“** (Holtbrügge, 2022, S. 5), der Kampf um die Besten, bedeutet demnach für die Unternehmen einen Bedarf an wirkungsvollen mittels internationalen Rekrutierungswegen und -prozess entstehen häufig Probleme und Hemmnisse.

Bereits bei der Personalbeschaffung auf nationaler Ebene, können hohe Kosten für die Rekrutierung neuer Mitarbeiter anfallen. Bei internationaler Rekrutierung sind ein hohes Risiko sowie ein erhöhter Zeit- und Kostenaufwand (z.B. durch die räumliche Distanz) ausschlaggebende Faktoren, über die Form des Bewerbungsverfahrens nachzudenken. Die anfallenden Aufwendungen sind für eine Einstellung sicherlich vertretbar und tragen zum Erfolg des Unternehmens bei, wenn durch eine erfolgreiche Auswahl ein geeigneter Bewerber(in) eingestellt wurde. Fehlentscheidungen in der Personalauswahl verursachen grundsätzlich Kosten, die keinen Mehrwert für das Unternehmen aufweisen und ggf. erneut aufgebracht werden müssen (Lorenz, 2015, S. 2).

Übung 1.1

Suchen Sie mindestens sechs Argumente, die die Notwendigkeit eines Internationalen Personalmanagements notwendig machen.

Definition

Internationales Personalmanagement: Personalmanagement in multinationalen Unternehmen, das im interkulturellen Umfeld tätig wird, um dem Unternehmen dafür die angemessenen Mitarbeiter(-innen) zuzuführen, damit das Unternehmen betriebswirtschaftlich erfolgreich ist und wird.

Übung 1.2

Nennen sie mindestens fünf der größten Unternehmen der Welt.

Übung 1.3

Definieren und grenzen Sie nationales und internationales Personalmanagement voneinander ab.

Zusammenfassung

Die Globalisierung der Wirtschaft wird aus Autorensicht weiter voranschreiten. Auch wenn der Begriff De-Globalisierung an Bedeutung gewinnt. Viele Unternehmen sind mittlerweile grenzüberschreitend tätig und dieses hat Auswirkungen auf die Struktur, Strategie und Kultur des jeweiligen Unternehmens. Der Wettbewerb auf internationalen Märkten nimmt zu und ein wesentlicher Erfolgsfaktor, um im internationalen Umfeld erfolgreich zu sein und zu bleiben sind die Kompetenzen der Mitarbeiter, die das internationale Humankapital eines Unternehmens bilden. Die Herausforderung, die Unternehmen zu bewältigen haben, ist das richtige Personal an den richten Stellen, zu den kalkulierten Personalkosten zu haben. Es bleibt aufgrund der zunehmenden Kriege und Krisen jedoch abzuwarten, wie sich die geopolitische Situation entwickelt.

1.2 Internationalisierungsstrategien und Internationales Personalmanagement

Lernziele

- Sie haben ein grundsätzliches Verständnis für die Personaltheorien und Personalstrategien im internationalen Personalmanagement.
- Sie können die Begriffe Personaltheorien und Personalstrategien verstehen und erläutern.

- Die Begriffe Scientific Management, finanzorientierte Personaltheorie, Ethnozentrische Strategie etc. können Sie einordnen und zuordnen.

Personaltheorien

Personaltheorien lassen sich unterschiedlich systematisieren und typisieren. Hier werden die international bekanntesten Theorien vorgestellt. Die älteste Theorie ist die pragmatischste, angloamerikanische Managementtheorie bzw. die Scientific Management-Theorie von Ford und Taylor (oder Human Ressource Management), die eine enge Verknüpfung mit der Organisationstheorie (Strukturellen Organisationsansatz) von Taylor eingegangen ist. Scientific Management als Vorläufer eines Funktionsorientierten Personalmanagements stellt die unterschiedlichsten Funktionen des Personalmanagements wie Personalsuche, Personalbeschaffung, Personaleinsatz, Personalentlohnung, Personalentwicklung, Personalführung usw. in den Vordergrund. Taylors Ansatz des Scientific Managements sucht den „besten Arbeiter" heraus, der die höchste Produktivität erbringt, um dadurch die geringsten Personalkosten zu erzielen. Taylors System des Scientific Managements ist auch ein Versuch eine „gerechten" Leistungsentlohnung zumindest im Produktionsbereich zu bekommen. In modifizierten Grundzügen und Überlegungen bildet das Scientific Management immer noch die Basis z.B. des deutschen Tarifsystems im Metall- und Automobilbereich und in allen internationalen Tarifsystemen. Die Feuerprobe hat das Taylorsystem oder Scientific System durch die erfolgreiche Anwendung in den Automobilwerken von Ford mit den Fließbändern 1911-1914 erfahren. Seit über 100 Jahren ist es das Vorbild für alle Automobilhersteller in der Welt. Es ist auch das Vorbild mit Modifikationen für alle anderen Branchen in der Welt, wie für McDonalds, Ikea, Aldi usw. Prämissen sind dabei, dass der Mensch ein homo oeconomicus ist, und nur durch Geld bzw. durch Akkord- und Prämienarbeit zu motivieren ist. Das Management führt Organisationsanalysen bzw. Systemanalysen durch, um die Produktivität der Arbeit und des Unternehmens zu steigern sowie die Qualität des Produktes zu verbessern. Das Management sorgt für eine gute Anlernphase bei hoher Arbeitsteilung in der Produktion oder für eine gute Ausbildung, um (Personal-) Kosten zu sparen und die internationale Wirtschaftlichkeit des Unternehmens zu verbessern. Modern würden Managementtheoretiker sagen, bei Ford wurde die Erfahrungskurve bestätigt (die besagt, dass bei einer Verdoppelung der Produktion potenziell die Kosten um 20-30 Prozent gesenkt werden können.) Und mit der Erfahrungskurve hat Ford, unbewusst strategisch, aber erfolgreich Porters generische Strategie der Kostenführerschaft realisiert, und nur dadurch konnte er das Modell T sehr günstig zu weniger als 800 Dollar anbieten (die meisten Autos hatten damals mehr als 5.000 Dollar gekostet). Ford konnte dadurch mehr als 16.000.000 Autos produzieren und verkaufen. Ford hat damit den Massenmarkt für Autos geschaffen, seinen Marktanteil national und international über 50% gesteigert und den Cashflow seiner Unternehmung ex-trem erhöht. Darum wurde dieses Erfolgsmodell nicht nur von allen Unternehmen in der Welt kopiert – General Motors, Volkswagen und Toyota waren die besten „Schüler" –, sondern auch in anderen Branchen angewandt wie bei McDonalds, IKEA oder Aldi.

Eine zweite Theorie ist die verhaltenswissenschaftliche oder arbeitspsychologische internationale Personaltheorie. Prämissen sind: Der Mensch ist ein soziales Wesen und möchte nicht wie im Scientific Management als „Rädchen in der Maschine Unternehmen" behandelt werden. Der Mensch möchte in der Arbeit motiviert werden und sich als soziales Wesen unter seinen Kollegen/innen aufgenommen und gleichberechtigt im internationalen Business behandelt fühlen. Nach Schmeisser/Andresen/Kaiser (2014, S. 27 f.) geht es dem Unternehmen gut, wenn es den Mitarbeitern gut geht und umgekehrt. Werden die Mitarbeiter in der internationalen Unternehmung schlecht behandelt, dann geht es über die Zeit auch dem Unternehmen wirtschaftlich schlecht. Gerade die kulturelle, verhaltenswissenschaftliche Komponente ist in den einzelnen Niederlassungen der internationalen Unternehmung entscheidend zu beachten und diversitätsmäßig zu managen.

Die dritte internationale finanzorientierte Personaltheorie (Schmeisser /Andresen/Kaiser, 2014, S. 19 ff.) bezieht sich auf das Rechnungswesen bzw. Controlling, mit den Prämissen, dass das internationale Unternehmen (1) Rechenschaft über ihr wirtschaftliches Handeln in den Niederlassungen und im gesamten Unternehmen ablegen muss. (2) Insbesondere über die Personalkosten muss eine finanzorientierte Personaltheorie im Rahmen eines Personalcontrollings informieren, um evtl. weitere Instrumente einzusetzen, um die wirtschaftliche Entwicklung der einzelnen Niederlassungen und des gesamten Konzerns zu gewährleisten. Weitere Personalinstrumente sind neben einem Personalcontrolling, ein Entgeltsystem, eine Humankapitalberechnung, eine Berliner Balanced Scoreanalyse usw.

Eine vierte internationale Personaltheorie, die eigentlich eine volkswirtschaftliche Theorie ist, ist die Arbeitsmarkttheorie, oder auch Personalökonomie genannt. Sie beschäftigt sich mit Arbeitsmarktsegmenten, wie durch gezielte Maßnahmen Arbeitnehmer in den Arbeitsmarkt zurückgeführt werden können. Hartz IV ist dabei seit Jahren in Deutschland das große Stichwort.

1.3 EPRG-Modell von Perlmutter

Das EPRG-Modell gehört zu den grundsätzlichen Modellen des internationalen (Personal-)Managements von Perlmutter, H. V., 1969. Perlmutter kritisiert, dass in der Literatur der Grad der Multinationalität von Unternehmen fast immer mit „objektiven" Maßgrößen bestimmt wird, wie mit Strukturvariablen (Anzahl der ausländischen Niederlassungen, Beteiligungsverhältnisse, Organisationsstruktur, Nationalität des Topmanagements usw.) und mit betriebswirtschaftlichen Leistungskriterien wie Gewinn, Cashflow, Umsatz und Kapitaleinsatz im Ausland, Anzahl ausländischer Mitarbeiter, Personalkosten usw.).

Neben diesen „objektiven“, betriebswirtschaftlichen Maßgrößen spielt nach Perlmutters Meinung die Einstellung des Topmanagements eine dominierende Rolle für die Messung der Multinationalität von Unternehmen. Die Einstel-lungen des Managements spiegeln sich in dem Führungskonzept eines Unternehmens wider.

Zur Internationalen Ausrichtung des Personalmanagements greifen Unternehmen deshalb gerne auf vier Ansätze des EPRG-Modells zurück, die im Folgenden erläutert werden (Tab. 1.1).

Tab. 1.1: Das EPRG-Modell von Perlmutter

Aspekte der Unternehmung	ethnozentrisch	polyzentrisch	regiozentrisch	geozentrisch
Organisations-Komplexität	komplex im Heimatland, einfach bei den Tochtergesellschaften	unterschiedlich und voneinander unabhängig	hohe gegenseitige Abhängigkeit auf regionaler Ebene	zunehmende Komplexität und weltweit eine hohe gegenseitige Abhängigkeit
Autorität von Entscheidungen	stark auf Muttergesellschaft konzentriert	gering von Seiten der Muttergesellschaft	große Regionale Headquarters und/oder Zusammenarbeiten	weltweite Zusammenarbeit zwischen der Muttergesellschaft und den Tochtergesellschaften
Auswertung und Kontrolle	Standards des Heimatlandes werden auf Leistungs- und Personalbeurteilungen angewendet	lokale Bestimmungen	regionale Bestimmungen	universale und lokale Standards
Anreizsysteme und Sanktionen	hoch bei der Muttergesellschaft, gering bei Tochtergesellschaft	sehr unterschiedlich, Tochtergesellschaften enthalten Belohnungen unterschiedlicher Höhe	Belohnung für das Erreichen regionaler Vorgaben	Verantwortung internationaler und lokaler Führungskräfte für das Erreichen intentionaler und lokaler Zielvorgaben

Kommunikation und Informationsfluß	hohe Anzahl von Aufträgen, Weisungen und Ratschlägen an die Tochtergesellschaft	gering (mit der Muttergesellschaft und den Tochtergesellschaften)	geringe mit der Muttergesellschaft, u.U. hoch mit den regionalen Headquarters und hoch zwischen den einzelnen Ländern	beide Wege sowohl mit der Muttergesellschaft als auch zwischen den Tochtergesellschaften
geografische Identifikation	Nationalität der Muttergesellschaft	Nationalität des Gastlandes	regionales Unternehmen	weltweites Unternehmen unter Wahrung nationaler Interessen
fortlaufende Managementaufgaben (Personalrekrutierung, -auswahl, -controlling, -entwicklung)	Mitarbeiter der Muttergesellschaft werden für weltweite Schlüsselpositionen ausgebildet	Mitarbeiter des Gastlandes werden für Schlüsselpositionen im eigenen Land ausgebildet	regionale Mitarbeiter werden für Schlüsselpositionen in der ganzen Region ausgebildet	die besten Mitarbeiter auf der ganzen Welt werden für weltweite Schlüsselpositionen ausgebildet

Quelle: in Anlehnung an Perlmutter, 1979

Das **ethnozentrische Führungskonzept** ist eine stammlandorientierte Steuerung und Koordination der Unternehmenstätigkeiten. Demnach werden die in der Muttergesellschaft verankerte Unternehmenspolitik, -strategien und -strukturen, sowie Konzepte und Managementansätze als für alle Tochtergesellschaften adaptierbar angesehen und daher in einheitlicher und zentralistischer Weise auf diese übertragen. Entscheidungen werden generell in der Unternehmenszentrale getroffen. Diese sind von den Tochterunternehmen im Ausland zu übernehmen. Die Niederlassungen im In- und Ausland verfügen lediglich über begrenzte Autonomie. Es werden Mitarbeiter, Expatriates, zu entsendende Mitarbeiter aus der Muttergesellschaft zu den Tochterunternehmen als Führungskräfte präferiert, da angenommen wird, dass sie fähiger und zuverlässiger sind als solche aus den Gastländern, da sie nicht die gleichen Denkmuster besitzen können. Insbesondere Unternehmen, die mit ihrer internationalen Geschäftstätigkeit beginnen und Globalisierungs- sowie Lokalisierungsvorteile nur im geringen Maße ausschöpfen, verfolgen die ethnozentrische Strategie (z.B. Toyota, Nissan, McDonalds, VW (Treffer 2016, S. 12; Mauer 2013, S. 8-10).

Ethnozentrischer Ansatz

Strategien einer internationalen Ausrichtung der Personalpolitik:

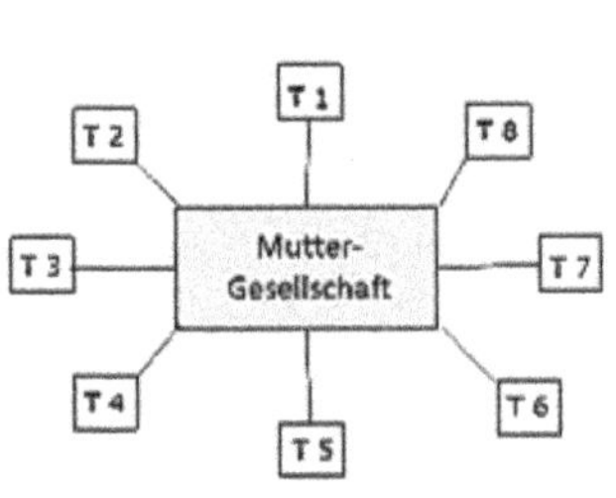

Pro:
- Einheitliche Unternehmenspolitik
- Gute Kommunikation zwischen der Konzernzentrale und der Auslandsniederlassung
- Guter Know-How-Transfer

Contra:
- Demotivierung ausländischer Nachwuchs-Führungskräfte
- Mangel an Führungskräften im Inland

Bsp: MERCEDES, VW

Abb. 1.1: Geozentrischer Ansatz nach Perlmutter. Quelle: in Anlehnung an Mauer, 2013, S. 8ff.

In Abgrenzung zum ethnozentrischen Ansatz, werden die Tochtergesellschaften bei der **polyzentrischen Orientierung** als eigenständige nationale Einheiten angesehen, die über ein höheres Maß an Autonomie verfügen. Das polyzentrische Führungskonzept geht davon aus, dass sich die Kulturen in den verschiedenen Ländern so unterscheiden, dass sie nur schwer von ausländischen Mitarbeitern /Führungskräften verstanden werden können. Deshalb sollte man das Management im Gastland mit eigenen Mitarbeitern/Führungskräften („Native, orginal inhabitant") besetzen, eine Philosophie, die die Briten aus ihrer Jahrhunderte langen Kolonialzeit kennen und kannten. Nur in der obersten Führungsebene der Auslandsniederlassung musste mindestens ein Vertreter der Muttergesellschaft vertreten sein, als Verbindungsglied zur Muttergesellschaft. Das ausländische Management in der Niederlassung sollte man weitgehend alleine entscheiden lassen, solange sie die Zielsetzungen der Muttergesellschaft erfüllen. Diese Form des Führungskonzeptes findet man typisch bei britischen Muttergesellschaften, die auf die Tradition des Britischen Empire setzen, denn wie sonst konnten Sie als Briten in 50 Ländern ein Drittel der Welt beherrschen. So wird eine Dezentralisierung angestrebt, was sich beispielsweise in der Besetzung von Führungspositionen durch lokale Manager und durch die Rekrutierung beziehungsweise Personalausbildung einheimischer Mitarbeiter widerspiegelt. Verfolgen Unternehmen eine polyzentrische Strategie, so adaptieren sie nationale Gegebenheiten und kulturelle Unterschiede. Verschiedene Denkansätze in den Mutter- und Tochtergesellschaften werden akzeptiert (Treffer 2016, S. 12-13; Mauer 2013, S. 9-11).

Polyzentrischer Ansatz

Strategien einer internationalen Ausrichtung der Personalpolitik:

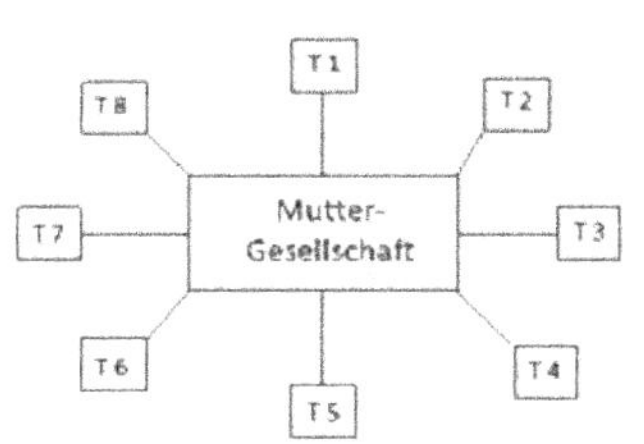

Pro:
- Kostengünstige Besetzung von Führungspositionen
- Integration der Führungskräfte wird erleichtert

Contra:
- Keine einheitliche Unternehmenspolitik
- Kommunikationsprobleme

Bsp: UNILEVER, NOVARTIS

Abb. 1.2: Polyzentrischer Ansatz nach Perlmutter. Quelle: in Anlehnung an Mauer, 2013, S. 10f.

Geozentrischer Ansatz

Strategien einer internationalen Ausrichtung der Personalpolitik:

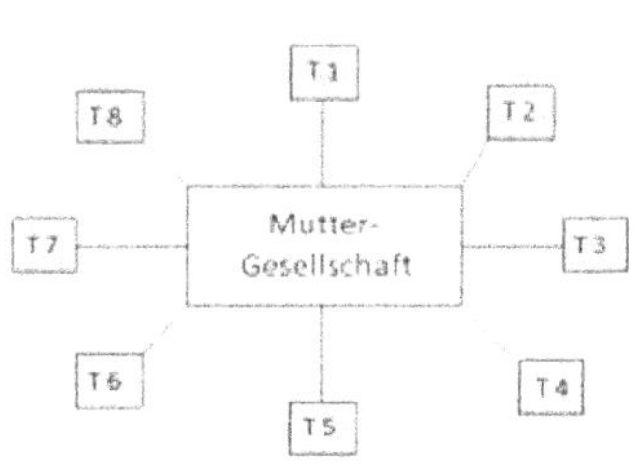

Pro:
- Größere Anzahl von Führungskraften
- Erhöhter Erfahrungs- und Informationsfluss

Contra:
- Hohe Entsendungskosten
- Höherer finanzieller Aufwand durch Ausbildung einer Corporate Identity

Bsp: SAP, IBM

Abb. 1.3: Geozentrischer Ansatz nach Perlmutter. Quelle: in Anlehnung an Mauer, 2013, S. 10f., Fischlmayr, Kopecek, 2015, S 7f.

Bei dem **geozentrischen Führungsansatz** wird „ein einheitliches Konzept unter Mitwirkung und Kooperation aller beteiligten Unternehmensteile" (Mauer 2013, S. 8) weltweit angestrebt. Somit stehen in- und ausländische Organisationseinheiten auf Augenhöhe und unabhängig von strukturellen Hierarchien sollen die verfügbaren Ressourcen und Fähigkeiten optimal ergänzt und ausgeschöpft werden. So erfolgt sowohl der Einsatz bewährter Managementansätze als auch die internationale Rekrutierung von Fach- und Führungspersonal unabhängig von ihrer Herkunft und ihrer Nationalität (Treffer 2016, S. 13; Mauer 2013, S. 13-14). Es kommt über alle Ländergrenzen hinweg zu weltweiten Synergieeffekten. Nokia hat diesen Führungsansatz als bekanntestes Unternehmen praktiziert. Es musste dies schon allein darum tun, weil Finnland nicht genug potenzielle Mitarbeiter hatte. Nokia verlor seine technische Führungsrolle, als es mit der technischen Entwicklung für seine Smartphones im internationalen Innovationswettbewerb nicht mehr mithalten konnte.

„The firm's subsidiaries are (..) neither satellites nor independent city states, but parts of a whole whose focus is on worldwide objectives as well as local objectives, each part making its unique contribution with its unique competence" (Perlmutter 1969, S. 13).

Der **regiozentrische (auch multi-ethnozentrische) Ansatz** differenziert nach regionalen Gegebenheiten. Er beinhaltet Bestandteile des ethnozentrischen aber auch des polyzentrischen Ansatzes und bezieht sich auf weitestgehend homogene Ländergruppen.

Damit findet dieser Ansatz insbesondere für Unternehmen Anwendung, die in unterschiedlichen Regionen, Kontinenten oder in unterschiedlichen kulturellen Gebieten tätig werden (Treffer 2016, S. 13; Mauer 2013, S. 9 und S. 12). Beim regiozentrischen Ansatz stehen neben einem internationalen Headquarter daher auf einer nachgeordneten Ebene regionale Headquarters für bestimmte Regionen geographisch zur Verfügung oder aufgrund religiös ethnologischer Komponenten wie Israel" (Mauer 2013, S. 12).

Beim regiozentrischen Führungskonzept erfolgt eine Rekrutierung von Führungskräften aus Ländern der gleichen Region (z.B. Mitteleuropa). Als Beispiel wählen Heenan und Perlmutter (1979) den europäischen Markt aus (z.B. Opel als 100%-Tochter von General Motors, die Aufl.n von der Muttergesellschaft bekam, nur in Mitteleuropa Autos zu bauen und verkaufen zu dürfen.

Dies ist ein Grund unter vielen, warum Opel 2017 an Peugeot/PSA verkauft wurde. Von einem europäischen Produktionsstandort (Opel Rüsselsheim bei Frankfurt am Main) aus kann das Unternehmen viele unterschiedliche Märkte in Europa beliefern. Eine regionale Werbekampagne oder ein Design oder eine Markennamensfindung für ein Auto kann besser durch italienische, französische, belgische, britische und deutsche Manager auf „europäische Gemeinsamkeiten" überprüft werden. Führungskandidaten, die eine Schlüsselrolle in ihren Heimatländern übernehmen sollen, können und müssen in der europäischen Mutterzentrale Erfahrungen sammeln, um eine stärke „eurozentrische" Sicht zu entwickeln.

Auch wenn ein Verständnis der vier Führungsansätze wichtig für das strategische Personalmanagement international tätiger Unternehmen ist, treten Unternehmen in der Praxis nicht als ausschließlich ethno-, poly-, regio- oder geozentrisch orientiert auf. Es handelt sich bei den vier strategischen, personalwirtschaftlichen Ansätzen um ein idealtypisches Konzept, wobei fließende Übergänge und verschiedene Kombinationen möglich sind (Treffer 2016, S. 14).

EPRG-Modell:

ethnozentrisch	Orientierung am Stammland
polyzentrisch	Orientierung an nationalen Gegebenheiten und kulturellen Unterschieden
regiozentrisch	Orientierung an regionalen Gegebenheiten
geozentrisch	Orientierung am Weltmarkt, globale Orientierung

Übung 1.4

Erläutern Sie mit eigenen Worten, weshalb die Internationalisierung und Globalisierung ein Internationales Personalmanagement mit Personalstrategien und Personaltheorien erfordert

Übung 1.5

Beschreiben Sie ausführlich das EPRG-Modell von Perlmutter mit eigenen Worten.

Zusammenfassung

Personaltheorien, wie das Scientific Management, die verhaltenswissenschaftliche Personaltheorie und die finanzorientierte Personaltheorie geben dem Theoretiker, aber auch dem Praktiker einen Orientierungsrahmen. Personalstrategien helfen zu verstehen, warum multinationale Unternehmen handeln wie sie handeln, z.B. entsprechend dem ethnozentrischen Strategieansatz bei VW oder Toyota.

1.4 Rahmenbedingungen des Internationalen Personalmanagements

Lernziele

- Sie haben ein grundsätzliches Verständnis für die Rahmenbedingen des internationalen Personalmanagements.
- Sie wissen um die Komplexität des internationalen Arbeitsmarktes.
- Sie kennen die Grundlagen und Begrifflichkeiten der internationalen Personalbeschaffung.

1.4.1 Arbeitsmarkt

Ob es einen Arbeitsmarkt im volkswirtschaftlichen Sinne für internationale Mitarbeiter gibt ist strittig. Zumindest gibt es diese theoretische Denkvorstellung in der Volkswirtschaft, und die Arbeitsmarkt- und Berufsforschung erstellt Arbeitsmarktsegmente von Berufen und Qualifikationen, die von internationalen Unternehmen gesucht werden.

Internationale Unternehmen gehen heute bei der Suche nach internationalem Personal pragmatisch vor, und zwar wie bei der nationalen Personalsuche und mit Hilfe des Internets:

Um neues Personal zu suchen und zu finden, stehen den Unternehmen eine Vielzahl von Wegen und Instrumenten zur Verfügung. Die Entscheidung, welcher Weg für das Unternehmen der richtige ist, hängt neben der allgemeinen internationalen Stellenbesetzungspolitik (Festing et al. 2011, S. 233) bzw. -strategie auch vom Zeit- und Kostenaufwand ab. Ziel ist eine „ausgewogene, zugleich kostenorientierte Personalbeschaffung" (Bröckermann, 2016, S. 49). Weitere Faktoren, die den Beschaffungsweg entscheidend beeinflussen, sind die Situation am Arbeitsmarkt, die Bedeutung der Position und die geforderten Qualifikationen (Bartscher/Huber, 2007, S. 93; Olfert, 2015, S. 130). Für die Suche nach geeigneten Bewerbern zur Besetzung einer freien Stelle findet eine Unterteilung in zwei Personalbeschaffungsmärkte statt. Der interne Arbeitsmarkt bezieht sich auf die Mitarbeiter des Unternehmens, während auf dem externen Arbeitsmarkt die Bewerber außerhalb des Unternehmens zu finden sind (Bröckermann. 2016, S. 49).

Die Literatur geht im Rahmen von internationaler Rekrutierung vornehmlich auf den Suchprozess von geeigneten Kandidaten für eine Auslandstätigkeit und die auftretenden Probleme einer Auslandsentsendung ein. Hierbei wird die Identifizierung von internen Mitarbeitern behandelt. Am internen und externen Arbeitsmarkt kann es jedoch an qualifizierten Fach- und Führungskräften mangeln. Um also intern auswählen zu können, müssen entsendungsfähige und -willige Mitarbeiter erst einmal am Arbeitsmarkt ausfindig gemacht werden (Festing et al., 2011, S. 238-240). Wichtig dabei ist beispielsweise das Beherrschen mindestens der Unternehmenssprache, die in multinationalen Unternehmen häufig Englisch ist. Wenn jedoch langfristig Mitarbeiter für einen Auslandseinsatz beispielsweise in der Türkei oder China gesucht werden, ist neben der Unternehmens- und Landessprache des Unternehmenssitzes auch die Landessprache des Entsendungsortes entscheidend. Außerdem ist das Problem der Kettenversetzung zu berücksichtigen. Werden interne Mitarbeiter versetzt oder versandt, verschiebt dies lediglich den quantitativen Personalbedarf und lässt an anderer Stelle erneut eine Vakanz offen. Diese bedarfsverschiebende Versetzung muss schließlich durch eine externe Einstellung gedeckt werden (Jung, 2010, S. 901).

Aus diesen Gründen liegt der Schwerpunkt bei der Suche nach internationalen Mitarbeitern bei der externen Personalbeschaffung. Da dies jedoch nur ein Teilaspekt ist und für eine erfolgreiche Rekrutierung alle Teilprozesse bedeutsam sind, werden interne Wege der Personalbeschaffung der Vollständigkeit halber mitberücksichtigt.

1.4.2 Interne Wege der Personalbeschaffung

Bei der innerbetrieblichen Personalbeschaffung wird das erforderliche Personal aus dem Kreis der bereits tätigen Mitarbeiter des Unternehmens rekrutiert (Jung, 2010, S. 900). Im internationalen Kontext werden vornehmlich Expatriates zur Besetzung internationaler Stellen gesucht. Grundsätzlich können am internen Arbeitsmarkt zwei Fälle unterschieden werden: die Beschaffung mit und ohne Änderung bestehender Arbeitsverhältnisse.

Das Unternehmen hat bei einer plötzlichen oder nur kurzzeitigen Unterdeckung die Möglichkeit, den Bedarf durch Mehrarbeit in Form von Überstunden, Änderung der betriebsüblichen Arbeitszeit, Urlaubsverschiebung oder Mehrleistung zu befriedigen. Es erfolgt dadurch keine Änderung der bestehenden Arbeitsverhältnisse. Mehrarbeit beschreibt die vorübergehende Verlängerung der vertraglichen Arbeitszeit (Hutzschenreuter, 2015, S. 287; Jung, 2010, S. 900; Bertelsmann, 2002, S. 162). International ist dieser Aspekt jedoch nicht von Bedeutung.

Ein dauerhafter und langfristiger Bedarf kann anstatt durch Neueinstellungen auch mittels Versetzung gedeckt werden. Nach § 95 Abs. 3 BetrVG ist eine Versetzung die Zuweisung eines anderen Arbeitsbereichs, die voraussichtlich die Dauer von einem Monat überschreitet oder die mit einer erheblichen Änderung der Umstände verbunden ist, unter denen die Arbeit zu leisten ist. Laut § 106 GewO wird die Versetzung nach billigem Ermessen gemäß § 315 BGB durch Weisung, Änderungskündigungen oder einvernehmlich durch Änderungsverträge umgesetzt.

Mit Hilfe innerbetrieblicher Stellenausschreibungen werden Mitarbeiter auf eine vakante Stelle aufmerksam gemacht werden. Damit wird die Grundlage für eine einvernehmliche Versetzung in die Wege geleitet. In der Praxis findet eine interne Ausschreibung nach dem Willen des Betriebsrates häufig vor einer externen Ausschreibung statt. Um die potenziellen Bewerber zu erreichen, wird die Stelle klassisch über Printmedien in Firmenzeitschriften, Werkszeitungen, Intranet, Rundschreiben und Aushängen am schwarzen Brett veröffentlicht (Bertelsmann, 2002, S. 167). Anforderungen wie das Allgemeine Gleichbehandlungsgesetz an eine innerbetriebliche Stellenausschreibung sind dabei die gleichen wie bei der Suche am externen Personalmarkt. Neben allen wichtigen Informationen (Stellenbeschreibung, Kurzbeschreibung der Tätigkeit, Abteilung, Arbeitszeit, Erforderliche Qualifikationen, Tarifgruppe/Vergütung) (Jung, 2011, S. 161) für den Bewerber und die Bewerberin, müssen Auswahlrichtlinien, die Mitbestimmung des Betriebsrates und eine eventuelle Betriebsvereinbarung beachtet werden (Jung, 2011, S. 161; Olfert, 2015, S. 133). Der/die geeignete Mitarbeiter/in muss sich nach der so genannten AIDA-Formel (Attention, Interest, Desire and Action) (Scholz, 2014, S. 148-150) als geeignet erweisen. Die Anzeige soll die Aufmerksamkeit des Bewerbers gewinnen, sein Interesse wecken, den Wunsch zur Bewerbung erzeugen und ihn tatsächlich zur Bewerbung bringen, wie auch bei der externen Ausschreibung. International kann die Hemmschwelle zur aktiven Bewerbung höher als national sein (Bertelsmann 2002, S. 168; Festing et al., 2011, S. 238-240, Jung 2011, S. 161).

Bei einer vorrübergehenden Versetzung in internationalen Unternehmen, die Entsendung genannt wird, werden Mitarbeiter, als sog. Expatriates, an einen ausländischen Standort des Unternehmens geschickt und sind dort im Auslandseinsatz tätig. Obwohl externe Beschaffungsquellen zur Verfügung stehen, werden Mitarbeiter für Auslandseinsätze überwiegend intern rekrutiert. Für eine Entsendung interner Mitarbeiter, insbesondere auf Führungspositionen, spricht die Minimierung von Auswahlrisiken, Sicherung bereits geleisteter Investitionen, der Wissenstransfer sowie Personal- und Organisationsentwicklung (Festing et al., 2011, S. 233 und 241f.; Hutzschenreuter, 2015, S. 287). Zur Sicherung des Erfolgs einer Auslandsentsendung ist neben der Qualifikation besonders auch die Versetzungsbereitschaft des Mitarbeiters von Bedeutung. Diese unterliegt extrinsischen und intrinsischen Faktoren. Darunter zählen finanzielle und materielle Anreize, Besonderheiten des Gastlandes, wie die politische Situation und wahrgenommene Sicherheit im Land und der Arbeitsstelle, kulturelle Unterschiede und die familiäre Situation. Zum Teil können einige der Faktoren vom Unternehmen gesteuert werden (Festing et al., 2011, S. 238-240).

1.4.3 Externe Wege der Personalbeschaffung

Externe Beschaffungswege beziehen sich auf die Personalsuche außerhalb des Unternehmens. Zwar gibt es viele Aspekte, die für eine interne Suche nach Personal sprechen, doch ist sie nicht immer möglich oder erscheint ungeeignet, wenn beispielsweise nicht genügend Potenzial im Unternehmen zu finden ist (Olfert, 2015, S. 137) Wie bereits erwähnt zieht eine interne Besetzung üblicherweise eine weitere offene Stelle nach sich, wonach der quantitative Personalbedarf im Unternehmen insgesamt nicht ausschließlich durch interne Personalsuche gedeckt werden kann.

International bedeutet in diesem Fall die Akquisition neuer Mitarbeiter aus einem anderen Land als dem Hauptsitz des Unternehmens bzw. eine landesunabhängige Suche. Gründe für eine internationale externe Suche nach Personal sind spezielle Fach- oder Persönlichkeitsmerkmale von Arbeitskräften und eine höhere Chance, dass der Mitarbeiter zur Landes- und Unternehmenskultur passt. Der so genannte Cultural Fit wird vor allem dann gesehen, wenn ausländische Arbeitskräfte an dem entsprechenden Auslandsstandort eingesetzt werden (Pepels, 2002, S. 22).

Die externe Personalbeschaffung kann in aktive und passive Wege unterteilt werden. Zur Unterstützung sowohl aktiver als auch passiver Personalbeschaffung können Maßnahmen der Öffentlichkeitsarbeit eingesetzt werden. Diese dienen neben der Personal- auch der Imagewerbung und können beispielsweise Filmwerbung, ein Tag der offenen Tür oder Messeaktivitäten im Ausland sein (Jung, 2011, S. 151).

Passive externe Personalsuche

Bei der passiven Personalbeschaffung gehen nur wenige Maßnahmen vom Unternehmen selbst aus. Zu diesen zählen die öffentliche oder private Arbeitsvermittlung, Initiativbewerbungen, die Bewerberkartei, Arbeitnehmerüberlassung und Werkverträge (Olfert, 2015, S. 137-150; Jung, 2011, S. 143-145).

In Deutschland haben die Bundesagentur für Arbeit (BfA) und ihre Einrichtungen unter anderem die Aufgabe und das Recht zur Arbeitsvermittlung. Die Zentrale Auslands- und Fachvermittlung (ZAV) ist dabei insbesondere für die Vermittlung von Führungskräften, Künstlern und die Auslandsvermittlung mit Arbeitsmarkzulassung ausländischer Arbeitnehmer zuständig. Des Weiteren bietet die Bundesagentur für Arbeit eine Jobbörse (Seit 2003 ist die Jobbörse der Bundesagentur für Arbeit online verfügbar unter „Arbeitsagentur.de") In einer Bewerberkartei können beispielsweise nicht berücksichtigte, jedoch zukünftig interessante Bewerber gesammelt werden, so dass bei Bedarf schnell und kostengünstig auf sie zugegriffen werden kann (Laick, 2012, S. 87; Jung, 2011, S. 144).

Die Arbeitnehmerüberlassung ist im Arbeitnehmerüberlassungsgesetz (AÜG) geregelt und bedeutet nach § 1 AÜG eine vorübergehende Überlassung im Rahmen wirtschaftlicher Tätigkeiten; sie steht unter Erlaubnispflicht. Zwischen dem Leiharbeiter, Verleiher und Entleiher entsteht ein Dreiecksverhältnis. Besondere Vorsicht ist nach § 15 und § 15 a AÜG bei ausländischen Arbeitnehmern geboten, die eine Arbeitsgenehmigung benötigen. Die Beschäftigung von Zeit- oder Leiharbeitnehmern kann das Risiko von Fehlbesetzungen verringern, und ein kurzzeitiger Bedarf, ohne anschließende Probleme bei der Trennung vom Arbeitnehmer, kann gedeckt werden (Jung, 2011, S. 144-145).

Bei einem Werkvertrag (§ 631 BGB) wird ein Unternehmen beauftragt, eine bestimmte Aufgabe durch Einsatz eigener Mitarbeiter in einer bestimmten Zeit zu übernehmen. Anders als bei der Arbeitnehmerüberlassung wird hier nicht die Arbeitszeit geschuldet, sondern eine definierte Dienstleistung bzw. ein Werk. In der Praxis kann die Abgrenzung durchaus schwierig sein. Es ist im Einzelfall unter Berücksichtigung von Kosten und Kapazitäten eine „make-or-buy"-Entscheidung zu treffen (Jung, 2011, S. 145).

Werkverträge wurden in 2020 in Verbindung mit der Firma Tönnies in Rheda-Wiedenbrück ‚heiß' diskutiert.

Aktive externe Personalsuche

Bei angespannter Arbeitsmarktlage z.B. durch Fachkräftemangel, einem dringenden und größeren Bedarf an Arbeitskräften, kommt die aktive Personalsuche auf dem externen Arbeitsmarkt verstärkt zum Einsatz. Dies gilt insbesondere für Positionen mit strategischer Bedeutung oder besonderen Qualifikationen, die langfristig besetzt werden sollen. Zur aktiven Personalbeschaffung zählen der Einsatz von Personalberatern, Headhunter, die Anwerbung über Betriebsangehörige oder Mitarbeiterempfehlungsprogramme, Stellenausschreibungen, Aushänge, Plakate, das Radio sowie das College Recruiting bzw. Hochschulmarketing und der Einsatz neuer Kommunikationsmittel wie das Internet.

Insbesondere für Stellen höherer Hierarchieebenen im Unternehmen kommen Personalberater zum Einsatz. Personalberater verfügen über einen großen Erfahrungsschatz, wodurch das Risiko von Fehlbesetzungen minimiert werden kann. Internationales Headhunting ist eine übliche Methode, um das hohe Besetzungsrisiko, insbesondere bei Führungskräften und bei Mitarbeitern für Auslandseinsätze, zu minimieren. Das Outsourcing an Personalberater ist im internationalen Kontext neben externem Fachwissen durch eine verbesserte Service-Qualität, die Möglichkeit Kosten zu reduzieren sowie Ressourcenschonung im Personalmanagement attraktiv. Externe Dienstleister unterstützen nicht nur bei der Suche nach geeignetem Personal, sondern übernehmen auch einen Teil der Personalauswahl (Festing et al., 2011, S. 234-236)

Stellenanzeigen werden in Printmedien, abhängig von der zu erreichenden Zielgruppe, in regionalen oder überregionalen Tages- und Wochenzeitungen wie auch Fachzeitschriften zur spezifischen Ansprache potenzieller Bewerber veröffentlicht. Weitere nicht digitale Medien sind Informationsbroschüren und Plakate (Becker/Bertel, 2013, S. 327). Die Wahl des Mediums bestimmt dabei die anfallenden Kosten.

Der Anzeigetermin ist strategisch zu wählen. Er kann aufgrund von Kündigungsfristen, Semesterferien und Urlaubszeiten Einfluss auf die Erreichbarkeit der potenziellen Bewerber nehmen. Neben den Anforderungen an eine Stellenausschreibung, die im Zusammenhang mit der internen Ausschreibung beschrieben wurden, sind weitere Regeln zur Gestaltung zu beachten. Die Anzeige sollte mit dem Firmenimage übereinstimmen sowie an die zu erreichende Zielgruppe angepasst sein. Gegenstand von Aufbau, Struktur und Inhalt sind üblicherweise die folgenden Kernpunkte (Jung, 2011, S. 146-148):

Wir sind:	Informationen zum Unternehmen (entfällt intern meist)
Wir haben:	Informationen zur vakanten Stelle (Aufgabenbeschreibung)
Wir suchen:	Anforderungsmerkmale (Berufserfahrung und Fähigkeiten)

Wir bieten: Informationen zu Leistungen (Sozialleistungen, Vergütung)

Wir bitten um: geforderte Bewerbungsunterlagen

Eine langfristig angelegte Maßnahme zur Personalbedarfsdeckung ist das Hochschulmarketing oder auch „Campus Recruiting“ oder „College Recruiting“. Der Kontakt zu Berufs-, Fach- und Hochschulen stellt in Zeiten des einsetzenden Fachkräftemangels eine Chance dar, diesem entgegenzuwirken und qualifiziertes Personal frühzeitig an das Unternehmen zu binden. Länderübergreifendes Recruiting wird häufig unter Cross Border Recruiting subsumiert, genauer bedeutet es, dass Unternehmen Mitabeiter aus anderen Ländern anwerben, um ihren Fachkräftebedarf zu decken.

Um dem zunehmenden Fachkräftemangel entgegen zu wirken, suchen sich viele Unternehmen frühzeitig Werkstudenten. Die Unternehmen haben dann schon mal die Möglichkeit, die potenziellen zukünftigen Mitarbeiter zu testen und fachspezifisch zu schulen, um diese Werkstudenten dann nach Abschluss ihres Studiums passgenau an den geeigneten vakanten Positionen einzusetzen.

Vor- und Nachteile der Beschaffungswege

Obwohl die interne Personalsuche besonders bei der Entsendung favorisiert wird, gibt es gute Gründe, die für eine externe Einstellung sprechen. Ebenso gibt es zwischen Ländern Unterschiede in der Häufigkeit der Nutzung von Rekrutierungsquellen. Vergleicht man z.B. die USA mit China, ist in den USA eine höhere Präferenz zu externer Suche zu erkennen (Festing et al., 2011, S. 237)., Die Vorteile interner Beschaffung sind in Summe die Nachteile der externen Personalbeschaffung und umgekehrt. In der folgenden Tabelle 3.2 sind diese zusammenfassend gegenübergestellt. Unter Berücksichtigung der entsprechenden Rahmenbedingungen müssen sie in jedem Einzelfall neu abgewogen werden.

Tab. 1.2: Mögliche Vor- und Nachteile externer Personalgewinnung

	interne Personalbeschaffung	externe Personalbeschaffung
Vorteile	• transparente Personalpolitik • gesteigerte Arbeitgeberattraktivität, Mitarbeiterbindung und Motivation durch Entwicklungsmöglichkeiten • Entwicklung internationaler Managementfähigkeiten (Festing et al., 2011, S. 242)	• Personalbedarf wird direkt gedeckt • Auswahlmöglichkeiten aus Vielzahl von Bewerbern • Möglichkeit bereits vorhandene spezielle Qualifikationen (Sprache, kulturelle Kenntnisse) zu

	• Einstiegsmöglichkeiten für Nachwuchskräfte werden frei • geringere Stellenbesetzungszeit und -aufwand • Mobilitätserhöhung der Arbeitnehmer • Erhalt und Transfer von unternehmensspezifischem Wissen • erleichterte Einarbeitung durch Betriebskenntnisse • Minimierung des Risikos von Fehlbesetzung durch Kenntnis und Erfahrungen des Mitarbeiters • geringere Beschaffungs- und Einarbeitungskosten	nutzen – Vermeidung von Fortbildungskosten • Anerkennung extern eingestellter Mitarbeiter und Führungskräfte • geringere Gefahr von Betriebsblindheit durch neue Impulse von außen • keine vorhandenen Abhängigkeiten im Unternehmen
Nachteile	• begrenzte Auswahlmöglichkeit • Beförderungsautomatik → Nachlassen der Kreativität, Qualität und Motivation • Möglichkeit der Betriebsblindheit • Neid und Rivalitäten zwischen Kollegen • subjektive Beurteilung der Bewerber • ehemalige Kollegen werden nicht als Vorgesetzte akzeptiert • Sachentscheidungen können durch starke persönliche Bindungen beeinflusst werden • Stagnation des Unternehmens/Hemmung einer fortschrittlichen Entwicklung • Enttäuschung, Frustration und Demotivation bei Ablehnung • ggf. hohe Fortbildungskosten • geringe Veränderungsbereitschaft und Anpassungsfähigkeit an den neuen Arbeitsraum, Unternehmens-, Landes- und Teamkultur	• hohe Beschaffungskosten (eventuell langwieriger Prozess) • mögliche Fluktuations- und Frustrationsförderung • negative Auswirkungen auf das Betriebsklima • keine Unternehmenskenntnis (mehr Einarbeitungs- und Integrationsaufwand) • Risikoerhöhung von Fehlbesetzung • eventuell höheres Einkommen als bei internen Mitarbeitern • größerer Zeitaufwand

	• nur Verlagerung des quantitativen Bedarfs	

Quelle: in Anlehnung an Jung, 2011, S. 152; Olfert, 2015, S. 131 und 137

1.4.4 Besonderheiten bei internationaler Personalsuche im Vergleich zur nationalen Personalsuche

Generell treffen die Probleme der nationalen Personalsuche auch auf die internationale Personalsuche zu. Sie haben jedoch mehr Bedeutung und nehmen ein größeres Ausmaß an. Es müssen mehr Rahmenbedingungen und Einflussfaktoren berücksichtigt werden, wodurch fortdauernde und neue Herausforderungen noch komplexer sind (Festing et al., 2011, S. 214).

Insbesondere der Aspekt der Kommunikation stellt das Unternehmen in der internationalen Personalsuche vor große Herausforderungen. Bereits auf nationaler Ebene kann die gezielte und effiziente Bewerberansprache ein Problem darstellen. Bei aktiver internationaler Rekrutierung sind zusätzlich größere Distanzen zwischen suchendem Unternehmen und potenziellem Bewerber zu berücksichtigen. Dabei ist es schwieriger, Informationen über vakante Stellen zu verbreiten. Hier sind klassische Printmedien von Nachteil, da sie in der Regel eine geringe Reichweite und eine Beschränkung des Informationsgehalts aufweisen. Die länderübergreifende Veröffentlichung auf klassischen Wegen ist mit hohem Aufwand sowie hohen Kosten für die Veröffentlichung an mehreren Orten bei dennoch limitierter Verbreitung verbunden. Die Kommunikationsgeschwindigkeit über Printmedien ist besonders bei weiten Entfernungen gering und eine direkte Kommunikation nicht möglich. Hinzu kommen mögliche Auswirkungen auf die Aktualität von Anzeigen und die daraus resultierende Reaktionszeit. Durch die Verzögerung können potenziell interessante Bewerbungen möglicherweise zu spät beim Unternehmen eingehen.

Die Ansprache und Attraktion schwer rekrutierbarer Fachkräfte auf internationaler Ebene ist stark beeinflusst durch den Bekanntheitsgrad und das Image des Unternehmens. Die nationale Attraktivität und Bekanntheit eines deutschen Unternehmens können im Allgemeinen nicht auf den internationalen Arbeitsmarkt übertragen werden. Im internationalen Kontext ist die Fähigkeit des Unternehmens, eine starke Arbeitgebermarke aufzubauen, für den Erfolg bei der Personalgewinnung von besonderer Bedeutung. Das internationale Employer Branding, um auf sich aufmerksam zu machen und sich gegen globale Konkurrenten durchzusetzen, ist wie internationales Personalmanagement insgesamt komplexer. Die Bemühungen auf diesem Gebiet können hohe Kosten verursachen, wenn eine große Zielgruppe erreicht werden soll (Dannhäuser, 2015, S. 6).

Bei der Umsetzung ist darauf zu achten, wie und in welchem Umfang eine länderspezifische Anpassung oder Vereinheitlichung der Positionierung erfolgen sollte. Eine globale Konsistenz der Arbeitgeberbotschaft kann dabei den Wiedererkennungswert fördern sowie Glaubwürdigkeit und Authentizität transportieren (Laick, 2012, S. 88-92; Dannhäuser, 2015, S. 6). Unternehmen müssen unterschiedliche lokale Kulturen berücksichtigen und dennoch eine Effizienz durch Standardisierung aufrechterhalten.

Bei der Anpassung von Stellenausschreibungen an kulturelle Gegebenheiten am ausländischen Arbeitsmarkt, treten Besonderheiten auf, die dem Unternehmen am Anfang der Internationalisierung zunächst noch unbekannt sind. Zu diesen zählen beispielsweise das Bewerbungsprocedere, schwer vergleichbare Bildungsabschlüsse, Vergütungserwartungen, die Arbeitsmarktsituation, die Verbreitung der Medien zur Rekrutierung, die Kultur und Sprache im Allgemeinen und andere rechtliche Bedingungen (Berthel/Becker, 2013, S. 775).

Ein systematisches Vorgehen in der internationalen Personalsuche zur Bewältigung der Schwierigkeiten ist unter anderem durch Segmentierung mit Hilfe von geografischen Kriterien möglich. Headhunter und internationale Personalberater können hierbei das Unternehmen unterstützen (Berthel/Becker, 2013, S. 775).

Probleme können außerdem aufgrund mangelnder Sprachkenntnisse entstehen, obwohl die Kommunikationssprache in multinationalen Unternehmen vornehmlich Englisch ist. Dies trifft sowohl auf potenzielle Mitarbeiter aus dem Ausland wie auch auf die deutsche Personalabteilung zu. Eine Möglichkeit, wie einigen der beschriebenen Herausforderungen begegnet werden kann, wird im Folgenden ausgeführt.

Übung 1.6

Diskutieren Sie die Vor- und Nachteile der externen und internen Personalgewinnung für einen Global Player, wie bspw. Siemens.

1.4.5 E-Recruiting respektive die Rolle des Internets

Große Distanzen, neue Technologien und die Dominanz des Internets im wirtschaftlichen wie auch privaten Bereich nehmen großen Einfluss auf das internationale Personalmanagement. Durch die Anpassung an die daraus resultierenden neuen Anforderungen an die Personalsuche und Personalauswahl sind digitale Verfahren und Instrumente zum heutigen Standard des Recruiting geworden. Als schneller und effizienter Kommunikationsweg ist das Internet ein Treiber der Internationalisierung (Gelbrich/Müller, 2011, S. 538) und bietet sich besonders in internationalen Unternehmen zur Personalsuche an (Dannhäuser, 2015, S. 8). Es ist somit das wichtigste Medium zur Umsetzung eines weltweiten Recruitings (Schmeisser et al., 2002, S. 93).

Im folgenden Abschnitt wird erklärt, was unter E-Recruiting verstanden wird und wie und warum sich das Recruiting in den letzten Jahren immer mehr in Richtung des Internets verschoben hat. Außerdem betrachtet der folgende Abschnitt die Gründe und die Bedeutung des E-Recruitings besonders für die internationale Personalsuche und stellt eingesetzte Instrumente zur Mitarbeitersuche vor.

Terminologische Grundlagen des E-Recruiting

E-Recruiting ist eine Abkürzung für die Bezeichnung Electronic Recruiting. Übersetzt bedeutet es so viel wie elektronisches Rekrutierung, Anwerbung, Mitarbeitereinstellung (Kopleck, 2013, S. 263, 643) bzw. Personalbeschaffung. Unter E-Recruiting wird die Personalbeschaffung mit der Unterstützung durch den Einsatz von elektronischen Hilfsmitteln über das Internet verstanden (Schmeisser/Krimphove, 2010, S. 222).

Eine enge Auslegung des Begriffes, wie sie in englischer Literatur üblich ist, liefern Berthel und Becker (2013). Sie erklären E-Recruiting als „[...] ein[en] Ausdruck für die Unterstützung der Personalbeschaffung und teilweise auch für die Personal(vor)auswahl durch den Einsatz informationstechnisch unterstützender Verfahren, computergestützter Instrumente sowie verschiedener Social-Media-Tools" (Berthel/Becker, 2013, S. 329).

Entwicklung und heutiger Stand des E-Recruiting

Mitte der 1990er Jahre, als die Nutzung und Verbreitung des Internets begann, fand das E-Recruiting Einzug in die Personalarbeit und seine Bedeutung wuchs deutlich (Scholz, 2014, S. 156). Das Internet förderte auch das Wachstum eines internationalen Marktes und die weltweite Ausdehnung der Geschäftstätigkeiten von Unternehmen. Wie bereits erläutert, weiten Unternehmen daher die Suche nach Mitarbeitern auch auf internationaler Ebene aus. Dafür bietet das Internet eine schnelle und kostengünstige Alternative zu Printmedien (Holtbrügge, 2015, S. 117).

Die zunehmende Internetaffinität hat auch Einfluss auf das Suchverhalten der Bewerber genommen. So werden mehr Unternehmenswebseiten und Online-Stellenbörsen zur Suche nach Jobangeboten genutzt. Klassische Medien, wie Zeitungen, nehmen dagegen in der Bedeutung ab (Schmeisser/Krimphove, 2010, S. 222). Besonders jüngere Menschen, „Generation Y" oder auch „Digital Natives" genannt, haben die Bedeutung und Verbreitung des E-Recruiting vorangetrieben und werden dies auch in Zukunft tun. Sie nutzen Social Communities und das Internet seit ihrer Kindheit. Diese Medien nehmen in ihrem gesamten Leben einen großen Stellenwert ein (Dannhäuser, 2015, S. 16).

Unternehmen passen ihre Strategien zur Personalsuche und -auswahl dem Interneteinfluss an, und so fokussiert sich das Recruiting immer mehr auf Online-Recruiting-Kanäle. Auf diese Entwicklung folgend ist auch die Anzahl der

Online-Jobbörsen am Markt mit dem weiteren Fortschritt des E-Recruiting stark gewachsen (Olfert, 2015, S. 146, 154). Die Form der eingehenden Bewerbungen in den Unternehmen zeigt ebenso die starke Entwicklung des E-Recruiting. Diese werden immer häufiger per E-Mail, über Jobbörsen und eigene Bewerbungsportale mit Online-Formularen im Internet eingereicht (Schmeisser/Krimphove, 2010, S. 222). Einige Unternehmen akzeptieren bereits nur noch ausschließlich elektronisch eingereichte Bewerbungen.

Für Unternehmen ist es selbstverständlich geworden, den Rekrutierungsprozess im Internet durchzuführen. Online-Stellenanzeigen und elektronische Bewerbungen stellen hierbei einen Standard dar.

Bedeutung und Chancen des E-Recruiting für internationale Personalsuche

Damit Unternehmen im internationalen Wettbewerb um qualifizierte Mitarbeiter mithalten können, zeigt die Nutzung von schnellen Rekrutierungsinstrumenten wie dem E-Recruiting ihre Bedeutung. Die Studie *Recruiting Trends* 2015 vom Centre of Human Resources Information Systems (CHRIS) der Universitäten Bamberg und Frankfurt am Main mit Monster Deutschland führte eine empirische Untersuchung der Top-1.000-Unternehmen Deutschlands durch. Demnach wurden im Jahr 2014 90,4% der Vakanzen auf einer eigenen Unternehmenswebseite veröffentlicht. Gleich dahinter folgten Online-Stellenbörsen mit 70,1%. Social-Media-Kanäle machten einen Anteil von 28,1% aus. Damit zeigte dieser Kanal mit 8,3 Prozentpunkten zum Vorjahr den größten Zuwachs. Obwohl mehr Vakanzen auf Unternehmenswebseiten veröffent-licht werden, ist der Anteil generierter Einstellungen mit 37,3% identisch zu denen von Internet-Stellenbörsen (CHRIS, 2016, S. 8 f).

Aus der hohen Einstellquote lässt sich eine hohe Akzeptanz der Bewerber für internetbasierte Verfahren in der Rekrutierung ableiten. Die folgend erläuterten Chancen durch ein Electronic Recruiting gewinnen in der internationalen Personalsuche noch mehr an Gewicht.

Durch das E-Recruiting können signifikant Kosten eingespart werden. Bereits eine überregionale Stellenanzeige in traditionellen Printmedien kann zu erheblichen Ausgaben führen, die schnell zu einer fünfstelligen Summe heranwachsen (Konradt/Sarges, 2003, S. 28). Wenn man dies auf unterschiedliche Länder und mehrere Zeitungen überträgt, stellt man fest, dass eine internationale Stellenschaltung in Printmedien zu Summen führen kann, die für ein Unternehmen schwer tragbar sind. Dagegen fallen bei einer Einstellung auf Online-Jobbörsen je nach Anbieter für die Unternehmen Kosten von ca. 500 bis 1500 Euro an. Die Bundesagentur für Arbeit bietet diesen Service sogar kostenlos an. Ein weiterer positiver Aspekt ist die Verführbarkeit der Anzeige. Online sind die Anzeigen über einen längeren Zeitraum, im Schnitt vier Wochen, zu sehen (Bröckermann, 2016, S. 55). Eine Tageszeitung wird dagegen nur einmal gedruckt und verkauft.

Unterstützend können anfallende Kosten der Bearbeitungszeiten von Bewerbungen durch Bewerbermanagementsysteme reduziert werden. Durch spezielle Eingabemasken stehen hier relevante Informationen bereits in standardisierter Form zur Verfügung. Die Eingabe erfolgt durch den Bewerber selbst, wobei auch E-Mail oder Papierbewerbungen dem System nachträglich hinzugefügt werden können. Die Systeme und eine zentrale Speicherung der Bewerbungen machen diese jederzeit von jedem Ort abrufbar und stehen zur Auswahl bereit. Weitere Vorteile sind das Management von Suchaufträgen, die Organisation von Bewerbungsgesprächen, effektives Reporting und standardisierte Korrespondenzen (Schmeisser/Krimphove, 2010, S. 222; Laick, 2012, S. 90-91).

Online-Stellenanzeigen sind nicht nur eine längere Zeit verfügbar, das Internet macht es auch möglich, darauf 24 Stunden an 7 Tagen der Woche von jedem beliebigen Ort der Welt zuzugreifen. Dies kommt besonders der internationalen Personalsuche zugute. Denn so können örtliche und auch zeitliche Differenzen durch Zeitverschiebungen ausgeglichen werden. Voraussetzung dafür ist allerdings ein Breitbandzugang und ein Gerät mit Internetzugang und das Wissen um den Umgang damit (Konradt/Sarges, 2003, S. 27; Jung, 2011, S. 149; Laick,2012, S. 91). Dadurch können die Erreichbarkeit von potenziellen Mitarbeitern signifikant erhöht und neue Zielgruppen erreicht werden, was insgesamt zu einer höheren Bewerberanzahl führt. Ein größerer Bewerberpool kann die Chancen einer erfolgreichen Auswahl erhöhen.

Ein weiterer positiver Aspekt ist die kostengünstige Unternehmenspräsentation und der große Umfang an stellenbezogenen Informationen. Dabei reichen die Möglichkeiten von einfachen Texten bis hin zu Fotos und multimedialen Darstellungen wie Imagevideos und virtuellen Rundgängen durch das Unternehmen (Scholz, 2014, S. 156). Dadurch ist bereits eine gezieltere und schnelle Vorauswahl durch den Bewerber selbst möglich, was den späteren Auswahlprozess vereinfacht.

Durch die Veröffentlichung der Stellengesuche im Internet wird der Markt weitestgehend transparent für die Bewerber. Sie können mit wenig Aufwand den Markt überblicken, auch wenn sie nicht direkt auf Stellensuche sind. Bei Bedarf erleichtern Such- und Navigationsfunktionen das Finden geeigneter Angebote deutlich. Für Unternehmen kann diese Transparenz allerdings auch Nachteile haben. Zusammen mit dem wachsenden Wettbewerb um Personal steigt auch die Gefahr höherer Abwanderung. Zunehmend stehen die veröffentlichten Informationen über das Unternehmen auch den Konkurrenten zur Verfügung (Konradt/Sarges, 2003, S. 25-27).

Die Bewerber sehen insgesamt im E-Recruiting und einer Online-Bewerbung die Chance, mit wenig Aufwand schneller erfolgreich und bei Bedarf anonym eine passende Stelle zu erhalten (Konradt/Sarges, 2003, S. 3). Die Bewerbungen können beliebig oft, ohne zusätzliche Kosten, verschickt werden.

Bei den Chancen durch die Anwendung von E-Recruiting im internationalen Kontext muss aber auch der Datenschutz berücksichtigt werden. Online-Bewerbungen gehen einher mit dem elektronischen Umgang und der Verwaltung von personellen Daten. Es muss daher besonders Wert auf die technische Sicherheit gelegt werden (Dix/Witrahm, 2001, S. 444; Konrad/Sarges, 2003, S. 27-28). Es besteht zwar die Möglichkeit der Beschränkung von Zugangsrechten, doch diese hat wiederum negative Effekte wie höheren Aufwand für das Unternehmen und die potenziellen Bewerber zur Folge.

1.4.6 E-Recruiting-Kanäle

Die vorausgegangenen Abschnitte haben gezeigt, dass das Internet im internationalen Recruiting einen großen Stellenwert einnimmt. Als wichtigste Wege des E-Recruiting zählen Online-Jobbörsen und firmeneigene Human-Resources-Webseiten. Zusätzliche Kommunikationswege, die zur Bewerberansprache genutzt werden, sind Social-Media-Netzwerke und Mobile Recruiting (Schmeisser /Krimphove, 2010, S. 222). Der folgende Abschnitt betrachtet diese Instrumente und ihre Anwendung genauer.

Weitere Instrumente des E-Recruiting, auf die in diesem Buch jedoch nicht weiter vertiefend eingegangen wird, sind Newsgroups, die wie Diskussionsforen funktionieren, virtuelle Recruiting-Messen, Online-Karrieretage und Recruiting-Games, d.h. Spiele zur Orientierung und Selbstselektion im Internet mit relevanten Inhalten zur Position und dem Unternehmen, wodurch eine intensivere Kommunikation mit Interessenten vor der eigentlichen Bewerbung möglich ist. Als Form des Self-Assessment können sie auch der Personalauswahl zugeordnet werden (Bröckermann, 2016, S. 55).

Online-Jobbörse

Die Verlagerung der Personalsuche ins Internet hat eine große Anzahl an Anbietern von Online-Jobbörsen hervorgebracht. Diese haben heute einen starken Stellenwert bei der Arbeitsplatzsuche (Olfert, 2015, S. 154). Neben branchenübergreifenden Plattformen haben sich auch spezialisierte Plattformen z.B. für bestimmte Branchen (Scholz, 2014, S. 158), wie **„Jobvector“** für Naturwissenschaftler, Mediziner und Ingenieure, herausgebildet.

Zu den führenden deutschen (kommerziellen) Online-Jobbörsen zählen Monster, StepStone und Jobscout24, Jobware und Stellenanzeige.de (Beck, 2011, S. 1). Monster ist darunter die Bekannteste. Die weltweit meistbesuchte Online-Jobbörse ist Indeed. Nicht-kommerzielle Anbieter sind Online-Tages- und Wochenzeitungen und die Bundesagentur für Arbeit. Sie ist mit etwa 500.000 Stellenangeboten die größte Jobbörse im deutschsprachigen Raum und bietet den Vorteil der kostenlosen Stellenveröffentlichung sowie der Suche in der Bewerberdatenbank (Laick, 2012, S. 92).

Online-Jobbörsen treten als zweiseitige Märkte auf. Bewerber und Unternehmen können sowohl als Suchende als auch als Anbieter agieren. Einerseits haben Bewerber die Möglichkeit ihre Arbeitskraft anzubieten, indem sie Bewerberprofile einstellen, und gleichzeitig können sie Arbeitsplätze nachfragen. Unternehmen bieten dagegen mit Stellenanzeigen ihre Arbeitsplätze an und können gleichzeitig die Datenbanken nach geeigneten Bewerberprofilen durchsuchen. Sie müssen für diese Dienste zahlen, wogegen Bewerber die Plattformen und Angebote in der Regel kostenlos nutzen können. Online-Jobbörsen entwickeln sich tendenziell mehr und mehr zu umfassenden Dienstleistungsangeboten mit integrierten Tools zur Suche und Auswahl von Bewerbern, wie einem Online-Assessment-Center und einem automatischen Bewerberabgleich (Scholz 2014, S. 158).

Unternehmenseigene Human-Ressource-Websites

Neben Jobbörsen nutzen die meisten Unternehmen ihre firmeneigenen Webseiten, um elektronische Stellenanzeigen zu veröffentlichen. Ebenso dient das Intranet für interne Stellenausschreibungen als Informationsmedium (Bertelsmann, 2002, S. 167). Die eigene Homepage wird auch als Basis-Instrument bezeichnet, wogegen Online-Jobbörsen als Standardinstrument gelten. Wie bei Printmedien sollten bei Online-Stellenanzeigen, Human-Ressource-Webseiten und anderen Kanälen die Marketingmethoden „AIDA"-Formel und „CUBE"-Methode (Content, Usability, Branding and Emotion) beachtet werden. Usability (die Handhabung) macht den Erfolg einer Personalhomepage aus. Eine nicht intuitive Gestaltung und Handhabung der Webseite, auf der sich potenzielle Bewerber nicht zurechtfinden, kann dazu führen, dass diese Bewerber verloren gehen (Scholz, 2014, S. 148-150, 156-157).

Um potenzielle Mitarbeiter für sich zu gewinnen, kann sich das Unternehmen über das Internet ausführlich selbst präsentieren und die Bewerber gezielt ansprechen (Olfert, 2015, S. 146). Die Technologie der Unternehmens-Webseite unterstützt dazu den Aufbau einer internationalen Arbeitgebermarke, indem sowohl Standardisierung und globale Konsistenz der Botschaft sowie flexible, lokale und kulturelle Anpassung der Webseite möglich sind. Ernst & Young hat beispielsweise seine Karriere-Webseiten zentral und global entwickelt. Das Design, der Inhalt und die strategischen Botschaften sind vereinheitlicht, bieten aber trotzdem länderspezifische Anpassungsmöglichkeiten. Besonders kleine und mittelständische Unternehmen können von einer umfangreichen Unternehmenspräsentation der Corporate Identity (Olfert, 2015, S. 44) profitieren: „Die Corporate Identity repräsentiert die Unternehmensidentität, indem sie das Selbstverständnis des Unternehmens darstellt" und weiteren Informationen zu Karrierechancen oder Aufgabenbereichen potenzieller Mitarbeiter profitieren. Chancen bietet dabei ein positiver und authentischer Transfer der Unternehmensatmosphäre). So können sich auch Alleinstellungsmerkmale herausbilden (Scholz, 2014, S. 157-158). Um möglichst viele Bewerber zu erreichen, ist es wichtig, dass die Homepage auch über Suchmaschinen zu finden und einer eindeutigen, leicht zu identifizierenden Webadresse zuzuordnen ist (Bröckermann, 2016, S. 52-55).

Social Media

Der Begriff Social Media stammt aus dem Englischen und bedeutet ins Deutsche übersetzt „soziale oder gemeinschaftliche Medien". In diesem Abschnitt wird hauptsächlich auf Social Networks eingegangen, da diese neben anderen Anwendungen des Web 2.0, wie Wikis, Social News und Blogs, am ehesten zur Personalbeschaffung eingesetzt werden. Das Merkmal vom Web 2.0 sind vor allem nutzergenerierte Inhalte im Internet. In Social Networks oder auch Online Communities können Nutzer ein Profil erstellen und mit anderen Mitgliedern in Kontakt treten (Dannhäuser, 2015, S. V-VI). Sie dienen hauptsächlich als Kommunikations- und Informationsplattform.

Der Fokus beim Social Media Recruiting ist meist eher langfristig angelegt und dient dabei der Unternehmenspräsentation sowie dem Aufbau und der Pflege von Beziehungen zu aussichtsreichen Kandidaten. Dazu werden Plattformen wie Facebook, Twitter, Google+ und spezielle Business Communities wie LinkedIn und Xing genutzt. Mitglieder können dort Profile erstellen, alle bewerbungsrelevanten Informationen, wie Lebensläufe, hinterlegen und Verknüpfungen zu anderen Mitgliedern erstellen. Unternehmen haben danach die Möglichkeit, gezielt nach potenziellen Kandidaten zu suchen und diese anzusprechen. Außerdem bieten Business Communities die Möglichkeit, Stellenanzeigen zu veröffentlichen und zu verbreiten, worauf Mitglieder dann zugreifen können. Ebenso nutzen Headhunter Social Networks, um Kandidaten zu entdecken (Rosenberger, 2014, S. 303-304).

Neben dem demografischen Wandel und einem Fachkräftemangel ist Social Media als drittwichtigster Trend in der Personalbeschaffung erkannt worden (CHRIS, 2016, S. 7). Der Kanal wird verstärkt bei den Unternehmen eingesetzt, um u.a. frühzeitig Talente zu entdecken und langfristig an sich zu binden. In einer Studie der BITKOM im Oktober 2013 zum Thema Soziale Netzwerke wurde festgestellt, dass 78% der Internetnutzer in sozialen Netzwerken angemeldet sind und 67% diese auch aktiv nutzen. Insgesamt ist ein Zuwachs der aktiven Nutzung erkennbar, wobei vor allem bei den Nutzern der Generation 50plus ein starker Anstieg in den letzten Jahren auf 55% zu verzeichnen ist. Am häufigsten werden Soziale Netzwerke jedoch weiterhin von den unter 30-Jährigen genutzt. Die „Generation Y und Z", eine wichtige Zielgruppe in Zeiten des zunehmenden Fachkräftemangels, ist häufig täglich in Social-Media-Kanälen unterwegs. Diese nutzt sie abgesehen von Business Networks wie Xing und LinkedIn zwar primär für die private Kommunikation, aber doch auch regelmäßig zur Stellensuche (Indeed, 2014, S. 1). Kommunikationskanäle wie Telefon und E-Mail verlieren bei den unter 30-Jährigen hingegen immer mehr an Bedeutung, und Gruppenkommunikationen, wie sie beispielsweise über Facebook möglich sind, nehmen zu.

Die Nutzung von Social-Media-Kanälen kann demnach durchaus interessant im „War for Talents" sein (Dannhäuser, 2015, S. VI–VII).

Als besonderer Vorteil in der internationalen Personalsuche über Business-Netzwerke wird die Möglichkeit gesehen, sich ein besseres Bild über einen Kandidaten zu machen, als es allein über den Lebenslauf bei klassischen Bewerbungen der Fall wäre. So kann besser über den Cultural Fit des Kandidaten geurteilt werden (Rosenberger, 2014, S. 303-304).

Obwohl die klassischen Kommunikationsmedien durch die intensive Social Media Nutzung Jüngerer verdrängt werden, ist eine persönliche und klassische Kommunikation über Printmedien nicht für jede Zielgruppe ersetzbar (Rosenberger, 2014,, S. 303-304). Der Einsatz von Social Media ist daher nur als ergänzendes Instrument zu sehen, denn es sind längst nicht alle potenziellen Bewerber auf sozialen Netzwerken aktiv.

Mobile Recruiting

Eine weitere Form des E-Recruiting ist das Mobile Recruiting. Für den Begriff sind allerdings unterschiedliche Definitionen zu finden. Letztlich wurde Recruiting durch Mobile Media gefördert, und zwar, weil das Mobile Recruiting auf den Einsatz mobiler Zugangstechnologien im Rahmen der Bewerberansprache und Rekrutierungsaktionen setzt. Des Weiteren wird Mobile Recruiting insoweit eingegrenzt, dass es nicht bei dem reinen Aufruf einer Stellenanzeige über das Smartphone oder Tablet beginnt, sondern erst bei einer optimierten Darstellung von Firmenwebseiten, Jobbörsen und Stellenanzeigen für mobile Endgeräte und bis hin zu Recruiting-Apps (Dannhäuser, 2015, S. 17).

Mit insgesamt 63% der Bevölkerung werden Smartphones in Deutschland von allen Altersgruppen, wenn auch in unterschiedlicher Intensität, zunehmend z.B. zum Surfen im Internet sowie zum Senden und Lesen von E-Mails und WhatsApp-Mitteilungen genutzt (Weicksel, 2015). Weltweit nutzten 2015 rund 1,86 Mrd. Menschen ein Smartphone und die Prognosen sind steigend (Statista, 2015). Es ist davon auszugehen, dass die weltweit eingesetzten Smartphones und Tablets klassische PCs in ihrer Anzahl in Zukunft übersteigen werden. Bereits heute gibt es in manchen Haushalten keine stationären PCs mehr (Furkel, 2015, S. 4). Eine Studie von Indeed zeigt einen Anstieg der Stellensuchen, die mobil mit Smartphone oder Tablet getätigt werden, von 33% im Jahre 2013 auf 45% in 2014 (Indeed, 2014, S. 1).

Durch Verbreitung von Smartphones und das veränderte Nutzerverhalten der Menschen rückt das Mobile Recruiting immer mehr in den Fokus des E-Recruiting. Nicht zuletzt sind Mobilgeräte, ebenso wie Social Communities, ein Teil des Lebensgefühls besonders der jüngeren Zielgruppe.

Mobile Recruiting kann die Reichweite der Bewerberansprache erweitern und auch neue Zielgruppen ansprechen, die hauptsächlich das Mobiltelefon nutzen, um im Internet aktiv zu sein. Auch Bewerber, die nicht aktiv nach einer Stelle suchen, können z.B. durch Push-Benachrichtigungen (Brülke, o.J: Push-Benachrichtigungen sind kurze Informationen, die direkt auf das Smartphone-Display (durch z.B. App) gesandt werden, ohne eine gezielte Abfrage oder Starten der Anwendung durch den Nutzer auf das Unternehmen und Stellen aufmerksam gemacht werden).

Wichtig für den Erfolg ist eine mobile Optimierung der Stellenanzeige oder Webseite. Eine Lösung dafür ist ein sogenanntes „Responsive Design", was sich automatisch an verschiedene Endgeräte und Bildschirmgrößen anpasst, wie es beispielsweise das Unternehmen Globus nutzt. Dazu sind auch der Inhalt und die Länge der Texte, eine übersichtliche Menüführung und kompatible Bilder entscheidend, um ein positives Bild bei den potenziellen Bewerbern zu hinterlassen (Bröckermann, 2016, S. 52-55).

Im Mobile Recruiting stehen den Unternehmen verschiedene Möglichkeiten zur Kontaktaufnahme und Übermittlung von Informationen an die potenziellen Bewerber zur Verfügung. Wie bereits erwähnt, kann die Unternehmenswebseite, Online-Stellenanzeigen und Jobbörsen auf dem Smartphone angesehen werden. Laut der Studie „Recruiting Trends 2015" geben 44,1% der größten Unternehmen Deutschlands im Jahr 2014 an, ihre Unternehmenswebseite mobil optimiert zu haben, was einen Anstieg um 19,8% zum Vorjahr ausmacht. Bei Online-Stellenanzeigen sind es trotz eines Zuwachses von 9,2% lediglich 30,8% (CHRIS, 2016, S. 9).

Ein anderes Anwendungsbeispiel ist der Versand von Newslettern mit Informationen zum Unternehmen sowie neuen Angeboten per SMS. Auch Job-Apps wie von Jobscout24, Stepstone und Jobware sind am Markt verfügbar. Diese Apps haben häufig sogar ein größeres Serviceangebot als die herkömmlichen Online-Stellenmärkte. Der Service reicht von Benachrichtigungen bei neu eingetroffenen Stellenangeboten bis zu standortgebundener Jobsuche und dem automatischen Speichern bereits angesehener Anzeigen (Furkel, 2012, S. 2 ff.).

Außerdem besteht bereits die technische Möglichkeit, den kompletten Bewerbungsprozess mobil durchzuführen, was schon von Unternehmen wie der Allianz genutzt wird. Es gibt vielfältige Lösungen für die Umsetzung. Diese sind z.B. ein mobil optimiertes Bewerbungsformular mit Übernahme von Daten aus sozialen Business-Netzwerken, die Bewerbung mit kurzem Anschreiben und einem Link zum Xing/LinkedIn-Profil oder auch die Möglichkeit, die vorher gespeicherte Bewerbung mit Lebenslauf aus der Dropbox oder einem vorher angelegten Bewerberprofil hochzuladen. Häufig ist in der Realität aber ein Wechsel des Mediums zum PC (Desktop, Laptop oder Notebook) erforderlich, was wiederum in Zukunft zu einem Verlust von Bewerbern ohne PC führen kann.

Ob sich der Weg der Mobil-Bewerbung durchsetzen wird, ist jedoch noch umstritten. Unternehmen sehen hier einen Trend, doch die Akzeptanz der Bewerber, die Bewerbung ausnahmslos über das Smartphone zu verschicken, ist noch gering (Furkel, 2015, S. 4-6). Dieses wird sich jedoch aus Autorensicht schnell ändern.

Home-Arbeitsplätze gewannen in 2020 während der Corona-Pandemie deutlich an Bedeutung. Durch den Zwang, zuhause zu arbeiten, etablierte sich dieses Modell ziemlich gut und wurde von einigen Unternehmen zumindest teilweise beibehalten. Als größter Vorteil für die Mitarbeiter im Homeoffice wurde die bessere Balance zwischen Arbeit, Freizeit und Familie genannt. Für die Unternehmen ergibt sich ein großer Vorteil durch eine deutliche Einsparung in Bezug auf die Büroräume.

1.4.7 Arbeitsrecht

Sie müssen im **Arbeitsrecht** aus deutscher Perspektive mehrere Ebenen unterscheiden:

- Individuelles Arbeitsrecht: Hier wird der individuelle Arbeitsvertrag des Mitarbeiters nach dem Bürgerlichen Gesetzbuch (BGB) geregelt (§ 611 ff. BGB).
- Kollektives Arbeitsrecht: Hierunter fällt das Betriebsverfassungsgesetz, das Mitbestimmungsgesetz, das Montanmitbestimmungsgesetz, das Tarifgesetzbuch, Mutterschutzgesetz, Datenschutzgesetz, das Gleichbehandlungsgesetz usw.
- Europäisches Arbeitsrecht: Jeder hat das Recht, sich in der europäischen Union frei zu bewegen, z.B. seine Schulausbildung oder sein Studium zu betreiben, überall zu arbeiten, zu wohnen, und muss überall im Sinne des Gleichbehandlungsgesetzes behandelt werden.
- Sozialrecht (Arbeitslosenversicherung, Schwerbehindertengesetz usw.)
- Ansonsten gelten die Gesetze des entsprechenden Landes (z.B. Chinas, Polens, Bulgariens), wohin der Mitarbeiter entsendet wird (z.B. Arbeitslosenversicherung, Unfallversicherung, Krankenversicherung, Rentenversicherung usw., insofern diese Versicherungen im Entsendungsland existieren).

Die Gleichbehandlung von Bewerbern bei der Personalsuche und der Personalauswahl ist besonders im internationalen Kontext relevant. Das Ziel des Gleichbehandlungsgesetzes (AGG) ist nach § 1 AGG, Benachteiligungen aus Gründen der Rasse oder wegen der ethnischen Herkunft, des Geschlechts, der Religion oder Weltanschauung, einer Behinderung, des Alters oder der sexuellen Identität zu verhindern oder zu beseitigen. Jede mittelbare oder unmittelbare Benachteiligung kann zu rechtlichen Konsequenzen für das Unternehmen führen. Diese Aspekte müssen bei allen Stellenausschreibungen und im Auswahlverfahren beachtet werden. Ausnahmen stellen nach § 8 AGG jene Ausschreibungen dar, die wegen der

Art der auszuübenden Tätigkeit eine bestimmte Eigenschaft zwingend voraussetzen (Olfert, 2015, S. 133).

Unternehmen in Deutschland müssen außerdem die Mitbestimmung des Betriebsrats beachten. Im Grundsatz ist das Unternehmen frei in der Wahl des Personalbeschaffungsweges. Nach § 93 BetrVG kann der Betriebsrat allerdings die innerbetriebliche Ausschreibung einer freien Stelle generell für alle oder nur bestimmte Tätigkeiten verlangen. Dies gilt nicht für leitende Angestellte nach § 5 BetrVG. Nach § 99 Abs.1 muss der Arbeitgeber vor jeder Einstellung, Eingruppierung, Umgruppierung und Versetzung die Zustimmung des Betriebsrates einholen. Er kann diese nach § 99 Abs. 2 Nr. 5 BetrVG verweigern. Gründe können die Nichtbeachtung von Mindestanforderungen bei der Ausschreibung, ein Verstoß gegen das AGG oder gegen Auswahlrichtlinien nach § 95 BetrVG und unterschiedliche Anforderungen an inner- und außerbetriebliche Bewerber sein (Olfert, 2015, S. 185; Jung 2011, S. 185).

Im internationalen Kontext kommen bei der Beschäftigung von Arbeitskräften aus dem Ausland weitere Aspekte hinzu (wenn Mitarbeiter für eine Niederlassung im Ausland aus dem entsprechenden Land gesucht werden, spielt dies keine Rolle), die zu Beschränkungen und Problemen bei der Einstellung führen. Der Zugang zum deutschen Arbeitsmarkt und die Frage einer Aufenthalts-, Arbeits- oder Beschäftigungserlaubnis sind abhängig vom Ursprungsland. EU-Staatsangehörige und Schweizer Bürger (durch das „Freizügigkeitsabkommen EU-Schweiz") dürfen in einem EU-Staat ihrer Wahl ohne weitere Arbeitserlaubnis eine Arbeit aufnehmen. Das Unternehmen muss demnach keine zusätzlichen Einschränkungen oder Regelungen beachten. Kroatische Bürger bilden hier eine Ausnahme (Europäischer Berufsausweis – EPC (2016)). Für Nicht-EU-Bürger gelten nach § 41 Abs. 1 AufenthV aus bestimmten Staaten Erleichterungen bezüglich Visa, Aufenthalts- und Arbeitserlaubnis. Der Erhalt eines „Aufenthaltstitels zum Zweck der Erwerbstätigkeit" nach §§ 18-21 Aufenthaltsgesetz hängt dabei von der Qualifikation des Beantragenden ab. Bei Bewerbern aus sog. „Drittstaaten" ist also Vorsicht geboten (BiBB, 2014))

1.4.8 Arbeitskultur

Arbeitskultur ist, wie in einem Unternehmen und in einem Land gearbeitet wird. Wir vermeiden den Begriff „Arbeitskultur", weil sein Inhalt unklar ist und weil man sich daran im internationalen Kontext gewöhnt hat, diesen Begriff immer dann zu benutzen, wenn man nicht klar auszusprechen vermag, was man eigentlich damit meint, ohne rassistische oder andere Vorurteile zu pflegen.

Beobachtet man die Arbeitsverhältnisse in unterschiedlichen Ländern, so lässt sich die Arbeitskultur im „Atmosphärischen" der Arbeit am besten charakterisieren, d.h. die Arbeitsverhältnisse aktualisieren die Gefühle, Erinnerungen, Begleitvorstellungen, Denkinhalte, Erwartungen und Aktionsbereitschaften der Mitarbeiter in ihrer jeweiligen Länderkultur.

Man kann die Arbeitskultur pro Land qualitativ beschreiben und durch eine Rangskala von 1 (trifft voll zu) und 6 (trifft gar nicht zu) durch folgende Faktoren bewerten:

- Im Betrieb herrscht ein hoher Teamgeist: man hilft sich gegenseitig bei der Lösung von arbeitsbezogenen, aber auch privaten Problemen.
- Die Arbeitszeitgestaltung passt zur individuellen Arbeitszeit und zur privaten Zeitplanung.
- Die Mitarbeiter werden an Entscheidungen beteiligt und über besonders wichtige Sachverhalte informiert.
- Zwischen Mitarbeitern untereinander, aber auch seitens der Führungskräfte herrscht ein freundlicher Umgangston.
- Kann der Mitarbeiter folgendes Statement abgeben: Ich fühle mich wohl im Betrieb und arbeite gern auch einmal länger, wenn es die Auftragslage erfordert?
- Die Mitarbeiter haben eigene Entscheidungsspielräume in ihrer Arbeit, innerhalb derer sie eigenverantwortlich tätig sind.
- Man darf auch mal einen Fehler machen, ohne Angst vor arbeitsrechtlichen Konsequenzen (Abmahnung, Entlassung usw.) haben zu müssen.
- Fehler sind ausdrücklich erlaubt und auch erwünscht, denn nur wer Fehler macht, kann daraus lernen.
- Der Mitarbeiter kann auch über persönliche Probleme mit seinen Kollegen und den Ausbildern sprechen.
- Der Arbeitsplatz und die Arbeitsgeräte entsprechen voll meinen Vorstellungen.
- Das Entgelt entspricht voll meinen Vorstellungen.

1.4.9 Exkurs: Europäisches Arbeits- und Sozialrecht

Das europäische Arbeits- und Sozialrecht unterteilt sich in das primäre und sekundäre Gemeinschaftsrecht. Zwar ist die Sozialpolitik Angelegenheit der Mitgliedsstaaten, jedoch sind bei Entsendungen innerhalb der EU die Rechtsvorschriften des EU-Rechts zu berücksichtigen. Gemäß § 30 Abs. 2 SGB I ist das Unionsrecht vorrangig vor dem nationalen Recht zu beachten (Schulte 2013, S. 226). Zusammenfassend zielen das primäre und sekundäre Gemeinschaftsrecht auf eine Harmonisierung der europaweiten Lebens- und Arbeitsbedingungen, auf sozial gerechte Arbeitsbedingungen, auf Gesundheitsschutz sowie Arbeitssicherheit und auf Gleichbehandlung sowie die Bekämpfung von Diskriminierung ab (Oechsler/Paul 2015, S. 88).

Primäres Gemeinschaftsrecht

Das primäre Gemeinschaftsrecht wird im Wesentlichen durch die Gründungsverträge (v.a. EU-Vertrag, Vertrag über die Arbeitsweise der EU, Charta der Grundrechte der EU) konstituiert. Ursprünglich als Wirtschaftsgemeinschaft geplant, wurde in der Europäischen Gemeinschaft eine Arbeits- und Sozialpolitik nicht berücksichtigt. Überlegungen zum sozialen Schutz und der Optimierung von Lebens- und Arbeitsverhältnissen sowie der beruflichen Bildung wurden erst im Rahmen des Abschlusses der Einheitlichen Europäischen Akte berücksichtigt (Oechsler/Paul 2015, S. 88). „Zwar sind die Mitgliedsstaaten weiterhin zuständig für ihre nationale Gesetzgebung, doch sind sie durch die Verpflichtung richtlinienkonformer Gesetzgebung im Bereich des harmonisierten Rechts gebunden" (Oechsler/ Paul 2015, S. 88).

Sekundäres Gemeinschaftsrecht

Das sekundäre Gemeinschaftsrecht ist das abgeleitete, also das nach Maßgabe der Gründungsverträge erlassene Recht der Gemeinschaftsorgane.

Folgende Instrumente können zur Regelung auf europäischer Ebene herangezogen werden:

- Verordnungen wirken in den Mitgliedsstaaten unmittelbar und sind rechtsverbindlich (z.B. die Verordnung 1612/68 über die Freizügigkeit der Arbeitnehmer).
- Richtlinien sind das Hauptinstrument im EG-Arbeitsrecht. Sie wirken zweistufig: Zunächst sind die Mitgliedsstaaten lediglich zur Umsetzung in nationales Recht verpflichtet. Nach Ablauf der Umsetzungsfrist wird die Richtlinie maßgebend für den Inhalt des umsetzenden Rechts.
- Entscheidungen sind gegenüber dem Adressaten in allen ihren Bestandteilen rechtsverbindlich.
- Empfehlungen und Stellungnahmen haben keine Rechtsverbindlichkeit (Oechsler/Paul 2015, S. 88; Schiek 2007, S. 90-99).

1.4.10 Geltender Rechtsrahmen für Entsendungen in der EU

Der Anspruch auf Freizügigkeit und das Recht auf Arbeiten in einem anderen Mitgliedsstaat aller EU-Bürger wurde bereits zu Beginn der Europäischen Gemeinschaft in den Verträgen festgehalten. Diese Koordinierungsregeln „beruhen auf dem Grundsatz der Anwendung von jeweils nur einer Gesetzgebung auf einmal, wenn die Berufstätigkeit in einem oder mehreren Mitgliedsstaaten ausgeübt wird" (Cremer 2011, S. 7). Mit dem Ziel der Gleichbehandlung und Nichtdiskriminierung unter Anwendung des Gastlandprinzips, findet für

Personen, die sich innerhalb der EU bewegen, das Sozialversicherungssystem von nur einem Mitgliedsstaat Anwendung. Grundsätzlich fällt die Person unter die Gesetzgebung des Mitgliedsstaates, in dem sie ihre Berufstätigkeit als Arbeitnehmer oder auch als Selbständiger ausübt (Cremer 2011, S. 7). Für die Entsendung innerhalb der EU gelten die in Artikel 12 der Verordnung 883/2004 geregelten Sonderregelungen:

> (12.1) Eine Person, die in einem Mitgliedsstaat für Rechnung eines Arbeitgebers, der gewöhnlich dort tätig ist, eine Beschäftigung ausübt und die von diesem Arbeitgeber in einen anderen Mitgliedstaat entsandt wird, um dort eine Arbeit für dessen Rechnung auszuführen, unterliegt weiterhin den Rechtsvorschriften des ersten Mitgliedsstaats, sofern die voraussichtliche Dauer dieser Arbeit vierundzwanzig Monate nicht überschreitet und diese Person nicht an eine andere Person ablöst.
>
> (12.2) Eine Person, die gewöhnlich in einem Mitgliedsstaat eine selbständige Erwerbstätigkeit ausübt und die eine ähnliche Tätigkeit ein einem anderen Mitgliedsstaat ausübt, unterliegt weiterhin den Rechtsvorschriften des ersten Mitgliedstaats, sofern die voraussichtliche Dauer dieser Tätigkeit vierundzwanzig Monate nicht überschreitet (Verordnung 883/2004, Art.12).

1.4.11 EU-Entsenderichtlinie von 1996

In der Richtlinie 96/71/EG aus dem Jahr 1996 sind Vorschriften festgelegt, die die für entsandte Arbeitnehmer geltenden Arbeits- und Beschäftigungsbedingungen verbindlich regeln. Inhalt der Richtlinie ist, „dass sich in einen anderen Mitgliedsstaat entsandte Arbeitnehmer gesetzlich auf eine Reihe von zentralen Rechten berufen können, die in dem Aufnahmemitgliedstaat, in dem die Tätigkeit ausgeübt wird, gelten“ (Europäische Kommission 2016, http://europa.eu/rapid/press-release_MEMO -16-467_de.htm). Die in dem Aufnahmemitgliedstaat geltenden Rechte, finden auf die entsandten Arbeitnehmer Anwendung, auch wenn sie weiterhin bei dem entsendenden Unternehmen beschäftigt sind. Weiterhin finden allgemein verbindliche Tarifverträge der Sozialpartner Anwendung für das Baugewerbe und weitere Branchen, falls sich die Mitgliedstaaten dafür entscheiden.

Exkurs: Die EU-Entsenderichtlinie von 1996 ist immer noch in Kraft, aber sie wurde durch die Richtlinie (EU) 2018/957 geändert, die am 29. Juli 2018 erlassen wurde und bis zum 30. Juli 2020 von den Mitgliedstaaten umgesetzt werden musste. Die Änderung soll die Rechte der entsandten Arbeitnehmer stärken und faire Wettbewerbsbedingungen für die Unternehmen gewährleisten. Die wichtigsten Änderungen betreffen die folgenden Aspekte:

- Die Anwendung des gleichen Entgelts für entsandte Arbeitnehmer wie für lokale Arbeitnehmer im gleichen Sektor oder Beruf, einschließlich aller Zulagen und Prämien.
- Die Begrenzung der Dauer der Entsendung auf 12 Monate (mit einer möglichen Verlängerung um weitere sechs Monate), nach der die meisten Arbeitsbedingungen des Aufnahmestaates gelten.
- Die Anwendung der Tarifverträge auf alle entsandten Arbeitnehmer, nicht nur auf diejenigen in öffentlichen Bauaufträgen.
- Die Verbesserung der Zusammenarbeit zwischen den nationalen Behörden zur Verhinderung von Missbrauch und Betrug bei der Entsendung. (EU, 2023).

Folgend sind die Mindestbedingungen, die für entsandte Arbeitnehmer anzuwenden sind, dargelegt:

- Mindestlohnsätze
- Höchstarbeitszeiten
- bezahlter Mindestjahresurlaub
- Bedingungen für die Überlassung von Arbeitskräften durch Leiharbeitsunternehmen
- Sicherheit, Gesundheitsschutz und Hygiene am Arbeitsplatz
- Gleichbehandlung von Männern und Frauen (EU-Entsenderichtlinie)

Den Mitgliedsstaaten steht es frei, die Arbeitsbedingungen für die entsandten Arbeitnehmer günstiger zu gestalten (Europäische Kommission 2016, http://europa.eu/rapid/press-release_MEMO-16-467_de.htm).

Entsendearten gemäß EU-Entsenderichtlinie

Gemäß EU-Entsenderichtlinie werden in Artikel 1 Abs. 3a-c drei Maßnahmen zur länderübergreifenden Erbringung von Dienstleistungen innerhalb der EU unterschieden. Die in der Richtlinie genannten Entsendungen unterteilen sich in die normale Entsendung, die innerbetriebliche Entsendung und die Entsendung über Leiharbeitsfirmen.

Es liegt eine Entsendung vor, wenn Unternehmen

- einen Arbeitnehmer in ihrem Namen und unter ihrer Leitung in das Hoheitsgebiet eines Mitgliedstaats im Rahmen eines Vertrags entsenden, der zwischen dem entsendenden Unternehmen und dem in diesem Mitgliedstaat tätigen Dienstleistungsempfänger geschlossen wurde, sofern für die Dauer der Entsendung ein Arbeitsverhältnis zwischen dem entsendenden Unternehmen und dem Arbeitnehmer besteht, oder

- einen Arbeitnehmer in eine Niederlassung oder ein der Unternehmensgruppe angehörendes Unternehmen im Hoheitsgebiet eines Mitgliedstaats entsenden, sofern für die Dauer der Entsendung ein Arbeitsverhältnis zwischen dem entsendenden Unternehmen und dem Arbeitnehmer besteht, oder
- als Leiharbeitsunternehmen oder als einen Arbeitnehmer zur Verfügung stellendes Unternehmen einen Arbeitnehmer in ein verwendendes Unternehmen entsenden, das seinen Sitz im Hoheitsgebiet eines Mitgliedstaats hat oder dort seine Tätigkeit ausübt, sofern für die Dauer der Entsendung ein Arbeitsverhältnis zwischen dem Leiharbeitsunternehmen oder dem einen Arbeitnehmer zur Verfügung stellenden Unternehmen und dem Arbeitnehmer besteht (RL 96/71/EG Artikel 1 Abs. 3 a-c).

Problematiken der Entsendearten gemäß EU-Entsenderichtlinie

Die normale Entsendung, als „Entsendungsart im traditionellen Sinne der Untervergabe von Sonderaufträgen an ein ausländisches Unternehmen" (Cremers 2011, S. 30-31), ist die unproblematischste Form, bei der in der Regel hoch qualifizierte und dotierte Arbeitnehmer in einen anderen Mitgliedsstaat entsandt werden. Bei der innerbetrieblichen Entsendung wird allerdings von Tochtergesellschaften berichtet, die zur Umgehung von Arbeitsnormen und weiteren Aufl.n gegründet werden. Beide Formen der Entsendung werden lediglich in Fällen problematisch, in denen der Unterlieferant beziehungsweise die ausländische Tochtergesellschaft ausschließlich billige Arbeitskräfte anzubieten hat. Bei der Entsendung von einem Land mit niedrigen Sozialversicherungskosten in ein Land mit normalen Sozialversicherungskosten belaufen sich die Kostenvorteile auf 25 bis 30 Prozent. Darüber hinaus können Kostenvorteile generiert werden, wenn auf entsandte Arbeitnehmer lediglich Mindestlöhne und -bedingungen angewandt werden und sie nicht entsprechend ihrer Fertigkeiten beziehungsweise Qualifikationen oder wie die regulären Arbeitskräfte im Gastland vergütet werden. Bei der Inanspruchnahme von Leiharbeitsfirmen in grenzüberschreitenden Tätigkeiten treten die häufigsten Probleme auf. Das Verbot von Leiharbeitsfirmen, was zum Zeitpunkt der Verabschiedung der Entsenderichtlinie, noch in mehreren Mitgliedstaaten im Bausektor galt, wurde in den 1990er Jahren in den meisten Ländern aufgehoben. Dadurch kam es zu einem gravierenden Anstieg des Sektors der Leiharbeitsfirmen (Cremers 2011, S. 30-31).

Übung 1.7

Recherchieren Sie mit Hilfe des Internets, ob es aktuell einen Fachkräftemangel gibt.

Übung 1.8

Zeigen Sie auf, welche Ebenen es im Arbeitsrecht aus deutscher Perspektive gibt.

Zusammenfassung

Es ist strittig, ob es einen Arbeitsmarkt im volkswirtschaftlichen Sinne für internationale Mitarbeiter gibt. In diesem Abschnitt wird aufgezeigt, wie eine internationale Suche nach Arbeitskräften gestaltet werden kann. Es wird unterschieden zwischen internen und externen Wegen der Personalbeschaffung und die jeweiligen Vor- und Nachteile werden aufgezeigt. Personal wird zunehmend mit Hilfe des Internets rekrutiert. Die unterschiedlichen Kulturgegebenheiten und die Gesetzgebung sind zu berücksichtigen. Jedoch werden Filipinos häufig als Weltarbeiter bezeichnet. Sie sind in verschiedenen Ländern und Regionen der Welt tätig, um ihre Familien zu unterstützen. Filipinos gelten als gastfreundlich und sind bekannt für ihre harte Arbeit.

1.5 Formen der grenzüberschreitenden Tätigkeit von Mitarbeitern

Lernziele

Sie haben ein grundsätzliches Verständnis für die unterschiedlichen Formen der grenzüberschreitenden Tätigkeiten von Mitarbeitern und können diese voneinander abgrenzen.

Traditionelle Auslandsentsendungen

Mitarbeiter, die auch Expatriates genannt werden, werden von den fachlichen Vorgesetzten vorgeschlagen, die Auslandsaktivitäten in ihrem Bereich in der Tochterniederlassung aufzubauen, weiter zu entwickeln und Mitarbeiter vor Ort anzulernen. Traditionelle Entsendungen können 3-6 Wochen, mittelfristig bis zwei Jahre und langfristig bis 5 Jahre betragen. Sollte der Mitarbeiter für immer in der Tochterniederlassung bleiben wollen, so muss er in die Tochterniederlassung übertreten.

Selbst-initiierte Auslandsaufenthalte

Mitarbeiter sind mehr ihren eigenen Karrieren verbunden und nicht mehr dem Unternehmen. Wird eine Stelle in einer Tochtergesellschaft ausgeschrieben, bewerben sie sich darum, auch wenn sie nicht von ihren Chefs und der Personalabteilung als Expatriates vorgesehen sind. Für sie ist ein Auslandsaufenthalt persönlich dienlich und karrieretechnisch sinnvoll, deshalb planen sie den Auslandsaufenthalt aus eigener Initiative und bewerben sich auf Positionen im Ausland, auch in fremden Unternehmen.

Inpatriates

Inpatriates sind Expatriates von Tochterunternehmen, d.h. beschäftigte ausländische Mitarbeiter werden von der Tochterniederlassung in die Muttergesellschaft entsandt oder sie werden in eine andere Niederlassung entsandt und beschäftigt.

International Commuters

International Commuters sind internationale Pendler zwischen Muttergesellschaft und Tochterniederlassungen oder nur zwischen Tochtergesellschaften zwecks Sonderaufgaben, die immer wieder anfallen, z.B. die Informationssysteme und die Computer zu aktualisieren, zu überprüfen, zu reparieren usw.

International Frequent Travellers

Sie sind Expatriates, die gleichzeitig als internationale Vielflieger bezeichnet werden können, z.B. Mechaniker / Monteure, die immer wieder zu verschiedenen Erdölförderinseln in der Nordsee fliegen, um Probleme an der Hydraulik und Mechanik zu reparieren und generell zu lösen.

Virtuelle Expatriates

Fachkräfte, z.B. auch Ärzte und Lehrer in Australien, Astronautenbetreuung von der Mutterbasis, die mit Hilfe von Skype fachliche Hilfe geben können, da deren Verschickung nicht möglich oder zu teuer wäre und das Problem derart akut ist, dass der fachliche Rat nur noch zeitlich über Skype möglich ist.

Methoden der Vorbereitung auf Auslandstätigkeiten:

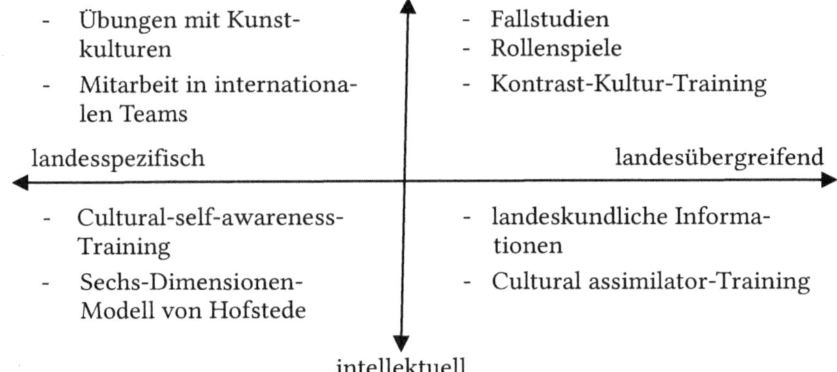

Abb. 1.4: Methoden der Vorbereitung auf Auslandstätigkeiten (in Anlehnung an Holtbrügge, 2015, S. 333 und Gudykunst & Hammer, 1983, S. 126)

Sonstige traditionell entsandte Mitarbeiter

90-95% traditionell entsandter Mitarbeiter, die z.B. auf Baustellen oder Schiffen eingesetzt werden, stammen aus Entwicklungsländern wie Pakistan, Indonesien, Philippinen. Diese Mitarbeiter haben keine Ausbildung und können billig beschäftigt werden. Nur die oberen Führungskräfte gehören zu den privilegierten Expatriates im weiteren Sinne, die von den internationalen Unternehmen normal bezahlt und beschäftigt werden. SAP ist das größte europäische und das drittgrößte weltweite Softwareunternehmen nach Umsatz: SAP hatte in 2022 111.961 Mitarbeiter in 180 Ländern (SAP, 2022).

Eine Auslandstätigkeit bedingt einer umfassenden Vorbereitung, um die zukünftigen Delegierten die notwendigen Qualifikationen zu vermitteln und eventuelle diagnostiziere Defizite ausgleichen zu können (Holtbrügge, 2015, S. 332-333); s. Abb. 1.4.

Beispiel

SAP führt seit vielen Jahren virtuelle Auslandsentsendungen durch. SAP gilt als drittgrößtes Software-Unternehmen der Welt mit ca. 36.600 Mitarbeitern in mehr als 50 Ländern der Erde. SAP-Produkte werden weltweit von mehr als 33.200 Kunden eingesetzt. In der Abteilung „System Landscape Optimization" sind ca. 80 hoch qualifizierte Software-Experten beschäftigt, von denen die meisten als virtuelle Entsandte tätig sind. Ihre Hauptaufgaben sind ferngesteuerte Systemimplementierung und -wartung bei ausländischen Kunden. Solche Einsätze können bis zu einem Jahr dauern. Die permanente Präsenz der Experten vor Ort wäre zu teuer. Zudem sind viele dieser Experten in mehreren Projekten tätig (Ohr et al., 2007, Holtbrügge & Welge, 2015, S. 338, http://www.sap.com.).

Intellektuell-landesspezifische Vorbereitungen beinhalten eine kurze Einführung oder Auffrischung in die jeweilige Landessprache und allgemeine Informationen über das Gastland.

In **Cultural Assimilator trainings** werden die Teilnehmer mit landestypischen interkulturellen Problemsituationen kontrastiert und müssen sich für ein bestimmtes Verhalten oder eine bestimmte Interaktion entscheiden. Solche Cultural assimilator-Trainings wurden bspw. für Indonesien, China, Russland, Korea und die USA entwickelt. **Self-aware-ness-Modelle** gehen davon aus, dass für das Verständnis fremder Kulturen zunächst die Kenntnis der eigenen Kultur (Werte, Stereotype, Verhaltensweisen etc.) bekannt sein müssen. Hierzu wird bspw. das Verhalten der Teilnehmer in Rollenspielen aufgezeichnet und anschließend in der Gruppe diskutiert (Holtbrügge & Welge, 2015, S. 333-334).

Übung 1.9

Überlegen Sie, wie eine Vorbereitung auf eine Auslandstätigkeit vorgenommen werden könnte.

Beispiel

Vorbereitungsseminare für ins Ausland gesandte Mitarbeiter bietet bspw. die Carl Duisberg Gesellschaft (CDG) an sieben verschiedenen Standorten in Deutschland (Berlin, Frankfurt, Hannover, Köln, München, Radolfzell am Bodensee und Saabrücken) an. Die CDG wurde 1949 gegründet und ist eine gemeinnützige Organisation für internationale berufliche Weiterbildung und Personalentwicklung. Getragen wird sie von ca. 750 Unternehmen, Organisationen und Einzelpersonen. Angeboten werden u.a. Sprachreisen, Sprachkurse für den Beruf, Auslandspraktika, interkulturelle Trainings und landeskundliche Informationsveranstaltungen, sowie Re-Integrationsprogramme für Auslandsrückkehrer (Holtbrügge & Welge, 2015, S. 336 und https://www. carl-duisberg-firmentraining.de/training/sprachkurse/pruefungsvorbereitung/

Übung 1.10

Grenzen Sie Expatriates, Inpatriates, International Commuters, International Frequent Travellers und virtuelle Expatriates voneinander ab.

Zusammenfassung

In diesem Abschnitt wurden unterschiedliche Formen der grenzüberschreitenden Tätigkeit vorgestellt. Eine Auslandstätigkeit bedingt eine spezielle Vorbereitung, die im Unternehmen oder auch von einem externen Dienstleister angeboten werden kann.

1.6 Outsourcing und Offshoring des Personalmanagements

Lernziele

- Sie haben ein grundsätzliches Verständnis für Outsourcing und Offshoring und können diese Begrifflichkeiten im internationalen Personalmanagement einordnen.

Genau wie in anderen Unternehmensfunktionen sollte auch im Personalwesen darüber nachgedacht werden, ob alle Aufgaben selbst ausgeführt werden oder ob externe Anbieter hinzugezogen werden (Holtbrügge, 2015, S. 77).

Neben dem **Outsourcing** bestimmter Personalfunktionen an externe Dienstleistungen wie die Lohn- und Entgeltabrechnung im Inland, weil die Kompetenz fehlt und diese extern billiger erstellt werden kann, ist in vielen internationalen Unternehmen zu beobachten, dass diese Personalfunktionen ins Ausland auf Tochterunternehmen verlagert werden, z.B. nach Irland, China oder Indien, und zwar wegen niedrigerer Personalkosten bei der Abrechnungserstellung. Hinzu kommt, dass aufgrund des Zeitunterschiedes die Aufgaben über Nacht erledigt werden können. Das Personalmanagement vor Ort kann sich dafür auf strategische Aufgaben konzentrieren.

Kritische Verlagerungen des Personalmanagements, der Personalbeschaffung, Personalentgeltmanagements usw. z.B. nach Zypern, Singapur, Fürstentum Monaco, Indien usw. für Schiffskreuzfahrten nach Norwegen, Grönland, Mittel- und Südamerika usw., um Indonesier, Philippiner zu beschäftigen, die bis zu ca. 90% des Personalbestands einer Schiffsbesatzung ausmachen sind kritisch zu betrachten. Ähnlich kritisch müssen die Erstellung bzw. der Bau von Fußballstadion in Katar gesehen werden, wenn auf Indern, Bangalen usw. zurückgegriffen wird, und diesen der Ausweis abgenommen wird, sie schlecht versorgt werden, kein Entgelt bekommen und wie Sklaven behandelt werden.

Eine Verlagerung ins Ausland hat typische Vor- und Nachteile, die in der nachfolgenden Tabelle aufgeführt sind.

Vorteile	Nachteile
- Konzentration auf Kernkompetenzen - Versuch, fixe Kosten variabler zu gestalten - Erhöhung der Leistungsqualität durch Spezialisierung - Vermeidung von Auslastungsschwankungen - Erhöhung der Flexibilität - Gewährleistung innovativer Leistungen durch Marktorientierung - Übertragung von Risiken	- Hohe Transaktionskosten - Gefahr gegenseitiger Überschneidungen von Angeboten (vor allem bei der Auslagerung von Aufgaben an mehrere Unternehmungen) - Die Akzeptanz bei Mitarbeitern und Betriebsrat ist häufig gering - Abhängigkeit bei spezifischen Leistungen - Know-how-Verlust-Gefahr

Tab. 1.3: Vor- und Nachteile des Outsourcing von Personalaufgaben (in Anlehnung an Holtbrügge, 2015, S. 67

Beispiel

Ein Beispiel einer Unternehmung, die bereits seit längerer Zeit Teile ihrer Personalbeschaffung und -entwicklung ausgelagert hat, ist die Microsoft Deutschland GmbH. Der wichtigste Grund für das Outsourcing der administrativen Bearbeitung aller Bewerbungen an hr Factory GmbH war die Reduzierung der durchschnittlichen Durchlaufzeit auf weniger als zehn Tage. Dadurch gelangte die Unternehmung in die Lage, geeignete Kandidaten sehr schnell zu identifizieren und Wettbewerbsvorteile auf dem Personalbeschaffungsmarkt zu realisieren. Die hr Factory GmbH wickelt darüber hinaus die gesamte Personalentwicklung der Unternehmung ab. Dazu zählen die Kommunikation mit den Teilnehmern (Einladungen, Anreisebeschreibungen, u.a.), die Buchung passender Veranstaltungsorte sowie das Briefing der Trainer und die Rechnungsprüfung. Die Vorteile des Outsourcing dieser Personalaufgaben sieht Microsoft Deutschland vor allem in der Möglichkeit, sich auf die strategischen Aspekte des Personalmanagements zu konzentrieren sowie die Qualität der Personalbeschaffung und -entwicklung zu verbessern. Darüber hinaus konnte die Unternehmung dadurch die Fixkosten in ihrer Personalabteilung reduzieren und die Flexibilität bei schwankender Nachfrage erhöhen (Ambros 2002 in Holtbrügge, 2015, S. 77).

Neben dem Outsourcing an externe Dienstleister ist auch das Offshoring (Verlagerung von Personalaufgaben ins Ausland) bei vielen Unternehmen zu beobachten. Typische Aufgaben, die ins Ausland verlagert werden, sind die Lohn- und Gehaltabrechnung und die Personalbetreuung (Holtbrügge, 2022, S. 77)

Übung 1.11: Grenzen Sie Offshoring und Outshoring des Personalmanagements gegeneinander ab und finden Sie jeweils Beispiele.

Beispiel

„SAP hat 2004 damit begonnen, administrative Personalaufgaben in ein ***Shared Service Center*** nach Prag zu verlagern. Dieses übernimmt für ca. 70 Landesgesellschaften Prozesse aus den Bereichen Entgeltgestaltung, Personalbeschaffung und internationale Mitarbeitertransfers." (Holtbrügge, 2022, S. 78).

Outsourcing bedeutet die Auslagerung bestimmter Unternehmenstätigkeiten an Fremdunternehmen, z.B. Reinigungs-, Wach-, Kantinendienste (Kutschker, 2011; S. 10269).

Kutschker & Schmid definieren Offshoring als die Bezeichnung für länderübergreifendes Outsourcing (2011, S. 1453).

Offshoring bedeutet die Verlagerung betrieblicher Aktivitäten ins Ausland. Farshoring bedeutet in die Verlagerung ins entfernte Ausland. Unter Nearshoring wird die Verlagerung in nahe Länder, häufig osteuropäische Länder, verstanden.

Zusammenfassung

In diesem Abschnitt wurde auf das Out- und Offshoring des Personalmanagements eingegangen. Die typischen Vor- und Nachteile des Outsourcings wurden vorgestellt.

2 Prozess des internationalen Personalmanagements

Haben Sie schon mal darüber nachgedacht, wie ein Auslandseinsatz von Mitarbeitern geplant und umgesetzt wird? Wahrscheinlich nicht; in diesem Kapitel zeigen wir den Prozess von Auslandseinsätzen auf. Wir starten damit, dass wir die Bedeutung und Ziele von Auslandseinsätzen erläutern. Im Absatz zwei legen wir dar, wie die Auswahl von Mitarbeitern vor sich geht. Die rechtlichen Aspekte spielen hierbei eine bedeutende Rolle und dürfen nicht fehlen. Im Absatz drei wird beleuchtet, wie Mitarbeiter mittels interkultureller Trainings auf Auslandseinsätze vorbereitet werden. Im vierten Absatz beschreiben wir den Auslandseinsatz einschließlich seiner Risiken und der Betreuung vor Ort. Mitarbeiter kommen irgendwann aus dem Ausland zurück und müssen reintegriert werden, was nicht immer problemlos abläuft.

2.1 Bedeutung und Ziele von Auslandseinsätzen

Lernziele

Sie können die Begriffe internationale Personalauswahl, Assessmentcenter, Interkulturelles Training, internationale Weiterbildung, Begleitung internationaler Entsandter in den Ländern vor Ort, Wiedereingliederung der Entsandten in die Muttergesellschaft nach dem Auslandsaufenthalt einordnen.

Versteht man unter ökonomischer Internationalisierung den zunehmenden Anteil grenzüberschreitender Wirtschaftstätigkeiten von multinationalen Unternehmen in den Bereichen Handel, Finanzen, Dienstleistungen, Technologie und Logistik, so versteht man weshalb Unternehmen neben der Organisation, der rechtlichen Gestaltung, der finanziellen Beteiligungen und der „Klammer" internationales Personalmanagement durch Expatriates eine große Bedeutung zuschreiben.

Es bestehen häufig mehrere Gründe für eine Entsendung gleichzeitig. Sie bestimmen im erheblichen Maße die unternehmerischen und persönlichen Erwartungen, die das Mutterunternehmen oder Tochterunternehmen sowie die Mitarbeiter/Innen an deren Rolle als Entsandter im Ausland haben. Schließt man diese Überlegungen an das EPRG-Modell von Perlmuttter an, so lassen sich pro Strategie folgende Erwartungen und Rollen daraus folgern:

Koordinations- und Kontrollfunktion: Auslandsentsandte, insbesondere in ethnozentrisch geführten Unternehmen, können als Personalcontroller in der Organisation wirken, in der der Entsandte eine direkte Kontrollfunktion innehat, und damit die Umsetzung der Strategie in den Strukturen und Prozessen seitens der Tochterunternehmung sicherstellt. Gerade amerikanische, chinesische, deutsche, japanische und französische Unternehmen nutzen diese Form von Kontrolle, um die Dominanz und Machtposition der Entsandten zu unterstreichen.

Sozialisierungsfunktion: Internationale Entsendungen helfen das Wissen von Sprache, politischen und kulturellen Werten von Ländern und Tochterunternehmen zu lernen und zu vertiefen. Kompetenzen im Controlling, im Marketing und im Handel, in der Produktion und in der Logistik sich anzueignen und an andere Mitarbeiter weiterzugeben, um spätere potenzielle, internationale Führungsfunktion im Unternehmen zu übernehmen.

Bildung von Netzwerken: Expatriates tragen zur freundschaftlichen Pflege, Kontakte und Kommunikation zwischen Mitarbeitern der Muttergesellschaft und der Tochterunternehmen bei. Man erhofft sich, dass Netzwerke international entstehen, auf die man bei Gelegenheit zurückgreifen kann, insbesondere wenn der Expatriate zurückgekehrt ist, und z.B. im Mutterunternehmen Kontaktstelle bzw. Person für bestimmte Länder ist.

Boundary spanner: Expatriates tragen Informationen aus den intra- und extraorganisatorischen Bereichen der multinationalen Unternehmung zusammen und bilden somit „Botschafter oder ähnliche Vertreter" ihres Unternehmens im jeweiligen Land. Soziale Events können dem Unternehmen helfen sich über politische Entwicklungen im Land rechtzeitig zu informieren und ein Wissen über den lokalen Markt zu sammeln und wie Reputation für das eigene Unternehmen platziert werden kann.

Wissenstransfer und Sprachvermittler: Viele multinationale Unternehmen wie Airbus, BASF, Siemens usw. entwickeln eine unternehmenseigene, standardisierte Unternehmenssprache, die in den meisten Fällen Englisch ist. In Spanien, Mittelamerika und Südamerika kann dies auch Spanisch sein, ebenso in Portugal, Kongo, Mosambik und Brasilien ist auch Portugiesisch denkbar. Dennoch bleiben sprachliche Barrieren als Teil der Zusammenarbeit in internationalen Unternehmen oft bestehen.

Übung 2.1

Welche Rollen, Erwartungen und Funktionen ergeben sich nach EPRG-Modell von Perlmutter bei Auslandsentsendungen?

Zusammenfassung

In diesem Absatz wurde die Bedeutung von Auslandseinsätzen aufgezeigt. Lt. Perlmutter gibt es verschiedenen Erwartungen und Rollen für einen Einsatz im Ausland, die erläutert wurden.

2.2 Auswahl von Mitarbeitern

Lernziele

In den folgenden Abschnitten werden die Ziele der Personalauswahl sowie die zur Verfügung stehenden und praktisch eingesetzten Verfahren und Methoden erläutert. Welche (spezifischen) Probleme bei einer internationalen Personalauswahl entstehen können und welche Möglichkeiten bestehen, um diese zu verringern, wird ebenfalls aufgezeigt.

2.2.1 Internationale Personalauswahl

Durch eine erfolgreiche internationale Personalsuche ist ein Pool an potenziellen Mitarbeitern entstanden. Aus diesem muss im nächsten Schritt ein(e) geeignete(r) Bewerber/in ausgewählt werden, um die vakante Stelle zu besetzen. Dieser Prozess wird von verschiedenen Faktoren beeinflusst. Dazu zählen (Mondy/ Mondy, 2014, S. 158-160):

- der Bewerberpool
- andere HR-Funktionen
- rechtliche Rahmenbedingungen
- die zur Verfügung stehende Zeit, um eine Auswahl zu treffen
- der Organisationstyp
- die Hierarchieebene der zu besetzenden Position
- und der Unternehmensfit.

In den folgenden Abschnitten werden die Ziele der Personalauswahl sowie die zur Verfügung stehenden und praktisch eingesetzten Verfahren und Methoden erläutert.

Einordnung und Ziele der Personalauswahl

Die internationale Personalauswahl ist Teil des internationalen Rekrutierungsprozesses und schließt, wie die nationale Personalauswahl, unmittelbar an die Personalsuche an. Ridders definiert dazu folgende Aufgaben: „In Auswahlverfahren wird […] geprüft, ob die Qualifikationen des Bewerbers mit den Anforderungsprofilen übereinstimmen, und es sollen zukünftige Leistungen des Bewerbers prognostiziert werden."(Ridder, 2015, S. 99) Die Auswahl beabsichtigt demnach die Selektion der am besten passenden Bewerber. Nach der Personalauswahl folgen die Schritte Personaleinstellung und Einarbeitung, (auch „Onboarding" genannt) (Schmeisser et al , 2013, S. 69f.).

Bedeutung von Personalauswahl

Die effektive und effiziente Personalauswahl nimmt einen großen Stellenwert im Beschaffungsprozess und im gesamten Unternehmen ein. Individuell auf das Unternehmen angepasste Diagnoseverfahren können entscheidende Wettbewerbsvorteile generieren (Berthel/Becker, 2013, S. 354) So kann auch das Risiko von Fehlentscheidungen gemindert und das Unternehmen mit den benötigten Mitarbeitern versorgt werden.

Die Entlassung von einmal eingestelltem Personal ist häufig mit Komplikationen verbunden (Jung, 2011, S. 153). Fehlentscheidungen bei der Auswahl können dem Unternehmen erheblich Schaden zufügen. Es können, wie in Tabelle 4.1 dargestellt, zwei Arten von Entscheidungsfehlern unterschieden werden.

Tab. 2.1: Unterscheidung von Entscheidungsfehlern

Eignung des Bewerbers	Entscheidung	
	angenommen	abgelehnt
objektiv geeignet	richtige Entscheidung	fälschlicherweise abgelehnt (β-Fehler)
objektiv ungeeignet	fälschlicherweise angenommen (α-Fehler)	richtige Entscheidung

Quelle: in Anlehnung an Berthel/Becker, 2013, S. 367; Scholz, 2014, S. 18; Krüger, 2002, S. 195

Die Einstellungen von nicht geeigneten Bewerbern sind Fehler erster Art (Alpha-Fehler) (Krüger, 2002, S. 195). Sie können erhebliche negative Effekte nach sich ziehen. Wenn ein systematischer Fehler im Auswahlprozess, -verfahren oder in den Auswahlinstrumenten vorliegt, kann dieser alle nachfolgenden Auswahlprozesse beeinflussen (Berthel/Becker, 2013, S. 367). Bis zur richtigen Besetzung der Position verringert sich in den meisten Fällen die Produktivität in der betroffenen Funktion. Nach Angaben deutscher Unternehmen können Kosten für Personalfehleinstellungen in der Höhe von bis zu 50.000 € entstehen (Krüger, 2002, S. 195; Lorenz, 2015, S. 2f.)

In der nachfolgenden Tabelle (Tab. 2.2) werden die möglichen Kosten bei Fehlentscheidungen zusammenfassend dargestellt.

Tab. 2.2: Mögliche Kosten bei Fehlentscheidungen

Anwerbungskosten	- Stellenanzeige/Personalberater - Auswahlverfahren (Arbeitszeit des Bewerbermanagements, der Führungskräfte) - Sachkosten (Bewerbungskosten der Kandidaten, Eignungsdiagnosen, Informationsmaterial)

Einarbeitungskosten	- Direkte Personalkosten (unbefriedigendes und verringertes Leistungsverhalten im Vergleich zum geeigneten Bewerber) - Ausbildung, Qualifizierung und Schulung/Trainee-Programme - Indirekte Personalkosten (Zeit des Vorgesetzten/Kollegen/Betreuer)
Überarbeitungskosten	- Produktivitätsminderung, bis ein Nachfolger gefunden ist - Unsicherheit bei Kunden/Mitarbeitern/Kollegen - Störung des Betriebsklimas
Trennungskosten	- Abfindung/Gerichtskosten (gilt nur nach Probezeit) - Personal- und Sachkosten für den Entlassungsvorgang

Quelle: in Anlehnung an Obermann, 2013, S. 44; Krüger, 2002, S. 195; Lorenz, 201), S. 2f.

Fehler der zweiten Art Beta-Fehler) treten auf, wenn eigentlich passende Bewerber dennoch als ungeeignet angesehen und abgesagt werden. Wenn letztendlich ein geeigneter Bewerber selektiert wurde, ist dieser Fehler wenig problematisch für das Unternehmen.

Übung 2.2

Erklären Sie Alpha- und Beta-Fehler im Personaleinstellungsverfahren.

2.2.2 Voraussetzungen und Anforderungen zur Personalauswahl

Die Analyse der Anforderungen an den Bewerber und die Festlegung eines Anforderungsprofils ist die Basis für die Entscheidung und Entwicklung des Auswahlinstruments. Somit bildet dieser Schritt die Voraussetzung für eine effektive Auswahl. Eine erfolgreiche Entscheidung wird maßgeblich von der Qualität des Anforderungsprofils bestimmt. Lorenz führt an, dass ein auswahlunterstützendes Anforderungsprofil „alle beim gesuchten Mitarbeiter gewünschten Qualifikationen möglichst detailliert [...] beschreibt" (und zwar „die fachliche Qualifikation, die Verhaltenskompetenzen und persönlichkeitsbezogene Aspekte" (Lorenz, 2015, S. 8f.). Anhand dieses Maßstabs kann anschließend eine Auswahl der Instrumente zur Bewerberbeurteilung erfolgen. Die Anforderungen der Position können aus der Stellenbeschreibung abgeleitet und durch Befragung von Vorgesetzten und Stelleninhabern ergänzt werden (Verfürth (2002), S. 261). Dies liefert neben dem Stellenplan und Stellenbesetzungsplan auch wichtige Informationen zur Struktur und Arbeitsweise des Teams und der Abteilung fasst die Methoden, die zur Anforderungsanalyse herangezogen werden können, in einer Übersicht zusammen.

Bei internationalen Führungskräften ist grenzüberschreitendes, interkulturelles Denken und Agieren Grundbestandteil der Arbeit. Der unternehmerische Erfolg ist von der Fähigkeit abhängig, Themen im „internationalen Kontext unter Einbeziehung unterschiedlicher Sichtweisen" (Heymann/ Schuster (1998), S. 88) zu betrachten. Heymann und Schuster (1998) geben im Rahmen persönlichkeitsbezogener Kriterien Lernbereitschaft, kulturelle Anpassungs- und Integrationsfähigkeit, Überzeugungskraft, Kommunikationsfähigkeit, Toleranz, Initiative, Flexibilität, Mobilität, Teamfähigkeit und Belastbarkeit als typische Anforderungen an. Tätigkeitsbezogene Anforderungen umfassen das Fachwissen, die Erfahrung sowie Fremdsprachenkenntnisse (Heymann/Schuster, 1998, S. 89-90).

2.2.3 Personalauswahlprozess

Wie in der Abb. 2.1 (Personalauswahlkette) dargestellt umfasst der Prozess der Auswahl mehrere Schritte, die jedoch nicht alle in der Praxis zur Anwendung kommen oder notwendig sind (Schmeisser et al., 2013, S. 70).

Auf Grundlage des Anforderungsprofils folgt typischerweise im zweiten Schritt eine erste Vorauswahl. Dazu werden bei fast allen Stellenbesetzungen die Bewerbungsunterlagen analysiert, bewertet und mit dem Anforderungsprofil abgeglichen. Eine Vorselektion basiert auf dem Prinzip der Negativselektion, bei der „[A]alle Bewerber, die für die Position als nicht geeignet erachtet werden" (eine Absage erhalten). Die Selektion erfolgt anhand von definierten Kennzahlen und Kriterien, den sogenannten „Killer-Kriterien" (Nicolai, 2006, S. 101: Zu erfüllende Grundbedingungen (Abschlussnote, Altersgrenze etc.). Die Qualität der Vorauswahl bestimmt nach Krüger damit auch die Qualität des weiteren Auswahlprozesses. Außerdem bietet sie neben dem Anforderungsprofil Grundlage für die Konzeption der weiteren Auswahlinstrumente (Krüger, 2002, S. 195). Die anschließend genutzten Auswahlinstrumente werden im weiteren Verlauf genauer betrachtet. Dabei unterscheidet man zwischen klassischen und digitalen Verfahren über das Internet. Zum Ende oder während des Auswahlprozesses erfolgt eine Bewertung der in den vorherigen Schritten gesammelten Informationen. Daran wird schlussendlich die konkrete Auswahlentscheidung vollzogen.

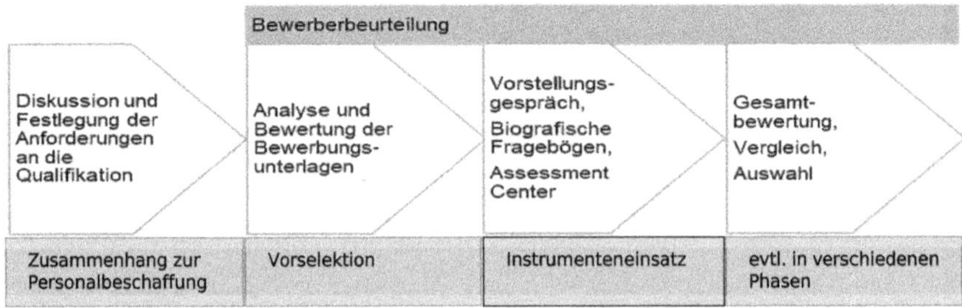

Abb. 2.1: Personalauswahlkette. Quelle: in Anlehnung an Berthel/Becker, 2013, S. 350

2.2.4 Rechtliche Aspekte zur Auswahl von Personal

Bei der Auswahl von Bewerbern und der dabei durchgeführten Beobachtung und Bewertung wird ein Eingriff in die Persönlichkeitssphäre der Kandidaten vorgenommen. Unterschiedliche rechtliche Regelungen kommen zum Einsatz, um die Persönlichkeitsrechte zu schützen. Aus dem Art. 1. Abs. 1 GG leitet sich ab, dass in die Intimsphäre einer Persönlichkeit nicht eingegriffen werden darf. Insbesondere psychologische Tests können das informelle Selbstbestimmungsrecht nach Art. 2 Abs. 1 GG verletzen. Eine Einwilligungserklärung (durch freie Selbstbestimmung) der Bewerber, besonders zu eignungsdiagnostischen Tests, ist erforderlich für ein unproblematisches Eindringen in das Persönlichkeitsrecht (Lorenz, 2015, S. 45-50). Gemäß § 32 Abs. 1 Bundesdatenschutzgesetz (BDSG) dürfen personenbezogene Daten eines Beschäftigten nur für Zwecke des Beschäftigungsverhältnisses erhoben, verarbeitet oder genutzt werden. Dies gilt nur wenn dies für die Entscheidung über die Begründung eines Beschäftigungsverhältnisses oder nach Begründung des Beschäftigungsverhältnisses für dessen Durchführung oder Beendigung erforderlich ist. Die Aufbewahrung von Daten eingestellter Bewerber ist durch Aufnahme der Informationen in die Personalakte zulässig. Welchen Zeitraum Daten abgelehnter Bewerber über die Ablehnung hinaus gespeichert werden dürfen, z.B. aus befürchteten Rechtsstreitigkeiten, ist umstritten (Greßlin, 2015, S. 117).

Zum Allgemeinen Gleichbehandlungsgesetz

Wie oben erläutert, muss der Arbeitgeber Gleichbehandlung der Bewerber während des gesamten Bewerbungsverfahrens wahren. Bei der Auswahl von Personal ist daher eine Diskriminierung gemäß § 12 AGG zu verhindern (Wien/ Franzke (2014, S. 25). Das Gesetz wirkt sich auch auf die Zulässigkeit von Fragen in Einstellgesprächen oder Assessment-Centern aus. Dies wird im folgenden Abschnitt genauer erläutert. Im Falle einer Benachteiligung und Ablehnung aus den im § 1 AGG genannten Gründen, hat der Bewerber nach § 15 AGG drei Monate Zeit rechtliche Schritte einzuleiten, um Schadensersatzansprüche gegen das Unternehmen geltend zu machen (Lorenz, 2015, S. 5). Nach § 22 AGG liegt die Beweislast bei berechtigter Vermutung einer Benachteiligung beim Arbeitgeber. In den USA klagen jährlich rund 80.000 Mitarbeiter und Bewerber aus Diskriminierungsgründen. Besondere Erfolgswahrscheinlichkeit besteht bei Klagen gegen Unternehmen, die lediglich unstrukturierte Vorstellungsgespräche durchführen (Obermann, 2015, S. 51-53). Dies markiert einen weiteren relevanten Aspekt der Wahl des richtigen Auswahlinstruments. Der Aspekt der Chancengleichheit ist insbesondere im internationalen Recruiting zu berücksichtigen, kann jedoch ein Problem darstellen. Durch unterschiedliche Gesetzgebungen in verschiedenen Ländern ist für multinationale Unternehmen keine standardisierte Lösung möglich. Kenntnisse in den jeweiligen Gesetzeslagen sind folglich Voraussetzung. „Letztlich kann der Gesetzgeber aber nur den Rahmen der Auswahl gestalten und dadurch versuchen, Gerechtigkeit und Chancengleichheit herzustellen. Welche psychologischen und zum großen Teil unbewussten Prozesse bei Auswahlentscheidungen ablaufen, bleibt den Gesetzen vorenthalten." (Festing et al., 2011, S. 271f.).

Übung 2.3

Recherchieren Sie die Ziele des Allgemeinen Gleichbehandlungsgesetzes, gemäß Abschnitt 1, Allgemeiner Teil, § 1 (AGG).

Mitbestimmungsrecht

Durch das Betriebsverfassungsgericht ist die Unternehmensleitung zur Aufstellung von Betriebsvereinbarungen mit dem Gesamtbetriebsrat verpflichtet (Jung, 2011, S. 154; Berthel/Becker, 2013, S. 368). Auswahlrichtlinien können bei mehr als 500 Beschäftigten vom Betriebsrat gefordert werden und bedürfen in jedem Fall nach § 95 Abs. 1 BetrVG der Zustimmung. Das Aufstellen allgemeiner Beurteilungsgrundsätzen und der Personalfragebogen sind nach § 94 Abs. 1 und 2 mitbestimmungs- bzw. zustimmungspflichtig. Auch bei der Personal(beschaffungs)planung nach § 92 BetrVG und in Bezug auf die Auswahlentscheidung und Einstellung nach § 99 BetrVG hat der Betriebsrat ein Beteiligungsrecht (Jung, 2011, S. 185; Berthel/Becker, 2013, S. 368).

Rechtliche Regelungen zu ausgewählten Instrumenten

Das Vorstellungsgespräch unterliegt speziellen Regelungen, die in drei Kategorien gegliedert werden können. Die erste betrifft die Offenbarungspflicht, der sowohl Arbeitgeber als auch Bewerber unterliegen. Der Bewerber hat die Pflicht, Aspekte und Umstände von sich aus anzusprechen, die ihn an der beruflichen Leistungserbringung hindern. Als zweites ist das Fragerecht des Arbeitgebers zu berücksichtigen. Dieses ist durch das allgemeine Persönlichkeitsrecht begrenzt. Fragen müssen in unmittelbarem Bezug zur Stelle stehen. Auf zulässige Fragen muss der Bewerber wahrheitsgemäß antworten. Drittens werden verbotene Fragen gestellt, kann der Bewerber dies verweigern bzw. „lügen (Notlüge)" Stellt der Arbeitgeber unzulässige Fragen zu privaten oder intimen Aspekten, beispielsweise zu Vermögensverhältnissen, zum Alter, Familienstand, Kindern oder sexueller Orientierung (Lorenz, 2015, S. 5), darf der Bewerber die Antwort verweigern oder falsch beantworten („Lügerecht"). Bei einer Verletzung der Offenbarungspflicht oder einer unwahren Beantwortung zulässiger Fragen hat der Arbeitgeber nach § 123 BGB das Recht auf Anfechtung des Arbeitsvertrages, wodurch dieser nichtig wäre (Berthel/Becker, 2013, S. 367-371; Wien/Franz ke, 2014, S. 17-20). Ein Bewerber hat nach §§ 662, 670 BGB grundsätzlich einen Anspruch auf Ersatz der entstandenen Kosten (Fahrt-, Übernachtungs- und Verpflegungskosten) im Zusammenhang mit einem Bewerbungsgespräch. Dies gilt nicht, wenn der Arbeitgeber bei der Einladung explizit darauf hinweist, dass Bewerbungskosten nicht erstattet werden (Wien/Franzke, 2014; S. 21-25; Olfert, 2015, S. 173). Des Weiteren hat ein Bewerber, der sich in einem Dauerarbeitsverhältnis mit baldiger Beendigung befindet, Anspruch auf Beurlaubung zur Stellensuche bei seinem aktuellen Arbeitgeber. Mit Berücksichtigung der Interessen des Arbeitnehmers legt der Arbeitgeber den Zeitpunkt der Beurlaubung, für einen angemessenen Zeitraum, fest. Er hat außerdem die Pflicht, die Vergütung fortzuzahlen. Die Länge der Lohnfortzahlung ist abhängig von der Dauer des Arbeitsverhältnisses (Olfert, 2015, S. 173f.).

Psychologische Tests sind nur bei unmittelbarem Bezug zu den anforderungsspezifischen Persönlichkeitsmerkmalen der Stelle rechtlich zulässig. Eine umfassende Aufklärung der Bewerber über den oder die Tests und die Zustimmung des Bewerbers ist unerlässlich. Für Assessment-Center gelten die rechtlichen Regelungen von Vorstellungsgesprächen und psychologischen Tests (Berthel/ Becker, 2013, S. 370).

Normen zur Personalauswahl

Aufgrund einer geringen Prognosevalidität vieler Auswahlverfahren (Holtbrügge, 2015, S. 133) und um in der Personalauswahl eine höhere Transparenz und Qualität zu erzielen, wurde 2002 von dem Deutschen Institut für Normierung (DIN) die DIN 33430 veröffentlicht. Sie formuliert Anforderungen an Verfahren und deren Einsatz bei berufsbezogenen Eignungsbeurteilungen. Die Norm soll Personalauswahlprozesse durch Standardisierung optimieren. Dazu werden Anforderungen an die diagnostisch tätigen Personen sowie Verfahren gestellt. Verfahren, die bei der Auswahl zum Einsatz kommen, sollen dabei nachweislich einen Bezug zu den Anforderungen der Stelle haben. Zu diesen Verfahren zählen Eignungsinterviews, Arbeitsproben, Tests und Assessment-Center. Außerdem werden Hilfen und Empfehlungen zur Planung, Vorbereitung und Auswahl von eignungsdiagnostischen Instrumenten sowie zur Interpretation der Ergebnisse gegeben. Die deutsche Norm ist dabei allerdings nur als Handlungsempfehlung auf freiwilliger Basis umzusetzen und ist somit keine Rechtsnorm. Im Rechtsstreit kann die Eignungsbeurteilung nach den Anforderungen der DIN-Norm positiv für das Unternehmen wirken. Zusätzlich erhält der Bewerber durch die Norm Informationen über die Standards des Auswahlprozesses, was sich positiv im Sinne des Personalmarketings auswirken kann (Kerstin/Püttner, 2006, S. 846-855).

Abgeleitet aus der DIN 33430 wurde 2011 erstmals ein internationaler Standard die ISO- Norm 10667 mit dem Titel: „Assessment service delivery – Procedures and methods to assess people in work and organizational settings“ formuliert. Die Normen der DIN 33430 werden durch die Norm ISO- 10667 weiter ergänzt. Des Weiteren werden spezifische Methoden und Verfahren zur Einschätzung von Bewerbern beschrieben (Lorenz, 2015, S. 4f.).

2.2.5 Klassische Auswahlinstrumente und ihre Anwendung im internationalen Kontext

Zum Zeitpunkt der Auswahl sind nicht alle Informationen über den Bewerber verfügbar (Schmeisser et al., 2013, S. 70). Der Einsatz verschiedenster Instrumente vermag Angaben zu angeforderten Qualifikationen und persönliche Eigenschaften zu generieren sowie Aufschluss über nicht bekannte Informationen und zukünftige Leistung zu geben. Um Personal auszuwählen, steht eine Vielzahl von Instrumenten zur Verfügung, die abhängig von Anforderungen der zu besetzenden Stelle, den finanziellen und personellen Ressourcen sowie anderen Faktoren eingesetzt werden. Die Instrumente unterscheiden sich auch durch die Rekrutierungsquelle der Bewerber. Intern stehen bereits Daten und Informationen zur Verfügung, die bei einem externen Bewerber erst überprüft werden müssen (Jung, 2011, S. 154).

Bei der Entscheidung, welches Personalauswahlinstrument eine hohe Qualität aufweist, um relevante Eigenschaften und Fähigkeiten zu messen, sollten auch die Gütekriterien berücksichtigt werden. Welches Auswahlinstrument im internationalen Kontext besonders geeignet ist, bleibt in der Literatur umstritten. Einige Autoren unterscheiden nicht zwischen nationalem und internationalem Einsatz der Auswahlverfahren, andere wiederum heben Assessment-Center und Persönlichkeitstests mit spezifisch internationaler Ausrichtung hervor (Festing et al., 2011, S. 267).

Die in der Praxis am weitest verbreiteten Instrumente sind die Sichtung und Analyse von Bewerbungsunterlagen, Vorstellungsgespräche, Testverfahren und Assessment-Center. Andere Methoden im Einsatz sind graphologische und medizinische Gutachten, biografische Fragebögen, Referenzen anderer Arbeitgeber und Arbeitsproben. Wie alle Verfahren differieren diese in ihrer internationalen Verbreitung und Anwendung in verschiedenen Ländern (Berthel/Becker, 2013, S. 354f. und 777f.). In Deutschland ist die Analyse der Bewerbungsunterlagen und Vorstellungsgespräche seit geraumer Zeit von größtem Belang. Ärztliche Eignungsuntersuchungen bilden häufig den Abschluss eines Verfahrens und können insbesondere bei Auslandstätigkeiten mit extremen klimatischen Bedingungen angebracht sein. Um zu prüfen, ob der Bewerber neben seinem Verhalten und den fachlichen Kenntnissen auch gesundheitlich geeignet ist, sind die genauen Stellenanforderungen, wie z.B. Schwindelfreiheit, Tropentauglichkeit für den Arzt Voraussetzung (Nicolai, 2006, S. 99, 101).

Im Zuge der Corona-Krise in 2020 wurden Online-Einstellungsgespräche (z.B. über Zoom, Mircosoft Teams etc. salonfähig.

Schriftliche Bewerbungsunterlagen

Im Rahmen der Vorauswahl stellen Bewerbungsunterlagen in vielen Ländern den ersten Kontakt des Unternehmens mit dem Bewerber dar. Eine geringe Rolle spielt die Analyse und Bewertung der Bewerbungsunterlagen in Ländern wie Schweden oder Griechenland (Nicolai, 2006, S. 777). Aus den eingereichten Unterlagen (Bewerbungsschreiben, Lebenslauf, Zeugnisse, Zertifikate, ggf. Führungszeugnis, amtsärztliche Bescheinigungen, Referenzen und firmeninterne Fragebögen) können Basisinformationen über den Bewerber entnommen werden, die drei wesentliche Funktionen erfüllen (Berthel/Becker, 2013, S. 357).

- Negativselektion
- erste Qualifikationsbeurteilung
- Informationen als Grundlage für weitere Verfahren (z.B. Erkennen von offenen Fragen für ein Vorstellungsgespräch)

Das Bewerbungsschreiben wird auf äußere Form analysiert und liefert Informationen über die Beweggründe der Bewerber sowie über Ausdrucksgewandtheit und Wortschatz. Lebensläufe werden durch die sogenannte Zeitfolgenanalyse auf Vollständigkeit überprüft und geben sowohl Auskunft über Karrieremuster als auch weitere Erfahrungen, Interessen, ehrenamtliche Tätigkeiten sowie Sprach- EDV- und Fachkenntnisse. Andere Analysetechniken dabei sind die Entwicklungsanalyse und Branchen-/Firmenanalyse (Berthel/Becker, 2013, S. 357).

International kann es bei der Vergleichbarkeit von Bewerbungsunterlagen zu Problemen kommen. Besonders Schul- und Studienleistungen differieren und auch Arbeitszeugnisse sind nicht in jedem Land üblich und unterliegen nicht denselben Voraussetzungen eines wohlwollenden Zeugnisses (Urteil des BAG vom 23.06.1960, 5 AZR 560/58) wie in Deutschland (Heymut/Schuster, 1998, S. 95).

Einstellungsgespräche

Mit dem Verständnis der Analyse von Bewerbungsunterlagen als Vorauswahlinstrument ist das Vorstellungsgespräch, oder auch Interview, weltweit die am häufigsten eingesetzte Methode zur Personalauswahl (Berthel/Becker, 2013 S. 777). Das Einstellgespräch stellt häufig den ersten und manchmal auch einzigen persönlichen Kontakt zum Bewerber dar. Es dient dabei zum Informationsaustausch, wobei sich das Unternehmen selbst präsentieren und dem Bewerber weitere Informationen zur Stelle liefern kann. Im „War for Talents" ist es umso wichtiger geworden, einen positiven Eindruck zu hinterlassen (Scholz, 2014, S. 479). Ziele sind auch die Beurteilung des Eignungspotentials des Bewerbers bezüglich Soft Skills und Hardfacts, die Klärung von Motivation und Erwartungen sowie offener Fragen der Bewerbung (Berthel/Becker, 2013, S. 359, Olfert, 2015, S. 174).

Das Vorstellungsgespräch kann, je nach Strukturierung und Anzahl der beteiligten Personen, unterschiedliche Formen annehmen. Je strukturierter das Interview erfolgt, desto eher sind die Ergebnisse im Anschluss der Gespräche vergleichbar. Bei einem vollständig strukturierten Bewerbungsgespräch werden jedem Bewerber die gleichen Fragen in der gleichen Reihenfolge mit demselben Wortlaut gestellt. Der Vergleichbarkeit, geringem Aufwand und geringen Kosten stehen Nachteile eines starren und unflexiblen Gespräches gegenüber. Bei einem unstrukturierten Interview wird im Vorhinein keine Planung des Gespräches vorgenommen, wodurch Fragen zu beliebigen Themen frei gestellt und formuliert werden können. Der Mischform des teilstrukturierten Interviews liegt ein Leitfaden mit zu klärenden Fragen zugrunde. Die Reihenfolge und auch weitere Gesprächsinhalte sind dabei frei und flexibel gestaltbar (Berthel/Becker, 2013, S. 359; Holtbrügge, 2015, S. 125).

Ein Problem von Interviews sind Beobachtungs- und Beurteilungsfehler durch subjektive Empfindungen des Interviewers. Bei einem höheren Freiheitsgrad des Interviews nimmt die Gefahr dieser Probleme zu (Holtbrügge, 2015, S. 126). Häufig auftretende Phänomene, die die Objektivität beeinträchtigen, sind in Tabelle 4.3 dargestellt.

Tab. 2.3: Häufige Beobachtungs- und Beurteilungsprobleme in Interviews

Phänomen	Inhalt
Halo-Effekt	Eine einzelne positive oder negative Eigenschaft beeinflusst oder überstrahlt die Beurteilung anderer Persönlichkeitseigenschaften
Ähnlichkeits-phänomen	Bessere Bewertung eines Bewerbers, der Ähnlichkeiten in der Herkunft und im Verhalten des Beobachters aufweist
Kontrast-Effekt	Ein Bewerber wird an dem unmittelbar davor bewerteten Bewerber gemessen, was die Bewertung beeinflusst
Primacy-Effekt	Die ersten Informationen (erster Eindruck) bleibt besonders gut im Gedächtnis der Beobachter und kann den Gesamteindruck beeinflussen, indem weitere Informationen an die erste geknüpft werden.
realnormierte Messung	Unterschiedliche Bewertung von Bewerbern in Abhängigkeit der Gruppe. In einer „schwachen" Gruppe kann er als stark und in einer „stärkeren" Gruppe als durchschnittlich eingestuft werden.

Quelle: in Anlehnung an Holtbrügge, 2022, S. 138

Übung 2.4

Recherchieren Sie, was genau unter einem Halo-Effekt zu verstehen ist.

Vorstellungsgespräche können in Einzel-, Zweier- und Gruppeninterviews differenziert werden. Das Einzelgespräch wird in der Regel von einem Vertreter der Personalabteilung oder vom Vorgesetzten durchgeführt. Bei einem Zweierinterview führen beispielsweise diese beiden Vertreter das Gespräch gemeinsam und bei einem Gruppeninterview können mehrere Interviewer und Bewerber gleichzeitig teilnehmen (Olfert, 2015, S. 175).

Die Vorbereitung des Vorstellungsgesprächs ist für eine erfolgreiche Durchführung von hoher Bedeutung. Neben der Analyse der Bewerbungsunterlagen und der Einladung der Bewerber muss die Entscheidung für eine Gesprächsform, wie oben beschrieben, vorgenommen werden. Anschließend werden Fragen erstellt und der Ablauf sorgfältig organisiert (Olfert, 2015, S. 174). Das Interview wird üblicherweise in sieben Phasen gegliedert (Jung, 2011, S. 170f.):

Phase 1: Begrüßung des Bewerbers

Phase 2: Fragen zu und Beschreibung der persönlichen Situation

Phase 3: Erörterung des Bildungsgangs

Phase 4: Besprechung des beruflichen Werdegangs und Entwicklung

Phase 5: Informationen zum Unternehmen und die Position

Phase 6: Vertragsverhandlungen

Phase 7: Gesprächsabschluss; ggf. Informationen zum weiteren Bewerbungsprozess

Es bleibt nicht immer bei einem einzigen Gespräch. In Abhängigkeit der Position können auch Zweit- oder Drittgespräche folgen (Holtbrügge, 2015, S. 125).

Testverfahren

Der Einsatz von Eignungstests in der Personalauswahl bezweckt, weitere Informationen zu den Bewerbern zu liefern, um eine Fehlentscheidung zu vermindern. Die hauptsächlich psychologischen Tests sind „solche diagnostischen Verfahren, bei denen Verhaltensweisen bzw. Persönlichkeitsmerkmale von Personen unter standardisierten Bedingungen erfasst werden" (Berthel/Becker, 2013, S. 363). Die Qualität der Testverfahren wird anhand von Gütekriterien bestimmt. Jung (2011) fordert dazu drei Mindestanforderungen an die Tests. Die getestete Person muss ihr typisches Verhalten zeigen können, das Verfahren sollte erprobt, geeicht und zuverlässig messend sein und die erzielten Ergebnisse müssen das Verhalten der Person in der Zukunft abbilden (Jung, 2011, S. 172). International ist der Gebrauch von Testverfahren sehr unterschiedlich ausgeprägt. Im Gegensatz zu Deutschland und Japan sind Tests in Ländern wie Schweden und Neuseeland durchaus von Bedeutung (Berthel/Becker, 2013, S. 777). Über die Klassifizierung von Eignungstests bezüglich inhaltlicher oder formaler Aspekte gibt es in der Literatur unterschiedliche Meinungen. Hier gilt die Unterscheidung in Anlehnung an Olfert (2015) und Jung (2011). Demnach werden grundsätzlich zwei Arten unterschieden. Diese sind zum einen Persönlichkeitstest und zum anderen Fähigkeitstests.

Persönlichkeitstests sollen bestimmte Persönlichkeits- und Verhaltensmerkmale oder -strukturen sowie ihre Ausprägungen aufdecken. Ihre praktische Bedeutung bei der Auswahl von Bewerbern wird eher gering eingeschätzt. Sie sind sehr kosten- und zeitintensiv, durch den Bedarf eines Psychologen zur Interpretation der Ergebnisse (Olfert, 2015, S. 179). Darüber hinaus mangelt es den Tests und damit den Ergebnissen an Arbeitsplatzrelevanz (Berthel/Becker, 2013, S. 366). Zu den Persönlichkeitstests zählen Projektive Tests, wie der Rohrschach-Test (Tintenklecks), Farbtests oder auch der Thematic Apperception-Test (TAT). Bei diesen Tests sollen die Probanden Ideen, Phantasien und Wünsche auf Reize, wie Portraitfotos im TAT, projizieren, die dann wiederum gedeutet und interpretiert werden. Projektive Tests sind rechtlich durch den Eingriff in die Intimsphäre und damit in das Persönlichkeitsrecht mit Vorsicht zu sehen (Berthel/Becker, 2013, S. 365). Psychometrische Tests zählen ebenfalls zu den Persönlichkeitstests. Mit Hilfe von Fragebögen sollen Persönlichkeitseigenschaften der Bewerber erfasst und mit im Vorhinein festgelegten typischen Werten von Personen verglichen werden. International existiert eine Vielzahl unterschiedlicher Tests.

Hinweis

Ein gebräuchliches Verfahren ist das NEO-Fünf-Faktoren-Inventar (NEO-FFI), welches auf dem „Big Five-Modell“ (Neurotizismus, Extraversion, Offenheit für Erfahrungen, Gewissenhaftigkeit und Verträglichkeit) basiert (Holtbrügge, 2022, S. 142).

Fähigkeitstests untersuchen die Intelligenz und Leistungsfähigkeit der Bewerber. Allgemeine Leistungstests werden eingesetzt um die Aufmerksamkeit, Belastbarkeit und Konzentration der Kandidaten zu ermitteln. Bekannt ist hier der Aufmerksamkeits-Belastungstest (d2), bei dem unter Beachtung von Geschwindigkeit und Genauigkeit aus einer großen Anzahl ähnlicher Buchstaben bestimmte herausgestrichen werden müssen. Positionsspezifischer können spezielle Leistungstests wie der Berufs-Eignung-Test (BET) eingesetzt werden. Getestet werden hier sensorische Merkmale, motorische Funktionen, technisches Verständnis sowie Rechtschreib- und Rechenkenntnisse (Lorenz, 2015, S. 118; Olfert, 2015, S. 180).

Intelligenztests basieren auf dem Konstrukt von allgemeiner Intelligenz, welche die „Begabung zum Denken“ (Olfert, 2015, S. 180) beschreibt. Damit eingeschlossen sind Faktoren wie sprachliches Verständnis, Kombinations-, Abstraktions- und Vorstellungsfähigkeit, rechnerisches Denkvermögen und räumliches Denken. Dabei kommt beispielswese der „Bochumer Matrizen Test“ zum Einsatz, der auch als computergestützte Version sowie als Verfahren zum internationalen Einsatz vorhanden ist (Lorenz, 2015, S. 119).

Assessment-Center

Da die gängige Kombination aus der Analyse von Bewerbungsunterlagen mit einem einfachen Einstellinterview den Ansprüchen vieler Unternehmen an die Personalauswahl nicht gerecht wird, setzen sie „auf ein aufwendiges eignungsdiagnostisches Verfahren, das Assessment-Center (AC).“ (Klement, 2007,

S. 2). Als Multimodales Instrument zur Eignungsdiagnostik ist es kein einzelnes Verfahren, sondern vereint und kombiniert verschiedene Instrumente, um vordergründig überfachliche Fähigkeiten zu beurteilen (Obermann, 2013, S. 1). Mit der Wahl eines passenden Auswahlinstrumentes sollen Probleme wie subjektive Beurteilung, geringe Vorhersagekraft über beruflichen Erfolg und fehlende Vergleichbarkeit umgangen werden (Stelzer-Rothe, 2002, S. 246). Dabei wird die Zusammenstellung von Übungen und Aufgaben in einem AC, im Gegensatz zum Vorstellungsgespräch, als Arbeitsprobe wahrgenommen. Die Einschätzung und Akzeptanz von Assessment-Centern (ACn) fällt in der Literatur und Praxis sehr konträr aus. Als Gründe werden insbesondere der hohe Aufwand und die höchsten Kosten der Präsenz- bzw. Inhouse-Assessments im Vergleich zu anderen Auswahlverfahren aufgeführt.

In diesem Absatz werden das Assessment-Center, seine Inhalte, Anwendung und Merkmale ausführlich dargestellt. Außerdem werden weitere Formen, insbesondere im internationalen und interkulturellen Einsatz, vorgestellt.

Präsenz-Assessment-Center

Der Begriff Assessment-Center (AC) leitet sich aus dem englischen Wort „to assess“ ab, was bewerten, beurteilen, einschätzen bedeutet, während „Center“ mit Mittelpunkt oder im Zentrum übersetzt werden kann. Wörtlich übersetzt ergibt sich daraus die Bezeichnung Beurteilungs-, Bewertung,- Einschätzungszentrum (Stelzer-Rothe, 2002, S. 246). Der Begriff „Center“ wird ebenso mit der Kombination vieler Methoden zusammengebracht (Obermann, 2013, S. 3).

Für Assessment-Center existieren eine Vielzahl unterschiedlicher Begriffsdefinitionen, mit differierenden Aufgaben und Inhalten. In der Praxis sind Assessment-Center ebenfalls von Unternehmen zu Unternehmen unterschiedlich, wenn sie an die spezifischen Anforderungen und Kapazitäten angepasst werden. Die nachfolgenden Definitionen beziehen sich daher vor allem auf das grundlegende Verfahren.

Definition

„Assessment-Center sind multiple diagnostische Verfahren, welche systematisch Verhaltensleistungen bzw. Verhaltensdefizite von Personen erfassen. Hierbei schätzen mehrere Beobachter gleichzeitig für einen oder mehrere Teilnehmer seine/ihre Leistungen nach festgelegten Regeln in Bezug auf vorab definierte Anforderungsdimensionen ein“ (Kleinmann, 2013, S. 2).

Eine andere Formulierung liefert Obermann (2013), der ein Assessment-Center aufzeigt als

- „ein ein- bis dreitägiges Seminar
- mit acht bis zwölf Mitarbeitern oder Bewerbern,

- die von Führungskräften und Personalfachleuten
- in Rollenübungen und Fallstudien
- beobachtet und beurteilt werden.

Diese Rollenübungen und Fallstudien

- sind charakteristisch für
- bestehende oder zukünftige
- Arbeitssituationen und Aufgabenfelder" (Obermann, 2013, S. 2).

Mit Assessment-Centern sollen gegenüber anderen Verfahren vor allem überfachliche Fähigkeiten wie Teamfähigkeit, strategisches Denken, Motivationsfähigkeit, Lernfähigkeit oder Flexibilität gemessen werden. Dabei ist es klassisch als Gruppen-AC konzipiert und wird in dieser Form am häufigsten eingesetzt (Schuhmacher, 2014, S. 67). Obwohl das eignungsdiagnostische Verfahren zur Potentialeinschätzung (Ridders, 2015, S. 108) unterschiedlich ausgestaltet sein kann, zeichnet es sich im Grundsatz durch die nachfolgend beschriebenen Prinzipien und Merkmale aus. Diese Charakteristika und Prinzipien von Assessment-Centern sind zu verfolgen, um durch den Einsatz des Verfahrens ein verlässliches Urteil zu fällen (hierzu und im Folgenden: Obermann, 2013, S. 3f.; Nicolai, 2006, S. 97f.; Berthel/Becker, 2013, S. 294f,; Bröckermann, 2016, S. 104).

Das Prinzip der Simulation bezieht sich auf den Einsatz von situativen Übungen, den Simulationen. In Übungen mit hohem inhaltlichem Bezug zur späteren Tätigkeit sollen Teilnehmer nicht theoretisch, sondern praktisch handeln, wie es in einer Arbeitsprobe üblich ist. Das dadurch beobachtbare Verhalten bietet dann die Grundlage zur Eignungsprognose. Ein wesentliches Merkmal ist demnach nicht Eigenschaftsorientierung, sondern eine Verhaltensorientierung, bei denen die tätigkeitsspezifischen Anforderungen in Kriterien übersetzt werden müssen.

Das Prinzip der Methodenvielfalt oder auch Multimodalität soll sicherstellen, dass die Kriterien aus dem Anforderungsprofil beobachtet werden können. Dazu werden die einzelnen Anforderungskriterien in unterschiedlichen und unabhängigen Einzelübungen mehrfach beobachtet. Die möglichen Messfehler einzelner Übungen sollen durch die Kombination ausgeglichen werden, um im Ergebnis zu zuverlässigen Aussagen zu führen. Das Prinzip der Anforderungsanalyse soll sicherstellen, dass die gewählten Übungen auf das vorher ermittelte Anforderungsprofil der Zielposition abgestimmt sind. Auf der Basis der ermittelten Verhaltensweisen und Eigenschaften werden Aufgaben sowie Simulationen konstruiert.

Durch das Prinzip der Mehrfachbeobachtung soll die Objektivität des Verfahrens gesichert werden. Nicht nur die Anzahl der Beobachter, auch Assessoren genannt, ist dabei von Bedeutung. Positiv ist auch die Beurteilung aus verschiedenen Perspektiven. Häufig zum Einsatz kommen dabei Führungskräfte des Unternehmens, die die Unternehmenskultur und Zielforderungen kennen. Des Weiteren können externe Beobachter (AC-Profis) oder Fachleute, Psychologen und erfahrene Personaler an Assessment-Centern teilnehmen. Wichtig zur Fehlervermeidung ist ein Training der Assessoren. Bei der Durchführung des Verfahrens sollte jeder Beobachter mit den Übungen, Zielen sowie dem Ablauf vertraut sein und wissen, welche Eigenschaften und Fähigkeiten, mit welchem Instrument gemessen werden soll. Außerdem wird Wert auf eine Trennung der Beobachtung und Beurteilung gelegt, um eine vorzeitige Urteilsbildung zu vermeiden.

Als letztes Charakteristikum kommt das Prinzip der Transparenz zum Einsatz. Die Teilnehmer erhalten zu Beginn des ACs ausführliche Informationen über Ablauf, Inhalte, den Prozess, den Zweck des Verfahrens und die Anforderungskriterien sowie Verhaltensweisen, die beobachtet werden. Außerdem wird jedem Bewerber am Ende eines AC in einem individuellen Feedback-Gespräch seine Einschätzung anhand der einzelnen Übungen und jeweiligen Anforderungen erläutert. Anhand der Stärken und Schwächen kann der Kandidat verstehen, ob sein Verhalten tatsächlich zum Unternehmen und der Zielposition passt. Durch die Transparenz soll die Akzeptanz der Beurteilung und des gesamten Verfahrens gewährleistet werden (Nicolai, 2006, S. 97f.; Berthel/Becker, 2013, S. 295; Obermann, 2013, S. 3f.; Bröckermann, 2016, S. 104).

Anwendungsbereiche

Neben der hier fokussierten Betrachtung des Einsatzes von Assessment-Centern zur Auswahl von Bewerbern findet die Technik auch in vielen weiteren Bereichen der Personalentwicklung Anwendung (Obermann, 2013; S. 4-10). Das AC dient in erster Linie dazu, interpersonelle Fähigkeiten, administrative Fähigkeiten, Leistungsmotivation und arbeitsrelevante Persönlichkeitsdispositionen zu erfassen und zu untersuchen (Jung, 2010, S. 918). Die daraus entstehenden Einsatzgebiete umfassen

- die genannte Auswahl interner und externer Bewerber,
- die Potentialfeststellung für Führungsaufgaben,
- die Förderung von Führungs- und Nachwuchskräften,
- ein Feedback für Führungskräfte,
- die generelle Ermittlung des Entwicklungs-, Aus- und Weiterbildungsbedarfs oder Trainingsbedarfs im Sinne der Personalentwicklung und Laufbahnplanung (Ridders, 2015, S. 108; Obermann, 2013, S. 5).

Außerdem können AC in Situationen der Berufsberatung, beruflichen Rehabilitation, Teamentwicklung, Forschung und Arbeitsplatzgestaltung zum Einsatz kommen (Lorenz, 2015, S. 132f.). Den jeweiligen Zweck entsprechend ergeben sich in der Praxis auch unterschiedliche Bezeichnungen des AC als

Auswahl-AC, Potential-, Beurteilungsseminar (Nicolai, 2006, S. 88), Development Center oder auch Entwicklungs-AC.

Aufgrund der hohen Aufwendungen wurden AC besonders zur Auswahl von Führungskräften und Managementpositionen eingesetzt. Die Nutzung hat sich jedoch in der Praxis in den letzten Jahren geändert und AC sind für viele unterschiedliche Zielgruppen entwickelt worden, bei denen überfachliche Eigenschaften Gewicht haben. So gewinnt das Assessment-Center-Verfahren auch bei der Auswahl von Fachkräften ohne Führungsverantwortung, wie Vertriebsmitarbeiter, Verkäufer, Polizisten und Servicepersonal an Bedeutung. Dabei werden inhaltliche Schwerpunkte eher auf zwischenmenschlichen Beziehungen, Werthaltung und Kundenverhalten gelegt (Stock-Homburg, 2013, S. 181; Obermann, 2013, S. 5f.) Außerdem werden Assessment-Center bei Projektleitern, Existenzgründern, Nachwuchsführungskräften, Nachwuchskräften, wie Trainees oder Auszubildende, und für Beamte eingesetzt (Klement, 2007, S. 2f.).

Ablauf von Assessment-Centern

Mitte der 90er Jahre wurden erstmals Qualitätsstandards der Assessment-Center-Technik vom Arbeitskreis Assessment Center e.V. festgelegt und abgedruckt. Die Ziele der 2004 überarbeiteten und veröffentlichten Version der Standards sind (Arbeitskreis Assessment Center e.V., 2004, S. 1):

- eine zeitgemäße Grundlage für die sachgemäße AC-Praxis zu schaffen,
- die Güte von Angeboten für die betriebliche Praxis prüfen und damit unqualifizierte Angebote erkennen zu können,
- Transparenz und Klarheit für die Entscheider und Anwender/Praktiker zu ermöglichen,
- Die Akzeptanz der Assessment Center-Methode weiter zu steigern.

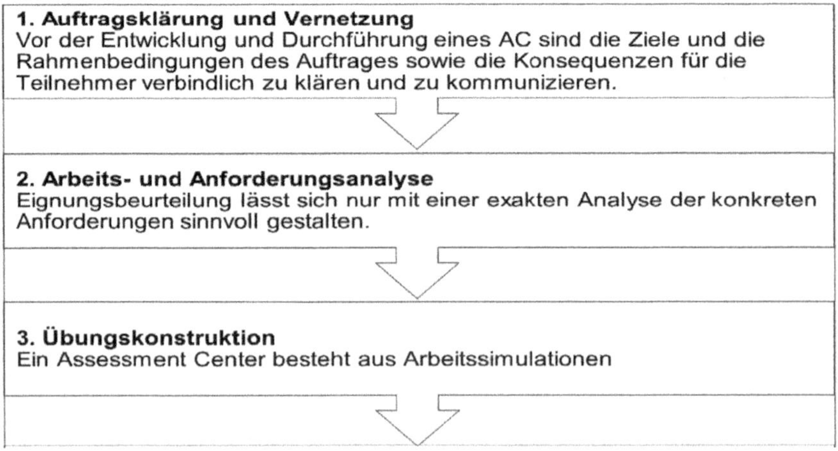

1. Auftragsklärung und Vernetzung
Vor der Entwicklung und Durchführung eines AC sind die Ziele und die Rahmenbedingungen des Auftrages sowie die Konsequenzen für die Teilnehmer verbindlich zu klären und zu kommunizieren.

2. Arbeits- und Anforderungsanalyse
Eignungsbeurteilung lässt sich nur mit einer exakten Analyse der konkreten Anforderungen sinnvoll gestalten.

3. Übungskonstruktion
Ein Assessment Center besteht aus Arbeitssimulationen

4. Beobachtung und Bewertung
Grundlage für die Eignungsdiagnose ist eine systematische Verhaltensbeobachtung.

5. Beobachterauswahl und –vorbereitung
Gut vorbereitete Beobachter, die das Unternehmen angemessen repräsentieren, sind am besten geeignet, fundierte und treffsichere Entscheidungen zu treffen.

6. Vorauswahl und Vorbereitung der potenziellen Teilnehmer
Systematische Vorauswahl und offene Vorinformation sind die Grundlage für den wirtschaftlichen und persönlichen Erfolg im AC.

7. Vorbereitung und Durchführung
Eine gute Planung und Moderation des ACs gewährleisten einen transparenten und zielführenden Ablauf des Verfahrens.

8. Feedback und Folgemaßnahmen
Jeder AC-Teilnehmer hat das Recht auf individuelles Feedback, um so das Ergebnis nachvollziehen und daraus lernen zu können. Nach dem AC sind konkrete Folgemaßnahmen abzuleiten und umzusetzen

9. Evaluation
Regelmäßige Güteprüfungen und Qualitätskontrollen stellen sicher, dass die mit dem AC angestrebten Ziele auch nachhaltig erreicht werden.

Abb. 2.2: Die Standards des Arbeitskreis Assessment Center e.V. als Prozesskette.
Quelle: in Anlehnung an Neubauer/Höft, 2006, S. 78

Die insgesamt neun Standards orientieren sich formal an dem Prozess der AC-Konstruktion und -Durchführung in der Praxis. Sie werden in Anlehnung an Neubauer und Höft (2006) als Prozesskette dargestellt.

Die neun Standards können grundsätzlich zu drei Hauptphasen zusammengefasst werden: die Vorbereitungsphase, die Durchführungsphase und die Abschlussphase (Stelzer-Rothe, 2002, S. 248-249) Bereits 1981 gliederte Jeserich, wie in Tab. 2.4 dargestellt, den Ablauf eines Assessment-Centers in fünfzehn Teilaufgaben.

Tab. 2.4: Ablauf eines Assessment-Centers

Vorbereitungsphase	Durchführungsphase	Abschlussphase
1. Festlegung der Ziele und Zielgruppe	6. Training der Beobachter	11. Abstimmung der Auswertung
2. Auswahl der Beobachter	7. Empfang der Teilnehmer, Zeit und Ablauf des Programms erläutern	12. Anfertigung der Gutachten, Empfehlung von Fördermaßnahmen
3. Definition des Anforderungsprofils ggf. mit Beobachtern	8. Bearbeiten der Übungen und Unterlagen durch Teilnehmer	13. Endabstimmung, Endauswahl
4. Zusammenstellen der Übungen mit Bezug zu Anforderungen	9. Beobachtung der Leistungen durch Beobachter	14. Teilnehmer über Ergebnisse informieren
5. Information der Teilnehmer, organisatorische Vorbereitung (z.B. Raum und Hotelbuchung, Pinnwände)	10. Auswertung der Beobachtung	15. Vereinbarung von Förder-/ Entwicklungsmaßnahmen (findet nur bei internen AC statt)

Quelle: in Anlehnung an Jeserich, 1981, S. 35

n der Vorbereitungsphase sollen die Grundlagen für das AC geschaffen werden. Je genauer ein Assessment-Center im Vorhinein geplant ist, desto geringer sind die Risiken von Durchführungsproblemen und Zielverfehlungen. Wie beschrieben ist die Erhebung der Anforderungen für eine Stelle (nicht nur bei einem AC) von essenzieller Bedeutung. Die Anforderungsanalyse ist sowohl eine Stärke des AC und ist gleichzeitig verantwortlich für die dessen Qualität.

Obermann (2013) betont daher: „Auch bei einem noch so detaillierten und mit Aufwand konstruierten AC wird die Güte der Aussagen daher nie höher sein können als die Genauigkeit, mit der eine Anforderungsanalyse durchgeführt wurde.“ (Schermuly/Nachtwei, 2010, S. 17).

Die spezifischen Anforderungen und Eigenschaften aus dem Anforderungsprofil eines „idealtypischen Kandidaten“ (Schermuly/Nachtwei 2010, S. 17; Ridders, 2015, S. 109). werden in einer Skala gewichtet, um die Bewerber im AC daran zu bewerten. Auf Grundlage des Anforderungsprofils werden Übungen ausgewählt und konzipiert. Als Vorbereitung für realitätsnahe Übungen werden erfolgskritische Ereignisse erfasst und Best- sowie Schlechtlösungen unter Einbindung von Mitarbeitern formuliert. Zusätzlich zu den in beschriebenen Punkten sind die rechtlichen und ethischen Rahmenbedingungen beim Einsatz und der Konzeption eines ACs zu berücksichtigen (Obermann, 2013, S. 45-54; Ridders, 2015, S. 109f.).

Die Durchführungsphase ist die praktische Umsetzung und stellt somit die eigentliche Beobachtung der Kandidaten dar. Vorab sollten die Assessoren eine Beobachterschulung erhalten und so auf ihre Beobachterrolle, die AC-Ziele und die spezifischen Übungen vorbereitet werden. Beobachter mit den Anforderungen vertraut zu machen, wird als zweitwichtigstes Qualitätskriterium, nach der Entwicklung des Anforderungsprofils, gewertet (Schermuly/ Nachtwei, 2010, S. 17). Beteiligte Personengruppen in einem Assessment-Center sind die Kandidaten bzw. Bewerber oder Teilnehmer, eine entsprechende Anzahl an Beobachtern, ggf. Rollenspieler und Moderatoren. Letztere sollen einen reibungslosen Ablauf der Übungen gewährleisten und beeinflussen die Atmosphäre. Ebenso leiten sie die Einführungsphase und geben, wie die Beobachter, Rückmeldungen an die Teilnehmer (; Obermann, 2013, S. 221-234: Bröckermann, 2016, S. 106) Nachfolgend ist beispielhaft der Verlauf eines eintägigen Assessment-Centers aufgeführt.

Tab. 2.5: Beispiel: Zeitplan – eintägiges AC

Uhrzeit	Thema
09:00 - 09:30	Begrüßung und Einführung und Fragen zum Ablauf
09:30 – 10:30	Verteilung und Durchführung von Test
10:30 – 11:30	Selbstpräsentation
11:30 – 11.45	Pause (Beobachterkonferenz)
11:45 – 12.15	führerlose Gruppendiskussion (Einteilung in zwei Gruppen)
12:15 – 13:15	Mittagspause (Beobachterkonferenz)
13:15 – 14:00	Postkorb-Übung
14:00 – 14.15	Kaffeepause (Beobachterkonferenz)
14:15 – 15:00	Rollenübung je zwei Teilnehmer
15:00 – 15:15	Pause (Beobachterkonferenz)
15:15 – 15:45	Interview
15:45 – 16:00	Pause (Beobachterkonferenz)
16:00 – 17:00	Auswertung in Gesamtbeobachterkonferenz
17:00 – 18:00	Feedbackgespräch

Quelle: in Anlehnung an Obermann, 2013, S. 233

Das AC beginnt üblicherweise mit einer Begrüßung und Einführung in den Ablauf des ACs, gefolgt von einer Vorstellungsrunde der Kandidaten. Anschließend erfolgt die Bearbeitung der ausgewählten Übungen, die den Kernbereich des ACs bilden. Nach jeder Übung sollte Zeit zur Bewertung und Auswertung der Beobachtungen für die Assessoren eingeplant sein. Diese Zeit kann den Kandidaten gleichzeitig als Vorbereitungszeit für Einzelarbeiten dienen (Bröckermann, 2016, S. 105-107).

Die genaue Konzeption eines ACs ergibt sich aus den Zielen, Anforderungen und Kapazitäten für das Assessment-Center, die in der Vorbereitungsphase ermittelt wurden. In Abhängigkeit von der Anzahl der Teilnehmer und Beobachter bzw. des Netto-Zeitbedarfs für die ausgewählten Übungen, können AC einen oder mehrere Tage dauern. Anschließend werden die einzelnen Übungen über den Tagesablauf verteilt. Die Konstruktion von Einzel-AC ist dabei weniger komplex als bei Gruppen-ACn. Bei diesen werden aus Effizienzgründen die Vorbereitung und Präsentation der Ergebnisse von Einzel- und Gruppensituationen zeitversetzt terminiert. Dadurch ergibt sich ein differenzierter, individueller Zeitplan für jeden Beobachter und jeden Teilnehmer (Lorenz, 2015, S. 134). Der Ablauf folgt dabei meist dem gleichen Prinzip.

Kommunikationsfähigkeit								
	1	2	3	4	5	6	7	Anmerkungen/ Notizen
Schafft eine positive Diskussionsatmosphäre								
Bringt sich mit eigenen Beiträgen aktiv in die Diskussion ein								
Hört den Gesprächspartnern aufmerksam zu								
Stellt offene Fragen, fragt nach								
Überzeugt Andere von seinen/ihren Ideen und Vorschlägen								
Bezieht andere ein, verhält sich wertschätzend								
Gesamtwert der Dimension:								

Abb. 2.3: Kompetenzdimension Kommunikationsfähigkeit. Quelle: in Anlehnung an Lorenz, 2015, S. 136

Den Abschluss eines Assessment-Centers bilden die Auswertung der Beobachtungen für jeden Bewerber und die Erarbeitung eines Gesamturteils. Die Kompetenzdimensionen wurden jeweils nach den Übungen von den Beobachtern, wie beispielhaft in Abb. 2.3: Kompetenzdimension Kommunikationsfähigkeit dargestellt, anhand von sogenannten Verhaltensankern bewertet. Die Einzelbewertungen der Beobachter werden nach jeder Übung zusammengefasst und anschließend, wie in Abb. 2.4: Auswertungsmatrix beispielhaft dargestellt, in vorbereiteten Bewertungsbögen dokumentiert. Daraus entsteht ein Ergebnisprofil, womit die Ergebnisse der einzelnen Teilnehmer mit den stellenbezogenen Anforderungen verglichen werden können und Stärken sowie Entwicklungspotenziale aufgedeckt werden (Lorenz, 2015, S. 135).

<table>
<tr><td colspan="5">Assessment-Center vom:</td><td colspan="2"></td><td colspan="3">Rückmeldung am:</td><td colspan="2"></td></tr>
<tr><td colspan="5">Teilnehmer:</td><td colspan="2"></td><td colspan="3">Unterschrift:</td><td colspan="2"></td></tr>
<tr><td colspan="5">Beobachter/Feedback-Geber:</td><td colspan="2"></td><td colspan="3">Unterschrift:</td><td colspan="2"></td></tr>
<tr><td>Merkmal</td><td>Übung 1</td><td>Übung 2</td><td>Übung 3</td><td>Übung 4</td><td>Übung 5</td><td>Übung 6</td><td>Übung 7</td><td>Übung 8</td><td>Übung 9</td><td>Übung 10</td><td>Mittelwert</td></tr>
<tr><td colspan="12">Methodenkompetenz</td></tr>
<tr><td>M1</td><td></td><td></td><td></td><td></td><td></td><td></td><td></td><td></td><td></td><td></td><td></td></tr>
<tr><td>M2</td><td></td><td></td><td></td><td></td><td></td><td></td><td></td><td></td><td></td><td></td><td></td></tr>
<tr><td>M3</td><td></td><td></td><td></td><td></td><td></td><td></td><td></td><td></td><td></td><td></td><td></td></tr>
<tr><td colspan="12">Soziale Kompetenz</td></tr>
<tr><td>M4</td><td></td><td></td><td></td><td></td><td></td><td></td><td></td><td></td><td></td><td></td><td></td></tr>
<tr><td>M5</td><td></td><td></td><td></td><td></td><td></td><td></td><td></td><td></td><td></td><td></td><td></td></tr>
<tr><td>M6</td><td></td><td></td><td></td><td></td><td></td><td></td><td></td><td></td><td></td><td></td><td></td></tr>
<tr><td colspan="12">Persönlichkeitskompetenz</td></tr>
<tr><td>M7</td><td></td><td></td><td></td><td></td><td></td><td></td><td></td><td></td><td></td><td></td><td></td></tr>
<tr><td>M8</td><td></td><td></td><td></td><td></td><td></td><td></td><td></td><td></td><td></td><td></td><td></td></tr>
<tr><td>M9</td><td></td><td></td><td></td><td></td><td></td><td></td><td></td><td></td><td></td><td></td><td></td></tr>
<tr><td colspan="12">Reflexionsfähigkeit</td></tr>
<tr><td>M10</td><td></td><td></td><td></td><td></td><td></td><td></td><td></td><td></td><td></td><td></td><td></td></tr>
<tr><td>M11</td><td></td><td></td><td></td><td></td><td></td><td></td><td></td><td></td><td></td><td></td><td></td></tr>
<tr><td>M12</td><td></td><td></td><td></td><td></td><td></td><td></td><td></td><td></td><td></td><td></td><td></td></tr>
</table>

Sonstige allgemeine Beobachtungen und Einschätzungen:
Kommentare des Teilnehmers:

Abb. 2.4: Auswertungsmatrix. Quelle: in Anlehnung an Schuhmacher, 2014, S. 146

Wie in den AC-Standards gefordert, erhalten die Kandidaten überwiegend direkt im Anschluss an das AC eine ausführliche Rückmeldung der Ergebnisse, zunehmend schriftlich und mündlich, in einem individuellen Feedback-Gespräch. Dies dient bei einem Auswahl-AC der Akzeptanz des Verfahrens und kann durch das Aufzeigen von Stärken und Schwächen nützlich für die Zukunft der Bewerber sein (Obermann, 2013, S. 250). Ein Feedback kann jedoch kritisch gesehen werden, da das Feedback immer vom Unternehmen und den Beobachtern abhängig ist (Scholz 2014, S. 186). Auch Beobachter erhalten ggf. ein Feedback zu ihrer Einschätzung. Um die Eignung und den Erfolg eines AC zu überprüfen, fordern die AC-Standards die regelmäßige Evaluation durch Güteprüfung und Qualitätskontrolle. Auf dieser Grundlage können ggf. Anpassungen und Änderungen des Beobachtungs- und Bewertungsprozess durchgeführt werden, um das AC für die Zukunft zu verbessen (Obermann, 2013, S. 270-273).

Tests und Übungen im AC

Es steht ein breites Spektrum erprobter und bewährter Einzelkomponenten zur Konzeption eines ACs zur Verfügung. Durch deren Einsatz soll ein möglichst umfassendes Bild aller relevanten Merkmale eines Bewerbers für die spätere Tätigkeit gebildet werden (Stock-Homburg, 2013, S. 181). Die Zusammensetzung der Komponenten hängt im Einzelfall von den Bedürfnissen des Unternehmens und der Position ab. In Tabelle 4.6 ist beispielhaft eine Anforderungs-Verfahrens-Matrix abgebildet. Auf diese Weise können die Übungen und die damit beobachtbaren Merkmale übersichtlich dargestellt werden.

Tab. 2.6: Anforderungs-Verfahrens-Matrix

Anforderung	Verfahren					
	Kurzpräsentation	Interview	Gruppendiskus-sion	Postkorb	Rollenspiel	Fallstudie
Führungsverhalten						
logisches Denken						

praktisch-variables Problemlösen						
Initiative und Leistungsverhalten						
Ausdrucksfähigkeit						
soziale Kompetenz						
interkulturelle Kompetenzen						

Quelle: in Anlehnung an Höft/Funke, 2006, S. 168

Für AC-Übungen können Cluster nach unterschiedlichen Kriterien gebildet werden. Jung (2010) teilt diese in vier Gruppen nach Art der Interaktion mit anderen Teilnehmern ein. Diese vier Kategorien sind: „Einzelkämpfer" (Postkorbübung), „Jeder gegen jeden" (Führerlose Gruppendiskussion), „Einer gegen den anderen" (Rollenspiel) und „Einer gegen alle" (Präsentation) (Jung, 2010, S. 918). Weiterhin können die Gruppen „alle miteinander" (Konstruktionsübungen) und „weitere gebräuchliche Übungen" (Interviews, Fallstudien) gebildet werden. Eine andere Einteilung nehmen Eisele und Doyé (2010) vor. Das sog. multimodale Verfahren setzt sich hiernach aus mehreren situativen ungebundenen und gebundenen Übungen zusammen (Eisele/Doyé, 2010, S. 145). Die zwei Kategorien, simulationsorientierte und eigenschaftsorientierte Übungen, ergänzt Obermann (2013) als dritte Kategorie mit biografisch orientierten Übungen. Sie sollen sich gegenseitig ergänzen und somit die Vorteile der Multimodalität sicherstellen. Eine vollständige Aufzählung aller Übungen, die in der Literatur zu finden sind, würde aufgrund ihrer Vielzahl den Rahmen dieses Abschnitts sprengen. Deshalb werden lediglich im Folgenden einige typische Verfahren, die wiederkehrend in Assessment-Centern zum Einsatz kommen, dargestellt.

Postkorb

Diese situative Übung ist ein klassischer Bestandteil von ACn und in der Praxis sehr beliebt. Gründe dafür sind einerseits die hohe Augenscheinvalidität andererseits die Flexibilität der Übung. Sie stellt demnach eher einen formalen Rahmen dar, in dem die Inhalte positionsspezifisch gestaltet werden können (Obermann, 2013, S. 131). Ziele der Postkorb-Übung können die Beurteilung der Planungs-, Entscheidungs-, Organisations-, Delegationsfähigkeit, Stressverhalten und Flexibilität der Teilnehmer sein (Eisele/Doyé, 2010, S. 146). Zu Beginn der Übung erhalten die Teilnehmer, neben relevanten Rahmenbedingungen wie Instruktionen und Organigrammen, realistische Schriftstücke (Obermann, 2013, S. 135: Informationsquelle der Schriftstücke sind interne Mitteilungen, Geschäftsberichte, Statistiken, Budgetplanungen, Briefe, Telefonnotizen, Rundschreiben, Zeitungsausschnitte, Artikel, Rechnungen, Einladungen/Termine und Angebote), angelehnt an einen Posteingangskorb. Diese müssen in einer begrenzten Zeit, z.B. aufgrund einer anstehenden Dienstreise, bearbeitet, sortiert, priorisiert und ggf. delegiert werden. Während der Bearbeitung können

Störungen eingebaut werden, wie Anrufe oder zusätzliche Meldungen. Die Lösungen können entweder schriftlich oder mündlich in Kombination mit einem Interview formuliert werden (Obermann, 2013, S. 131-135).

Gruppendiskussion

Mit dieser situativen Übung sollen soziale Kompetenzen, das Gruppen-, Kommunikations- und Diskussionsverhalten sowie Führungsfähigkeiten analysiert werden. Weiter können Zielorientierung, Belastbarkeit, Durchsetzungsvermögen, Kontaktfähigkeit und Engagement beobachtet werden. Ausdauer, Grup-pendiskussionen sind international beliebt und finden auf allen Kontinenten im Rahmen des ACs Anwendung. Die Anzahl der Teilnehmer sollte angelehnt an die betriebliche Praxis festgelegt werden. Es können unterschiedliche Variationen der Übung zum Einsatz kommen. Diese sind Gruppendiskussionen (Nicolai, 2006, S. 93):

- mit/ohne Rollenvergabe
- mit/ohne Diskussionsleiter
- mit Rollenspielern
- mit hohem/niedrigen Wettbewerbscharakter
- in Kombination mit anderen Übungen wie Präsentationen oder Fallstudien
- mit/ohne Interventionen

Die Themen für Gruppendiskussionen können unternehmensspezifisch gestaltet werden und demzufolge vielfältige Schwerpunkte einnehmen. Als Beispiel können Interkulturelle Diskussionen oder die Bearbeitung der Struktur für eine Mitarbeiter-/Kundenbeziehung genannt werden. Klassiker sind u.a. Übungen wie „Seenot" oder „Wüsten-Crash" (Schuhmacher, 2004, S. 180; Obermann, 2013, S. 108-118).

Rollenspiel

In Rollenspielen können besonders kommunikative Fähigkeiten, wie Kundenorientierung Verhandlungsgeschick und Mitarbeiterführung, in Interaktion mit Anderen beobachtet werden. Rollenspiele finden als Simulationen von Eins-Zu-Eins-Gesprächssituationen, wie Verhandlungssituationen, kritische Vorgesetzten-Mitarbeiter-Gespräche oder Verkaufssituationen, statt. Die Teilnehmer erhalten vorab schriftlich Informationen zu den geltenden Rahmenbedingungen und die Position bzw. Rolle, die sie verkörpern sollen. Als Gesprächspartner dient dabei entweder eine neutrale Person oder ein Beobachter (Eisele/Doyé, 2010, S. 147; Schuhmacher, 2014, S. 177).

Präsentation

Präsentationen sind neben Postkorb-Übungen und Gruppendiskussionen in deutschen ACn am beliebtesten. Ziel ist es, Erkenntnisse über die organisatorisch-analytischen und rhetorischen Fähigkeiten, also Souveränität, Kommunikations- und Überzeugungsfähigkeit der Teilnehmer zu erhalten. Grundsätzlich kann eine Präsentation ad hoc oder mit Vorbereitungszeit erfolgen, die üblicherweise maximal 30 Minuten beträgt. Kerninhalt der Übung ist die Aufbereitung, Strukturierung und Vorstellung im Plenum eines bestimmten Themas oder Materials. Für den Präsentationsinhalt steht dabei eine Vielzahl unterschiedlicher Themen zur Verfügung, wie beispielsweise Selbstpräsentation, Vorstellung der letzten Projektarbeit, spontane Verkaufsgespräche, Präsentationen in Englisch oder einer anderen positionsrelevanten Sprache, Verteidigung der Analyse eines Business Cases oder Zusammenfassung von Testmaterial (Eisele/Doyé, 2010, S. 146; Obermann, 2013, S. 120f.; Schuhmacher, 2014, S. 167f.).

Ähnlich einer Präsentation, jedoch mit inhaltlicher Betonung, komplexerem Sachverhalt und ggf. fachlichen Aspekten, kann ein Vortrag erfolgen. Die Vorbereitungszeit ist dementsprechend höher und erfolgt meist eigenständig während der Pausen eines ACs. Zusätzlich kann eine schriftliche Darlegung der Ergebnisse in einem Handout verlangt werden, um die Fähigkeit, einen komplexen Sachverhalt knapp darzulegen, zu überprüfen (Schuhmacher, 2014, S. 169).

Fallstudien

Fallstudien sollen den Berufsalltag von Führungskräften nachahmen. Dazu werden komplexe, aber überschaubare Situationen abgebildet, die individuell und eigenständig während der Pausenzeiten zwischen den Übungen bearbeitet werden. Die Ergebnisse werden anschließend in einer Präsentation vorgestellt. Ziel ist die Beurteilung des Auffassungsvermögens, Komplexitätsreduktion, Entscheidungsfähigkeit, Priorisierung, Ergebnisorientierung und das analytische Denken und Vorgehen. Darüber hinaus bietet es die Möglichkeit, fachliches Wissen zu testen (Eisele/Doyé, 2010, S. 147; Schuhmacher, 2014, S. 171-173).

Abb. 2.5 stellt ein Beispiel für einen Kurzfall dar.

> Kurzfall: B Betriebsleiter
>
> Sie sind Betriebsleiter in einem Produktionswerk. Als Sie in die Fräserei kommen, fliegt auf einmal ein Knäuel dreckige Putzwolle von hinten knapp an Ihrem Kopf vorbei. Sie drehen sich sofort um, können aber nicht feststellen, wer das Knäuel geworfen hat. Alle Mitarbeiter arbeiten und nehmen keinerlei Notiz von Ihnen.
>
> Wie verhalten Sie sich? Stellen Sie Ihre Vorgehensweise dar und erläutern Sie diese.

Abb. 2.5: Beispiel für einen Kurzfall. Quelle: in Anlehnung an Schuhmacher, 2014, S. 173

Kurzfälle stellen zumeist alltäglicher Führungssituationen dar. Die Teilnehmer sollen die Situation bewerten, Entscheidungen treffen und diese anschließend begründen (Schuhmacher, 2014, S. 172f.).

Interview

Mithilfe eines Interviews soll der bisher gewonnene Eindruck eines Kandidaten ergänzt werden und nicht direkt beobachtbare Informationen zur sozialen Einstellung, Motivation, zu Interessen, Erwartungen, Werten und auch fachliche Informationen aufdecken (Olfert, 2015, S. 182). Ein AC-Interview kann dem Vorstellungsgespräch ähneln und ebenso strukturiert, teilstrukturiert oder unstrukturiert erfolgen. Die nachfolgend beschriebenen Vor- und Nachteile der Verfahren gelten entsprechend. Neben der Strukturiertheit sind in der Literatur andere Unterscheidungsformen und Interviewmethoden zu finden. Obermann differenziert zwischen Biografie-orientierten Interviews (BI) und situativer Fragetechnik (SI) (Obermann, 2013, S. 160-163). Des Weiteren beschreibt Schuhmacher (2014) eine Gesprächssituation mit einem benannten, für alle AC-Teilnehmer identischen, Beobachter. Es werden emotionale oder auch unangenehme Fragen gestellt, zu denen die Teilnehmer Stellung beziehen sollen, wie etwa einem Mobbing-Vorwurf. Hierbei beträgt die Interviewdauer lediglich bis zu drei Minuten und das Antwortverhalten wird von den anderen Beobachtern erfasst. Dabei besteht die Intention darin, emotionale Stabilität, Ausdrucksvermögen, Konflikt-, Identifikations- und Überzeugungsfähigkeit sowie die Fähigkeit zur Komplexitätsreduktion zu beobachten (Schuhmacher, 2014, S. 174-177).

Persönlichkeitstests, Fähigkeitstests und Biografische Fragebögen

Psychologische Testverfahren, wie Intelligenztests, Leistungstests und Persönlichkeitsfragebögen, können ebenso Bestandteil von Assessment-Centern sein.

> „Testverfahren – ‚signs' – sollen also situationsübergreifende, grundlegende psychologische Dimensionen messen, Arbeitsproben ‚samples' interessieren sich dagegen nur für Situation und die Tatsache ihrer adäquaten Bewältigung durch die Bewerber Mitarbeiter." (Obermann, 2013, S. 137).

Tests zeichnen sich, im Vergleich zu situativen Übungen, durch eine hohe Auswertungsobjektivität aus. Ihr Nachteil liegt dabei in der Distanz zu den tatsächlichen positionsspezifischen Aufgaben und Tätigkeiten. Mit der Erstellung biografischer Fragebögen oder Biografie-orientierten Interviews soll auf das zukünftige Verhalten geschlossen werden. Das Grundverständnis dabei ist, dass vergangenheitsbezogene Ereignisse und Erfahrungen, also real erlebtes Verhalten, der Beste Indikator für zukünftige Verhaltensweisen ist (Obermann, 2013, S. 162f.).

Nutzen von Assessment-Centern

Die Anwendung von Assessment-Centern hat für Unternehmen, Teilnehmer und Beobachter Vorteile in mehrerlei Hinsicht. Ein positiv hervorzuhebender Aspekt des ACs ist die Methodenvielfalt (Ridders, 2015, S. 112f.). Es werden unterschiedliche Aufgabentypen verwendet. Dadurch können gleiche Fähigkeitsmerkmale mehrfach erfasst und zukünftige Anforderungen umfassend abgebildet werden. Die Bewerber haben die Möglichkeit sich ganzheitlich zu präsentieren und Stärken und Schwächen auszugleichen. Ergänzend sind mehrere geschulte Beobachter anwesend, die jeden Probanden mindestens einmal beobachten. Die Beobachtung wird dabei von der Urteilsfindung getrennt, die am Ende des Verfahrens stattfindet. Demzufolge wird eine einseitige subjektive Einschätzung reduziert, die Aussagekraft erhöht und das Risiko von Fehlentscheidungen gesenkt (Schuhmacher, 2014, S. 123; Ridders, 2015, S. 112f.). Darüber hinaus sprechen der systematische Ablauf und die Möglichkeit mehrere Bewerber gleichzeitig zu beurteilen für den Einsatz von Assessment-Centern. So ist eine direkte Vergleichbarkeit der Teilnehmer gewährleistet, was die Auswahlentscheidung erleichtert (Nicolai, 2006, S. 96-97; Scholz, 2014 S. 184). Außerdem werden Teilnehmer in verschiedenen Situationen und im Umgang mit anderen erlebt. Das Verhalten im Team und in der Zusammenarbeit kann in anderen Auswahlverfahren nicht abgebildet werden (Schuhmacher, 2014, S. 119-123).

Ein grundlegender Nutzen von ACs ist der stärkere Anforderungs- und Realitätsbezug im Vergleich zu anderen Auswahlinstrumenten. Der Fokus liegt auf direkt beobachtbare Verhaltensmerkmale der zukünftigen Tätigkeit. In Test und Simulationen von realitätsnahen, tätigkeitsspezifischen Anforderungen und Situationen werden so relevante Informationen gesammelt, die Aussagen über die Eignung zulassen (Scholz, 2014, S. 184: Ridders, 2015, S. 112 f.; Lorenz, 2015, S. 132). Durch eine qualitativ gute Auswahl werden Fehlentscheidungen verringert und im internationalen Kontext sehr hohe Folgekosten einer Fehlbesetzung vermieden. Bei der Vorselektion wird durch eine intensivere Analyse des Anforderungsprofils nach objektiven Kriterien selektiert, wodurch Entscheidungen nachvollziehbar werden (Nicolai, 2006, S. 98). Der Umfang an Übungen, die Dauer des AC und eine spezifische Anpassung an das Unternehmen schränken die Trainierbarkeit von Sozialverhalten ein. Schauspieler können im Laufe eines AC entdeckt werden (Nicolai, 2006, S. 96). Schuhmacher (2014) ist der Auffassung: „Nur die Teilnehmer, deren Verhalten authentisch ist, halten den Anforderungen des Assessment-Centers stand." (Schuhmacher, 2014, S. 116).

Der Bewerber erhält einen Einblick in die Anforderungen und Erwartungen sowie in das Unternehmen und kann daher frühzeitig selbst feststellen, ob er zu dem Unternehmen passt (Nicolai, 2006, S. 96; Schuhmacher, 2014, S. 124; Lorenz, 2015, S. 132). Durch ein ausführliches Feedback werden Entscheidungen nachvollziehbar gemacht. Wenn das AC für einen Bewerber nicht erfolgreich war, kann er dennoch positiven Nutzen daraus ziehen. Die Erkenntnisse über Stärken und Schwächen kann der Teilnehmer zur eigenen Entwicklung nutzen. Durch das

Aufeinandertreffen von mehreren Teilnehmern und Beobachtern aus unterschiedlichen Unternehmensbereichen besteht die Möglichkeit für beide Parteien Netzwerke für die Zukunft aufzubauen. Dies sind Gründe, warum Assessment-Center als Auswahlverfahren und die daraus folgende Entscheidung eine hohe Akzeptanz haben (Sarges, 2001, S. 18). Darüber hinaus fördert ein AC die Entwicklung von Beobachtern und damit Feedback-, Beurteilungskompetenzen und das eigene Führungsverhalten (Schuhmacher, 2014, S. 125-126).

Assessment-Center gelten durch eine objektive Bewertung, Standardisierung, und Transparenz mit begründeter Entscheidung als faires Verfahren (Schuhmacher, 2014, S. 124; Ridders, 2015, S. 112f.). Um Diskriminierung in der Personalauswahl (Diversity Management) zu vermeiden werden ACs durch den kombinierten Einsatz verschiedener Verfahren ebenfalls positiv hervorgehoben (Frintrup/Flubacher, 2014, S. 59).

Risiken von Assessment-Centern

Assessment-Center bringen viele nützliche Eigenschaften mit. Sie bergen jedoch ebenso Risiken, die nicht außer Acht gelassen werden sollten. Der hohe zeitliche und finanzielle Aufwand für Vorbereitung, Durchführung und Abschluss, der für diese Auswahlmethode eingesetzt werden muss, wird als häufigster Nachteil genannt (Nicolai, 2006, S. 98). Der Bedarf an mehreren Beobachtern und Teilnehmern, die alle an einem Ort für einen längeren Zeitraum zusammentreffen müssen, hat hohe Personal- und Reisekosten zur Folge. Damit haben im internationalen Umfeld vor allem kleine und mittelständische Unternehmen, die international nach Personal suchen wollen oder müssen, einen Nachteil. Sie verfügen nicht über ausreichend finanzielle und zeitliche Ressourcen, um sich den Einsatz eines AC leisten zu können (Scholz, 2014, S. 186).

Zudem ist trotz mehrerer Beobachter nicht gewährleistet, dass keine Wahrnehmungsverzerrungen und Bildung von Stereotypen in Interviews auftreten. Ridders stellt die Frage, ob es nicht lediglich zu einer Addition subjektiver Bewertungen kommt. Auch wenn dies nicht der Fall ist, kann die Auswahlentscheidung am Ende doch wieder die eines einzelnen sein. Führungskräfte höherer Hierarchien oder Gruppendruck lenken ggf. die Urteilfindung in eine bestimmte Richtung (Ridders, 2015, S. 111f.).

Von Nachteil ist auch das Erfassen des Verhaltens unter Laborbedingungen, die die Aussagekraft der Ergebnisse über die tatsächliche Praxis in Frage stellt. Darüber hinaus wird das Verhalten sowie interagierende Prozesse lediglich anhand von Skalen und durch Einstufungsmethoden erhoben, was die Beurteilung beeinflussen kann (Scholz 2014, S. 186). Weiterhin befasst sich viel Kritik mit der Gefahr, dass ein guter Selbstdarsteller oder Schauspieler positiver beurteilt wird. Dieser Aspekt kann jedoch auch eine schnelle Auffassungsgabe, Flexibilität, Anpassungs- und Einfühlungsfähigkeit zeigen (Nicolai, 2006, S. 98; Schuhmacher, 2014, S. 116).

Nachteilig ist ebenfalls, dass trotz der längeren Dauer eines AC lediglich eine Momentaufnahme der Leistungen und Verhaltensweisen der Teilnehmer berücksichtigt werden kann. Lerneffekte und Entwicklungen sind nicht abzubilden. Die Ergebnisse können darüber hinaus durch den Druck, der auf den Teilnehmern lastet, verzerrt sein. Ständige Beobachtung, Leistungsdruck, Vergleiche und Konkurrenz mit den anderen Teilnehmern können Stressreaktionen erzeugen, die nicht dem normalen Verhalten der Bewerber entsprechen (Nicolai, 2006, S. 98)

Ein weiteres Risiko ergibt sich aus dem Anforderungsbezug, der zuvor als Vorteil bezeichnet wurde. Problematisch ist dabei, dass die Übungen jeweils firmenspezifisch angepasst und entwickelt werden und demzufolge nicht standardisiert sind. Dadurch fehlt häufig der Bezug unter den einzelnen Übungen. Außerdem kann die Eingliederung in den Kontext des Unternehmens dabei ggf. verloren gehen. Die Qualitätsstandards und damit die Treffsicherheit können so verloren gehen, was in jedem Einzelfall die Frage der Güte neu aufbringt (Nicolai, 2006, S. 98; Scholz, 2014, S. 186; Ridders, 2015, S. 112f.). „Auch wenn der Möglichkeit nach die prognostische Validität von ACn zufriedenstellend hoch ist, so ist sie im Einzelfall doch stark von der Sorgfalt bei der Entwicklung und Durchführung des betreffenden ACs abhängig." (Sarges, 2001, S. 18).

Weitere Assessment-Formen

Neben Gruppen-ACs existieren weitere Variationen, die auf den beschriebenen AC-Elementen basieren. Je nach Zielsetzung und Teilnehmeranzahl ergeben sich somit unterschiedliche Schwerpunkte (Obermann, 2013, S. 361-420; Schuhmacher, 2014, S. 67). Varianten sind beispielsweise Einzel-Assessment, Development Center, Lernpotenzial-AC, dynamische Assessment-Center/ Planspiel-AC, Real-Life-Assessment, Management-Audits, Team-Assessment-Center, Evaluations-Assessment-Center, Potential-AC, interkulturelle und internationale AC sowie Online-Assessment-Center (Schuhmacher, 2014, S. 67-73) Wie bei den Testverfahren bereits erläutert, würde eine detaillierte Beschreibung aller Weiterentwicklungen den Rahmen dieses Abschnitts sprengen. Daher werden an dieser Stelle die Varianten Einzel-Assessment-Center als Sonderform des Gruppen-AC sowie internationale und interkulturelle AC, aufgrund ihrer Relevanz für die internationale Personalauswahl, erläutert.

Einzel-Assessment-Center (EAC)

Das Einzel-Assessment-Center mit nur einem Kandidaten wird häufig bei der Auswahl von Führungskräften des Mittel- und Top-Managements aus Diskretionsgründen eingesetzt. Darüber hinaus können sie Einsatz in der Karriereberatung finden. Häufig werden EAC durch externe Spezialisten durchgeführt. Neben dem Aspekt der größeren Vertraulichkeit bei internen Kandidaten findet ein EAC bei Ja-Nein-Entscheidungen für die letzten Kandidaten einer externen Besetzung, nach dem Interview, statt. Die Dauer eines Einzel-AC beträgt für gewöhnlich einen Tag, an dem fünf bis acht Managementsimulationen und

Interviews stattfinden. Das Übungsspektrum umfasst Einzelübungen und Rollenspiele, jedoch keine Gruppenübungen. Gruppenspezifische Verhaltensweisen, wie Team- oder Durchsetzungsfähigkeit, können daher nicht beobachtet und beurteilt werden. Durchführungs- und Beobachteraufwand sowie die geringe Distanz zum Teilnehmer stellen ebenfalls Nachteile des EAC dar. Es lässt sich allerdings einfacher und kurzfristiger organisieren und bietet den Vorteil einer kürzeren Abwesenheit des Kandidaten vom Arbeitsplatz. Außerdem ermöglicht ein Einzel-AC mehr Flexibilität im Ablauf, eine exaktere Aufgabenspezifikation und ist ideal für mittelständische Unternehmen, die einem Gruppen-AC aus verschiedenen Gründen skeptisch gegenüberstehen (Nicolai, 2006, S. 90; Obermann, 2013, S. 361-365; Schuhmacher, 2014, S. 67).

Interkulturelle und Internationale Assessment-Center

Die zunehmende Internationalisierung von Unternehmen, wirkt sich auf die Personalauswahl im Sinne wachsender Anforderungen aus. Die länderübergreifende Suche nach Führungskräften und Mitarbeitern hat auch in Assessment-Centern den Fokus auf internationale und interkulturelle Aspekte gelenkt. Ein Ziel ist es, die Prognose für Auslandsbesetzungen zu verbessern. Es werden spezifische Übungen und Verfahren konstruiert, um den eignungsdiagnostischen Anforderungen sowie neuen Aufgabenfeldern gerecht zu werden. In der Vorbereitung ist die Analyse der kulturellen Konstellationen der Teilnehmer und Beobachter, die in einem AC für internationale und multikulturelle Anwendung auftreten werden, von Belang (Schuhmacher, 2014, S. 211) Nach Obermann (2013) lassen sich im interkulturellen Kontext drei Varianten von Assessments nach ihrem Anwendungsgebiet unterscheiden (Obermann, 2013, S. 405-407).

In der ersten Form, AC für Expatriates, werden einzelne, lokale Mitarbeiter im Hinblick auf die Eignung für eine Auslandsendsendung in einer konkreten Zielregion überprüft. Das AC wird üblicherweise als EAC durchgeführt. Hierbei sind allgemeine interkulturelle Fähigkeiten und die Passung des Mitarbeiters zur speziellen Zielkultur sowie Rahmenbedingungen entscheidend. Interkulturelle Kompetenzen werden als „Fähigkeiten verstanden, soziale Kompetenzen auch im Umgang mit Vertretern fremder Kulturen, z.B. in einem internationalen Team, zu beweisen“ (Festing et al., 2011, S. 268f.). Weitere Aspekte für den Erfolg einer Entsendung sind fachliche Fähigkeiten, die Motivation des Expatriates und insbesondere das familiäre Umfeld der Mitarbeiter. An diesem Punkt scheitert eine nicht unerhebliche Anzahl von Entsendungen. Schuhmacher (2014) hebt die Anwendung von Assessment-Centern im Rahmen von Entsendungen positiv hervor, um die hohen Risiken beherrschbar zu machen und weist hierbei auf einen Nachholbedarf hin (Schuhmacher, 2014, S. 213.

Bei Interkulturellen ACn geht es vornehmlich um die Überprüfung von grundsätzlichen interkulturellen Kompetenzen und die Frage, ob später Führungspositionen außerhalb des Heimatlandes übernommen werden können. Dies findet innerhalb eines klassischen AC zur Auswahl oder Potentialanalyse für Nachwuchs- oder Führungskräften statt, der um zusätzliche Aufgaben mit interkulturellen Anforderungskriterien ergänzt wird. Durch den Mangel an einem konkreten Kontext, anders als bei dem AC für Expatriates, erscheint die Definition für Anforderungskriterien durchaus komplizierter.

Als **erfolgskritische Verhaltensweisen** werden die Kompetenzen Ambiguitätstoleranz, Verhaltensflexibilität, Zielorientierung, Kontaktfreudigkeit, Einfühlungsvermögen, Polyzentrismus und Metakommunikative Kompetenzen erachtet.

Zur Messung kommen Verhaltenssimulationen und situative Interviews zum Einsatz. Dabei ist darauf zu achten, differierende Kulturen und die Kriterien für interkulturelle Aspekte eindeutig und mehrfach abzubilden. Um eine Konzentration auf spezifische Kulturen und ggf. Vorteile für Kandidaten mit Vorlieben zu dieser Kultur zu vermeiden, ist die Abbildung einer europäischen oder erfundenen fremden Kultur durch die Übungen von Vorteil (Obermann, 2013, S. 413-417: Schuhmacher, 2014, S. 208f.).

Internationale AC haben besonders in Europa Bedeutung und sind „AC mit Teilnehmern und Beobachtern unterschiedlicher Sprache und Kulturen" (Obermann, 2013, S. 418). Sie kommen bei der Besetzung einer konkreten Stelle oder der Ermittlung von Entwicklungspotenzial für ein internationales Förderprogramm zum Einsatz. In Form von Development Center oder Potentialanalysen finden AC besonders in internationalen, vor allem europäischen Unternehmen Anwendung. Die Sprache ist zumeist Englisch, äquivalent zur Arbeitssprache im Unternehmen. Herausforderungen entstehen durch eine einheitliche Gestaltung der Beurteilungskriterien für Teilnehmer aus unterschiedlichen Wertesystemen mit unterschiedlicher kultureller Herkunft und Muttersprache. Diese sind entweder auf die Leistungs- und Verhaltensstandards des Stammhauses oder auf eine einheitliche Kultur (Corporate Culture) (üblicherweise die amerikanische Business-Kultur) ausgerichtet. Außerdem ist auf eine Übereinstimmung im Sprachverständnis zu achten, sodass ggf. unterschiedliche Sprachkenntnisse keinen zu großen Einfluss auf das Ergebnis haben. Um Problemen entgegenzuwirken, soll die kulturelle Vielfalt der Kandidaten ebenfalls bei der Zusammensetzung der Beobachter berücksichtigt werden und dem Prinzip der Diversität folgen. Eine ausdrückliche Beurteilung interkultureller Aspekte fließt nicht mit in die Beurteilung eines internationalen ACs ein (Obermann, 2013, S. 406 f., 418; Schuhmacher, 2014, S. 208-210).

Ein Beispiel für ein internationales AC ist das Auswahlverfahren von Fachkräften und Hochschulabsolventen bei der EU. Seit 2010 finden AC für verschiedene Zielgruppen und ohne explizite Einbindung interkultureller

Aspekte statt. Die Sprache ist hierbei die Nichtmuttersprache (Englisch, Deutsch, Französisch) der jeweiligen Teilnehmer (Obermann, 2013, S. 418).

Grundsätzlich verlaufen internationale und interkulturelle AC wie nationale AC. Die Bewertung und Beobachtung der Teilnehmer erfolgen durch geschulte Beobachter, ggf. mit unterschiedlichem kulturellem Hintergrund. Hier ist darauf zu achten, dass sich die Bewerber über positiv und negativ zu bewertendes Verhalten einig sind (Festing et al., 2011, S. 270). Charakteristisch bleibt weiterhin der multimodale Einsatz von Aufgaben. Generell sind dafür alle Übungen denkbar, die auch im nationalen Verfahren zur Anwendung kommen. In diesem Fall muss bei der Konstruktion der Übungen, der Zusammenstellung und dem Feedback auf kulturelle Unterschiede der teilnehmenden Personen eingegangen werden (Schuhmacher, 2014, S. 212).

Vergleich Assessment-Center und Einstellungsgespräch an ausgewählten Gütekriterien

Die Qualität von eignungsdiagnostischen Verfahren zur Bewerberauswahl ist entscheidend für den Erfolg der Auswahl. Es muss daher beurteilt werden, ob die Methoden und Instrumente diejenigen Bewerber identifizieren, die den Anforderungen der Position entsprechen. Für Assessment-Center und Einstellgespräche wurden mehrfach Studien durchgeführt, um die allgemeine Güte der Verfahren zu überprüfen. Der neunte Standard der AC-Standards führt dazu an: „Regelmäßige Güteprüfungen und Qualitätskontrollen stellen sicher, dass die mit dem AC angestrebten Ziele auch nachhaltig erreicht werden." Neben den so genannten klassischen Gütekriterien wie Validität, Reliabilität und Objektivität der empirischen Sozialforschung (Klimecki/Gmür, 2005, S. 229f.) beeinflussen weitere Nebengütekriterien (Weber et al., 2005, S. 137; Obermann, 2013, S. 337; Kupka et al., 2007, S. 407: Zu den Nebengütekriterien zählen Normierung, Benutzerfreundlichkeit, Unverfälschbarkeit, Fairness, Nützlichkeit, Ökonomie/ Testökonomie und Teilnehmerakzeptanz, die Entscheidung. Im Folgenden wird kurz erläutert, was unter den Gütekriterien verstanden wird und ein Vergleich zwischen Assessment-Centern und Einstellungsgesprächen gezogen.

Objektivität

Von Objektivität spricht man, wenn die Durchführung, Auswertung und Interpretation des Beurteilungsverfahrens sowie der Ergebnisse unabhängig von den Untersuchenden bzw. Beurteilenden oder Interpretierenden sind. Es müssen somit die gleichen Ergebnisse entstehen, auch wenn andere Personen das Verfahren durchführen, auswerten oder interpretieren. Anhand der drei Aufgaben werden drei Objektivitätsdimensionen unterschieden. In der Literatur wird die Objektivität ebenso als „Interrater-Reliabilität" bezeichnet (Klimecki/Gmür, 2005, S. 229).

Sowohl in Vorstellungsgesprächen wie auch Assessment-Centern findet die Beurteilung der Kandidaten durch Menschen statt, was subjektive Beobachtungs- und Beurteilungsfehler nicht ausschließt.

Unstrukturierte Interviews sind anfälliger für diese Probleme und werden im Vergleich zu strukturierten Interviews als weniger objektiv eingeschätzt. Neben einem höheren Grad der Strukturierung und Standardisierung wirkt sich der Einsatz mehrerer Beurteiler positiv auf die Objektivität aus (Holtbrügge 2015, S. 126). Bei Assessment-Centern findet die Beurteilung der Kandidaten durch mehrere Beobachter gleichzeitig statt. Damit liegt die Beurteilungsmacht nicht bei einer einzelnen Person. Außerdem ist die Beobachtung von der Auswertung und Interpretation getrennt durchzuführen. Die hohe Objektivität wird als Vorteil von Assessment-Centern angesehen (Schuhmacher, 2014, S. 124).

Reliabilität

Reliabilität bezeichnet die Zuverlässigkeit bzw. die Messgenauigkeit, mit der ein diagnostisches Verfahren ein Merkmal erfasst. Ob dieses Merkmal erfasst werden sollte, ist dabei nicht relevant (Stelzer-Rothe, 2001, S. 256). Die Reliabilität ist die Voraussetzung für die Gültigkeit bzw. Validität von Prognoseaussagen (Obermann, 2013, S. 286). Ein Aspekt dabei ist die Stabilität der Aussagen im Zeitverlauf. Ob die Ergebnisse in einer zweiten späteren Messung („Test-Retest-Reliabilität") oder einer parallelen Messung („Paralleltest-Reliabilität") übereinstimmen ist somit Voraussetzung für die Gültigkeit oder auch Validität der beruflichen Erfolgsprognose (Eisele/Doyé, 2010, S. 149f.).

Unstrukturierte Auswahlgespräche weisen eine geringe Reliabilität auf. Unterschiedliche Fragen im Interview führen zu unterschiedlichen Interpretationen und Entscheidungen. Die Retest-Reliabilität strukturierter Interviews ist durch bessere Vergleichsmöglichkeiten höher (Stelzer-Rothe, 2002, S. 241f.). Die Zuverlässigkeit eines Auswahl-Assessment-Center wird höher als bei Einstellinterviews eingeschätzt. Dies ist auf die Mehrfachmessung von Kompetenzen und Persönlichkeitseigenschaften sowie die Mehrfachbeurteilung zurückzuführen. Dabei ist die Gesamtreliabilität von Assessment-Centern abhängig von der Reliabilität der einzelnen Übungen (Obermann, 2013, 290f.)

Validität

Die Validität gibt den „Grad der Genauigkeit [an], mit dem ein Verfahren das misst, was es zu Messen vorgibt." (Stelzer- Rothe, 2001, S. 256). Wie bereits erwähnt bedingen Reliabilität und Objektivität die Validität eines Verfahrens. Es ist das wichtigste Kriterium der klassischen Testtheorie (Höft, 2006, S. 762) Die wichtigsten Ausprägungen der Validität von ACn sind Inhalts-, Konstrukt- und prädiktive Validität (Für eine Übersicht weiterer Ausprägungen der Validität von AC siehe Anhang, Tabelle A 2,). Unter dem Begriff Inhaltsvalidität oder Augenscheinvalidität versteht man, wie gut die einzelnen Übungen eines Verfahrens die späteren Aufgaben des Mitarbeiters widerspiegeln. Ein Verfahren wird als konstrukt-valide angesehen, wenn das Messinstrument exakt die im Vorhinein definierten Konstrukte oder Merkmale misst, die es messen soll. Bei der Ermittlung der prädiktiven Validität wird der Zusammenhang der erzielten Prognosewerte mit dem tatsächlich eingetretenen beruflichen Erfolg ermittelt (Berthel/Becker, 2013, S. 264; Obermann, 2013, S. 292)

Ausgedrückt wird die Validität durch den Korrelationskoeffizienten. Ein Koeffizient von r = 1 bedeutet, dass das Auswahlinstrument die spätere Leistung korrekt vorhersagen kann. Dieser Wert wurde noch bei keinem Instrument nachgewiesen. Eine gute prognostische Validität, im Vergleich zu anderen Verfahren, wird bei r = 0,41 erreicht (Schuhmacher, 2014, S. 24f.).

Die Validität von Einstellinterviews ist, wie auch schon die Reliabilität und Objektivität, in Abhängigkeit der spezifischen Form zu betrachten. Durch die höhere Ver-gleichbarkeit der Bewerber in strukturierten und standardisierten Einstellungsgesprächen haben diese eine höhere Prognosevalidität (Holtbrügge, 2015, S. 125-126). Verschiedene Analysen können hier signifikant höhere Validitäts-Koeffizienten in stark strukturierten Interviews gegenüber unstrukturierten nachweisen. Die Validität des Verfahrens kann durch eine Gestaltung mit größerem Anforderungsbezug oder mittels Mehrfachinterviews und mehrerer Interviewer erhöht werden (Stelzer-Rothe, 2002, S. 257; Schuler/Markus, 2006, S. 212).

In Assessment-Centern ist die Validität abhängig von den eingesetzten Übungen und Tests. Es werden Validitäten zwischen r=0,25 bis r=0,78 angegeben (Schuhmacher, 2014, S. 24). Bei korrektem Einsatz kann die Assessment-Center-Methode durch die Methodenvielfalt, mehrere Beobachter, hohe Systematik und standardisierte Beobachtungsinstrumente hohe Validitätswerte erreichen. In einer Studie des Arbeitskreises AC aus dem Jahr 2001 beurteilten 60,8 % der befragten Unternehmen die inhaltliche Validität und 48,8 % die Konstruktvalidität als zufriedenstellend. Immerhin schätzten 42,4 % die prädiktive Validität zufriedenstellend ein. Das Kriterium wurde jedoch von 2,2 % mit nicht zufriedenstellend bewertet (Arbeitskreis Assessment Center e.V., 2001) In mehreren Studien (Holtbrügge, 2015, S. 133) wurde für das AC-Verfahren trotzdem die höchste Prognosevalidität nachgewiesen (Holtbrügge, 2015, S. 132). Andere Studien stehen hingegen im Widerspruch dazu. Durch die meist unternehmensspezifische Entwicklung von ACn stellt sich die Frage nach der Objektivität, Zuverlässigkeit und Gültigkeit bei jedem einzelnen AC aufs Neue. Obermann (2013) sieht Gründe für die unterschiedlichen Ergebnisse im Umfang der Standardisierung der jeweiligen Beobachtungssysteme sowie in der Zusammensetzung, Verschiedenartigkeit und Anzahl der einzelnen Aufgaben (Obermann, 2013, S. 318-337). Dabei kann der Anspruch an ein AC von der Wirklichkeit stark abweichen. Kriterien zur Qualitätssicherung und vereinbarte AC-Standards werden teilweise nicht eingehalten, wodurch erhebliche Qualitätsmängel entstehen (Schermuly/Nachtwei, (2010, S. 16f.). Außerdem gibt es Unterschiede, an welchen Kriterien Berufserfolg in den Studien gemessen wird. Ansatzpunkte sind die Hierarchieebene, Verantwortung, Beförderung und Vorgesetztenbeurteilung. Dadurch sind die Ergebnisse schwer zu vergleichen. Schuhmacher (2014) führt zusammenfassend an:

> „Es kommt immer auf die Professionalität an, mit der die Methoden ausgeführt werden. Professionalität ist abzusichern, ansonsten scheidet jede Methode aus“ (Schuhmacher, 2014, S. 24).

Ökonomie

Definition

Die Testökonomie oder Wirtschaftlichkeit beschreibt den Nutzen im Verhältnis zu den entstehenden Kosten. Damit ist sie letztendlich das ausschlaggebende Kriterium bei der Entscheidung für oder gegen ein Auswahlinstrument.

In Abb. 2.6 ist das Aufwand-Nutzen-Verhältnis von Auswahlverfahren dargestellt.

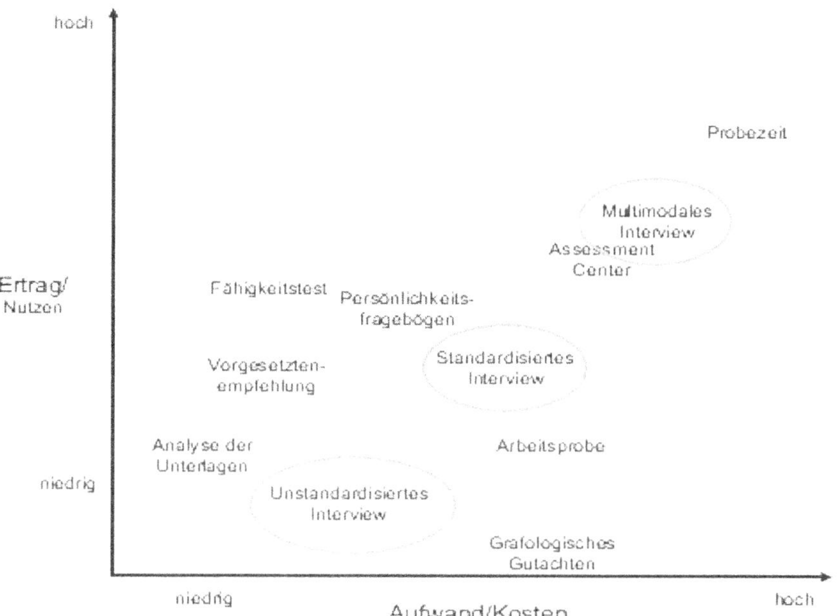

Abb. 2.6: Aufwand-Nutzen-Verhältnis von Auswahlverfahren. Quelle: in Anlehnung an Schuhmacher, 2014, S. 23

Die Abbildung zeigt allerdings, dass der Nutzen weitestgehend linear mit dem eingebrachten Aufwand steigt. Assessment-Center weisen bei professioneller Durchführung und Entwicklung eine hohe Qualität auf. Durch AC ist es möglich, mit Hilfe unterschiedlicher und praxisnaher Übungen das Verhalten der Bewerber erfassen (Olfert, 2015, S. 182). Die Methode gilt jedoch als kostenintensives und aufwendiges Auswahlverfahren. Pro Teilnehmer fallen durchschnittlich 400 bis 2000 Euro an (Schermuly/Nachtwei, 2010, S. 16). Diese entstehen durch die Vielzahl an Auswahlinstrumenten, Raummieten, geschulten Beobachtern, Moderatoren (Stelzer-Rothe, 2002, S. 246) und den zeitlichen Durchführungsaufwand (Obermann, 2013, S. 341-360: Eine detaillierte Aufstellung der Kosten sowie Verfahren zur schrittweisen Nutzenbeurteilung und -berechnung auf Euro-Basis liefert Obermann im Buch „Assessment Center“)

Nach Schuhmacher (2014) sollte aus ökonomischer Sicht die Methode gewählt werden, „die mit minimalem Aufwand die höchste Aussagekraft entfalten kann.“ (Schuhmacher, 2014, S. 24). Aus wirtschaftlicher Sicht ist das AC daher nicht immer sinnvoll. Klassische Bewerbungsgespräche binden weniger Personal und sind weniger zeit- und kostenintensiv (Scholz, 2014, S. 184). Sie können ebenso wie AC valide Ergebnisse liefern, benötigen dafür aber deutlich weniger Personal und Zeit.

Kostentreiber ist jedoch nicht allein der Auswahlprozess. Neben den Aufwendungen, die bis zur Einstellungsentscheidung anfallen, müssen ebenso Kosten und Schäden durch Fehlbesetzungen berücksichtigt werden (Obermann, 2013, S. 341 f.; Schuhmacher, 2014, S. 121). Daher ist die Wahl für eine Methode vom spezifischen Fall der zu besetzenden Stelle abhängig. Bei zentralen oder wichtigen Funktionen (z.B. Führungspositionen) mit hohem Risiko lohnt sich ein höherer Aufwand durch umfangreiche und ganzheitliche Verfahren, wie dem AC (Schuhmacher, 2014, S. 27). Dies gilt nicht für schlecht konstruierte AC, die sich nicht an den Anforderungen orientieren, sondern auf einfache und ökonomische Konstruktion richten. Dadurch ist die Validität eingeschränkt und es kommt zu Fehlaussagen. Ein strukturiertes Einstellinterview trifft in diesem Fall validere Aussagen (Obermann, 2013, S. 54f.).

Wie in der Abb. 2.6 (Aufwand-Nutzen-Verhältnis von Auswahlverfahren) dargestellt, sind Qualitätskriterien nur mit hohem Aufwand zu erfüllen, „der sich aber lohnt: Denn nur dann werden die Verantwortlichen die besten Mitarbeiter am richtigen Ort im Unternehmen platzieren können.“ (Schermuly/Nachtwei 2010, S. 17). Dem ist entgegenzusetzen, dass nicht immer ein AC und der höchste Aufwand und größte Sicherheit notwendig ist, um einen geeigneten Bewerber auszuwählen. Für niedrigere Positionen oder z.B. bei der Auswahl von Kellnern oder Kassierern können Assessment-Center zwar eingesetzt werden, sind aber aus ökonomischer Sicht nicht sinnvoll. Hier ist eine Auswahl mit Hilfe von Interviews und ggf. einem Probearbeitstag wirtschaftlicher.

Schuhmacher (2014) fasst zusammen: „Das Assessment Center ist kein Allheilmittel. Der Einsatz muss anforderungsorientiert und dosiert erfolgen." (Schuhmacher, 2014, S. 215).

2.2.6 Schwierigkeiten klassischer Methoden im internationalen Kontext

Der Einsatz von klassischen Methoden zur Personalauswahl ist durch Probleme in unterschiedlichen Bereichen geprägt. Wird Personal (erfolgreich) auf internationaler Ebene gesucht, steigt die Anzahl der eingehenden Bewerbungen beim Unternehmen durch die Ansprache einer größeren Zielgruppe meist deutlich. Dieser Anstieg ist zwar einerseits erwünscht, da die Wahrscheinlichkeit eines qualifizierten Bewerbers steigt, andererseits bedeutet ein größerer Bewerberpool einen erhöhten personellen und zeitlichen Aufwand zur Bearbeitung der Bewerbungsunterlagen. Dazu kommt der Aufwand für die Organisation der Durchführung weiterer Auswahlmethoden. Als Beobachter für internationale AC und Interviewer bei Einstellungsgesprächen werden vorwiegend Führungskräfte aus höheren Hierarchieebenen einbezogen. Diese müssen mit den Bewerbern, die aus unterschiedlichen Regionen der Welt kommen, an einem Ort zusammengebracht werden (Obermann, 2013, S. 406). In Assessment-Centern ist der Koordinationsaufwand noch größer, da mehrere Beobachter und Bewerber gleichzeitig anwesend sein müssen. Durch Reisezeiten und -kosten der Bewerber sowie Mitarbeiter bzw. Führungskräfte und Personalaufwendungen für Mitarbeiter des Personalmanagements fallen hohe Kosten an (Jung, 2010, S. 918).

Infolgedessen wird bereits ein entsprechend hoher Teil des festgelegten Budgets der Personalauswahl für die organisatorische Vorbereitung aufgewendet. Um Kosten zu sparen, können weniger Bewerber zu einem persönlichen Kennenlernen eingeladen werden. Allerdings steigt dadurch die Gefahr, gut geeignete Kandidaten allein anhand von Bewerbungsunterlagen auszusortieren. Hierbei ist das Risiko der Fehleinschätzung durch die intransparente Vergleichbarkeit von Qualifikationen und Abschlüssen zwischen verschiedenen Ländern gegeben (Berthel/Becker, 2013, S. 775). Bewerbungsunterlagen sind demgemäß bei einer internationalen Gegenüberstellung wenig aussagekräftig. Problematisch wird es also dann, wenn ein Unternehmen aus Kostengründen an der Konzeption von Auswahlinstrumenten spart, keine ausreichende Anforderungsanalyse durchführt und beispielweise auf Standardtests ohne Anforderungsbezug im AC oder unstrukturierte Interviews setzt. Das Risiko von Fehlentscheidungen nimmt demzufolge zu.

Weitere Herausforderungen entstehen durch kulturelle Unterschiede der Bewerber untereinander und zum Unternehmen. Die Einstellung von Mitarbeitern, um interkulturelle Kompetenzen zu erweitern, stellt eine besondere Herausforderung an die internationale Personalauswahl dar. Um die Vergleichbarkeit der Ergebnisse zu wahren, müssen Auswahlverfahren kulturübergreifend standardisiert gestaltet und gleichzeitig kulturspezifisch angepasst sein. Das Verfahren für alle Bewerber fair zu gestalten ist durch die unterschiedlichen kulturellen und sprachlichen Hintergründe komplex. Sprachliche Problemfelder sind dabei unterschiedliche Belegung und Deutung von Begrifflichkeiten sowie Unterschiede in nonverbaler Kommunikation (Gestik, Mimik und Distanzverhalten). Zusätzlich beeinflussen unterschiedliche Erwartungshaltungen die Deutung des Verhaltens und von Reaktionen (Schuhmacher, 2014, S. 208-211).

Lösungen der genannten Probleme sind situations- und unternehmensabhängig. Lösungsansätze müssen demnach im Einzelfall analysiert und gestaltet werden. Als mögliche Hilfe können bei der Auswahl und bereits bei der internationalen Suche nach Mitarbeitern externe Dienstleister in Anspruch genommen werden. Headhunter und Personalberater haben fundierte Kenntnisse und Erfahrungen mit einschlägigen (kulturellen) Besonderheiten und Unterschieden. Sie können so einen Teil des Personalbeschaffungsprozesses übernehmen und dem Unternehmen bereits vorselektierte Bewerber präsentieren. Führt das Unternehmen die Auswahl selbst durch, ist es möglich die Vorselektion zu verbessern, um die hohen anfallenden Kosten zu beschränken (Obermann, 2013, S. 209).

Mit Hilfe von Verfahren, die validere Ergebnisse liefern als Bewerbungsunterlagen, werden Fehlentscheidungen minimiert. In der Folge durchlaufen weniger, zu diesem Zeitpunkt jedoch noch potenziell geeignete Bewerber, kostspielige persönliche Auswahlverfahren. Ein weiterer Ansatz ist die Änderung des Mediums und die Automatisierung der Auswahlmethoden, um die Effizienz zu steigern. Diese beiden Lösungsansätze werden im folgenden Unterabsätzen vertiefend dargestellt.

2.2.7 Kritische Würdigung von Assessment-Centern als Auswahlinstrument

Mit dem Einsatz von Assessment-Centern in der Personalauswahl sind zweifellos viel Aufwand und folglich hohe Kosten für das Unternehmen verbunden. Inwieweit sich ein AC dagegen durch den Nutzen rechtfertigen lässt, kann kritisch gesehen werden. Die Kosten werden häufig als Argument gegen den Einsatz von AC angeführt. An dieser Stelle sei jedoch darauf hingewiesen, dass die Durchführung von Assessment-Centern bei gleicher Teilnehmerzahl und in Bezug auf Personalstunden sogar kostengünstiger sein kann als Interviews mit Erst- und Zweitgespräch. Werden die Gesamtkosten betrachtet, kommen ergänzend Entwicklungskosten und Kosten für Beobachtertrainings hinzu (Obermann, 2013, S. 344). Bei Interviews, die mit der gleichen Professionalität wie AC geführt werden, fallen allerdings ebenfalls hohe Vorbereitungs-, Durchführungs- und Nachbereitungszeiten an. Diese sind dann mit denen von Einzel-ACn vergleichbar (Schuhmacher, 2014, S. 121).

Der folgende Abschnitt diskutiert Aspekte des Nutzens eines AC aus unterschiedlichen Perspektiven und zeigt Grenzen des Verfahrens auf.

2.2.8 Probleme rechtlicher Hintergründe zu Datenschutz und Ethik

Die Personalauswahl bei Unternehmen wird in der Fachliteratur fortwährend kritisch betrachtet. Der Flugzeugabsturz der Tochtergesellschaft von Lufthansa (Germanwings) im Jahr 2015 führte dazu, dass das Thema in den Nachrichten und von Menschen unterschiedlicher Fachrichtungen diskutiert wurde. Der psychisch kranke Co-Pilot verursachte das Unglück und brachte die Maschine vorsätzlich zum Absturz. Obwohl die Lufthansa bei der Auswahl ihrer Piloten auf aufwendige AC setzt, besteht das Risiko, dass das psychologische Problem des Bewerbers nicht erkannt wird. In der ersten Auswahl zu Beginn des Berufslebens der Lufthansapiloten, finden ein psychologischer Teil und ärztliche Eignungsuntersuchungen statt. Die jährliche folgende Flugtauglichkeitsprüfung beinhaltet weiterhin ärztliche Gespräche, aber keine psychologischen Tests (ZEIT ONLINE, GmbH 2015).

Ärztliche Einstellungsuntersuchungen sind in Deutschland Eingriffe in das Persönlichkeitsrecht des Bewerbers. Ärzte müssen von der Schweigepflicht entbunden werden, wenn sie das Ergebnis an den Arbeitgeber übermitteln. Einzelne Untersuchungsbefunde gelten als nicht notwendig zur Eignungsbeurteilung durch den Arbeitgeber (Die Ärztekammer Berlin, 2008, S. 1: Die ärztliche Schweigepflicht ist sowohl im Strafgesetzbuch (§ 203 StGB) als auch in den Berufsordnungen der Landesärztekammern (§ 9 BO) geregelt).

Des Weiteren sind nach § 32 Abs. 1 BDSG erhobene Daten im AC und der Personalauswahl generell strengen Regelungen zum Datenschutz unterlegen.

Die französische Flugunfallbehörde untersuchte das Unglück und brachte folgende Aspekte zur Änderung des Auswahlprozesses mit ein. Zum einen die Lockerung der rechtlichen Regelungen, wenn die öffentliche Sicherheit gefährdet ist, und die Einbeziehung von persönlichen Ärzten bei der Flugtauglichkeitsauswahl. Des Weiteren soll der psychologische Zustand der Piloten jährlich und nur durch offizielle Stellen überprüft werden (Deutsche Welle, 2016).

Diese Befunde führen zu der Frage, ob die ethischen Aspekte zum Schutz der Öffentlichkeit (Betroffenenschutz) oder die rechtlichen Regelungen zum Datenschutz mehr gewichtet werden sollten.

Zusammenfassend lässt sich anhand der Ereignisse feststellen, dass Assessment-Center nicht alles lösen und nicht in die Zukunft oder die tatsächliche Psyche von Menschen blicken können.

Zusammenfassung

In diesem Absatz wurden die Zeile der Personalauswahl und die zur Verfügung stehenden Verfahren und Methoden der klassischen Personalauswahl erläutert. Zudem wurde auf die Probleme der internationalen Personalauswahl eingegangen und auf mögliche Lösungsvorschläge eingegangen.

2.3 Interkulturelles Training

Lernziele

- Sie haben ein grundsätzliches Verständnis für die Notwendigkeit interkultureller Trainings und kennen die Bedeutsamkeit der familiären Stabilität
- Sie wissen, dass eine gewisse Vorbereitung für einen Auslandseinsatz unerlässlich ist.

2.3.1 Grundsätzliches zum Interkulturellen Training

Die interkulturelle Kompetenz bildet eine weitere Grundlage für die Auswahl von Kriterien bei Entsandten und hat einen entscheidenden Stellenwert, um die Anschauung der Individuen in einem fremden Land zu verstehen (Wirth, 1992, S. 173). Dabei lässt sich die interkulturelle Kompetenz in drei Dimensionen unterscheiden. Erstens werden die affektiven, zweitens die kognitiven und drittens die psychomotorischen Lernziele widergespiegelt. Die affektive Dimension beinhaltet alle Einstellungen der Entsandten, mit dem Ziel sich für andere Kulturen zu interessieren und diese auch zu akzeptieren. Die Bereitschaft sich in interkulturellen Teams einzufügen ist ein typisches Beispiel der affektiven Dimension. Die kognitive Dimension ist durch die Erkennung und das Verständnis von Kulturunterschieden geprägt. Hierbei wird das neu Erlernte auf neue Bereiche angewandt. Das Erlernen von Fremdsprachen gehört z.B. zu dieser Dimension. Die dritte Dimension bezieht psychische Vorgänge ein, mit dem Zweck körperliche Bewegungsabläufe zu koordinieren. Das Erlernen einer fremden EDV-Tastatur fällt ebenso unter dieses Lernziel (Blom/ Meier, 2004, S. 201).

Kühlmann & Stahl (1998) beleuchten die Aspekte der interkulturellen Kompetenz aus einer anderen Perspektive heraus. Dies wurde anhand einer Studie von diesen analysiert, indem mehr als 300 deutsche Fach- und Führungskräfte bezüglich der kritischen Ereignisse nach den Merkmalen der interkulturellen Handlungskompetenz befragt wurden. Als Ergebnis wurden insgesamt sieben

Persönlichkeitsmerkmale herausgearbeitet, die eine Person bezüglich der interkulturellen Handlungskompetenz aufweisen sollte. Zu den Merkmalserfolgen zählen die Ambiguitätstoleranz, die Zielorientierung, die Kontaktbereitschaft, das Einfühlungsvermögen, die Verhaltensflexibilität, der Polyzentrismus (auch Unvoreingenommenheit) und die metakommunikative Kompetenz (auch Kommunikationssteuerung). Die oben genannten Merkmale werden als notwendige Voraussetzungen in Betracht gezogen und Anforderungen bezüglich der Aufgaben, Unternehmen und Einsatzland werden fest mit diesen gekoppelt (Kühlmann/Stahl, 1998, S. 216 ff.).

2.3.2 Familiäre Stabilität

Neben dem Auswahlkriterium der interkulturellen Kompetenz bei der Auswahl von Entsendungskandidaten sollte auch der familiären Situation eine große Beachtung geschenkt werden. Die mitreisenden Familienangehörigen spielen eine wichtige Rolle im Prozess der Auslandsentsendung. Diese können sowohl positive als auch negative Auswirkungen auf den Entsandten und den Auslandseinsatz haben, da ein starker Zusammenhang zwischen der Entsendung und der Familienmitglieder herrscht. So unterstreicht eine Studie von Deloitte (2008) die Problematik der Hauptgründe für vorzeitige Auslandsabbrüche. Hierbei bestätigte sich, dass für 72% der Befragten die Integration der begleitende Familienangehörige als Grund für Abbrüche der Entsendung mit Nachdruck verleihen (Deloitte, 2008, S. 27).

An dieser Stelle ist auf Groß (1994) zu verweisen, der sich im Hinblick auf die Partnerschaft folgendermaßen äußert: „Eine stabile Ehe erleichtert den Auslandseinsatz, indem sie den ruhenden Pol in einem fremden Umfeld darstellt und Geborgenheit und Vertrautheit vermittelt" (Groß, 1994, S. 177). Im Gegensatz dazu führt eine bereits belastete Ehe zu Einschränkungen bezüglich der gegenseitigen partnerschaftlichen Beziehungen und somit erschwert sie auch den Auslandsaufenthalt für beide Parteien.

Kammel & Teichelmann (1994) betonen, dass eine positive Einstellung des Entsandten und der Familienangehörigen zur Entsendung und zum Auslandsaufenthalt ein nicht zu unterschätzendes Kriterium darstellt. Im Zuge dessen ist es für die Begleitperson ebenfalls von Vorteil, diese in die Auswahlgespräche einzubinden. Außerdem thematisieren die Autoren, dass eine „Schnupperreise" durchaus sinnvoll erscheint, um eine Enttäuschung in dem Entsendungsland zu vermeiden. Mit dieser Gelegenheit können die Entsandten und deren Familienmitglieder einen Einblick über zahlreiche Aspekte, die mit einer Entsendung zusammenhängen, gewinnen (Kammel/Teichelmann, 1994, S. 77).

Eine Vielzahl von Studien hat sich mit der familiären Begleitung des Entsandten beschäftigt. Dabei bestätigte sich, dass die Unzufriedenheit der Familienangehörigen einen negativen Einfluss auf die Leistungsfähigkeit des Entsandten ausüben kann. Aufgrund der ungenügenden kulturellen Anpassung des Partners, besteht die Wahrscheinlichkeit, dass die Motivation des Entsandten sinkt. Des Weiteren kann eine Auslandsentsendung einen Bruch der Karriere der Begleitpartner verursachen (Schneider/Hirt, 2007, S. 257). Um diese Herausforderungen minimal zu halten, bedarf es einer systematischen Planung während der Auswahlphase des Expatriates. Schon in der Rekrutierungs- und Auswahlphase ist eine Auswahl von geeigneten Mitarbeitern vorzunehmen, die für eine bestmögliche Übereinstimmung im Hinblick auf die Kriterien wie die technischen und sozialen Ziele infrage kommen.

Übung 2.5

Erläutern Sie, inwieweit eine familiäre Stabilität Einfluss auf die Entsendung eines Mitarbeiters ausübt.

2.3.3 Vorbereitung auf den Auslandseinsatz

Ein entscheidender Einfluss auf einen erfolgreichen Auslandseinsatz beginnt mit der Vorbereitungsphase und stellt zugleich den umfangreichsten Prozess dar. Die Vorbereitungsphase sollte unverzüglich nach der Auswahl der zu entsendenden Kandidaten erfolgen. Kammel & Teichelmann (1994) konstatieren, dass die Mitarbeiter über die aktuellen sozialen, wirtschaftlichen und politischen Informationen des Gastlandes regelmäßig sensibilisiert werden müssen (Kammel/Teichelmann, 1994, S. 84). Da viele Anforderungen an den Expatriate und dessen Familie gestellt werden, sollte die Vorbereitung auf den Auslandseinsatz frühzeitig beginnen. Diesbezüglich wird seitens des Institutes für interkulturelles Personalmanagement eine ideale Vorbereitungszeit von sechs Monaten vorgeschlagen. Doch in der Praxis wird dies von den meisten deutschen Unternehmen mit einer Vorbereitungsphase von zwei bis vier Monaten praktiziert (Bittner/Bernhard, 1994, S. 179 f.).

Vorbereitungsmaßnahmen

In der Literatur werden verschiedenste Verfahren zur Vorbereitung des Expatriates auf den Auslandseinsatz vorgestellt. Zum einen gehört es zur Aufgabe der Unternehmen, den Mitarbeiter auf den Auslandseinsatz bestmöglich vorzubereiten. Zum anderen sind Mitarbeiter für die Vorbereitung selbst zuständig.

Marburger berichtet von einer sogenannten Erkundungsreise des Entsandten und seiner Familie ins Ausland durch das Unternehmen, bevor ein Vertragsabschluss zustande kommt. Solch eine Reise kann sowohl Vorteile für das Unternehmen als auch für den Entsandten mitbringen. Dadurch verschafft sich der Entsandte einen Überblick, kann Netzwerke aufbauen und für sich entscheiden, ob ein Auslandseinsatz nach wie vor in Frage kommt. Somit kann einerseits rechtzeitig das Risiko eines Auslandsabbruchs und andererseits unnötig entstandene Kosten minimiert werden. Weiterhin gibt es eine Vielzahl von Anforderungen, die der Expatriate vorbereiten muss. Hierbei wird der fachlichen Vorbereitung durch den Mitarbeiter ein besonderes Gewicht gelegt (Marburger, 2009, S. 13 ff.). Als typische Vorbereitungsmaßnahmen geben Blom & Meier (2004) u.a. die informationsorientierte Vorbereitung, die interkulturelle Vorbereitung sowie die fachliche und sprachliche Vorbereitung, die in folgenden Unterabsätzen näher erläutert werden.

Informationsorientierte Vorbereitung

In der Phase der informationsorientierten Vorbereitung stehen Aspekte der politischen, kulturellen, wirtschaftlichen und sozialen Gegebenheiten des Gastlandes im Vordergrund. Hierbei besteht der Nutzen darin, dass der Mitarbeiter durch Eigeninitiative jegliche länderspezifischen Informationen sammelt und diese kennenlernt. Die Informationen werden bei Bedarf an den Expatriate zur Verfügung gestellt (Nicolai, 2014, S. 400). In diesem Zusammenhang kann es sich auch als sehr vorteilhaft ergeben, mit den ehemaligen Expatriates in die Kommunikation zu treten. Der wesentliche Nutzen liegt somit darin, sich in einem gegenseitigen Austausch über den Auslandseinsatz, wertvolle Ideen, Auskünfte und Fakten aus Sicht des ehemaligen Expatriates zu bekommen. Somit kann sich der zu Entsandte mit hilfreichen Informationen bezüglich der zu geltenden sozialen Regeln und weiteren innerbetrieblichen Gegebenheiten besser auf die Auslandsentsendung vorbereiten (Blom/Meier, 2004, S. 173).

Die Ergebnisse der Studie der Marketing Corporation AG (1999), indem deutsche Unternehmen mit 324 deutschen Führungskräften in 46 Ländern befragt wurden, zeigen, dass 85% der befragten Unternehmen durch unzureichende Vorbereitungsmaßnahmen ihre Mitarbeiter ins Ausland schicken. Diese unzureichende Vorbereitung wurde von vielen Unternehmen durch geringen Zeitmangel, durch die unzureichenden interkulturellen Kompetenzen, über die die Mitarbeiter verfügen und durch mangelnde Führungserfahrung begründet. In diesem Zusammenhang müssen vielfältige Faktoren berücksichtigt werden. Diese Studie vermittelt, wie wichtig es ist, eine intensive Zeit für vorbereitungsmaßnahmen des Expatriates und dessen Familie zu planen, um dem Entsendungserfolg einen Schritt näher zu kommen.

Interkulturelle Vorbereitung

Wie auch in der Phase der Personalauswahl spielt die interkulturelle Kompetenz des Mitarbeiters in der Vorbereitungsphase eine große Bedeutung. Bei der Auslandsentsendung des Expatriates wird der interkulturellen Kompetenz eher eine untergeordnete Rolle beigemessen, d.h. es wird vielmehr auf die Fachkompetenz statt der interkulturellen Kompetenz geschaut. Im Ausland kann dies jedoch Probleme mit sich bringen. Außerdem kann es dazu kommen, dass die interkulturelle Zusammenarbeit in den Teams nicht funktioniert, da der Expatriate nicht in der Lage ist, mit anderen Menschen unterschiedlicher Kulturen erfolgreich und angemessen zu interagieren.

Für den Auslandseinsatz gibt es eine Vielzahl von Methoden, um die interkulturelle Kompetenz des Mitarbeiters zu trainieren. Neben den im vorherigen Abschnitt erwähnten Vorbereitungsmaßnahmen, gibt es weitere Trainingsmethoden zur interkulturellen Kompetenz, die eingesetzt werden müssen, um den oben beschriebenen Problematiken entgegenzuwirken. Demnach unterscheiden Blom & Meier (2004) drei Trainingskonzepte. Diese lauten Informations-, Simulations- und Interaktionskonzept. Wie die Bezeichnung hervorhebt, geht es im Informationstraining um die Beschaffung von Informationen über das Gastland sowie um neue Arbeits- und Lebensumstände. Das Simulationstraining beinhaltet das Ziel, möglichst realitätsnahes Wiedergeben von Geschehnissen zu praktizieren und im Anschluss innerhalb der Gruppe darüber zu diskutieren. Dabei soll der zukünftige Expatriate mithilfe von Rollenspielen bezüglich eigener und fremder Kulturen sensibilisiert werden. In der Phase des Interaktionstrainings finden gegenüber dem Simulationstraining keine Simulationen statt, sondern eine Realität. Hierbei arbeitet der Expatriate mit echten Kontakten aus dem Ausland. Dem Simulationskonzept ähnlich, soll in dieser Phase der Expatriate die Kulturunterschiede kennenlernen und verstehen. Eine mögliche Trainingsmethode stellt das sogenannte Culture-Assimilator-Training dar, mit dem Ziel, eine unverständliche Situation unter Berücksichtigung der jeweiligen fremden Kultur möglichst logisch zu interpretieren. Inhaltlich geht es hierbei um eine landestypische interkulturelle Problemsituation, bei dem der Expatriate die Problemsituation durch vorgegebene Verhaltensmöglichkeiten entscheiden und gegebenenfalls argumentativ untermauern muss (Blom/Meier, 2004, S. 199 f.).

Grundsätzlich ist es essenziell, dass die Trainingskonzepte in maßgeschneiderter Anwendung auf die Bedürfnisse der Expatriates in einem professionellen Einsatz angepasst werden. Demnach können sich mit großer Wahrscheinlichkeit erkennbare Erfolge herauskristallisieren. Im Großen und Ganzen ist der Einsatz der interkulturellen Trainings- und Lernkonzepte hilfreich, um ein besseres Verständnis anderer Kulturen zu ermöglichen und zu verstehen. Es ist jedoch erwähnenswert, dass solche Trainingsmethoden unterschiedlich effektiv sind und keine Garantie dafür bieten, dass alles reibungslos und ohne Probleme in der interkulturellen Zusammenarbeit im Ausland vonstattengeht (Friedrich, 1997, S. 307).

Fachliche und sprachliche Vorbereitung

Weitere wichtige Aspekte in der Vorbereitung von Auslandseinsätzen bestehen in den fachlichen und sprachlichen Vorbereitungen. Die fachliche Vorbereitung findet bei jedem Auslandseinsatz individuell statt. Daher gibt es in der Literatur keine explizite Beschreibung des Prozesses. Jedoch kann gesagt werden, dass die fachliche Vorbereitung aufgabenspezifische Inhalte integriert. Hierzu wird dem Expatriate mehr Verantwortung bezüglich seiner Aufgaben im Ausland zugeschrieben. Bevor der Expatriate ins Ausland entsandt wird, sollten die Fachkenntnisse aufgefrischt werden. Zudem kann eine Besprechung der vor Ort geforderten Fachexpertise sinnvoll erscheinen.

Neben den fachlichen Kenntnissen spielen die sprachlichen Kenntnisse und dessen Vorbereitung eine zentrale Rolle. Für den Auslandseinsatz ist die Kommunikation in englischer Sprache eine ausschlaggebende Grundvoraussetzung. Auch kann die Landessprache des Einsatzlandes zusätzlich entscheidend sein, sodass hier sowohl für den Expatriate als auch dessen Familie eine sprachliche Förderung bspw. durch Sprachkurse angeboten wird. Die Familienmitglieder sollten hierbei zeitnah in die Sprachkurse involviert werden, um die Landessprache des Einsatzlandes zu erlernen (Festing et al., 2011, S. 330 f.) und auch während der Aufenthaltsphase im Ausland die Sprachkompetenz weiter ausbauen (Mauer, 2013, S. 96). Dies ist von grundlegender Bedeutung, da die Familienmitglieder stärker mit der sozialen Umwelt interagieren als der Expatriate selbst und dementsprechend nicht immer die englische Sprache vorausgesetzt werden kann. Somit ergibt sich mit dem Erlernen der Landessprache für die Familienmitglieder eine vereinfachte kulturelle Anpassung an die Umwelt. Zusammenfassend lässt sich festhalten, dass der Einsatz von Sprachkursen einerseits als eine hilfreiche Methode zur Vorbereitung des Auslandseinsatzes dient und andererseits die Basis für einen erfolgreichen Einsatz darstellt (Festing et al., 2011, S. 330 f.).

Vertragsgestaltung

Im Zusammenhang mit der Vorbereitung des Auslandseinsatzes kommt der Vertragsgestaltung eine hohe Bedeutung zu. Bevor der Expatriate ins Ausland entsandt wird, muss in gegenseitigem Einvernehmen ein Vertrag abgeschlossen werden. Diese bildet daher die Grundlage zwischen dem Entsandten und dem Unternehmen und ist für all die nächsten Auslandsprozesse relevant. Unter der Berücksichtigung der Vertragsgestaltung hebt die DGFP drei Grundsätze hervor: eine adäquate Entlohnung; ein Ausgleich zusätzlicher Kosten und Belastungen; Schaffung einer sozialen Sicherheit (DGFP e.V., 1995, S. 39). Es gibt verschiedene Vertragsmodelle, die je nach Einsatz geregelt werden. Jedoch werden im Folgenden die gängigen Arten der Vertragsgestaltung, zum einen das Einvertragsmodell und zum anderen das Zweivertragsmodell und deren Besonderheiten der Vertragsgestaltung bei internationalen Auslandseinsätzen, hervorgehoben.

Einvertragsmodell

Das in der Praxis überwiegend vorkommende Einvertragsmodell stellt die einfachste Vertragsgestaltung dar, welches zwischen dem Expatriate und dem Arbeitgeber abgeschlossen wird. Die Besonderheit bei dieser Art der Vertragsgestaltung liegt darin, dass der Arbeitsvertrag im Inland während des Auslandseinsatzes weiterhin bestehen bleibt, jedoch findet eine Vertragsanpassung statt. Diesbezüglich bleibt der Expatriate weiterhin Arbeitnehmer des entsendenden Unternehmens und muss seine Rechte und Pflichten, die im Arbeitsvertrag festgelegt sind, einhalten. Das Modell kommt grundsätzlich für kurzfristige Auslandseinsätze mit einer Dauer von bis zu zwei Jahren zum Einsatz (DGFP e.V., 2010, S. 77).

Eine Möglichkeit zur Vertragsanpassung bei dem Einvertragsmodell kann durch einen zusätzlichen Vertrag, welcher als Ergänzungsvertrag bezeichnet wird, abgeschlossen werden. Der Ergänzungsvertrag beinhaltet alle relevanten Regelungen, wie bspw. die Gehaltsregelung und die Dauer der Tätigkeit, die im Ausland ausgeübt werden soll. Diese Vertragsgestaltung wird überwiegend für Auslandseinsätze in Bezug auf Projektarbeiten bzw. zur Nachwuchskräfteförderung herangezogen (Schmeisser/Krimphove, 2010, S. 135 f.).

Zweivertragsmodell

Anders als beim Einvertragsmodell erfährt das Zweivertragsmodell eine erweiterte Konstellation. Resultierend daraus, werden die Tätigkeiten weiterhin über einen befristeten Auslandseinsatz im Ausland ausgeübt, der Expatriate wird jedoch überwiegend im Gastland integriert und verrichtet seine Aufgaben nach den im Ausland gewünschten Anweisungen. Die ausschlaggebende Regelung hierbei besteht in dem ruhenden Arbeitsvertrag mit dem Heimatland. Allerdings können die vorab geregelten Leistungen bezüglich der betrieblichen Altersvorsorge unabhängig, vom ruhenden Arbeitsvertrag, weiter bestehen. Eine Besonderheit liegt hierbei bei dem Abschluss eines Lokalarbeitsvertrages mit dem Gastland. Zusätzlich zum Lokalarbeitsvertrag wird mit der Heimatgesellschaft eine Vereinbarung zur Versetzung abgeschlossen. Die Versetzungsvereinbarung wird zusätzlich zum bestehenden Arbeitsvertrag und dem Lokalarbeitsvertrag abgeschlossen. In dem Lokalarbeitsvertrag, welche zwischen dem Expatriate und dem Gastland zustande kommt, befinden sich typische Regelungen in Bezug auf das Arbeitsverhältnis. Beispiele hierfür sind die auszuübenden Tätigkeiten, die Dauer des Auslandseinsatzes und die Arbeitszeit. Durch die Versetzungsvereinbarung besteht eine Beziehung zum Heimatland mit dem Arbeitgeber im Heimatland, dem Arbeitgeber im Gastland und dem Expatriate. Demnach ist der Expatriate in die Arbeitsprozesse des Gastlandes stark eingebunden. Inhaltlich beinhaltet die Versetzungsvereinbarung den Vermerk der Rückkehrgarantie in das Heimatland nach der Beendigung des Einsatzes im Ausland. Dies stellt für den Expatriate eine wichtige Basis dar, da dieser somit die Sicherheit bekommt, nach der Rückkehr seinen eigentlichen Arbeitsvertrag fortzusetzen.

2.3.4 Einsatz und Betreuung des Expatriates

Einen weiteren wichtigen Aspekt stellt die Phase der Betreuung während der Entsendung dar. Die Betreuungsphase muss eine Vielzahl an Thematiken einbeziehen und kann entweder zu einem positiven oder im schlimmsten Fall zum negativen Resultat führen. Ein Erfolg hängt allerdings davon ab, welche

Maßnahmen für die Betreuung des Expatriates sowie dessen Familienangehörige eingesetzt werden. Maßgeblich gehört es zur Aufgabe der Betreuung des Expatriates, einerseits das Beziehungsgeflecht stetig aufrechtzuerhalten, indem der Entsandte das Gefühl bekommt, weiterhin ein Teil des Stammhausmitarbeiters zu sein (Perlitz, 2004, S. 418). Andererseits soll die Integration des Expatriates in das Unternehmen im Gastland unterstützt werden.

In diesem Prozess gibt es viele Herausforderungen, die entstehen können. Zahlreiche Faktoren spielen diesbezüglich eine entscheidende Rolle, mit denen der Expatriate bestmöglich umgehen muss. Darüber hinaus können sich Problematiken darin ergeben, dass der Expatriate sowie die mitreisenden Familienangehörigen gegebenenfalls Schwierigkeiten haben, sich an das neue berufliche sowie soziale Umfeld anzupassen. Weiterhin können Belastungen durch Stress entstehen, vor allem in der Phase der Eingewöhnung im Ausland. Um diese Herausforderungen zu minimieren, gehört es zur Aufgabe im Betreuungsprozess den Expatriate sowie dessen Familie durch geeignete Maßnahmen zu unterstützen (Mauer, 2013, S. 32). Im weiteren Verlauf werden dementsprechend Möglichkeiten zur Betreuung geschildert, die für den Erfolg des Auslandseinsatzes relevant sind.

Onboarding-Prozess im Ausland

Mithilfe eines Onboarding-Prozesses sollen die Mitarbeiter in den betrieblichen Leistungsprozess eingeführt werden, mit dem Ziel, jegliche Aktivitäten durchzuführen, die dem Unternehmen durch personelle Kapazitäten eine Profitabilität verspricht (Berthel/Becker, 2013, S. 320). Der Onboarding-Prozess setzt sich grundsätzlich aus drei Phasen der Vorbereitung, Orientierung und Integration zusammen. Diese erstreckt sich über einen Zeitraum von Beginn der Vertragsunterzeichnung bis hin zum frühesten Ende der vereinbarten Probezeit. Im weiteren Verlauf sollen die oben aufgeführten Phasen eines Onboarding-Prozesses beschrieben, sowie die Aufgaben, die sich für die Beteiligten herausstellen, benannt werden.

Onboarding kann mit An-Bord-Nehmen übersetzt werden. Somit geht es um die Eingliederung der Mitarbeiter in das Unternehmen oder am Arbeitsplatz

Die Vorbereitungsphase des Onboarding-Prozesses beginnt mit der Unterzeichnung des Arbeitsvertrages und dem ersten Arbeitstag. Hierzu werden zahlreiche Maßnahmen im Unternehmen des Einsatzlandes ergriffen, die es einerseits ermöglichen, dem Expatriate den Einstieg in das Unternehmen zu erleichtern und andererseits ein Image der Professionalität des Unternehmens zu erzeugen. Im Hinblick auf die Maßnahmen, sollte der Kontakt mit dem Expatriate möglichst aufrechtgehalten werden. Dabei ist es wichtig, nach Unterzeichnung des Arbeitsvertrages den Entsandten möglichst nützliche Informationen bezüglich der Unternehmensphilosophie sowie den zuständigen Kontaktpersonen mitzuteilen. Außerdem ist es extrem vorteilhaft, zuvor einen konkreten Einarbeitungsplan zu erstellen, die aufschlussreichen Informationen zum geplanten Ablauf geben, wodurch auch der Expatriate das Gefühl der Sicherheit und Klarheit bekommt (Lohaus/Habermann, 2015, S. 127). In der Vorbereitungsphase könnte außerdem die Bestimmung eines persönlichen Mentors zu einem positiven Effekt führen (Bube, 2015, S. 3).

Die Orientierungsphase stellt die zweite Phase des Onboarding-Prozesses dar und schließt den Zeitraum von dem Arbeitsbeginn bis zu dem dritten Monat im Unternehmen ein. Hierbei soll der Expatriate in die Auf- und Ablauforganisation des Unternehmens eingebunden werden, diese verstehen und lernen und sich in seine neue Rolle und seine neuen Aufgaben eingliedern. Dabei werden in der Literatur seitens der Unternehmen zum einen die Aufgaben, die sich an dem ersten Arbeitstag und zum anderen jene Aufgaben, die sich in der ersten Arbeitswoche bemerkbar machen, unterschieden. Aufgaben, die am ersten Arbeitstag vorgenommen werden sollten, beinhalten Maßnahmen, wie die Begrüßung und das Führen eines Einführungsgespräches. Das Gespräch sollte möglichst durch die zuständige Person im Einsatzland des Expatriates stattfinden und eine detaillierte Zusammenfassung über das Gastunternehmen beinhalten. Dabei sollte der Expatriate in Bezug auf die Arbeitsweisen, Führungsgrundsätze, Entwicklungen sowie einen Überblick über die konzeptionellen Feedback-Gesprächstermine bekommen. Auch ist es unerlässlich das zukünftige Tätigkeitsfeld des Expatriates zu betrachten. In der ersten Arbeitswoche übernimmt der Expatriate erste positionsbezogene Aufgaben.

Die Integrationsphase des Onboarding-Prozesses durchläuft der Mitarbeiter von dem dritten bis sechsten, maximal jedoch zwölften Monat. In diesem Zeitraum werden durch das Unternehmen integrationsfördernde Maßnahmen implementiert. Diese reichen von der Mitarbeit in Arbeitsgruppen und Projekten, Fortbildungsangebote, bis hin zu Angeboten, die den beruflichen Netzwerken dienen. Weiterhin soll der Expatriate in dieser Phase motiviert werden, zum einen das Wissen zu vertiefen und zum anderen die Eigeninitiative zu stärken. Darüber hinaus sollte die Zeitspanne durch Maßnahmen, wie das Einbinden von Fortbildungsangeboten und Trainings sowie regelmäßigen Feedbackgesprächen unterstützt werden, um die Integration des Expatriates in das Unternehmen zu erleichtern. Hierzu unterstreichen Lohaus & Habermann (2015) die Relevanz eines Gespräches mit dem Mitarbeiter, welches in jedem Fall nach der Integrationsphase stattfinden sollte. Somit soll das Ziel des Gespräches darin liegen, dem Mitarbeiter das Gefühl zu geben, dass er ab diesem Zeitpunkt in vollem Umfang selbstständig für die Erledigung seiner Aufgaben und somit der Arbeitsleistung die volle Verantwortung trägt (Lohaus/Habermann, 2015, S. 142).

Übung 2.6

Beschreiben Sie den Onboarding-Prozess beim Auslandseinsatz.

Betreuung durch den aufnehmenden Unternehmensbereich

Eine intensive Betreuung während der Entsendung ins Ausland ist sowohl durch das Stammunternehmen als auch durch die Tochtergesellschaft bzw. dem Gastland unabdingbar. Zunächst werden nachfolgend die Betreuungsmaßnahmen während der Entsendungszeit vorgestellt.

In der Literatur hat sich bei der Integration in die ausländische Gesellschaft der Einsatz von Paten oder Mentoren als eine optimale Betreuung herausgestellt. Durch die Betreuung eines Paten im Gastland erfährt der Expatriate vor Ort jegliche Unterstützung bei auftretenden Fragen und Problemen rund um den Arbeitsplatz. Der Expatriate wird zugleich mit formellen und informellen Strukturen und Prozessen im Unternehmen vertraut gemacht. Auch bei der Anpassung an die fremde Kultur steht der Pate dem Expatriate beiseite und bietet Unterstützung sowohl im beruflichen als auch im privaten Bereich. Durch die Organisation verschiedener internationaler Veranstaltungen, wird es dem Expatriate ermöglicht, Kontakte zu knüpfen, damit dieser auch Kontakte im privaten Bereich besitzt. Familienangehörige, die den Expatriate ins Ausland begleiten, müssen sich ebenfalls an zahlreichen Gegebenheiten anpassen. Doch auch hier unterstützt der Pate bspw. bei der Arbeitssuche des Partners, bei der Suche nach Freizeitmöglichkeiten und der Kontaktaufnahme zu anderen Familien. Der Pate versteht sich als eine Führungskraft, der den Expatriate und dessen Familie bestmöglich betreut, damit diese sich während der Entsendungszeit wohlfühlen (Nicolai, 2014, S. 402).

Weiterhin thematisiert Mauer (2013) den sogenannten Relocation-Service, bei dem der Expatriate über diese Dienstleistungen unterschiedlichste Hilfestellungen bekommt und sich von Anfang an mit voller Energie auf seine Aufgaben konzentrieren kann. Mit einer Auslandsentsendung sind vor allem zahlreiche organisatorische Fragen zu klären, die durchaus mit Herausforderungen verbunden sind. Die Suche nach einer Wohnung gehört zu den Herausforderungen, welches in einem fremden Land meist nicht leichtfällt. Durch die Inanspruchnahme des Service wird der Expatriate und dessen Familie diesbezüglich unterstützt. Auch Themen rund um die ärztliche Versorgung, Einkaufsmöglichkeiten, Recherchen und Vorschläge von Schulen und Kindergärten sowie bis hin zu Freizeitmöglichkeiten werden dem Expatriate und den Familienangehörigen nahegelegt (Mauer, 2013, S. 33). Darüber hinaus fügt Geiger (2011) hinzu, dass ein regelmäßiger Austausch des Expatriates mit der Stammgesellschaft wichtig und empfehlenswert ist, um die festgelegten Ziele während der Entsendung umzusetzen (Geiger, 2011, S. 79).

Mit der Betreuung durch das Gastland ergeben sich für die professionelle Integration des Expatriates drei grundsätzliche Ziele: die fachliche Integration, die soziale Integration und die wertorientierte Integration. Bei der fachlichen Integration werden dem Expatriate jegliche Arbeitsaufgaben zugewiesen (Lohaus/Habermann, 2015, S. 15). unter der Berücksichtigung seiner erforderlichen Kenntnisse und der bereits vorhandenen Fähigkeiten, die im Einklang mit den Unternehmenszielen stehen (Brenner, 2014, S. 7). Die soziale Integration dient dazu, soziale Kontakte zu knüpfen und das Ziel zu verfolgen, dem entsandten Mitarbeiter das Wir-Gefühl zu vermitteln, womit ein Wohlfühleffekt bei diesem gewährleistet werden soll (Lohaus/Habermann, 2015, S. 15). Die werteorientierte Integration stellt die dritte Ebene dar und beschäftigt sich mit der Corporate Identity des Unternehmens, in der die vorgegebenen Ziele und Werte gelebt werden. In diesem Sinne stellt diese Ebene einen mittel- bis langfristigen Prozess dar, wodurch der Mitarbeiter erst nach einer bestimmten Zeit beurteilen kann, ob die Ziele und Werte des Unternehmens tatsächlich mit den eigenen Vorstellungen übereinstimmen (Brenner, 2014, S. 8).

Betreuung durch den entsendenden Bereich

Auch bezüglich der Betreuung in der Stammgesellschaft steht ein Pate zur Seite, der trotz der Entfernung regelmäßigen Kontakt bereits von Beginn der Entsendung bis zur Reintegration im Stammunternehmen zum Expatriate herstellt. Er hat die Aufgabe, alle aktuellen Entwicklungen und Informationen, wie die Zusendung der internen Firmenzeitung oder allgemeine Rundschreiben dem Entsandten mitzuteilen. Das Ziel des regelmäßigen Austausches sollte darin bestehen, dass der Expatriate nicht das Gefühl bekommt, völlig isoliert zu sein, da er für einen Zeitraum nicht mehr in der Stammgesellschaft tätig ist. Die Betreuung durch einen Paten ist auch in der Hinsicht vorteilhaft, da dieser bei dem Rückkehrprozess des Expatriates miteingebunden ist. In der Praxis könnte dieser Schritt jedoch enorme Probleme bereiten. Daher soll der Pate die Reintegration bestmöglich unterstützen (Nicolai, 2014, S. 402). Diesbezüglich sollte die Organisation der Reintegration in die Heimatgesellschaft frühzeitig stattfinden und auf keinen Fall vernachlässigt werden.

Perlitz (2004) fasst zusammen, dass die Zurverfügungstellung eines Mentors im Heimatunternehmen große Vorteile bringt. Zum einen geht er davon aus, dass mit Hilfe dessen die Qualität der Betreuung verbessert wird und zum anderen unter Berücksichtigung der Weiterbildungsmöglichkeiten sowohl für den Mitarbeiter als auch für das Unternehmen große Vorteile entstehen. Diesbezüglich sollten die Expatriates ebenfalls Einladungen zu Weiterbildungsveranstaltungen in der Heimatgesellschaft erhalten. Auch bieten sich Andenken, wie Geburtstagskarten oder Weihnachtskarten als nützliche Gesten an, um dem Expatriate die Wertschätzung zu zeigen (Perlitz, 2004, S. 418).

Zusammenfassung

Hier wurden die Grundlagen interkultureller Trainings aufgezeigt. Eine große Bedeutung bei einem Auslandseinsatz spielen die familiäre Stabilität, eine gute Vorbereitung auf den Einsatz und ein kulturelles Training. Der Vertragsgestaltung kommt bei der Auslandsentsendung eine hohe Bedeutung zu. Unterschieden wird i.d.R. zwischen einem Einvertrags- und Zweivertragsmodell. Wenn die Mitarbeiter im Ausland tätig sind, sollten sie und auch ihre Familienangehörigen vor Ort betreut werden.

2.4 Einsatz

Lernziele

- Sie haben ein grundsätzliches Verständnis für die die unterschiedlichen Arten internationaler Auslandseinsätze
- Sie haben einen ersten Eindruck über den klassischen Entsendungsprozess gewinnen können.

2.4.1 Arten internationaler Auslandseinsätze

Im Bereich des internationalen Personaleinsatzes gibt es verschiedene Formen des Auslandseinsatzes, die zum Erfolg oder Misserfolg führen können.

Der Begriff Entsendung wird als Oberbegriff für den internationalen Mitarbeitereinsatz definiert. Diese Entsendung kann von einer kurzfristigen Dienstreise bis zu einem mehrjährigen Auslandseinsatz stattfinden.

Grundsätzlich liegt eine Entsendung vor, wenn sich ein Mitarbeiter ins Ausland begibt, um dort seine Beschäftigung auszuüben (www.ihk-berlin.de, 2017).

Hier wird ein(e) Mitarbeiter /in, der/die eine Auslandstätigkeit ausübt, als Expatriate, Entsandter oder einfach als entsandter Mitarbeiter bezeichnet.

Kurzzeit-Entsendung - Short Term Assignment

Von einem Short Term Assignment spricht man, wenn der Mitarbeiter für einen Zeitraum von weniger als einem Jahr im Ausland tätig ist.

Vorteil dieser Art von Entsendung sind die geringen Kosten und Probleme, die bei der Eingliederung im Gastland stattfinden, da die Familien im Heimatland bleiben und dadurch die Entsendung vereinfacht wird.

Bei dieser Art der Entsendung handelt es sich um Projekte, die im Ausland von qualifizierten Mitarbeitern betreut werden müssen. Das ständige Reisen ist der Grund dafür, dass eher jüngere Mitarbeiter hierzu bereit sind. Ausschlaggebend für das Antreten der kurzen Auslandstätigkeiten ist häufig der Gewinn der vielen Erfahrungen (www.pwc.com, 2012).

Langzeit-Entsendung - Long Term Assignment

Bei einer Long Term Assignment ist ein Zeitraum von mehr als einem Jahr definiert, da bei dieser Art von Entsendung der Wohnsitz und der Arbeitsplatz ins Ausland verlegt werden müssen. Die Mitarbeiter werden als Führungspositionen und Repräsentanten des Unternehmens ins Ausland geschickt (Fischermayr/Kopecek, 2012, S. 28). Die Langzeit-Entsendung ist die mit der Assoziation der klassischen Auslandsentsendung, wobei die Funktionen des Mitarbeiters im Ausland klar definiert sind (Festing et al., 2011, S. 242).

Vielflieger

Mit einem Vielflieger werden mehrere aufeinanderfolgende Dienstreisen mit verschiedenen Zielen im Ausland bezeichnet (Otten et al., 2007, S. 176). Die Art von Dienstreisen können mehrere Tage bis hin zu mehreren Wochen andauern. Trotz des hohen Stresspegels und Zeitverlustes besteht für diese Art höchste Bereitschaft (Fischermayr/Kopecek, 2012, S. 28). Aufgrund des Pendelns zwischen verschiedenen Ländern ist für die Mitarbeiter mit Familien kein Wohnortwechsel notwendig.

> Übung 2.7
>
> Beschreiben Sie die Arten des internationalen Auslandseinsatzes und grenzen Sie diese gegeneinander ab.

> Die **Auslandstätigkeit** hat für die Mitarbeiter als auch für die Unternehmen Vor- und Nachteile, die zu Erfolg bzw. Misserfolg führen können.

Zum Auslandseinsatz aus Sicht des Unternehmens

Die Motive und Ziele der Auslandstätigkeit der Mitarbeiter für das Unternehmen sind vor allem der Know-how-Transfer, sowohl vom Mutterunternehmen zum Tochterunternehmen im Ausland als auch umgekehrt. Die typischen Entsendungsziele des Heimatunternehmens sind der Transfer der Unternehmenskultur und Technologietransfer in ausländische Niederlassungen.

Desweitern gehören zu der Motivation zum einen die Entwicklung eines globalen Bewusstseins und die damit verbundene internationale Denkweise der entsandten Mitarbeiter. Zum anderen die Implementierung einer einheitlichen Führungskonzeption im Unternehmen, sowie die Ausbildung des Führungspersonals im Zielland.

Jedoch gibt es auch Nachteile für die Mitarbeiterentsendung für ein Unternehmen. Die Unternehmen haben durch die Entsendung der Mitarbeiter enorm hohe Kosten, die durch die Entsendung und Weiterbildungen bzw. Trainings entstehen. Der entsandte Mitarbeiter wird auf die Auslandstätigkeit vorbereitet, jedoch sieht es in der Praxis meist anders aus, sodass eine gewisse Unsicherheit der erstrebten Ziele eine sehr große Rolle spielt. Aufgrund der veränderten Bedingungen im Ausland kann es zum Verlust des Mitarbeiters an andere Unternehmen führen und dessen Leistungsvermögen auf Dauer beschädigen (Mauer, 2013, S. 1ff.).

Hinweis

Die unternehmerischen Ziele lassen sich in vier Typen der Auslandsentsendung unterteilen:

„Wachhund, Trouble Shooting“ Entsandte dieser Kategorie konzentrieren sich auf Kontroll- und Steuerungszwecke. Entsendungen des Stammhauses auf Schlüsselpositionen in Auslandsniederlassungen gehören dem Typ des „Wachhundes“ an.

„Senior-Management, High-Flyer“ stellen primär die Steuerungsaktivität als auch Personalentwicklung da, wobei die Entsendung zur Steuerung und Kontrolle der Gesamtorganisation dient und ihre individuellen Kompetenzen vertiefen soll. Ein typisches Beispiel ist die Entsendung von Stammhausmitgliedern, denen die Fähigkeit zur Erreichung einer hohen hierarchischen Position zugeschrieben wird.

„Entwicklungs-/Nachwuchsförderung“ Der Fokus liegt auf der Personalentwicklung und nicht auf der Kontroll- und Steuerungsfunktion. Routinemäßige Entsendungen von Nachwuchsführungskräften dienen dazu Erfahrungen zu sammeln.

„Isolation, Abstellgleis“ Hierbei liegt der Fokus weder auf Steuerung noch auf der Personalentwicklung. Der Auslandseinsatz dieser Kategorie wird unternehmensintern als Bestrafung oder Abschiebung aufgrund mangelnder Kompetenzen angesehen (Mayrhofer, 2005, S. 5f.).

Zum Auslandseinsatz aus der Sicht des Mitarbeiters

Auch aus der Mitarbeitersicht hat die Entsendung positive wie auch negative Aspekte. Durch die Auslandstätigkeit kann man eine Verbesserung der Berufschancen im jetzigen oder künftigen Unternehmen erzielen.

Dies führt zu einer Steigerung der Karrierechancen und zur Erhöhung der Qualifikationen. Die Mitarbeiter, die ins Ausland entsendet werden, haben die Möglichkeit eine neue Kultur kennenzulernen.

Dadurch werden sie zu weltoffeneren Menschen, dass sie nicht nur unternehmerisch prägt, sondern auch persönlich. Ein wichtiges Motiv der Mitarbeiter ist nicht nur „das Neue", sondern möglicherweise auch ein höheres Gehalt, das zu Erhöhung des Lebensstils beiträgt.

Zu den Nachteilen des Auslandeinsatzes gehört der Faktor Familie, da es ungewiss ist, wie sie mit der neuen Lebenssituation zurechtkommen und nicht nur der Partner, sondern auch die Kinder sich an das neue Leben gewöhnen und einleben müssen. Zudem kommen die medizinischen und gesundheitlichen Bedingungen hinzu, die in jedem Land anders sind.

Zusätzlich kommt die Angst vor den unbekannten Arbeits- und Lebensbedingungen hinzu, da die Mitarbeiter einen sicheren Arbeitsplatz für eine unsichere Zukunft aufgeben.

Nach der Auslandstätigkeit ist die Wiedereingliederung in das Mutterunternehmen für manche Mitarbeiter sehr schwer bis zu kaum möglich (Mauer, 2013, S. 3f.), da sie sich an die andere Kultur und Lebensbedingungen angepasst haben.

Kammel & Teichelmann (1994) unterscheiden sechs Motivationstypen, die je nach Anreizintensität gegenüberstehen und bei den einzelnen Mitarbeitern auch in Kombination auftreten können.

- *Legionär* – Dieser Motivationstyp ist durch finanzielle Aspekte und die Erlangung von mehr Selbstständigkeit und Verantwortung gekennzeichnet.
- *Karrieregeist* – Hierbei handelt es sich aus der Mitarbeiterperspektive um den Aufstieg im Unternehmen. Monetäre Aspekte spielen hier keine wesentliche Rolle.
- *Abenteurer* – Neue Aufgaben, der Wille nach neuen Herausforderungen wie auch die Begeisterung für fremde Kulturen zeichnen den „Abenteurer" aus.
- *Neugierige* – Der Neugierige zeigt Interesse am Kennenlernen fremder Kulturen und Menschen. Hierbei handelt es sich allerdings um kurzfristige Aufenthalte.
- *Flüchtling* – Faktoren wie berufliche Misserfolge, private Probleme oder die berufliche Unzufriedenheit können sich der Suche nach einer Lösung widmen.
- *Global Player* – Dieser Motivationstyp kann sich durch mehrere und länger andauernde Aufenthalte im Ausland auf eine Internationalität beziehen, welches durch ein kosmopolitisches Denken und Handeln geprägt ist (Kammel/Teichelmann, 1994, S. 66 f.).

Übung 2.8
Erläutern Sie die Ziele des Auslandseinsatzes aus Sicht des Unternehmens.

2.4.2 Zum Entsendungsprozess

Der Entsendungsprozess eines Mitarbeiters in ein ausländisches Tochterunternehmen kann in vier Phasen unterteilt werden:

- Auswahlphase
- Vorbereitungsphase
- Einsatzphase
- Wiedereingliederungsphase (Holtbrügge/Welge, 2015, S. 329).

Im Folgenden werden die vier Phasen des Entsendungsprozesses in weitere Abschnitte unterteilt, um einen detaillierten Überblick des Prozesses zu erlangen.

In jeder Phase lassen sich Faktoren finden, die zum Erfolg oder Misserfolg einer Auslandsentsendung beitragen können (Müller, 2010, S. 33).

Dieser Entscheidungsprozess ist die Grundlage für einen erfolgreichen Einsatz im Ausland (Blom/Meier, 2004, S. 171f.).

2.4.2.1 Zur Auswahlphase

Die Auswahl von Mitarbeitern für international tätige Unternehmen und die damit verbundene Entscheidung für einen geeigneten Kandidaten sind wichtige Faktoren, die zum Erfolg oder Misserfolg einer Auslandstätigkeit beitragen können. Für die Beschaffung der Mitarbeiter auf internationaler Ebene können interne sowie externe Kandidaten gewählt werden.

Für den Rekrutierungsprozess – die Suche und das Finden von geeigneten Kandidaten (Weber et al., 1998, S. 103) – können verschiedene Beschaffungsmethoden gewählt werden. Bei international tätigen Unternehmen ist die Personalsuche viel komplexer als die Suche für nationale Unternehmen, da verschiedene Faktoren die Suche und die Auswahl erschweren.

2.4.2.2 Stellenanforderung

Wie bereits erwähnt, gibt es vier verschiedene Wertorientierung, um die Stellenbesetzungspolitik und Führungskonzeption eines multinationalen Unternehmens aufzuzeigen, die durch das Konzept von Perlmutter begründet werden.

Die Stellenbesetzungsstrategie kann ethnozentrisch, polyzentrisch, geozentrisch oder regiozentrisch ausgerichtet werden.

Bei der Stellenanforderung ist es wichtig, die Position so exakt wie möglich zu definieren, um den geeignetsten Kandidaten/in zu rekrutieren. Die präzise Ausarbeitung der Fachkenntnisse des Bewerbers und die Anforderung an die Führungsqualifikationen sind erforderlich.

Zur Person des Bewerbers werden die Voraussetzungen in persönliche und soziale Eigenschaften unterteilt. Die kulturspezifischen Eigenschaften sind

Bestandteile der sozialen Eigenschaften und für einen Auslandseinsatz ein wichtiger Aspekt.

Grundsätzlich unterscheiden sich die internationalen Stellenanforderungen vom nationalen kaum. Bei internationalen Ausschreibungen wird die Stellenanforderung breiter gefächert als die im Heimatland, die oft von einer hohen Arbeitsteilung und Spezialisierung der Aufgaben beschrieben sind (Mauer, 2013, S. 23f.).

Zu den weiteren Anforderungen gehören die Führungskompetenzen, da bei einer Auslandstätigkeit fast immer Führungsaufgaben anfallen, wenn auch für ein kleines Team. Zu den persönlichen Bereichen der Anforderungen sind die sozialen bzw. interkulturellen Kompetenzen relevante Faktoren, da eine gewisse Stabilität der Persönlichkeit für den Auslandseinsatz unerlässlich ist. Die entsandten Mitarbeiter müssen in ihrer Führungsposition mit neuen Aufgaben umgehen können. Um diese zu bewältigen ist Durchsetzungsvermögen gefragt.

Zu den personenbezogenen Anforderungen gehören nicht nur die sprachlichen Kenntnisse, sondern auch kulturelle, technische und wirtschaftliche Fachkenntnisse, da der Mitarbeiter, der mit verschiedenen Menschen zusammenarbeiten wird, muss eine gewisse Akzeptanz gegenüber der Kultur und den Menschen vorweisen (Mauer, 2013, S. 23ff.).

Einige Schlüsselqualifikationen für den internationalen Manager, wurden bei einer Befragung von Banam und Oates (Mauer, 2013, S. 25), ermittelt:

- strategisches Bewusstsein
- Anpassungsfähigkeit an neue Situationen
- Sensibilität für andere Kulturen
- Teamfähigkeit in internationalen Teams
- Sprachkenntnisse
- internationales Verhandlungsgeschick

Diese Faktoren sind wichtige Aspekte, die bei dem Personaleinsatz eine große Rolle spielen. Für den Auslandseinsatz sind die besonderen Merkmale die Person selbst („Self-Oriented Dimension"), sein Verhältnis zu anderen („Others-Oriented Dimension") und die Wahrnehmung und Interpretation kulturspezifischer Erlebnisse („Perceptual Dimension") von großer Bedeutung (Scherm, 1995, S. 305).

2.4.3 Interne versus externe Bewerber

Es können sich für die Vakanz im Ausland nicht nur externe Kandidaten bewerben, sondern auch interne Mitarbeiter. Auch hier gibt es Vor- und Nachteile, sowohl für den internen als auch externen Kandidaten. Die Vorteile des internen Kandidaten sind die des unternehmerischen Know-hows und die spezifischen Fachkenntnisse, die zum Transport des kulturellen Umfelds des

Unternehmens und der unternehmerischen Leitlinien und Werte ins Ausland dienen (Mauer, 2013, S. 27).

Vorteilhafter ist es, sich für einen internen Bewerber für die Auslandstätigkeit zu entscheiden, da sie meist schon einige Jahre im Unternehmen Erfahrungen sammeln konnten, sodass sie die Unternehmenskultur im Ausland ausleben können. Sollten jedoch keine geeigneten Kandidaten für die Position zu finden sein, werden externe Bewerber rekrutiert.

Die externen Kandidaten haben die Vorteile, dass sie häufig schon Auslandserfahrung sammeln konnten, größere kulturelle und Sprachkenntnisse in Bezug auf das Ausland aufweisen können und von bisherigen Wettbewerbern kommen, sodass sie über entsprechendes Branchen-Know-how verfügen. Die Nachteile des externen Kandidaten sind vor allem die Führungsvorgaben des heimischen Unternehmens in der kurzen Zeit zu erlernen, dass kaum möglich ist und außerdem höhere Gehaltskosten verursachen.

Vorbereitungsphase

Die Vorbereitungsphase ist eine wichtige Phase der Entsendung von Mitarbeitern, sowohl aus der Sicht des Entsendenden, des aufnehmenden Unternehmens im Ausland und des Mitarbeiters. In dieser Phase werden die Grundelemente für einen erfolgreichen Auslandseinsatz gestellt. Zu den Vorbereitungsmaßnahmen zählt die Vermittlung von Informationen über das Gastland, wozu die geografischen, wirtschaftlichen und politischen Informationen gehören, die dem Mitarbeiter helfen sollen, sich auf seinen Einsatz vorzubereiten (Mauer, 2013, S. 93).

Organisatorische Vorbereitung

Die organisatorische Vorbereitung verantwortet der Personalbereich im Heimatland und hat die Aufgabe, den entsandten Mitarbeiter auf die Auslandstätigkeit mit relevanten Informationen zu versorgen.

Der Informationsaustauch kann z.B. durch ein Gespräch zwischen den verantworteten Personalbereichen und den Mitarbeitern geführt werden und dient der Erläuterung aller Aspekte und Fragen rund um den Auslandseinsatz.

Zudem kommen die Themen der zu erwartenden Umwelt, Arbeits- und Lebensbedingungen hinzu. Außerdem werden die Ziele der Entsendung, die Dauer, die Funktionen während und nach dem Auslandseinsatz und die Kostenverteilung expliziert erklärt (Düfler/Jostingmeier, 2008, S. 537f.). Die sprachlichen und interkulturellen Vorbereitungen sollten rechtzeitig beginnen und während der Auslandstätigkeit weitergeführt werden.

Die Mitarbeiter sollten sich vor dem Einsatz einer ärztlichen Untersuchung unterziehen, da im Ausland oftmals andere klimatische Bedingungen herrschen und diese sich auf den Körper auswirken können.

Zu den organisatorischen Vorbereitungen kommen z.B. Aspekte hinzu, wie der Umzug, die Eröffnung eines neuen Bankkontos im Ausland und die Suche nach neuen Schulen für die Kinder. Der Mitarbeiter und seine Familie müssen die Chancen und Risiken einer Auslandstätigkeit in Betracht ziehen und sich neuen Lebenssituationen im Ausland anpassen.

Informationsvermittlung

Um den Mitarbeiter und seine Familie so gut wie möglich auf die Auslandstätigkeit vorzubereiten, sind länderspezifische Informationsmappen, die auch Basisinformationen über das relevante Tochterunternehmen enthalten sollten, hilfreich.

Zu den Informationsvermittlungen sollten Einblicke der Behörden- und Rechtsstruktur des Einsatzlandes erläutert werden. Zur praxisbezogenen Informationsvermittlung dienen Mitarbeiter, die bereits Erfahrung als Expatriate sammeln konnten. Die Expatriates können ihre Eindrücke und Erfahrung sowie Verbesserungsvorschläge zur Vorbereitung der Auslandstätigkeit beitragen.

Look-and-See-Trip

Um ein Bild vor Ort und den dort herrschenden Bedingungen bestmöglich zu erlangen, kann ein Besuch in das Gastland sinnvoll sein. Der Besuch in das Tochterunternehmen im Ausland kann der entsandte Mitarbeiter als Urlaubsvertreter eines Kollegen eingesetzt werden, sodass die komplette Einbeziehung in das Unternehmen erfolgt. Je besser die Vorbereitung ist, umso erfolgreicher wird ein Look-and-See-Trip (Mauer, 2013, S. 96). Außerdem kann durch den Besuch die Einstellung gegenüber einer neuen Kultur positiv beeinflusst werden (Götz/Bleher, 2006, S. 44f.).

Arbeitsvertraglichen Vorbereitung

Je nach Form und Dauer der Entsendung muss der Arbeitsvertrag des Mitarbeiters an die Bedingungen im Ausland angepasst oder ein neuer Arbeitsvertrag erstellt werden. Bei Auslandseinsätzen gibt es eine Menge von Besonderheiten, die zum einen in „Entsendungsrichtlinen“ und zum anderen in Verträgen geregelt werden.

Bei der vertraglichen Reglung für den Auslandseinsatz gibt es keine einfache Lösung. Die Kandidaten erwarten bei der Vergütung immaterielle Belastungen, dass durch eine angemessene Vergütung ausgeglichen wird.

Es müssen Entscheidungen zu den Aspekten der Form des Vertragsverhältnisses zwischen Unternehmung und Mitarbeiter und wer die Vertragsparteien sind getroffen werden.

- Bei der Form einer Dienstreise besteht der Arbeitsvertrag mit dem Mutterunternehmen weiter, jedoch mit Ausnahmen von zusätzlichen Reglungen.

Bei einer Versetzung wird der Arbeitsvertrag mit dem Mutterunternehmen mit einem befristeten Arbeitsvertrag des Tochterunternehmens erweitert.

Bei einem Übertritt wird der Arbeitsvertrag mit dem Mutterunternehmen durch einen Auflösungsvertrag beendet und ein neuer unbefristeter Arbeitsvertrag mit dem Tochterunternehmen wird geschlossen (Holtbrügge/ Welge, 2015, S. 339).

Frühzeitige Beendung der Auslandstätigkeit

Eine gute Vorbereitungsphase ist mit dem Erfolg einer Auslandsentsendung verbunden. Ist dies nicht gewährleistet, kann die Auslandtätigkeit aufgrund von unbefriedigender Leistung und Anpassungsschwierigkeiten an die fremde Kultur und Umgebung frühzeitig abgebrochen werden.

Weitere Gründe für einen vorzeitigen Abbruch der Auslandstätigkeit könnten die mangelnde Anpassungsfähigkeit des Ehepartners, die Belastung für die ganze Familie und die mangelnde Fähigkeit, mit der größeren Verantwortung im Ausland fertig zu werden (Weber et al., 1998, S. 130).

Die Folge wären hohe anfallende Kosten und die nur schwer messbaren Verluste, wie der geschädigte Ruf des Unternehmens oder entgangene Geschäfte (Weber et al., 1998, S. 167). Ein Abbruch einer Auslandstätigkeit schätzt Harvey (1983) auf die durchschnittlichen Kosten pro Abbruch für das Mutterunternehmen, auf das Dreifache des Jahresgehaltes im Heimatland plus die Versetzungskosten an (Harvey, 1983, S. 71ff.).

2.4.4 Einflussfaktoren auf den Erfolg eines Auslandseinsatzes

Um eine bestmögliche Entsendung zu gewährleisten und einem vorzeitigen Abbruch der Entsendung entgegenzuwirken, ist es enorm wichtig, im Vorfeld eine genaue Prüfung des zu entsendenden Kandidaten vorzunehmen. Verschiedene Erfolgsfaktoren, die mit einer Auslandsentsendung verbunden sind, konnte Stahl (1998) identifizieren, indem er eine Darstellung der Determinanten des Entsendungserfolges illustrierte, um die Komplexität einer Entsendung zu verdeutlichen. Die folgende Abbildung gibt einen Überblick der Einflussfaktoren auf den Entsendungserfolg.

Wie in der Abbildung illustriert, stellt die Person ein fundamentales Kriterium dar. In diesem Fall steht der Arbeitnehmer selbst für den Erfolg einer Entsendung ins Ausland im Vordergrund. Dabei ist es für den Entsandten unabdingbar, ausreichende Sprachkenntnisse zu besitzen, um im Gastland reibungslos kommunizieren zu können. Zu den weiteren Kriterien gehören einerseits die Selbstständigkeit des Expatriates und andererseits die interkulturelle Kompetenz.

Unter diesem Aspekt fallen u.a. die Kommunikations- und Teamfähigkeit, Empathie und Anpassungsfähigkeit an das jeweilige Entsendungsland. Außerdem ist es für den Entsandten vor der Entsendung von Vorteil, mehrjährige Berufserfahrung im Stammhaus zu sammeln, da dieser dann besser mit der Unternehmenspolitik vertraut ist (Welge/Holtbrügge, 2006, S. 227).

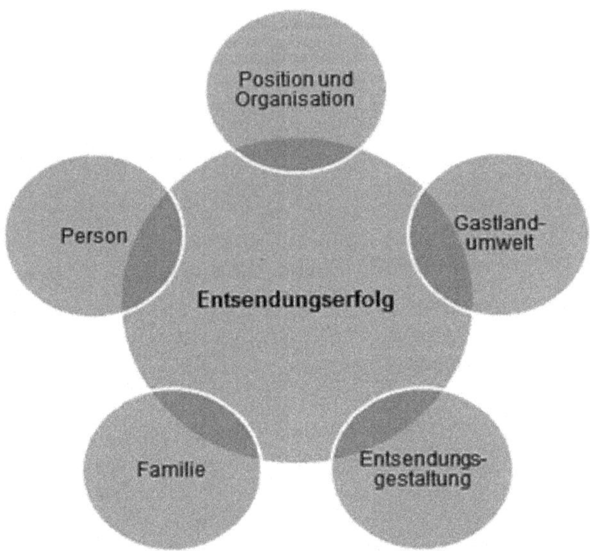

Abb. 2.7: Determinanten des Entsendungserfolges. Quelle: in Anlehnung an Stahl, 1998, S. 129

Die Position des Mitarbeiters im Stammhaus sowie die organisatorischen Kriterien gehören ebenfalls zu den Erfolgsfaktoren. In diesem Zusammenhang haben sich einerseits das technische Know-how des Expatriates als auch Führungs- und Organisationskompetenzen als wichtig erwiesen (Perlitz, 2004, S. 411). Weiterhin muss der Entsandte eine eindeutige Rolle übernehmen und darf nicht im Spannungsfeld zwischen Stammland und Gastlandunternehmen stehen. Darüber hinaus betont Stahl (2005) den regelmäßigen Kontakt zu Bezugspersonen nicht zu unterschätzen und ihre Interessen zu berücksichtigen (Stahl, 2005, S. 294).

Ein weiterer wichtiger Erfolgsfaktor der Beachtung finden muss, ist die Gastlandumwelt, welche durchaus mit der Zufriedenheit des Expatriates verbunden ist. Unter den entscheidenden Kriterien fällt die kulturelle Distanz zum Heimatland, die Sprache, der Führungsstil als auch die Freizeitmöglichkeiten, die den Erfolg beeinflussen. Die Familie des Entsandten bestimmt ebenfalls den Erfolg einer Auslandsentsendung in erheblichem Maße. Es kann durchaus dazu kommen, dass der Partner des Expatriates größeren Belastungen ausgesetzt ist als der Expatriate selbst. Aus diesem Grund ist eine Anpassungsfähigkeit des Partners von hoher Bedeutung, um private Probleme zu verringern, damit der Auslandseinsatz für den Entsandten mit Erfolg zu bewältigen sein kann (Stahl, 1998, S. 241).

Bei der Entsendungsgestaltung spielen die Such- und Auswahlkriterien sowie eine gute Vorbereitung auf den erfolgreichen Auslandseinsatz und eine dementsprechend professionelle Betreuung während der Entsendung eine wesentliche Rolle. Neben diesen Faktoren sind eindeutige und verständliche Richtlinien unverzichtbar, um das Gefühl der Diskriminierung bei den Expatriates auszuschließen. Schließlich ist die Motivation der Entsandten für den Erfolg maßgeblich (Stahl, 1998, S. 241). Letztlich ist die Familie für den Entsandten ein wichtiger Teil im Ausland. Oftmals wird der Expatriate durch den Partner bzw. der Familie ins Ausland begleitet. Dementsprechend ist die Zufriedenheit der Begleitpersonen enorm wichtig, um den Expatriate nicht zu demotivieren. Außerdem wird empfohlen, dass die Begleitperson möglichst eine adäquate Beschäftigung im Ausland findet, um Probleme in Bezug auf soziale Beziehungen mit Einheimischen zu vermeiden (Rothlauf, 2012, S. 339).

Zusammenfassend lässt sich feststellen, dass mit einer Entsendung umfassende Facetten zu berücksichtigen sind, die mit unterschiedlicher Gewichtung auf den Expatriate einwirken. Für einen Entsendungserfolg ist es essenziell, die vorgestellten internen und externen Faktoren zu berücksichtigen. Infolgedessen ist eine intensive Planung und Koordination des Auslandseinsatzes für den Entsandten unabdingbar.

2.4.5 Einsatzphase

Wenn die Entscheidung für den passenden Kandidaten gefallen ist, ist das Unternehmen während der Einsatzphase verpflichtet dem Mitarbeiter beizustehen, um keinen vorzeitigen Abbruch des Auslandseinsatzes zu verursachen.

Die Betreuung ist ein kontinuierlicher Prozess, der vor dem Auslandseinsatz beginnt und nach einer erfolgreichen Wiedereingliederung endet (Wirth, 2013, S. 172). Die Kandidaten sollten mit dem Phänomen des Kulturschocks vertraut gemacht werden.

2.4.6 Verlauf des Kulturschocks – Phasen nach Oberg

Die Auseinandersetzung mit einer fremden Kultur kann als Kulturschock bezeichnet werden, wobei bei der Anpassung verschiedene Phasen durchlaufen werden. Der Kulturschock besitzt Merkmale wie z.B. das Durcheinander und die Konfusion einer Person. Zudem beschreibt es eine psychische Reaktion gegenüber etwas Neuem und Unbekanntem. Das Modell von Oberg (1960) (Oberg, 1960, S. 107f.) erläutert die Anpassung in vier Phasen. Die erste Phase wird mit Vorfreude und Neugier beschrieben, die dann in einen Kulturschock übergehen und mit der Anpassung der Kultur enden. Durch die Auseinandersetzung mit der neuen Kultur kann sich eine Erlebniskurve – die U-Kurve – zu einer W-Kurve entwickeln.

Phase - Honeymoon

Die erste Phase wird als Honeymoon bezeichnet, da zu Beginn die Auslandstätigkeit voller Hoffnung und Freude angetreten wird. Der Expatriate blendet die negativen Eindrücke aus und wird nur von den positiven Eindrücken überwältigt.

Die Eindrücke des Gastlandes werden aus der Touristensicht gesehen und der Kontakt zu den Einheimischen sehr oberflächlich gehalten (Wirth, 2013, S. 174). Die Phase kann von einigen Tagen bis zu paar Wochen andauern. Der Auslandseinsatz wird mit Begeisterung charakterisiert.

Phase - Kulturschock

Die Phase des Kulturschocks (Crisis) beginnt, wenn die Honeymoon-Phase vorbei ist und die Realität anders aussieht. Die Phase beschreibt die Einstellung der Expatriate als feindlich und aggressiv gegenüber dem Gastland. Diese abwertende Haltung gegenüber dem Gastland entwickelt sich durch die Anpassungsschwierigkeiten des entsandten Mitarbeiters. Es entstehen im Gastland Probleme jeglicher Art, die im Heimatland keine große Bedeutung hatten, wie Schul- und Sprachprobleme und Familienprobleme, die einen zur Verzweiflung bringen können. So werden auch nur die negativen Aspekte der fremden Kultur wahrgenommen und Anschluss zur Gleich-gesinnten mit gleicher Nationalität und gleichen Problemen gesucht. Die Unterschiede in der Sprache, den Werten und Symbolen zwischen der eigenen und der fremden Kultur werden realisiert.

Hinweis

Die entstehenden Schwierigkeiten wandeln sich zu Aggressionen und Ablehnung um. Das Bewusstwerden kultureller Unterschiede löst Frustration, Angst, Heimweh, Isolation und Verzweiflung aus. Der Zustand wird sich erst verbessern, wenn der entsandte Mitarbeiter die Sprache sprechen kann und sich dadurch besser mit den Einheimischen verständigen kann (Wirth, 2013, S. 174).

Phase - Erholung

In der Phase der Erholung (Recovery) ist der Kulturschock zunächst überwunden und der Expatriate hat eine positive Einstellung zum Gastland. Anstatt nur die negativen Aspekte der Kultur hervorzuheben, wird sich langsam an die fremde Kultur integriert. Dabei hat man die *„grundlegende kulturspezifische Verhaltungsmuster erworben"* (Kühlmann, 1995, S. 10). Dennoch braucht es eine gewisse Zeit bis sich der Entsandte im Gastland zu rechtfindet. In dieser Phase lernt man die Kultur zu mögen und zu genießen. In der Anfangsphase ist es für einen entsandten Mitarbeiter sehr schwer, da er durch das fremde Essen und die fremde Kultur die eigene Kultur noch mehr zu schätzen und vermissen weiß.

Sobald die physischen Probleme zu den seelischen dazukommen, wodurch Schwierigkeiten in der Kommunikation auftreten, löst es Frustration und Enttäuschung aus.

Phase - Anpassung

Die letzte Phase ist die Anpassung (Adjustment) an die fremde Kultur. Durch die wachsenden Sprachkenntnisse kann sich der Expatriate besser mit den Einheimischen verständigen, sodass die Kommunikation erheblich einfacher ist. Infolge der Anpassung und des Annehmens der fremden Kultur findet nach dem Tief wieder ein Hoch statt (Mochtarova, 2000, S. 16). Demzufolge ist die Isolation geschäftlich als auch privat vorbei, sodass sich in der neuen Kultur zurechtgefunden wird und sich der Mitarbeiter integrieren kann. Sobald sich die Einstellung des Entsandten gegenüber der fremden Kultur geändert hat, wird die Anpassung eindeutig einfacher und die Verzweiflung an kleinen Problemen werden nicht mehr gravierende Folgen haben. Nach einer gewissen Zeit hat man sich an die Vor- aber auch Nachteile des Gastlandes gewöhnt.

Dementsprechend fühlt man sich nicht mehr fremd und hat das Gefühl der Zugehörigkeit. Der Entsandte entwickelt eine Akzeptanz und ein Verständnis für die fremden Denk- und Handlungsweisen der Kultur (Geiger, 2015, S. 52).

2.4.7 W-Kurven-Modell

Die Grundlage für das von Gullahorn & Gullahorn 1963 (Gullahorn/Gullahorn, 1963) entwickelte W-Kurven-Modell ist die U-Kurve von Oberg (1960). Das W-Kurven-Modell wird, wie in Abb. 2.8 ersichtlich, mit der Rückkehr in die Heimat erweitert, sodass die U-Kurve nicht mehr beinhaltet ist. Der Expatriate erlebt nach der Rückkehr erneut einen Kulturschock, diesmal ausgelöst durch

Abb. 2.8: W-Kurven-Modell (in Anlehnung an Gullahorn und Gullahorn (1963))

die eigene Kultur. Man spricht von einem „umgekehrten Kulturschock" Auslandsaufenthalts. Jedoch lassen sie sich nicht auf jede Auslandserfahrung (Wirth, 2013, S. 206). Sowohl die U- aber auch die W-Kurvenmodelle beschreiben sehr anschaulich die emotionalen Hoch- und Tiefpunkte während eines beziehen (AFS Intercultural Programs, 2013), da jeder Mensch ein Individuum ist und auf die Situationen anders reagieren kann.

2.4.8 Betreuung des Mitarbeiters im Ausland

Die ausführliche Vorbereitungsphase auf die Auslandstätigkeit kann bei Expatriate trotzdem zu einem Kulturschock führen, sodass die Betreuung im Ausland ein wichtiger Punkt ist.

Die Expatriates brauchen die kontinuierliche Betreuung sowohl zum Mutterunternehmen als auch die Integration in das Gastland. Diese Betreuung ist auch ein wichtiger Faktor für den Erfolg oder Misserfolg einer Auslandstätigkeit. Der Expatriate hat nach der Ankunft im Gastland mit verschiedenen Herausforderungen zu kämpfen, wie die Eingewöhnung in das neue Umfeld, der Aufbau eines sozialen Umfelds, die Lösung von Aufgabenstellungen im privaten und beruflichen Bereich und die Bewältigung von Stresssituationen bei der Eingewöhnung in das Gastland (Mauer, 2013, S. 32). In der Forschung und Praxis ist die Betreuung der Expatriate bislang ein wenig beachteter Bereich, obwohl dem Mitarbeiter erst während des Aufenthaltes die Bedeutung und Wirkung der fremden Kultur richtig bewusst wird (Brandenburger, 1995, S. 94). Dabei stehen dem Expatriate nicht nur die Betreuung der Personalabteilung im Gastland zur Verfügung, sondern auch weiterhin des Stammhauses (Brittner/Reisch, 1994, S. 217). Die Betreuung und die Verbundenheit zum Mutterunternehmen sorgt dafür, dass der entsandte Mitarbeiter eine höhere Wertschätzung und Loyalität gegenüber dem Unternehmen aufzeigt (Breitschuh/Wöller, 2007, S. 107). Nach Schröder ist die Betreuung im Ausland ein wichtiger Aspekt des Auslandseinsatzes, um berufliche Schwierigkeiten und psychische Belastungen zu mindern bzw. zu verhindern (Schröder, 1995, S. 148). Zur Unterstützung des Entsandten wird ein Erfahrener und mit dem lokalen Umfeld vertrauten Managers im Ausland empfohlen, der die Integration sowohl im Tochterunternehmen als auch in der Umwelt erleichtern soll (Pawlik, 2000, S. 58).

Ein weiterer Punkt zur Betreuung ist der sogenannte Mentor, meist ein Vorgesetzter im Mutterunternehmen, der von der Anfangsphase zur Entsendung bis hin zur Rückkehr sich um diesen Expatriate kümmert. Somit kann das Risiko, dass sich der entsandte Mitarbeiter im Gastland vollständig hilflos fühlt, reduziert werden. Der Vorteil besteht darin, dass sich durch die Betreuung nicht die nur Informationslage des entsandten Mitarbeiters verbessert, sondern auch der Informationsaustausch von Tochterunternehmen zu den Schnittstellen in andere Tochterunternehmen und dem Mutterunternehmen.

Zudem bietet der Mentor ergänzend zu der Beurteilung durch den Vorgesetzten im Gastland eine laufende Kontrolle der Auslandstätigkeit (Scherm, 1999, S. 204).

Hinweis

„Während des Auslandseinsatzes ist es für den Mitarbeiter wichtig, stets das Gefühl zu haben, weiterhin dem Entsendungsunternehmen anzugehören. Die Personalabteilung muss daher großen Wert darauf legen, regelmäßig Kontakt zu den Mitarbeitern zu halten" (Hentze/Kammel, 2000, S. 504).

Daher ist es wichtig bzw. hilfreich, den Expatriaten regelmäßig mit Informationen zu versorgen, wie z.B. Firmenzeitschriften, Geschäftsberichte, Nachrichten über personelle und organisatorische Veränderungen (Horsch, 1995, S. 103). Für mitentsandte Familienmitglieder wie der Ehepartner ist es wichtig, dass sie versuchen, ihrem Beruf im Ausland nachzugehen. Da sich dies als äußerst schwierig gestaltet, enthalten in den meisten Fällen die Ehepartner einen parallelen Anstellungsvertrag, um diese Probleme im Ausland von Anfang an zu verhindern (Mauer, 2013, S. 34). Der Expatriate muss trotz der Betreuung vor Ort auch eine gewisse Eigeninitiative zeigen. Hierbei ist es wichtig, im Unternehmen auf die gewissen Verhaltensregeln oder Einstellungen der ausländischen Kollegen und Vorgesetzten zu achten. Desweiteren kommt der Faktor des Neids von den ausländischen Mitarbeitern gegenüber dem entsandten Mitarbeiter hinzu, da dieser meistens ein höheres Gehalt bekommt. Daher sollten die Gehälter zwischen dem Expatriate und der lokalen Führungskräfte keine großen Abweichungen haben (Perlitz, 1997, S. 232). Die Besonderheit bei der Versetzung ins Ausland ist es, dass zu einer guten Betreuung des entsandten Mitarbeiters und seiner Familie auch Maßnahmen der Personalabteilung gehören, die bis in den privaten Bereich hineinreichen (Wirth, 1992, S. 202).

Leistungsbeurteilung während der Auslandstätigkeit

Die Leistungsbeurteilung kommt in jedem Land der Welt zum Einsatz, jedoch unterscheiden sich deren Funktion und Gestaltung je nach Kultur. So muss gewährleistet werden, dass die Leistungsbeurteilung in verschiedenen Ländern ein gleiches standardisiertes Beurteilungsverfahren durchlaufen kann.

Dies führt zu einer fairen Regelung und einer fairen Beurteilung des Entsandten. Demzufolge muss eine internationale Leistungsbeurteilung eingeführt werden, die als Orientierungsgrundlage dienen soll (Weber et al., 1998, S. 190f.).

Definition

„Personalbeurteilung [...] als die geplante, formalisierte und standardisierte Bewertung von Organisationsmitgliedern im Hinblick auf bestimmte Kriterien durch von der Organisation dazu explizit beauftragte Personen auf der Basis sozialer Wahrnehmungsprozesse im Arbeitsalltag." (Domsch/Gerpott, 1992, S. 1631f.)

Leistungsbeurteilung auf nationaler und internationaler Ebene

Im Folgenden sollen die Aspekte der Unterschiedlichkeit der Leistungsbeurteilung auf nationaler und internationaler Ebene erläutert werden.

Nach Harvay (1997) gibt es einige Faktoren, die zu berücksichtigen sind:

- Unterschiedlichkeit der Mitarbeiter in einem international tätigen Unternehmen: Die Mitarbeitergruppe, Tochterunternehmen oder Mutterunternehmen, werden durch unterschiedliche Verträge, Kompensationspakte oder Karrieremöglichkeiten gezeichnet. Hierbei sind zwei unterschiedliche Kulturen der Beurteiler und Mitarbeiter zu berücksichtigen, da unterschiedliche Normen und Werte mit einfließen.
- Vielfalt externer Umwelteinflüsse: Hierzu kommen Wirtschaftssysteme wie z.B. Inflationsrate, Arbeitslosigkeit oder Zinssätze hinzu, die nicht im Einflussbereich des eingesandten Mitarbeiters liegen. Der Mitarbeiter muss sich an die landeskulturellen Einflussfaktoren anpassen, sodass sich seine Leistungen positiv oder negativ beeinflussen lassen.
- Unterschiede in Unternehmensstrategie, -struktur, -kultur: Die internationalen Geschäftstätigkeiten werden mit einer anderen Strategie geprägt als die nationalen. Dies führt dazu, dass die strategischen Ziele des Tochterunternehmens anders sind als das Mutterunternehmen. Durch unterschiedliche Ausmaße an der Zentralisierung oder durch kulturelle Einflüsse finden mögliche Unterschiede in den Entscheidungen statt.
- Mangelnde Vergleichbarkeit der Daten: Die Vergleichbarkeit der Leistungen der Expatriate eines Unternehmens setzt einen einheitlichen Standard voraus, die kaum gegeben sind. Einige Faktoren, wie z.B. Importtarife, die die Preislisten verzerren lassen, können eine objektive Bewertung zur Leistung des Tochterunternehmens problematisch wirken (Garland, 1986, S. 184).
- Zeit, Kosten, geographische Distanz: Die internationale Leistungsbeurteilung ist zum einen zeitaufwendiger und zum anderen kostspieliger, da mehr Faktoren die Leistung beeinflussen, wobei sich durch die geographische Distanz die Erfassung zwischen dem Beurteiler und dem Mitarbeiter als schwierig gestaltet. So muss z.B. die Anpassungsphase in die Leistungsbeurteilung mit einfließen (Weber et al., 1998, S. 184).

Modell der internationalen Leistungsbeurteilung

Das Modell der internationalen Leistungsbeurteilung verfolgt nicht nur das Ziel, die Leistung der entsandten Mitarbeiter zu erfassen, sondern auch die Berücksichtigung der Personalentwicklungsziele (Weber et al., 1998, S. 185).

Demzufolge strebt man mit der Personalbeurteilung zwei Ziele an. Die Ziele sind die Motivation durch gezielte immaterielle und materielle Belohnung für positives Leistungsverhalten zu steigern, sowohl als auch die Entwicklung des Mitarbeiters durch gezielte Schulungen und Weiterbildungen zu fördern (Hilb, 2011, S. 77).

So werden die Schwächen des Mitarbeiters analysiert, um gezielte personalwirtschaftliche Maßnahmen zu treffen. Die Leistungsbeurteilung ermöglicht einen Vergleich von international tätigen Mitarbeitern. So können die Veränderungen in der Leistung des entsandten Mitarbeiters verdeutlicht werden. Zur Verfügung stehen quantitative und qualitative Kriterien zur Leistungsbewertung. Bei den quantitativen Kriterien sind schwere Mess- und Zurechnungsprobleme zu erwarten. Mit den qualitativen Kriterien soll die Fairness im Bewertungsprozess erhöht werden und die Einflussfaktoren international tätiger Mitarbeiter mit einbezogen werden (Weber et al., 1998, S. 185ff.).

Zusammenfassung

In diesem Abschnitt wurde beschrieben, wie ein Auslandseinsatz typischerweise vonstattengeht. Zudem wurde auf die unterschiedlichen Arten internationaler Auslandseinsätze eingegangen. Es erfolgte bspw. eine Unterscheidung in Short Term- und Long Term Assignment. Zudem wurde auf den Auslandseinsatz aus Unternehmer- und Mitarbeitersicht eingegangen. Bei einem Auslandseinsatz kann es zu einem Kulturschock kommen. Daher ist die Betreuung des Mitarbeiters im Ausland sehr wichtig. Auf die Probleme Leistungsbeurteilung in einem fremden Land wurde eingegangen und ein mögliches Modell zur internationalen Leistungsbeurteilung vorgestellt.

2.5 Reintegration

Lernziele

- Sie haben ein grundsätzliches Verständnis für die Wiedereingliederungsproblematik nach einem Auslandseinsatz.
- Sie kennen die Arten der Reintegrationsprobleme und wissen um die Erfolgsfaktoren einer Auslandsentsendung.
- Sie verstehen die Maßnahmen zur Unterstützung der Reintegration.

Definition

Die Wiedereingliederung wird im Zusammenhang von Auslandsentsendung als ein Prozess der Wiedereingewöhnung von Mitarbeiter in ihr Land bezeichnet (Hurn, 1999, S. 224).

Synonyme für die Wiedereingliederung sind Reintegration, Reentry, Rückgliederung und Rückführung (Rothlauf, 2009, S. 321).

Hinweis

„Wenn zu erwarten ist, dass nach einem längeren Aufenthalt im Ausland die Rückkehr in das Heimatland, die Anpassung an die hiesigen Arbeits- und Lebensbedingungen zum Problem werden können, wird ein Reintegrationstraining in das Land, kurz vor der Ausreise oder im Heimatland kurz nach der Einreise zur Erleichterung der Wiedereingliederung in das Berufs- und Arbeitsleben und zur Eingewöhnung in die eigentliche vertrauten aber inzwischen fremd geworden heimischen Lebensverhältnisse eine nützliche Anpassungshilfe sein“ (Thomas, 1997, S. 124).

Der Reintegrationsprozess erweist sich als eine schwierige Aufgabe der Auslandsentsendung, da der Entsandte nach seiner Rückkehr erneut eine Anpassungsphase durchlaufen muss, diesmal in seinem eigenen Heimatland.

So berichten Rückkehrer, dass die Integration ins Gastland nicht so schwer war wie die Reintegration in der Heimat (With, 1992, S. 205). „The problems in going over, I expected; the real problems – the ones I didn't expect – were all in coming back!“, da die Expatriates ihre Einstellung teilweise so verändert haben, dass der Kontakt zu der Heimat einen erneuten „Kulturschock“ auslöst.

Die Reintegration beinhaltet alle Wiederanpassungsprozesse des Expatriates an das Heimatland im beruflichen, aber auch im privaten und soziokulturellen Bereich (Ladwig/Loose, 2000, S. 366). Um sich nach der Beendigung der Auslandstätigkeit erfolgreich im Heimatland wiedereinzugliedern, durchläuft der Entsandte einen Reintegrationsprozess (Ladwig/Loose, 2000, S. 366).

2.5.1 Verlauf der Wiedereingliederung nach Fritz

Der Entsandte muss nach seiner Rückkehr aus dem Gastland verschiedene Phasen durchlaufen.

Der Verlauf der Wiedereingliederung lässt sich nach Fritz (1982) in drei Phasen unterteilen (Fritz, 1982, S. 39ff.).

Antizipation: Noch während der Rückkehr entwickelt der Entsandte Erwartungen im Heimatland über private und berufliche Situationen. In dieser Phase ist die zukünftige Rolle im Unternehmen noch ungewiss, sodass die tatsächliche Wiedereingliederung das Ausmaß der Reintegrationsproblematik aufzeigt, wodurch die Antizipationen unzutreffend sein können. Während des Auslandseinsatzes findet die antizipierte Anpassung statt, in der der Entsandte Erwartungen der Reintegration, seiner neuen Funktion und der Interaktion bildet (Knocke, 2017, S. 38).

Akkommodation: Die Unterschiede zwischen dem im Ausland erfolgreichen und dem im Heimatland notwendigen Verhalten nimmt der Rückkehrer wahr, wodurch es zu einem „umgekehrten Kulturschock" (Gullahorn/Gullahorn, 1963) kommt. Hierbei erlebt er wieder die Unverständlichkeit und Anpassungsschwierigkeiten, sodass eine aggressive Stimmung die Phase dominiert.

Adaption: Nach einigen Monaten der Rückkehr erlebt der Expatriate eine Identifizierung mit der Heimat. Der Expatriate fängt an, sich in seiner eigenen Heimat zu integrieren.

2.5.2 Drei-Phasen-Modell des Rückkehrprozesses nach Hirsch

Hirsch entwickelt ein Drei-Phasen-Modell auf der Basis einer Vielzahl von Erfahrungen aus Rückkehrern. Das Modell besteht aus drei Phasen: Naive Integration, Reintegrationsschock, Echte Integration (Hirsch, 2003, S. 423ff).

Die erste Phase wird als „**Naive Integration**" beschrieben. Die wird durch die Begeisterung wieder in seiner Heimat zu sein beschrieben und die Einstellung des Rückkehrers sich in das Heimatland wieder einzugliedern. Die Offenheit und Bereitschaft des Rückkehrers sich an das Heimatland anzupassen, wird als oberflächliche Integration beschrieben und kann bis zu einigen Wochen andauern (Knocke, 2017, S. 39).

Der **„Reintegrationsschock"** wird als zweite Phase beschrieben und ist mit der Akkommodationsphase von Fritz vergleichbar, des sogenannten „umgekehrten Kulturschocks", wobei in der Phase die Wiedereingliederungsprobleme wieder zur Belastung werden und dies zu einer aggressiven Haltung übergeht. Das wachsende Unverständnis von Kollegen und das Desinteresse an der Auslandserfahrung trägt zur Stimmung bei. Der ehemalige Expatriate fühlt sich somit als Außenseiter und verstärkt seine ablehnende Haltung gegenüber seinen Kollegen und sein Umfeld. Es besteht die Möglichkeit für den Rückkehrer einen erneuten Auslandseinsatz zu tätigen, wobei in den meisten Fällen zur letzten Phase übergegangen wird (Hirsch, 1996, S. 291).

In der letzten Phase, die **„Echte Integration"**, erlebt der Rückkehrer einen Wandel seines Verhaltensmusters, wobei der Expatriate gelernt hat sich im neuen Umfeld wieder zurechtzufinden und seine Erwartungen dementsprechend anzupassen. Dies hat zur Folge, dass der Rückkehrer wieder an Selbstvertrauen gewinnt und sich den Schwierigkeiten stellt. Es ist jedoch nicht auszuschließen, dass der Expatriate in die Phase des Kulturschocks zurückfällt. Dies wird durch Schwierigkeiten im beruflichen Umfeld ausgelöst, was Bilder und Erfahrungen aus dem Ausland in den Vordergrund rücken lässt und zu Unzufriedenheit der Situation im Heimatland auslöst (Hirsch, 2003, S. 424).

In diesem Zusammenhang lassen sich die Schritte der Reintegration nach Hirsch (2003) in drei Phasen darstellen:

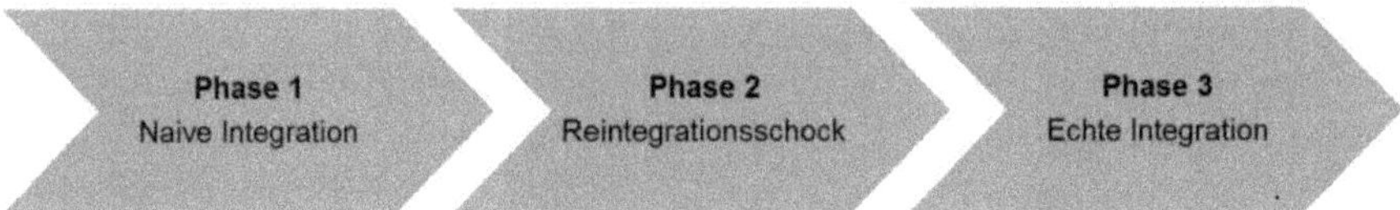

Abb. 2.9: Prozessmodell der Reintegration nach Hirsch (2003). Quelle: in Anlehnung an Weber et al., 1998, S. 191

2.5.3 Arten der Reintegration

Die Reintegration in das Heimatland hängt von vielen individuellen Einflussfaktoren ab, wie die private, berufliche und soziokulturelle Sicht.

Die **private Reintegration** beinhaltet die Wiedereingliederung in ein soziales Netz, die Wiederaufnahme alter Beziehungen und das Knüpfen von neuen Kontakten (Bittner/Reisch, 1994, S. 226). Die Umstellung der Statusveränderung und ein Verlust des Lebensstandards sind bewusste Aspekte mit dem der Expatriate umgehen muss.

Bei **soziokultureller Reintegration** liegt der Schwerpunkt darin sich an die kulturellen heimischen Verhältnisse wieder zu gewöhnen. Durch die Auslandstätigkeit haben sich Werte und Normen für den Rückkehrer verschoben, sodass die heimischen Werte und Verhaltensmuster zunächst fremd erscheinen. Bei der **beruflichen Reintegration** hat der Rückkehrer mit den Aspekten der Karriereerwartungen, seiner Dequalifizierung und den entwicklungsfördernden Anschlussaufgaben zu kämpfen (Scharbert, 2015, S. 12ff.).

Die Arten der Reintegration zeigen auf, dass es zu verschiedenen Problemen der Reintegration kommen kann. Es werden die beruflichen, organisationalen und sozialen Reintegrationsprobleme erläutert.

Berufliche Probleme

Die Mitarbeiter, die sich für eine Auslandstätigkeit entscheiden, haben die Hoffnung nach Rückkehr auf einen Karrieresprung (With, 1992, S. 206). Unternehmen versprechen keine explizierte Position nach der Beendigung des Auslandsaufenthaltes und garantieren den Karrieresprung i.d.R. auch nicht (Kollmann, 2016, S. 20).

In der GMAC-Umfrage von Jahr 2004 gaben 68% der befragten Unternehmen an, dem Entsandten keine Rückkehrpositionsversprechen abzugeben (Dowling et al., 2008, S. 188).

Demzufolge haben die Rückkehrer Angst, keine angemessene Stelle wie die Auslandsposition zu finden (Fritz, 1984, S. 121). So kann im Vorfeld der Entsendung eine versprochene Stelle in Zukunft nicht mehr vorhanden sein. Dies hat zu Folge, dass eine gewisse Unzufriedenheit der Rückkehrer entsteht, da die Erwartungen nach der Auslandstätigkeit nicht erfüllt worden sind. Je höher der Entsandten in der Hierarchie stand, desto schwieriger wird es eine angemessene Position zu finden (Kollmann, 2016, S. 20 ff.).

Durch organisatorische Veränderungen wie Outsourcing, Downsizing oder Fusionen, stehen für Rückkehrer eventuell weniger attraktive Positionen zur Verfügung (Kühlmann, 2004, S. 95).

Außerdem kann der Expatriate durch den Aufenthalt im Ausland gewisse Kenntnisse verlernt haben, wie z.B. den Verlust des Know-hows im technischen Bereich, in dem die Kenntnisse schnell alt werden (Bittner/Reisch, 1994, S. 227), wobei bei der Rückkehr des Expatriates er den Anforderungen nicht gewachsen sein kann (Kühlmann, 2004, S. 95). Dies führt zwangsläufig zur Enttäuschung des Expatriates, da seine Erwartungen nach der Rückkehr nicht erfüllt werden.

Übung 2.9

Welche klassischen beruflichen Probleme können bei einer Reintegration nach einem Auslandseinsatz auftreten?

Organisationale Reintegrationsprobleme

Zudem kommen die organisationalen Reintegrationsprobleme hinzu, die die Wiedereingliederung im Unternehmen erschweren. Die Expatriates haben vom Unternehmen in Bezug zu ihrer Rückkehr keine spezifischen Informationen bekommen, das führt dazu, dass sie im Ungewissen über ihre Rückkehrposition sind.

Die Umgewöhnung des andersartigen Lebensstandards fällt den Expatriate schwer, da im Ausland die finanzielle Lage oft lukrativer ist als im Inland (Kollmann, 2016, S. 219).

Außerdem haben die Expatriates im Ausland i.d.R. niedrige Lebenshaltungskosten und materielle Zusatzleistungen wie einen Firmenwagen oder eine Wohnung, die ihnen zur Verfügung gestellt werden (Black et al., 1992 S. 239f.).

Soziale Reintegrationsprobleme

Die Probleme der sozialen Reintegration sind vor allem die Wiedereingliederung im sozialen Umfeld, die Wiederaufnahme alter Beziehungen und die Knüpfung neuer Kontakte. Die soziale Reintegration führt zu einem „Entfremdungsgefühl", das oft verharmlost wird, da der Rückkehrer in ein nicht mehr bekanntes Umfeld zurückkehrt. Zumeist haben sich nicht nur die Umstände nach der Rückkehr geändert, sondern auch unbewusst der Entsandte. Der Erfolg der Auslandstätigkeit ist abhängig von der Familie. So ist auch der Erfolg einer Reintegration des Entsandten abhängig von der Wiedereingliederung in die Familie (Kollmann, 2016, S. 22).

Die familiären Probleme, die bei der Auslandstätigkeit eine Rolle spielten, werden auch im Heimatland zu einem Problem. Die Komplikationen der Wiedereingliederung können die Leistung des Mitarbeiters erheblich beeinflussen und eine Unzufriedenheit auslösen (z.B. eine Scheidung).

Auswirkung ungenügender Reintegration

Die Auswirkungen einer ungenügenden Wiedereingliederung in das Unternehmen sind für den Rückkehrer als auch für das Unternehmen gravierend. Wird der Rückkehrer vor und während der Reintegrationsphase mangelhaft betreut, wird die Bereitschaft einen erneuten Auslandseinsatz zu tätigen gering. Die schlechten Erfahrungen werden an die Arbeitskollegen übermittelt und lösen eine Abneigung eines Auslandseinsatzes aus. Da die gewünschte Position für Rückkehrer zunächst in weiter Ferne bleibt, wird eine geringfügigere Tätigkeit ausgeübt.

Durch die schwierige Situation für beide Parteien schrecken Unternehmen nicht davor zurück, einem Rückkehrer einen Aufhebungsvertrag mit einer entsprechenden Abfindung anzubieten (Dülfinger/Jöstingmeirer, 2008, S. 540f.).

Die ungenügende Reintegration eines entsandten Mitarbeiters mit neu erworben kulturellen und fachlichen Wissen, hat die Folge, dass der Rückkehrer das Unternehmen i.d.R. verlässt. Dies führt zu einer erheblichen Fehlinvestition, da viele Maßnahmen getroffen wurden, um den Erfolg des Auslandseinsatzes zu garantieren.

„Ein Mitarbeiter, der sich unter schwierigen Bedingungen im Ausland bewähren konnte, besitzt Kenntnisse und Fähigkeiten, die in Zeiten der zunehmenden Globalisierung der Wirtschaft immer wertvoller werden. Hierzu gehören z.B. Aufgeschlossenheit gegenüber ungewohnten Arbeits- und Lebensstilen, größere Selbstständigkeit im Denken und Handeln sowie Verhandlungsfähigkeit in einer oder mehreren Fremdsprachen“ (Kühlmann/Stahl, 1995, S. 189). So verlässt ein Mitarbeiter mit all dem erlernten Wissen im beruflichen als auch im privaten Bereich das Unternehmen, wobei dieser z.B. als Mentor für andere Mitarbeiter zur Verfügung stehen hätte können.

Eine Studie der GMAC (Global Relocation Services, 2002) ergab von 150 befragten Unternehmen, dass 26% der Rückkehrer nach mindestens zwei Jahren den Arbeitgeber verlassen bzw. gewechselt haben. Die Rückkehrer haben im Ausland Erfahrung sammeln können, wobei das Wissen der Auslandstätigkeit vom Unternehmen nicht ausreichend genutzt wurde.

Übung 2.10

Beschreiben Sie die klassischen Auswirkungen einer ungenügenden Reintegration mit eigenen Worten.

Erfolgsfaktoren Reintegration einer Auslandsentsendung

Nach den Reintegrationsproblemen des Rückkehrers und ihren Folgen für das Unternehmen ist die Wiedereingliederung ein kaum zu vernachlässigendes Problem. Angesichts der Tatsache, dass ein Auslandseinsatz mit viel Aufwand betrieben wurde, der zudem noch sehr kostenaufwendig ist, sollte ein verstärktes Interesse bestehen, die Leistung der Entsandten und deren Beitrag zum Gesamtunternehmenserfolg unbedingt zu definieren (Harris et al., 2005, S. 274). Um die Erfolgsfaktoren zu bestimmen, muss der Anpassungserfolg untersucht werden. Die Frage, was unter dem Erfolg einer Entsendung zu verstehen ist, bleibt in internationalen Unternehmen oft offen (Eckert, 2010, S. 36).

Zudem stellt die Anerkennung der gesammelten Erfahrungen von Mitarbeitern im Ausland einen Schlüsselfaktor dar, der die Leistungsbereitschaft und die Zufriedenheit aller Mitarbeiter/innen beeinflusst (Grote, 2015, S. 81).

Der Rückkehrer muss eine gewisse Eigeninitiative und Eigenverantwortung für die Wiedereingliederung erbringen. Der kontinuierliche Kontakt zu den Arbeitskollegen im Mutterunternehmen ist ein wichtiger Faktor für die Reintegrationsphase des Rückkehrers. „Die Experten erwarten zunehmend Bedarf an professioneller Unterstützung vor, während und nach Auslandseinsätzen [...] bei der Entsendung von Expatriates [...]“ (Wunderer/Dick, 2000, S. 109).

Der Reintegrationsprozess begleitet den Entsandten von Beginn an, während des Auslandseinsatzes bis hin zur Rückkehr.

Während der Auslandstätigkeit sollte das Unternehmen rechtzeitig die zukünftige Rückkehrposition dem Expatriate mitteilen, wobei die Erwartungshaltung des Expatriates nach der Beendigung des Auslandseinsatzes sich negativ oder positiv auf seine Reintegration auswirken kann. Werden seine Erwartungen an die Rückkehr nicht erfüllt, so kann eine negative Haltung ausgelöst werden und so die Reintegration erschweren.

Außerdem ist ein wichtiger Faktor für eine erfolgreiche Reintegration das Mentorensystem (Mauer, 2013, S. 34), das den Rückkehrer einen gewissen Halt und Verständnis gegenüber seiner Situation aufbringen kann.

Empfehlungen für die Wiedereingliederungsphase

Die Betreuung während des Auslandseinsatzes finden die Expatriates nicht allzu relevant wie eine intensivere Unterstützung während der Wiedereingliederungsphase, die zu den Aufgaben der Personalabteilung zählt.

Ein weiter Teil des Aufgabenbereiches ist das Wahrnehmen von Informations-, Koordinations- und Administrationsaufgaben sowie die Unterstützung der Wiedereingliederung im Unternehmen (Dorris, 1999, S. 78).

Hilfreich wären frühzeitige Wiedereingliederungsgespräche, die den Entsandten auf die Rückkehr vorbereiten.

Außerdem können „Karrieregespräche“ vor der Entsendung realistische Erwartungen an die Rückkehr schaffen. So sollten z.B. Faktoren wie die Entsendungsdauer, der spezifische Aufgabenbereich, die zusätzlichen Entwicklungsmaßnahmen vor Ort und welche Position nach der Auslandstätigkeit angestrebt werden können erörtert werden.

Ein wichtiger Aspekt für die Wiedereingliederungsphase ist die des Informationsaustausches, der während des Auslandseinsatzes eine Rolle spielt. Informationen über die politische und kulturelle Lage im Heimatland als auch Informationen über neue Aspekte z.B. neue Technologien, Personalveränderungen und Umstrukturierungen im Unternehmen, sollten dargelegt werden. Die Auslandsentsendung sollte sinnvoll in die berufliche Laufbahn des Entsandten eingebaut werden, sodass zwischen der Tätigkeit im Ausland und nach der Rückkehr ein Zusammenhang erkennbar ist (Dorris, 1999, S. 79f.)

Das neu erlernte Wissen im Unternehmen einzubringen, löst bei den entsandten Mitarbeitern eine gewisse Wertschätzung seiner Auslandstätigkeit aus, die sich positiv auf seine Reintegration auswirkt.

Die Wiedereingliederung oder auch Reintegration eines Expatriates umfasst die letzte Phase und wird in der Literatur und in der Praxis als die schwierigste Aufgabe der Auslandsentsendung beschrieben. Viele Unternehmen gehen mit dieser Thematik sehr stiefmütterlich um, weshalb dieses Thema zu zahlreichen Problemen führt. Black et al. (1992) verdeutlichen dies mit folgendem Beleg: „Repatriation is perhaps the least carefully considered aspect of global assignments“ (Festing et al., 2011, S. 340). Dabei wird seitens der Unternehmen unterschätzt, dass auch die Reintegration ein Neuanfang darstellt. Festing et al. (2011) verdeutlichen mit der Unterschätzungsproblematik, dass sich mit der Rückkehr in die Heimatgesellschaft traumatische Erlebnisse entwickeln können, „die teilweise heftigere Auswirkungen mit sich bringen als zuvor die Anpassungsprobleme im Ausland“ (Festing et al., 2011, S. 340). Kammel und Teichelmann (1994) assoziieren mit der Re-Integration eine Phase, die „unter Umständen zu erheblichen Orientierungsproblemen und oft auch zur Frustration“ führen (Kammel/Teichelmann, 1994, S. 100). Im äußersten Fall betont Stahl (1998) die Kündigung seitens des Entsandten, bei einem nichtzufriedenstellenden Positionsangebot (Stahl, 1998, S. 251). Diese Aussagen heben die Problematik hervor, dass der Expatriate wie in der Anfangsphase der Auslandsentsendung, erneut mit einer kulturellen Anpassungsphase konfrontiert wird.

Ein Konzept zur Reintegrationsanpassung wurde seitens Black et al. im Jahre 1992 entwickelt, welche die Wiederanpassung von Expatriates im Folgenden demonstriert und in der Literatur eine hohe Bedeutung besitzt.

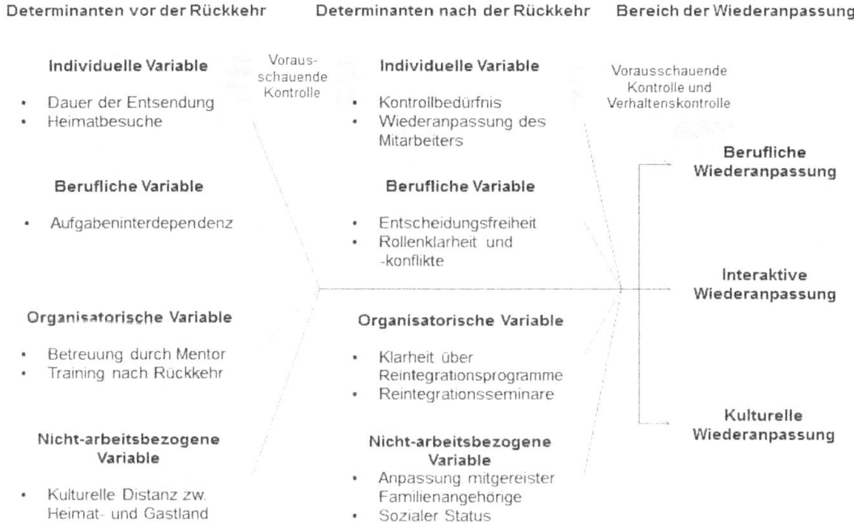

Abb. 2.10: Modell der Wiederanpassung nach Black et al. Quelle: Black/Gregersen/Mendenhall, 1992a, S. 745.

Dabei besteht die Anpassung aus unterschiedlichen Dimensionen. Die erste Dimension orientiert sich an der Anpassung an den beruflichen Bereich, gefolgt von der Anpassung an die sozialen Interaktionen und letztendlich aus der Anpassung an den kulturellen Bereich. Diese drei Dimensionen stellen eine entscheidende Grundlage dar, da diese durch zwei Bestimmungsgrößen, nämlich durch „vor der Rückkehr" und „nach der Rückkehr" beeinflusst werden. Diese beiden Kategorien der Bestimmungsgrößen werden in vier Variablen unterteilt, die durch vielfältige Kriterien charakterisiert werden. Im Zuge dessen wird der Anpassungsprozess des Entsandten durch die individuelle, berufliche, organisatorische und nicht-arbeitsbezogene Variable beeinflusst. Bezüglich der individuellen Faktoren berücksichtigen die Autoren vor der Rückkehr die Dauer des Auslandsaufenthaltes und die Veränderungen im Stammhaus sowie nach der Rückkehr die Wiederanpassung des Entsandten und das Kontrollbedürfnis. Die berufliche Variable konzentriert sich vor der Rückkehr durch die Unabhängigkeit der Tätigkeit und nach der Rückkehr durch die Rollenklarheit und -konflikte. Die organisatorische Variable beinhaltet Faktoren wie den Kommunikationsaustausch sowie die Betreuung durch einen Mentor. Reintegrationsseminare und Reintegrationsprogramme gehören zu den

Faktoren nach der Rückkehr. Die Variable, die das außerberufliche Umfeld abbildet, wird vor der Rückkehr durch Einflussfaktoren wie die kulturelle Distanz und nach der Rückkehr durch den sozialen Status sowie die Anpassung des Partners charakterisiert (Black/Gregersen/Mendenhall, 1992a, S. 744 ff.). Ferner stellen Black et al. (1992) fest, dass sich Expatriates bereits vor ihrer Rückkehr mit der Beendigung des Auslandseinsatzes beschäftigen und sich mit der Fragestellung auseinandersetzen, welche Herausforderungen nach Ankunft in das Stammland in Bezug auf die Arbeit und das Privatleben auf sie zukommen. In diesem Zusammenhang wird die Kategorie „vor der Rückkehr" als ein entscheidendes Einflusskriterium auf die Wiederanpassung dargestellt. Für die Förderung des Wiederanpassungsprozesses des Expatriates gilt die Kategorie „nach der Rückkehr" als entscheidendes Kriterium (Ebd. S. 742 ff.).

Zusammenfassend lassen sich die Herausforderungen in den drei bestehenden Hauptbereichen konzentrieren. Die berufliche, soziale und kulturelle Kategorie sollte stets seitens der Unternehmen bezüglich der Wiedereingliederung der Expatriates unterstützt werden. Letztendlich ist es von enormer Bedeutung, keine Kategorie zu vernachlässigen, d.h. sich im besten Fall mit allen gleichwertig zu befassen.

Wiedereingliederung aus Mitarbeiterperspektive

Im Rahmen der privaten Wiedereingliederung kommt es oft zu unterschiedlichen Problemen, womit einerseits der Mitarbeiter und andererseits das Unternehmen konfrontiert werden. In der Literatur kommt die Hauptproblematik der Identifikation mit der neuen Arbeitsstelle zum Ausdruck. Dülfer & Jöstingmeier (2008) betonen einerseits die beruflichen und andererseits die privaten Faktoren, die bezüglich der Integration des Mitarbeiters oft Schwierigkeiten verursachen. Der Expatriate und seine Familie müssen erneut die Phasen durchlaufen, die am Beginn des Auslandsaufenthaltes obligatorisch waren (Dülfer/Jöstingmeier, 2008, S. 544). Festing et al. (2011) verstehen hierzu unter den beruflichen Faktoren die fehlende Arbeitsplatzsicherheit bzw. die Bereitstellung einer angemessenen Stelle, in der die gewonnenen Kenntnisse eingesetzt werden können. Diesbezüglich führt dies unter Umständen zu einem Abstieg des Mitarbeiters bezüglich der Position, da dieser möglicherweise im Ausland mehr Verantwortung und Führungskompetenzen zugetragen bekommt. Die Schlüsselpositionen genießen im Gastland überwiegend eine umfassende Aufgabenstellung, die im Stammunternehmen nur in den Zuständigkeitsbereich des Vorstands fällt. Dies bedeutet, dass jede andere Aufgabe eine Rotation zur Spezialisierung signalisiert. Somit führen die Erwartungen zu Enttäuschungen und damit lässt sich eine geringe Wertschätzung erworbener Fähigkeiten in Verbindung bringen (Festing et al., 2011, S. 342 f.). In Anlehnung an Festing et al. (2011) beschreiben Dülfer & Jöstingmeier (2008) die Rückkehr in das Stammland als eine totale Veränderung aufgrund des oben beschriebenen Statusverlustes (Dülfer/Jöstingmeier, 2008, S. 545).

Eine Verschlechterung resultiert auch auf organisatorischer Ebene. Dies begründet sich darin, dass die Kompetenz für die Durchführung von Entscheidungshandlungen genau festgelegt und begrenzt ist. Auf diese Weise entsteht ein Gefühl der eingeschränkten Handlungsfähigkeit, welches eine Demotivation bei dem Mitarbeiter auslösen kann. Weiterhin ist der Expatriate auch mit anderen Interaktionspartnern vernetzt, während im Gastland als Gesprächspartner die obersten Entscheidungsträger auserwählt sind, werden im Stammland Sachbearbeiter von Kunden als Interaktionspartner herangezogen (Zinger, 2002, S. 53).

Des Weiteren entstehen weitere Herausforderungen aufgrund der Unzufriedenheit der Familie nach der Rückkehr ins Stammland. Die Ehefrau muss sich nun im Stammland alleine um den Haushalt kümmern, während im Ausland häufig Hauspersonal zur Verfügung gestellt wurde. Somit kommen einige ruckartige Veränderungen auf, mit der einerseits der Expatriate aufgrund seiner Beschränkung der Leistungsfähigkeit und andererseits die Familie mit den schockartigen Veränderungen umgehen müssen. Auch monetäre Probleme können entstehen, wenn bspw. die Entlohnung weiterhin auf gleicher Höhe gehalten wird. Diese Problematik tritt dadurch auf, da die Auslandszulage entfällt und somit eine Senkung des Bruttoverdienstes stattfindet (Dülfer/Jöstingmeier, 2008, S. 545).

Nach Studienergebnissen von Deloitte (2008) geht hervor, dass die Hauptgründe für eine gescheiterte Auslandsentsendung durch Integrationsschwierigkeiten aufgrund kultureller Unterschiede hervorgerufen werden. Infolgedessen bestätigt sich die dritte These mit dieser Studie und den geschilderten Herausforderungen, dass sich der Prozess der Auslandsentsendung problematisch darstellt. Die Wichtigkeit der Wiedereingliederung wird bereits von vielen Unternehmen erkannt, jedoch sind diese nicht in ausreichendem Maße der Herausforderungen gewachsen. Für eine erfolgsversprechende Entsendung ist es daher seitens der Unternehmen essenziell, den Wiedereingliederungsprozess aktiv zu gestalten und sich bereits vor der Entsendung damit auseinanderzusetzen (Deloitte, 2008, S. 35 f).

2.5.4 Wiedereingliederung aus Unternehmensperspektive

Aus Sicht des Unternehmens bringt auch die Reintegration des Mitarbeiters einige Schwierigkeiten mit sich. Herausforderungen aus dem Blickwinkel des Unternehmens lassen sich in mehreren Bereichen untergliedern. Diese umfassen nach Kammel & Teichelmann (1994) die zeitliche, quantitative und qualitative Deckungsungleichheit bezüglich der Rückkehr des Mitarbeiters und der Verfügbarkeit einer angemessenen Position im Stammunternehmen zu finden. Eine zeitliche Deckungsungleichheit kann auftreten, wenn ein im Voraus ungeplanter längerer Aufenthalt des Mitarbeiters im Ausland vonnöten ist oder sich eine Versetzung des bisherigen Stelleninhabers im Stammunternehmen hinausschiebt. Demgegenüber tritt die quantitative Deckungsungleichheit dann auf, wenn eine den Fähigkeiten des Mitarbeiters adäquate Stelle zur Verfügung steht, jedoch interne Mitarbeiter im Stammunternehmen eine große Nachfrage und Interesse an dieser Stelle haben (Kammel/Teichelmann, 1994, S. 101). Falls die Besetzung durch einen Inlandsbeschäftigten stattfindet, kann es dazu führen, dass es zu differenzierenden Erwartungen zwischen dem Entsandten und dem Unternehmen in Anbetracht des Einkommens, Verantwortungsbereiches und der Aufgabenzuweisung kommt. Dementsprechend kann es in der oben beschriebenen Konstellation durchaus vorkommen, dass der zurückgekehrte Mitarbeiter auf eine Warteposition gesetzt wird (Dülfer/Jöstingmeier, 2008, S. 546). Unter der Voraussetzung, dass keine adäquate Stelle für den zurückkehrenden Mitarbeiter aufgrund von personellen Umgestaltungsmaßnahmen offeriert werden kann, tritt die qualitative Deckungsungleichheit auf (Kammel/Teichelmann, 1994, S. 102). Zudem kann es vorkommen, dass die Inlandsbeschäftigten während des Entsendungszeitraumes im Unternehmen eine Beförderung bekommen und somit gegenüber dem Expatriate eine Hierarchiestufe höhergestellt sind. Mit dieser Gegebenheit stellt sich der Expatriate äußerst unzufrieden und es herrschen Spannungen zwischen den Mitarbeitern, wodurch auch das Betriebsklima negativ beeinflusst wird (Dülfer/Jöstingmeier, 2008, S. 546).

Zusammenfassend ist festzustellen, dass sich die Reintegration des Expatriates nicht nur auf die berufliche Kategorie konzentriert. Eine entscheidende Rolle spielen auch die Faktoren, die sich auf den sozialen und privaten Bereich einordnen lassen. So sollen auch die subjektiven Wahrnehmungen verstärkt berücksichtigt werden, da diese einen entscheidenden Einfluss auf all die interne Kommunikation und des Betriebsklimas aufweisen. Kennzeichnend dafür ist eine gründliche Betreuung und Bindung des Expatriates und der mitreisenden Familienmitglieder vor, während und nach der Rückkehr in das Stammunternehmen, um für beide Seiten einen Profit zu erreichen. Außerdem kann eine ständige offene Kommunikation zwischen dem Stammunternehmen und dem Expatriate während der gesamten Dauer eventuelle Unannehmlichkeiten nach der Rückkehr vorbeugen.

2.5.5 Maßnahmen zur Unterstützung der Reintegration des Expatriates

Um die Reintegration so erfolgreich wie möglich zu gestalten bzw. zu fördern, können seitens des Unternehmens verschiedene Maßnahmen ergriffen werden. In der Forschungsliteratur werden diesbezüglich verschiedene Methoden für das Personalmanagement beschrieben. Im Folgenden werden die bedeutsamsten Maßnahmen vorgestellt.

Realistische Karriereplanung

Eine wichtige Maßnahme zur Betreuung der Reintegration stellt u.a. die Karriereplanung dar. Die hier resultierenden Probleme entstehen, wenn sich der

Expatriate im Gastunternehmen weitreichende Fähigkeiten und Kompetenzen angeeignet hat, die so im Stammunternehmen nach der Rückkehr keine Berücksichtigung finden. Dies führt bei dem Expatriate somit zu einer hohen Unzufriedenheit und Frustration. Um diesen Herausforderungen entgegenzuwirken, ist es seitens des Stammunternehmens unerlässlich, eine gezielte Vorbereitung für den Expatriate zu planen und gegebenenfalls diverse Vertragsangebote anzubieten (Feldman, 1991, S. 173).

Hinsichtlich der Erwartungen der Expatriates bezüglich ihrer Karriereplanung und der angebotenen Position nach ihrer Rückkehr bestehen größtenteils Diskrepanzen. In diesem Falle ist es erforderlich, dass das Personalmanagement im Stammunternehmen ausreichend Zeit für die Karriereentwicklung investiert und vor der geplanten Rückkehr eine adäquate Anschlussposition zur Verfügung stellt (DGFP e.V., 2010, S. 153). In diesem Zusammenhang weist Perlitz (2004) darauf hin, dass es in der Praxis häufig zu Schwierigkeiten kommt, eine adäquate Reentry-Position bereitzustellen. Dieser Problematik wird durch die Umsetzung von Maßnahmen wie die Verlängerung des Auslandseinsatzes oder durch das Anbieten von Auffangstellen begegnet (Perlitz, 2004, S. 420). Hierzu sollten dem Expatriate bereits vor der Auslandsentsendung seitens des Stammunternehmens keine falschen Versprechungen bezüglich der Karriereentwicklung zugesichert werden, die nach der Rückkehr nicht durchführbar sind. Damit keine Diskrepanzen entstehen, sollte grundsätzlich vor der Entsendung ein umfassendes Gespräch mit dem zu entsendenden Kandidaten stattfinden und mögliche Herausforderungen bezüglich des Rückkehrprozesses geschildert werden, um realistische Erwartungen zu gewährleisten (DGFP e.V., 2010, S. 153). Im Rahmen der Karriereentwicklung ist eine frühzeitige berufliche Laufbahnplanung bezüglich des Positionsaustausches sowohl für das Unternehmen als auch für den Mitarbeiter gewinnbringend. Demgemäß kann der Expatriate durch diese Maßnahme mit auftretenden Herausforderungen besser umgehen und diese erfolgreich bewältigen. Auch die Reintegration des Mitarbeiters in das Unternehmen kann somit erleichtert werden und die Bindung an das Unternehmen kann gestärkt werden (Fritz, 1982, S. 188).

So unterstreicht eine Studie von Deloitte (2008) diese Problematik. Darin wird die Maßgeblichkeit einer erfolgreichen Karriereplanung zum Thema Rückkehrposition des Expatriates verdeutlicht. Die oben beschriebene Unzufriedenheit mit der Rückkehrposition zählt hierbei mit 78% zu den Hauptgründen für eine Kündigung seitens des Expatriates, wobei 200 Experten im gehobenen deutschen Mittelstand befragt wurden. Ebenfalls konnte ermittelt werden, dass 58% des erworbenen Wissens nicht im Unternehmen angewandt werden kann (Deloitte, 2008, S. 22).

Vertragliche Rückkehrgarantie - Reentry-Garantie

Eine weitere effiziente Maßnahme zum Wiedereingliederungsprozess stellt die Rückkehrgarantie oder auch Wiedereingliederungszusage bzw. Reentry-Garantie dar, welches dem Expatriate bereits vor seiner Auslandsreise zugesichert wird. Durch die Zusage einer Reentry-Garantie steigt auch die Begeisterung der Mitarbeiter einen Auslandseinsatz zu tätigen, da somit eine gewisse Sicherheit herrscht, nach der Rückkehr weiterhin den Job zu behalten. Dementsprechend wird dem Expatriate mitunter zugesichert, dass er nach seiner Rückkehr in die bisherige Hierarchieebene eingeordnet wird (Perlitz, 2004, S. 404) Schmeisser (2008) unterscheidet in Bezug auf die Rückkehrgarantie drei unterschiedliche Optionen, die dem Expatriate angeboten werden können. Zum einen kann der Arbeitgeber dem Expatriate eine Garantie versprechen, dass dieser nach seiner Rückkehr in das Stammunternehmen eine vergleichbare Position mit seiner bisherigen Tätigkeit erhält, wobei auch das Einkommen und die Funktion korrespondieren. Die zweite Option basiert auf die Zusage einer Rückkehrgarantie, indem vorerst keine bestimmte Position angeboten wird, die gesammelten Erfahrungen im Hinblick auf den Auslandseinsatz jedoch in Betracht gezogen werden. Die dritte Alternative zeichnet sich dadurch aus, dass dem Expatriate seitens des Arbeitgebers eine konkrete und verbindliche Zusage einer Position garantiert wird. Jedoch findet diese Alternative in der Praxis sehr selten Anwendung, da personelle und organisatorische Veränderungen auftreten können und längerfristige Prognosen die Reintegrationszusage beeinträchtigen bzw. erschweren können (Schmeisser, 2008, S. 259). In diesem Zusammenhang akzentuieren Kammel & Teichelmann (1994) die Schwierigkeiten hinsichtlich einer konkreten Positionszusage. Ein solches Versprechen bereitet mögliche Probleme für das Personalmanagement, da die präzise Positionszusage möglicherweise dem Rückkehrer so nicht angeboten werden kann. Dies begründet sich darin, dass zum Zeitpunkt der Rückkehrer die versprochene Position nicht mehr zu besetzen ist. Als Folge dessen entstehen Enttäuschungen und Unzufriedenheit bei den zurückgekehrten Mitarbeitern (Kammel/Teichelmann, 1994, S. 103).

Grundsätzlich sollten die Maßnahmen frühzeitig geplant werden, um einen Erfolg bei der Reintegration zu erzielen. Hierbei ist es von elementarer Bedeutung, dass die im Stammunternehmen verantwortlichen Personen den festgesetzten Zeitpunkt der Reintegration des Expatriates vor Augen haben, um im Voraus die Position planen zu können. Um Probleme, die mit der Reintegration des Expatriates auftreten zu verringern, sollte der Auslandseinsatz für Führungskräfte ein festes Element für die berufliche Entwicklung sein (Perlitz, 2004, S. 421).

Reintegrationsseminare

Reintegrationsseminare stellen eine weitere Maßnahme zur Beseitigung der Reintegrationsschwierigkeiten sowohl für den Expatriate als auch für seine

Familienangehörigen dar. Dabei verfolgen derartige Seminare facettenreiche Zielsetzungen. Die Ziele sollen einerseits darin liegen, die Erfahrungen und Eindrücke der Entsandten untereinander auszutauschen und im Anschluss mit der Fachabteilung auszuwerten (Kammel/Teichelmann, 1994, S. 104 f.) Außerdem weist Hirsch (2003) darauf hin, dass solche Reintegrationsseminare dabei helfen sollen, alle Veränderungen sowohl im privaten als auch im beruflichen Bereich zu reflektieren und sich gezielt mit den Veränderungen auseinanderzusetzen. Um den besten Nutzen aus den Seminaren zu erzielen, ist es von zentraler Bedeutung, die Durchführung der Lernprozesse an den Bedürfnissen, Erfahrungen und Interessen der Rückkehrer auszurichten (Hirsch, 2003, S. 425 ff.).

Während der Wiedereingliederungsphase von Rückkehrern im Stammunternehmen sollten stattfindende Reintegrationsseminare folgende Aspekte berücksichtigen (Nery-Kjerfve/McLean, 2012, S. 625):

[1] interkulturelles Training

[2] praktisches Training

[3] technisches Training.

Im Rahmen des interkulturellen Trainings werden unterstützende Hilfestellungen gegeben, wodurch der Rückkehrer den eventuell auftretenden Rückkehrschock möglichst effektiv bewältigt. Das praktische Training soll dazu dienen, die Informationsdefizite des Rückkehrers zu schließen. Darüber hinaus werden eventuell eingetretene Veränderungen während der Abwesenheit des Expatriates kommuniziert. Im Zusammenhang mit dem technischen Training werden Weiterentwicklungen hinsichtlich technischer Veränderungen und Fortschritte im Stammunternehmen bekanntgegeben.

In Anlehnung an die oben beschriebenen Hauptaspekte der Reintegrationsseminare sind Kammel & Teichelmann (1994) der Überzeugung, dass ein weiterer Aspekt bezüglich der Faktoren, die eine Unzufriedenheit auslösen können, als ein fester Bestandteil zu behandeln ist. Daraus sollen die Rückkehrer den Nutzen des Auslandseinsatzes aus der Perspektive der gewonnenen Erfahrungen vor Augen führen, um daraus die Erkenntnis der persönlichen Weiterentwicklung abzuleiten. Im Ergebnis liegt es an dem eigenverantwortlichen Handeln des Expatriates, auftretende Probleme zu lösen und insbesondere mit diesen kompetent umzugehen (Kammel/Teichelmann, 1994, S. 104).

In der Literatur wird festgehalten, dass die Teilnahme der mitgereisten Partner eine sehr förderliche und vorteilhafte Unterstützung darstellt. Die Partner sind ebenfalls eingeladen, ihre Erfahrungen bezüglich der im Ausland aufgetretenen Schwierigkeiten zu erörtern und im Anschluss über mögliche Lösungen mit den Teilnehmenden zu diskutieren. Dabei hat Volkswagen ein Seminarkonzept entwickelt, welches in erster Hinsicht die emotionalen Faktoren des Rückkehrers berücksichtigt. Das Konzept beinhaltet Sachverhalte wie den Erfahrungsaustausch, Informationen über Veränderungen im Steuer- und Sozialversicherungsangelegenheiten sowie Einzel- und Gruppenübungen. Ferner soll anhand von Rollenspielen die interkulturelle Handlungskompetenz der Rückkehrer intensiviert werden (Hirsch, 2003, S. 427). Die Umsetzung eines Reintegrationsseminars sollte nicht gleich im Anschluss nach der Rückkehr erfolgen. Es empfiehlt sich eine Dauer von frühestens ein paar Wochen einzuhalten, um dem Expatriate und seiner Familie die Möglichkeit zu geben, sich gezielt über die Schwierigkeiten im Ausland vergegenwärtigen zu können. Auch wird davon ausgegangen, dass erst nach der Rückkehr in das Heimatland mögliche Schwierigkeiten in Bezug auf die Reintegration auftreten und sich bemerkbar machen. Resultierend daraus, stellen Reintegrationsseminare hilfreiche Maßnahmen dar, um die Schwierigkeiten der Rückkehrer untereinander zu diskutieren, zu erkennen und gezielt zu analysieren (Kammel/Teichelmann, 1994, S. 104 f.). In Anbetracht der Schwierigkeiten bezüglich der Reintegration, sind Black et al. (1992) der Auffassung, dass Reintegrationsseminare vor der Auslandsentsendung eine unterstützende Maßnahme repräsentieren, damit mögliche Wiedereingliederungsschwierigkeiten nach der Rückkehr gar nicht bzw. in geringem Maße auftreten. Neben der Vermittlung von allgemeinen Auskünften über den Auslandseinsatz, umfassen diese Sensibilisierungsseminare auch Informationen über den Kulturschock sowie über Reintegrationsschwierigkeiten, um den Expatriate bestmöglich über eventuelle Herausforderungen zu informieren (Black/Gregersen/Medenhall, 1992a, S. 746).

Zusammenfassung

In diesem Absatz wurde der Reintegrationsprozess mit seinen Problemen und Chancen aufgezeigt. Hierbei sind eine realistische Karriereplanung, ‚offene Worte', Reintegrationsseminare und eine vertragliche Rückkehrgarantie empfehlenswert.

3 Aufgaben des Internationalen Personalmanagements – Motivation und Vergütung

Haben Sie schon mal darüber nachgedacht, ins Ausland zu gehen und dort zu arbeiten?

Wenn nein, sollten sie bedenken, dass so ein Auslandsaufenthalt häufig ein Karriere-Beschleuniger ist.

Um sich auf einen Auslandsaufenthalt vorzubereiten, finden Sie in diesem Kapitel nützliche Hinweise.

3.1 Motivation in unterschiedlichen Kulturen

Lernziele

- Sie haben ein grundsätzliches Verständnis zum Konzept interkultureller Handlungsfelder als Motivation in unterschiedlichen Kulturen.
- Sie können die Begriffe Interkulturalität, Global Mindset, Cultural Ingelligence, Intercultural Sensitivity etc. einordnen.

3.1.1 Zum Konzept interkultureller beruflicher Handlungsfelder als Motivation in unterschiedlichen Kulturen

In diesem Abschnitt wird das Konzept interkultureller beruflicher Handlungsfelder und Motivation ausgeführt. Hierzu wird zunächst die Terminologie der Interkulturalität untersucht. Unter Berücksichtigung dieser Erkenntnisse wird im Anschluss auf das interkulturelle berufliche Handlungsfeld der Auslandsentsendung eingegangen.

3.1.2 Zur Ein- und Abgrenzung von Interkulturalität

Die Bezeichnung interkulturell ist abzugrenzen von den zum Teil analog verwendeten Begriffen „multikulturell" und „cross-cultural". Letztere sind der Sichtweise des Multikulturalismus und des Kulturvergleichs zuzuordnen und betonen die Kontraste von zwei oder mehreren Kulturen (Knapp, 1998, S. 13). Hierbei wird ein Nebeneinander von Kulturen beschrieben, die keinen wechselseitigen Einfluss aufeinander haben (Dietrich, 2000, S. 28). So weisen multikulturelle Personen Merkmale mehrerer Kulturen auf, jedoch nicht zwingend auch interkulturelle Kompetenzen (Bolten, 2001b, S. 37).

Im Gegensatz hierzu befasst sich die interkulturelle Forschung mit der Interaktion (Wierlacher & Bogner, 2003, S. 260) und der Bezugnahme verschiedener Kulturen aufeinander (Dietrich, 2000, S. 29). Hierbei werden sowohl Gemeinsamkeiten als auch Unterschiede berücksichtigt und das Prinzip der Gleichberechtigung der Kulturen zugrunde gelegt. Lustig und Koester definieren Interkulturalität folgendermaßen:

Definition

"The term intercultural [...] denotes the presence of at least two individuals who are culturally different from each other on such important attributes as their value orientations, preferred communication codes, role expectations, and perceived rules of social relationships" (Lustig & Koester, 1999, S. 60).

Hierbei beschreiben sie die Ausprägungen von Interkulturalität durch ein Kontinuum, das in Bezug auf die Werte, Normen und Erwartungen der Individuen die Gegenpole „wenige Unterschiede" (intrakulturell) und „deutliche Unterschiede" (interkulturell) aufweist.

Gemäß dem Modell ist das Extremum der Interkulturalität Gegenstand der Untersuchung und fokussiert folglich ein hohes Maß an kulturellen Unterschieden zwischen den Individuen, die sich im Zuge ihrer Interaktion manifestieren.

Übung 3.1

Grenzen Sie interkulturell, multikulturell und cross-cultural voneinander ab.

3.1.3 Zum interkulturellen Handlungsfeld der Auslandsentsendung

Die theoretischen Grundlagen der Interkulturalität gilt es im Folgenden auf die Unternehmenspraxis anzuwenden. Interkulturelle berufliche Handlungsfelder und Motivation ergeben sich beispielsweise aus

- internationalen Projekt-Teams,
- Kontakten mit ausländischen Lieferanten oder Kunden,
- Kooperationen mit ausländischen Werken,
- internationalen Belegschaftsstrukturen am inländischen Standort, oder
- Zusammenschlüssen mit ausländischen Niederlassungen (Bernhard, 2002, S. 194).

Zwar steht der Entsendung von Mitarbeitern ins Ausland hoher finanzieller und organisatorischer Aufwand entgegen, dennoch ist sie aus der Praxis international tätiger Unternehmen nicht mehr wegzudenken. Bereits im Jahr 2000 betrug die Anzahl der auslandsentsendeten Mitarbeiter deutscher Unternehmen laut Schätzungen der Global People Origin Datenbank des Development Research Centers der Universität Sussex rund 3,4 Millionen Personen (Dumont & Lemaître, 2005, S. 56). Eine Studie zur globalen Auslandsentsendung aus dem Jahr 2014 von Finaccord ergab eine Gesamtanzahl von 50,5 Millionen Expatriates weltweit mit einem geschätzten Anstieg auf 56,8 Millionen (Das entspricht 0,77% der Gesamtbevölkerung) für das Jahr 2014. Laut den Ergebnissen beträgt die jährliche Wachstumsrate von Auslandsentsendungen rund drei Prozent (Finaccord, 2014, S. 14).

Bei Auslandsentsendungen werden Mitarbeiter von einem Unternehmen oder einer Organisation ins Ausland delegiert und für eine begrenzte Zeitdauer vor Ort angesiedelt (Kreutzer & Roth, 2006, S. 129). Zur Zielgruppe einer Auslandsentsendung gehören insbesondere „Fach- und Führungskräfte mittlerer Hierarchiestufen, die in der Regel wichtige Schlüsselpositionen in den ausländischen Gesellschaften besetzen“ (Treffer, 2017, 64). Zwar kommt es vereinzelt auch zum Auslandseinsatz für zeitlich begrenzte und niedrigqualifizierte Tätigkeiten, aber zumeist werden hierfür aus Kostengründen Angehörige des Gastlands bevorzugt.

Wissenstransfer beim Auslandseinsatz

Ein Hauptgrund für Auslandsentsendungen ist die Wissensübertragung auf die Belegschaft von Tochtergesellschaften, insbesondere während deren Aufbauphase. Hierbei gilt es den Fach- und Führungskräften zunächst Kenntnisse in Bezug auf Produkte, Qualitätsstandards, Management und Prozesse zu vermitteln, um darauf aufbauend die Implementierung sowohl von Managementkonzepten als auch von technischen Anwendungen zu gewährleisten (Reiche & Harzing, 2011, S. 195). Auf langfristige Sicht soll hierbei, durch Wissensmanagement und die Aus- und Weiterbildung der Mitarbeiter der Niederlassung, die Anwesenheit des Expatriates für die betrieblichen Abläufe vor Ort entbehrlich gemacht werden.

Doch auch umgekehrt ist der Wissenstransfer von Mitgliedern der Fremdkultur auf das Stammhaus in vielen Bereichen erforderlich, sodass ein Auslandsentsendeter die Informationsgewinnung über die Zielkultur unterstützen kann. Dies gilt insbesondere für kulturspezifische Marktkenntnisse, deren Relevanz im Folgenden anhand einiger Beispiele dargestellt wird.

Hinsichtlich der Produktanpassung gilt es sowohl ästhetische als auch funktionale kulturspezifische Aspekte zu beachten. In ästhetischer Hinsicht kommt dem Einsatz verschiedener Farben und Symbole zur Identifikation von Marken und Differenzierung von Produkten besondere kulturspezifische Bedeutung zu (Thieme, 2000, S. 276). So vermittelt Purpurrot in Südamerika negative Assoziationen, da es dort die Farbe der Trauer ist. Gleiches gilt für die Farbe Weiß in Japan und die Farbe Blau im Iran. Während die Farbe Grün in vielen Ländern als Farbe der Hoffnung gilt, steht sie in Malaysia für Krankheit (Thieme, 2000, S. 276f).

Auch hinsichtlich funktionaler Produkteigenschaften ist eine Ausrichtung am spezifischen Verbraucherkontext notwendig. So ließen sich japanische High-Tech-Toiletten in arabischen Kulturen nicht verkaufen, weil sie mit der rechten Hand bedient werden. Ähnliche Toiletten mit einer Bedienungsvorrichtung an der linken Seite fanden jedoch hohen Anklang in den arabischen Kulturen, da dort die linke Seite als unrein gilt (Albaum et al, 2001, S. 100).

Auch in Bezug auf Markennamen sind viele Unternehmen aufgrund sprachlicher Barrieren zu Anpassungen an jeweilige Ländermärkte gezwungen. So müssen vor der Übertragung bestehender Markennamen deren Bedeutung und Aussprache geprüft werden (Emrich, 2007, S. 223). Abbildung 3.1 zeigt Produkte mit geschäftsschädigenden Namen auf.

Produkt: Name	Hersteller	Bedeutung auf dem ausländischen Markt
Seife: Le Sancy	Unilever	„Tod über Dich“ in einigen asiatischen Dialekten
Autohaus: Servitekar	Goodyear	„rostiges Auto“ in Japan
Pinto	Ford	„winziges männliches Genital“ in Brasilien
Automodell: Nova	Chevrolet	„läuft nicht“ im spanischsprachigen Raum

Abb. 3.1: Internationaler Einsatz bestehender Markennamen (Emrich, 2007, S. 223)

Zuletzt sind auch im Hinblick auf die Werbegestaltung kulturelle Besonderheiten zu berücksichtigen, damit sich der Betrachter mit den Inhalten identifizieren kann. Folgende Faktoren sind hierbei besonders relevant: Symbole, Rollenverteilung von Mann und Frau, Sitten und Religionen, Humor und rechtliche Beschränkungen (Sabel, 2010, S. 90f).

So zeigt sich die Bedeutung des beidseitigen Wissenstransfers zwischen Expatriate und Angehörigen der Fremdkultur insbesondere während der Aufbauphase der Tochtergesellschaft.

Koordination und Kontrolle ausländischer Tochtergesellschaften

Mit dem Wissenstransfer steht auch das Ziel der Koordination und der Kontrolle der Belegschaft in der ausländischen Niederlassung in Verbindung. Hierbei wird die Annahme zugrunde gelegt, dass Mitarbeiter von Tochtergesellschaften ihrem Arbeitgeber tendenziell weniger loyal verbunden sind, da sie in der Regel die Unternehmensphilosophie und -kultur der Muttergesellschaft nie kennengelernt haben. Insbesondere für Niederlassungen in Nationen mit hoher kultureller Distanz erweisen sich sogenannte Koordinationsentsendungen als bedeutend.

Übung 3.2

Recherchieren Sie im Internet, was unter einer hohen kulturellen Distanz verstanden wird.

Dabei besteht die Aufgabe des Auslandsentsendeten darin, Regeln, Strukturen und Kulturaspekte der Muttergesellschaft vor Ort zu vermitteln, zu koordinieren und zu kontrollieren. Zudem soll zwischen Stamm- und Tochterunternehmen ein effizienter Informationsfluss, durch die Etablierung adäquater Kommunikationsstrukturen, gewährleistet werden. Hierbei sind dem Entsandten seine bereits vorhandenen Beziehungsnetzwerke zum Stammunternehmen von Nutzen (Vgl Groenewald & Stein, 2012, S. 11).

Kompensation fehlender Fach- und Führungskräfte

Ein weiteres zentrales Ziel für Auslandsentsendungen ergibt sich aus einem lokalen Mangel an qualifizierten Fach- und Führungskräften für die Tochtergesellschaften, der die kurzfristige Besetzung von Vakanzen durch Stammhausmitarbeiter erforderlich macht. So werden zur qualitativen und quantitativen Deckung des Personalbedarfs Mitarbeiter entsandt, die über die erforderlichen Qualifikationen und Erfahrungen verfügen. Dieses Ziel ist insbesondere bei Niederlassungen in Entwicklungsländern von Relevanz (Holtbrügge & Welge, 2010, S. 323).

Internationale Personalentwicklung

Ein langfristig ausgelegtes Entsendungsziel ist die internationale Qualifizierung von Fach- und Führungskräften. In diesem Fall liegt der Fokus auf den internationalen Erfahrungen und Kompetenzen, die die Auslandsentsendeten durch den Umgang mit fremden Kulturen erlangen und die sie auf zukünftige Aufgaben im internationalen Kontext vorbereiten (Reiche & Harzing, 2011, S. 197).

So besteht dieses Entsendungsziel in einer „internationalen Sozialisierung und Sensibilisierung der Mitarbeiter" und einem daraus resultierenden „international erfahrenen Mitarbeiterstamm" (Treffer, 2017, S. 116).

Organisationsentwicklung

Die Organisationsentwicklung ist mit der Personalentwicklung eng verknüpft und zielt mit dem Konzept der Auslandsentsendung auf die Implementierung einer kosmopolitischen Unternehmenskultur ab. Die Entsandten sollen Verständnis und Toleranz unter den Kulturen fördern und eine länderübergreifende Kultur kreieren (Festing et al., 2011, S. 217).

Hierbei sollen letztlich das Potenzial des Unternehmens ausgeschöpft und die

Konkurrenzfähigkeit auf dem internationalen Markt gestärkt werden. Zu dieser übergeordneten Zielsetzung tragen auch die anderen bereits genannten Entsendungsziele aus Unternehmenssicht in gewissem Maße bei.

Vorteile durch kulturelle Diversität

Ebenfalls zur Organisationsentwicklung und zu weiteren Vorteilen kann die Bildung internationaler Teams bei der Tochter- aber auch der Stammgesellschaft beitragen. Hierfür müssen die kulturell bedingten Stärken der Gruppenmitglieder als Ressourcen erkannt und eingesetzt werden (Barmeyer, 2002, S. 38). So dürfen „weder Koordinations- und Integrationsprobleme noch interkulturelle Missverständnisse und Abgrenzungstendenzen die [...] Zusammenarbeit behindern" (Podsiadlowski, 2002, S. 255) vielmehr solle laut Gebert eine gemeinsame Identität geschaffen werden.

Die möglichen Vorteile interkultureller Gruppen sind in der folgenden Abb. 3.2 dargestellt und erläutert.

Vorteile	Erläuterung
Kreativität	Mitarbeiter unterschiedlicher kultureller Prägung entwickeln sehr verschiedenartige Ideen und erweitern somit die Trefferwahrscheinlichkeit für eine neuartige Lösung
Entscheidungsqualität	Heterogene Gruppen berücksichtigen in ihren Entscheidungen mehr und vielfältigere Gesichtspunkte und analysieren die Entscheidungsalternativen intensiver
Organisationsflexibilität	Der Umgang mit Mitarbeitern unterschiedlicher kultureller Herkunft fördert das Experimentieren mit vielfältigen Formen der Aufgabenerfüllung. Die Anpassungsfähigkeit der Organisation gegenüber sich ändernden Bedingungen steigt.
Kundennähe	Ausländische Mitarbeiter tragen dazu bei, dass Dienstleistungen und Produkte gemäß den Marktbedingungen und Konsumgewohnheiten in ihren Herkunftsländern entwickelt und vertrieben werden.
Personalimage	Die kulturelle Heterogenität der Mitarbeiterschaft in allen Funktionsbereichen und auf allen Hierarchieebenen fördert den Eindruck in der Öffentlichkeit, dass die Leistung und nicht die Herkunft für die Bewertung des Mitarbeiters entscheidend ist. Organisationen mit diesem Image sind für talentierte und motivierte Arbeitssuchende auch über die Landesgrenzen hinaus attraktive Arbeitgeber.

Abb. 3.2: Potenzielle Vorteile kultureller Diversität (Kühlmann & Stahl, 2006, S. 686)

Zwischenfazit

Kultur ist ein vielschichtiges Phänomen, dessen Elemente sich nur begrenzt wahrnehmen lassen und die sowohl das Handeln als auch das Denken und die Wahrnehmung von Individuen implizit und explizit prägen. Daher ist jede Lebenssituation, auch im Kontext des Arbeitslebens, durch kulturspezifische Gegebenheiten beeinflusst.

Interkulturelle Handlungsfelder umfassen jegliche Form der Interaktion zwischen zwei Personen deren Werte, Normen und Erwartungen deutliche Unterschiede aufweisen. Das in der aktuellen Unternehmenspraxis überaus beliebte Konzept der Auslandsentsendung bildet somit ein interkulturelles Handlungsfeld, das einer Vielzahl an Zielsetzungen dient. Die Entsendungsziele aus Unternehmenssicht unterscheiden sich zwar hinsichtlich ihrer strategischen Ausrichtung, werden in der Praxis aber selten isoliert voneinander, sondern in der Regel als Bündel von Zielen verfolgt, wobei die unternehmensspezifische Priorisierung von branchen- und gastlandsabhängigen Faktoren beeinflusst wird (Festing et al. 2011, S. 242; Groenewald & Stein 2012, S. 11).

Seit längerem lässt sich eine Verschiebung der Prioritäten von Kontrollmotiven und der Kompensation fehlender Fach- und Führungskräfte hin zu internationaler Personal- und Organisationsentwicklung beobachten (Holtbrügge & Welge, 2010, S. 323). So kann man mit der Zielsetzung der individuellen Mitarbeiterentwicklung zumindest eine explizite Gemeinsamkeit der unternehmerseitigen Entsendungsziele mit denen des Mitarbeiters konstatieren (dennoch ist nach wie vor die Kompensation fehlender Fach- und Führungskräfte mit 54% der primäre Entsendungsgrund aus Unternehmenssicht (Douiyssi & Aldred, 2016, S. 37).

Im Rahmen einer Auslandsentsendung gilt es für den Arbeitgeber zahlreichen Herausforderungen zu begegnen, die insbesondere die Kernziele der Förderung einer effizienten Integration und Reintegration umfassen. Somit ist der Umgang des Auslandsentsendeten mit kulturellen Unterschieden und daraus resultierenden Anforderungen essentiell für den Erfolg der Auslandsentsendung. Ungeachtet der zahlreichen Unterstützungsmöglichkeiten im Laufe des Entsendungsprozesses ergibt sich daraus die größte Relevanz für eine anforderungsgerechte Personalauswahl im Hinblick auf die Auslandsposition, die zum Ende der Thesis detailliert beleuchtet wird.

3.1.4 Zum Erfolg interkultureller Tätigkeiten

Interkulturelle Forschungsansätze beschreiben den Erfolg der Interaktion von Mitgliedern unterschiedlicher Kulturen und dessen Einflussfaktoren. Hierbei existieren grundsätzlich zwei unterschiedliche Ansätze, die interkulturelle Kontakte zum einen im Hinblick auf mögliche Probleme und Erfolgshindernisse und zum anderen bezüglich möglicher Chancen und Ressourcengewinnung untersuchen. Die defizitorientierte Darstellung dient hierbei dem Ziel, durch eine möglichst effektive Anpassung Probleme und Konflikte zu verhindern.

Ressourcenorientierte Darstellungen hingegen fokussieren positive Auswirkungen wie Lernprozesse, Wachstum und Entwicklung infolge der interkulturellen Kontakte und sehen diese als Bereicherung an. Auf langfristige Sicht kann der Kontakt mit anderen Kulturen zu einem Wandel im Leben einer Person führen.

> Erfolgen Veränderungen im Umfeld eines Individuums, die „Umorientierungen im Erleben und Verhalten" erfordern, so spricht man von Transitionen (nach dieser Definition lassen sich Auslandsentsendungen und auch die Rückkehr im Anschluss an ebendiese als Transitionen bezeichnen).

In der nachfolgenden Abbildung werden die beiden beschriebenen Forschungsansätze hinsichtlich ihrer Zielsetzung, ihres Fokus und ihrer Sichtweise auf Transitionen gegenübergestellt.

	problemorientierte Ansätze	ressourcenorientierte Ansätze
Fokus	aus Transitionen resultierende Probleme	in Transitionen vorhandene Ressourcen, Bewältigungsmöglichkeiten
Zielsetzung	Vermeidung von Problemen und Scheitern	Ermöglichung von Lernen und Wachstum
Interpretation der Transition	als Bedrohung, Gefahr	als Chance, Herausforderung, Entwicklungsmöglichkeit

Abb. 3.3: Problemorientierte und ressourcenorientierte Ansätze interkultureller Forschung (Prechtl, 2008, S. 25)

Im folgenden Abschnitt wird erläutert, wie Erfolgskriterien interkultureller Tätigkeiten definiert werden, welche Einflussfaktoren es für die Anpassung und den Erfolg gibt und welche Rolle den interkulturellen Kompetenzen in diesem Kontext beizumessen ist.

Zur Beantwortung dieser Fragen ist eine klare Abgrenzung der Prädiktoren und Kriterien von Erfolg in interkulturellen Situationen notwendig. In der Forschung kam es zu unterschiedlichen Definitionen und Interpretationen einzelner Faktoren (so wurden beispielsweise Kommunikationsfähigkeiten bei Gelbrich (2004) als Prädiktor und bei Tucker et al. (2004) als Kriterium interkulturellen Erfolgs angesehen. und in einigen Studien wurden Faktoren gleichermaßen als Prädiktoren und Kriterien angesehen.

Zu den Erfolgskriterien interkultureller Tätigkeiten

Interkulturelle Kompetenzen lassen sich als eine von mehreren Prädiktorvariablen definieren, die die Vorhersage des Kriteriums, Erfolg in interkulturellen Situationen, ermöglichen. Der Erfolg gilt somit als Kriterium, lässt sich jedoch je nach Zielsetzung unterschiedlich operationalisieren. Es besteht ein Konsens dahingehend, dass es einer multidimensionalen Messung interkulturellen Erfolgs bedarf und die Untersuchung einzelner Faktoren unzureichend ist.

Das Erfolgskriterium von Auslandsentsendungen wurde als Ergebnis einer Metaanalyse von Bhaskar-Shrinivas et al. als sechsteiliges Konzept definiert und beinhaltet die Teilkriterien (Bhaskar-Shrinivas et al. 2005, S. 211f.):

- work adjustment,
- interaction adjustment,
- general adjustment (die generelle Anpassung lässt sich in zwei Aspekte unterteilen: a) Psychological adjustment: Das Wohlbefinden, b) Sociocultural adjustment: Das Zurechtkommen im Alltag und mit der Kultur (Ward & Kennedy, 1999, S. 670),
- job satisfaction,
- withdrawal cognitions, und
- performance (die Autoren unterscheiden drei Facetten von Performanz: a) Task performance: Die erfolgreiche Ausführung der Arbeitsaufgaben, b) Relationship performance: Der Aufbau stabiler Beziehungen zu Gastlandangehörigen im Arbeitskontext, c) Overall performance: Die allgemeine Produktivität der Person, die Unternehmensziele zu erreichen (Bhaskar-Shrinivas et al. 2005, S. 257f.).

In Anlehnung an Prechtl werden die aus der Metaanalyse hervorgehenden Erfolgskriterien in leicht abgeänderter Form nachfolgend beschrieben.

Zur Performanz

Als wichtigstes Erfolgsmaß der Arbeitsanpassung zählt die Effektivität eines Mitarbeiters und somit die Erreichung der vorgegebenen Arbeitsziele. Die Bewertung erfolgt stets unter Berücksichtigung des Beitrags zu den Organisationszielen. So lässt sich die Effektivität von Auslandsentsendungen beschreiben als das Ausmaß, in dem die Tätigkeit relevant für die organisationale Zielerreichung ist. Hierfür ist die Anpassung des Mitarbeiters an die Gastorganisation und die Arbeitskultur notwendig.

Zu den interpersonalen Beziehungen

Ein weiteres Erfolgskriterium ist der Aufbau interpersonaler Beziehungen zu Einheimischen. Im Arbeitskontext sind hiermit Bindungen zu Kollegen und Vorgesetzten gemeint, die die Anpassung des Mitarbeiters und dessen Akzeptanz durch die Mitglieder der Gastkultur widerspiegeln (Cushner & Brislin,

1996, S. 71). Doch auch private Kontakte und deren Güte und Häufigkeit gelten als Erfolgskriterium.

Zum Commitment

Die emotionale Bindung und die Identifikation mit dem Unternehmen spielen eine große Rolle bei Auslandsentsendungen. So wird, sowohl im Hinblick auf das Gastunternehmen während der Entsendephase als auch bezüglich des Stammhauses vor und nach der Entsendung ein hohes Commitment des Mitarbeiters verlangt (Prechtl, 2008, S. 22).

Zur Abbruchsintention

Ebenfalls erfolgsrelevant sind die Abbruchsintention oder Gedanken an einen Abbruch des Auslandsaufenthalts. Hierbei hat der Mitarbeiter den (offenkundigen oder geheimen) Wunsch, das Gastunternehmen frühzeitig zu verlassen und in sein Heimatland zurückzukehren (Shaffer & Harrison, 1998, S. 562). Der Abbruchwunsch kann darüber hinaus auch auf den Arbeitgeber oder den Beruf bezogen sein (Birdseye & Hill, 1995, S. 790). Das Gegenteil des Abbruchwunsches bildet der Bleibewunsch (Stahl & Caligiuri, 2005, S. 605)

Zur Zufriedenheit

Die Zufriedenheit eines Expatriates wird teilweise synonym zu dessen Anpassung verwendet. Die Zufriedenheit lässt sich sowohl im Arbeitskontext als auch in Bezug auf die generellen Lebensbedingungen erfassen (Li & Tse, 1998, S. 138).

Zur Erfassung der Erfolgskriterien

Die einzelnen Erfolgskriterien korrelieren zum Teil signifikant, sodass keinesfalls von unabhängigen Variablen gesprochen werden kann. So korrelieren Arbeits- und Lebenszufriedenheit, interaction adjustment sowie commitment eines Mitarbeiters negativ mit dessen Abbruchwunsch (Shaffer& Harrison, 1998; Li & Tse, 1998, Black & Stephens, 1989). Anpassung lässt sich als Grundlage für Zufriedenheit ansehen. Derzeit lässt sich in der empirischen Forschung keine Rangordnung der Kriterien nachweisen, sodass diese keiner unterschiedlichen Gewichtung unterzogen werden. Das Kriterium interkultureller Erfolg umfasst somit mehrere gleichberechtigte Dimensionen, die es einzeln zu erfassen gilt.

Eine objektive Messung der genannten Kriterien gestaltet sich problematisch. So kann es zu subjektiven Diskrepanzen in der Einschätzung kommen, die eine Erfassung aus verschiedenen Perspektiven erforderlich machen. Eine Möglichkeit der Bewertung der Erfolgskriterien besteht in einer Nachbefragung im Anschluss an Auslandsentsendungen, beispielsweise durch die Kombination von Selbst- und Fremdeinschätzung, was den Vorteil des Einbezugs verschiedener Perspektiven mit sich bringt.

Hinsichtlich der Selbsteinschätzung hat Prechtl in Anlehnung an englischsprachige Erfassungsmethoden interkulturellen Erfolgs ein teilstrukturiertes Interview zur Erfassung verschiedener Erfolgsfacetten entwickelt (Prechtl, 2008, S. 119). Der Aufbau des Interviewleitfadens ist in Abb. 3.4 dargestellt.

Erfolgsfacette	Einzel-Item
Berufliche Anpassung und Performanz	
Performanz	Effektivität der Aufgabenerfüllung
Anpassung an Arbeit	Anpassung an den Arbeitsstil
Anpassung an die Organisation	Anpassung an die Organisationskultur
Aufgabenerfüllung gemäß lokaler Standards	Aufgabenerfüllung gem. lokaler Standards
Commitment zur Gast- und Heimatorganisation	
Kommunikation mit Heimatorganisation	Güte der Kommunikation mit Heimatorgan
Commitment	Commitment zu beiden Organisationen
Präferenz für eine Organisation	Heimat- vs. Gastlandkultur
Zufriedenheit	
Zufriedenheit mit interkultureller Tätigkeit	Zufriedenheit mit interkultureller Tätigkeit
Zufriedenheit mit dem Leben im Gastland	Zufriedenheit mit dem Leben im Gastland
Abbruchswunsch	
Wunsch/Gedanken an Abbruch	Wunsch/Gedanken an Abbruch
interpersonale Beziehungen	
interpersonale Kontakte im Berufsumfeld	Verhältnis zu Kollegen und Vorgesetzten
interpersonale Kontakte im Privatleben	Güte und Häufigkeit privater Kontakte

Abb. 3.4: Aufbau eines Interviewleitfadens zur Nachbefragung von Expatriates (Prechtl, 2008, S. 121f.)

In der Literatur wird von einer begrenzten Genauigkeit und Validität bei Selbsteinschätzungen aufgrund sozialer Erwünschtheit und Positivverzerrungen berichtet. Daher bietet es sich an, zusätzlich Fremdeinschätzungen von Vorgesetzten des Stammhauses und insbesondere von Vorgesetzten aus dem Gastland zu berücksichtigen, um kulturspezifische Erfolgsfaktoren zu erfassen (Prechtl, 2008, S. 121). Aus dem Interviewleitfaden für die Selbstbewertung nach Prechtl lässt sich ein Instrument zur Fremdbeurteilung ableiten.

Bei der Befragung von Vorgesetzten des Gastlandes gestaltet sich die mündliche Befragung aufgrund von Verständnis- und Koordinationsproblemen schwierig, sodass alternativ ein standardisierter Fragebogen in relevanten Verkehrssprachen verwendet werden kann (hierbei kann aufgrund des reduzierten Informationsstands des Beurteilenden auch eine Reduzierung der Fragen erfolgen, denn der Vorgesetzte kann meist weder die private Anpassung noch den Abbruchwunsch des Mitarbeiters beurteilen). Hinsichtlich der Fremdbeurteilung bietet sich der Einbezug mehrerer Personen, wie Kollegen, Vorgesetzten, Unterstellten oder Kunden an. Hierbei sollte die Wahl der Beurteilenden nicht vom Expatriate beeinflusst werden.

Eine mögliche Problematik bei der Anwendung eines standardisierten Fragebogens besteht in der mangelnden Kulturadäquatheit der Fragen. Unter Umständen werden derartige Beurteilungen je nach Kulturkreis als ungewöhnlich wahrgenommen und negative Aussagen vermieden (Deller, 2000, S. 97). Die gleichen Bedenken lassen sich im Hinblick auf das ergänzende Erfolgsmaß der Leistungsbeurteilung anmerken. Eine mögliche Lösung kann hierbei die Vorgabe von Vergleichen mit anderen Personen bieten (Deller, 2000, S. 98).

Zu den Einflussfaktoren und Prädiktoren interkulturellen Erfolgs

Die interkulturellen Forschungsansätze lassen sich auf eine weitere Weise kategorisieren, da sie das Anpassungsgeschehen und den Erfolg interkultureller Kontakte und Transitionen durch unterschiedliche Prädiktoren und Einflussfaktoren erklären, die einerseits im Individuum liegen und andererseits situativ bestimmt sein können.

Zu den personalen Ansätzen interkultureller Forschung

Die interkulturellen Forschungsansätze mit personenbezogenem Fokus sehen das Individuum als erfolgsentscheidenden Faktor des Anpassungsgeschehens an. Daraus ergeben sich individuelle Anforderungen an Personen in interkulturellen Interaktionen.

Mendenhall et al gruppieren die personenbezogenen Erfolgsprädiktoren in Faktoren, die sich auf die Ausrichtung des Individuums auf sich selbst (self-orientation), auf andere Personen (others-orientation) und auf seine Wahrnehmung (perceptual orientation) beziehen (Mendenhall et al., 1987, S. 333). Prechtl geht hierbei einen Schritt weiter und kategorisiert die individuellen

Anforderungen des Anpassungsgeschehens nach zugrundeliegenden Ansätzen des personalistischen Forschungsgebiets in:

Eigenschaftsansätze,

biographische Ansätze,

Ansätze mit dem Fokus auf fachlicher Qualifikation,

Ansätze mit dem Fokus auf Einstellungen und Erwartungen und

Ansätze mit dem Fokus auf sozialen Fähigkeiten.

Die Ansätze werden im Folgenden dargestellt und kritisch betrachtet.

Eigenschaftsansätze

Der Eigenschaftsansatz geht von einzelnen, stabilen Persönlichkeitsmerkmalen aus, die das interkulturelle Anpassungsgeschehen und die Akzeptanz von resultierenden Nachteilen begünstigen (Gertsen, 1990, S. 343). Das Verhalten erfolge angesichts des Vorhandenseins dieser Eigenschaften stets effektiv und angemessen, unabhängig von Einsatzland und Tätigkeit (Kim, 2001, S. 17).

Hinsichtlich der Bestimmung von Persönlichkeitsfaktoren hat sich insbesondere das Modell der Big Five durchgesetzt, dessen Gültigkeit über verschiedene Kulturen hinweg durch mehrere Studien postuliert wurde und die folgenden Eigenschaften beinhaltet:

Offenheit für Erfahrungen,

Gewissenhaftigkeit,

Extraversion,

Verträglichkeit und

Neurotizismus (McCrae & Costa, 1987; Schuler & Barthelme, 1995; Caligiuri, 2000a).

Im Rahmen interkultureller Tätigkeiten wird darüber hinaus der Faktor Selbstvertrauen aufgeführt (alternativ lassen sich auch Ausschlusskriterien bestimmen: Stahl zufolge eignen sich beispielsweise Individuen mit ausgeprägter psychischer Labilität, Rigidität, sozialer Gehemmtheit und Ethnozentrismus nicht für einen Auslandseinsatz (Stahl, 1998, S. 228)

Die Big Five-Dimensionen weisen für einzelne Facetten der Auslandsanpassung und des Auslandserfolgs eine empirische Vorhersagekraft auf. So belegt Caligiuri die Vorhersagekraft der Merkmale Extraversion und Verträglichkeit für den Abbruchwunsch von Auslandsentsandten sowie die Prognosekraft von Leistung durch den Faktor Gewissenhaftigkeit, was durch Deller bestätigt wird (Deller, 2000, S. 102). Auch eine positive Korrelation von Offenheit und eine negative Korrelation von Neurotizismus mit Anpassung kann nachgewiesen werden, ebenso wie eine positive Korrelation von emotionaler Stabilität und Arbeitsanpassung. Mithilfe einer Metaanalyse der Arbeitsleistung von Expatriates wurde die prädiktive Validität aller Merkmale, bis auf die der Offenheit nachgewiesen.

In einer Metaanalyse verschiedener Anpassungsaspekte wurde auch die Prognosekraft des Faktors Selbstbewusstsein erwiesen (Hechanova et al, 2003, S. 217). Des Weiteren sage Selbstvertrauen nach Gelbrich interkulturellen Erfolg voraus (Gelbrich, 2004, S. 183).

Insgesamt sind Persönlichkeitsfaktoren für die Erklärung von Verhalten in interkulturellen Transitionen durchaus hilfreiche und verlässliche Faktoren, jedoch können sie interkulturellen Erfolg nicht ohne Berücksichtigung weiterer Faktoren erklären. Zudem erscheint die postulierte Allgemeingültigkeit der benötigten Eigenschaften zu vereinfacht, angesichts der Akzeptanzunterschiede bestimmter Verhaltensweisen in unterschiedlichen Kulturen.

Biografische Ansätze

Eine weitere Perspektive bilden biografische Ansätze, die bisherige Erfahrungen einer Person als wesentlichen Prädiktor für die Erklärung von interkulturellem Erfolg ansehen.

> Im Kontext der interkulturellen Interaktionen und Transitionen kristallisieren sich insbesondere zwei biographisch relevante Faktoren heraus: die bisherigen Auslandserfahrungen und die Fremdsprachenkenntnisse einer Person (einen weiteren biografisch relevanten Faktor kann der Familienstand bei Expatriates darstellen, wenn die Ausreise in Begleitung erfolgt (Prechtl, 2008, S. 137).

Es lässt sich beispielweise annehmen, dass das Erfahren von kulturellen Unterschieden dazu führt, dass die auslandsentsandte Person die an sie gestellten Erwartungen besser vorhersagen kann und ihre potenziellen Kompetenzen für die Interaktion im interkulturellen Kontext steigen.

Die Hypothese wurde in der Empirie von einigen Studien belegt, während andere zu gegenteiligen Ergebnissen führten und dadurch kein schlüssiges Bild geschaffen werden kann. So konnte durch manche Untersuchungen eine positive Korrelation zwischen bisherigem Auslandsaufenthalt und Leistung sowie Arbeitsanpassung nachgewiesen werden. Kealey hingegen entdeckt keine signifikante Korrelation zwischen internationalen Erfahrungen und höherer beruflicher Effektivität. Auch Cui und Awa können keinen Zusammenhang zur Leistung und kulturellen Anpassung ermitteln.

Während die Metaanalyse von Bhaskar-Shrinivas et al. positive, wenn auch minimale, Zusammenhänge der Auslandserfahrung mit dem insgesamt eingeschätzten Erfolg ergibt, zeigt sich in der Meta-Analyse von Mol et al. kein Zusammenhang mit dem Arbeitserfolg.

Somit scheint es zunächst nicht möglich, einheitliche Aussagen über die Wirkungsweise des biographischen Faktors der Auslandserfahrung zu treffen. Eine mögliche Erklärung hierfür ist die erfolgte Verallgemeinerung in den Studien ohne jegliche Qualitätsbeurteilung des Aufenthalts. Kim fordert eine Erfassung der Motivation der Person für das Aufsuchen interkultureller Situationen (Kim, 2001, S. 5) und Selmer und Leung weisen einen Zusammenhang der Motivation mit der Anpassung im Ausland nach. Ihren Untersuchungen zufolge korreliert die Verfolgung von Karrierezielen bei der Auslandsentsendung mit soziokultureller und allgemeiner Anpassung (Selmer & Leung, 2003, S. 250).

Hinsichtlich der Sprachkenntnisse der Landessprache als biographischen Faktor, ergeben Metaanalysen eine signifikante Korrelation mit der Arbeitsleistung, ebenso wie mit der Anpassung an die Lebensumstände und an die Interaktionen im Gastland. Auch Masgoret weist Zusammenhänge der soziokulturellen Anpassung und der Anzahl an gesprochenen Sprachen nach.

Ansätze mit dem Fokus auf fachlicher Qualifikation

In einer Umfrage unter Personalmanagern zu den Anforderungen an Entsandte wurden in 95% der Antworten fachbezogene Qualifikationen genannt (Wirth, 1998, S. 3). Hierbei wird -fälschlicherweise- angenommen, dass dieselben Kompetenzen zu Erfolg im Ausland führen, wie die im Inland. Jedoch sind die fachlichen Qualifikationen dennoch von Bedeutung und werden von Expatriates als ein Erfolgsfaktor von Entsendungen benannt.

Insbesondere internationalen fachlichen Kompetenzen sollte hierbei Bedeutung zugemessen werden, wie beispielweise den Kenntnissen der eingesetzten Technologien und Standards, des Rechts und der wichtigsten Fachbegriffe im jeweiligen Gastland.

Ansätze mit dem Fokus auf Einstellungen und Erwartungen

Weitere interkulturelle Forschungsansätze befassen sich mit dem Einfluss von individuellen Einstellungen und Erwartungen im Hinblick auf interkulturellen Erfolg. So reagiere jede Person unterschiedlich auf kulturelle Stimuli und weise eine andersartige Einstellung zu ebendiesen auf. In diesem Rahmen wirken auch Stereotypien und Vorurteile auf die Erwartungen der Person ein. Hierbei wird die Wahrnehmung selektiert und „die Aufmerksamkeit auf bestimmte Klassen von Informationen [...] und von anderen weggerichtet", (Mendenhall et al., 1995, S. 475). Dadurch können neue Informationen nicht wahrgenommen und das Verstehen anderer Kulturen erschwert werden. Andererseits können Stereotypien die Erfassung fremder Kulturen auch erleichtern. So konstatieren Mendenhall et al., dass im interkulturellen Kontext zunächst die Generalisierung nötig sei, um die Kultur zu verstehen, diese jedoch verworfen werden müsse, sobald sie sich als unzutreffend herausstellt. Dies erfordere viel Mühe und Übung (Mendenhall et al., 1995, S. 475).

Gemäß dem Stufenmodell der subjektiven Deutung von Kulturunterschieden nach Bennett, bewegt sich die individuelle Weltsicht auf einem Kontinuum zwischen den beiden Gegenpolen Ethnozentrismus und Ethnorelativismus. Während auf der Stufe des Ethnozentrismus die Annahme vorherrscht, die

Weltsicht der eigenen Kultur sei die einzig wirkliche, wird beim Ethnorelativismus davon ausgegangen, dass Kulturen nur in Relation zu anderen Kulturen vollständig erfasst werden können. Zwischen den beiden Extrema liegen die Abstufungen der Akzeptanz von kulturellen Unterschieden.

In starker Verbindung zu den Einstellungen stehen die individuellen Erwartungen. Diese beziehen sich auf das Leben in der anderen Kultur und mögliche Probleme und Schwierigkeiten. Hier gilt es realistische Erwartungen zu entwickeln. Hinsichtlich des Einflusses von realistischen Erwartungen auf die Anpassung konnte ein empirischer Zusammenhang bewiesen werden. Zu hohe Erwartungen erweisen sich hingegen häufig als Abbruchsgrund einer Auslandsentsendung.

Ebenfalls kann ein signifikanter empirischer Zusammenhang zwischen einer positiven Einstellung zur Integration von ethnischen Gruppen und verschiedenen Erfolgskriterien des Auslandsaufenthalts, wie beispielsweise der Identifikation mit der Arbeitsgruppe, konstatiert werden. Die ethnorelativistische Einstellung korreliert zudem negativ mit einem vorzeitigen Abbruch des Auslandsaufenthalts (Stierle et al., 2002, S. 212). Auch bezüglich der Anpassungsschwierigkeiten, des Akkulturationsstresses und dem interkulturellen Verstehen, erscheinen Einstellungen als verlässlicher Prädiktor (Kealey, 1989, S. 411). Für die Arbeit in interkulturellen Teams wurde der positive Zusammenhang kooperativer und kollektiver Einstellungen nachgewiesen (Podsiadlowski, 2002, S. 83). Einstellungen haben zudem einen Einfluss auf das Kommunikationsverhalten einer Person. Gertsen schreibt Einstellungen hinsichtlich der Beeinflussung der Kommunikation eine erhebliche Bedeutung für Erfolgsmaße zu.

Ansätze mit dem Fokus auf Verhaltensweisen

Einige Studien fokussieren ähnlich wie Gertsen insbesondere die expliziten Verhaltensweisen einer Person. Hierbei werden interpersonale Fähigkeiten, (In diesem Zusammenhang wird auch der Begriff der relationalen Kompetenzen verwendet, um die Abhängigkeit und Wechselwirkung des Verhaltens vom Interaktionspartner zu verdeutlichen. Spitzberg & Cupach, 1989, S. 64) als wichtigster Erfolgsfaktor für Auslandseinsätze erachtet, insbesondere, wenn diese einen hohen Kommunikationsanteil implizieren. Erfolgskritische Verhaltensweisen in interkulturellen Tätigkeiten sind nach Stahl

- Frustrationstoleranz/Ambiguitätstoleranz,
- Empathie/Einfühlungsvermögen,
- Selbstreflexion/Haltung,
- Rollenflexibilität, und
- Kommunikationsfähigkeit (Stahl, 1998, S. 117).

Interkulturelle Kommunikationsfähigkeiten beinhalten sowohl die Elemente der Kommunikationsbewusstheit und der Kommunikationsfertigkeiten. Zu der Bewusstheit der Kommunikation zählen die Erfassung der allgemeinen Wirkungsweisen von Kommunikationsprozessen und das Wissen um die kulturelle Prägung des eigenen kommunikativen Stils. Die Kommunikationsfertigkeiten ermöglichen die Identifikation von unterschiedlichen Kommunikationsstilen und die Vermeidung und Aufklärung von Missverständnissen.

Empirisch wurde eine signifikante Vorhersagekraft für einen Kulturschock anhand der Ausprägung von Rollenflexibilität und Empathie ermittelt. Zudem konnten soziale Verhaltensweisen als eine der aussagekräftigsten Prädiktoren interkultureller Effektivität nachgewiesen werden. Nach Black korrelieren Flexibilität und Gesprächsbereitschaft mit dem Entsendeerfolg (Black et al, 1992, S. 67). In einer weiteren Studie bestätigt Gelbrich ebenfalls die Vorhersagekraft von Kommunikationsfähigkeiten.

So lassen sich folglich deutliche Zusammenhänge zwischen Verhaltensweisen und dem Auslandserfolg erkennen, sodass diese zum Teil bei der Vorhersage von Arbeitsleistung den Persönlichkeitsmerkmalen vorgezogen werden (Cui & Awa, 1992, S. 317). Die Operationalisierung der Verhaltensweisen gestaltet sich unproblematisch, da die Interaktionspartner diese explizit beobachten können (Furnham & Bochner, 1982, S. 189).

Zu den situativen Ansätzen interkultureller Forschung

Auch wenn viele personalistische Ansätze interkulturellen Erfolgs durch empirische Befunde bestätigt werden konnten, betonen einige Autoren den zusätzlichen Erklärungswert situativer Faktoren. So wirken sich situative Einflussfaktoren auf den Verlauf und den Erfolg der interkulturellen Tätigkeit aus. Diese können

im Umfeld der Person,
im Umfeld der Organisation und Entsendungsgestaltung und
in den Kontextfaktoren vor Ort liegen
und werden im Folgenden vorgestellt.

Situative Faktoren im persönlichen Umfeld

Die Bedeutung stabiler Familienverhältnisse für eine erfolgreiche Auslandsentsendung wird häufig von der Arbeitgeberseite unterschätzt. Die Expatriates selbst erachten die Familienstabilität hingegen als wichtigsten Faktor für den Aufenthalt und nennen gleichzeitig die Sorge um die Familie mit 38% als häufigsten Grund für die Ablehnung eines solchen (Hechanova et al., 2003, S. 220). Der Partner und die Familie stellen eine bedeutende Ressource von Unterstützung und Halt dar und werden von Stierle et al. sogar als das Fundament eines Auslandsaufenthalts angesehen (Hierbei sei zu erwähnen, dass auch eine Anpassung der Mitreisenden an die fremde Kultur erforderlich ist. Zur vertiefenden Darstellung der Anpassung von Ehepartnern siehe Ali et al, 2003).

So ergaben empirische Studien einen negativen Zusammenhang der wahrgenommenen Unterstützung durch die Familie mit einem vorzeitigen Abbruch des Auslandsaufenthalts und einen positiven Zusammenhang mit der interkulturellen Anpassung. Auch weitere Studien ergeben, dass die Familienstabilität und -anpassung sich erfolgskritisch auf den Auslandsaufenthalt auswirken. Hierbei kommt der Anpassungsfähigkeit des Ehepartners eine besondere Bedeutung zu, da sie mit der Anpassung des Entsendeten selbst korreliert.

Situative Faktoren im Ausland

Die situativen Einflussfaktoren auf den Erfolg interkultureller Tätigkeiten lassen sich hinsichtlich dreier Aspekte untersuchen, die im Folgenden dargestellt werden.

Dauer des Aufenthalts

Die Anforderungen an einen Expatriate variieren mit der Dauer seines geplanten Aufenthalts im Gastland. Bei einer kurzfristigen Aufenthaltsdauer werden Fehler und eine geringe Anpassung tendenziell toleriert, während bei einem langfristigen Aufenthalt ein hoher Grad der Anpassung und Integration gefordert wird. Gleichzeitig erweist sich die Dauer des Aufenthalts auch als signifikanter Einflussfaktor auf eine erfolgreiche Anpassung und mehrere ihrer Facetten. Die Entwicklung der Anpassungsfacetten im Zeitverlauf weist nach Eckert et al. unterschiedliche Verläufe auf. So verläuft die soziokulturelle Anpassung in einer U-Kurve zur Zeitachse, während die Arbeitsleistung annähernd in linearem Zusammenhang zur Dauer des Aufenthalts steht (Eckert et al., 2004, S. 641).

Lebensbedingungen

Einen weiteren erfolgskritischen Faktor stellen die Lebensbedingungen des Gastlandes dar. Hierbei sind Gegebenheiten wie das Klima, die Luft- und Umweltverschmutzung, die medizinische Versorgung, die Infrastruktur, das Bildungssystem, die Freizeitmöglichkeiten und die Verfügbarkeit von Produkten von Bedeutung für den Entsandten und seine mitreisenden Familienangehörigen. Zudem ist es relevant, in welchem Maße er seinen gewohnten Lebensstil im Gastland durch die Vergütung halten oder verbessern kann (Selmer et al., 2003, S. 64).

Soziale Unterstützung

Neben der Unterstützung des Entsandten durch die Familie wirken sich auch andere Formen privater sozialer Unterstützung positiv auf den Entsendungserfolg aus. Hierzu gehören Interaktionen und Freizeitkontakte mit Mitgliedern der Zielkultur, die die generelle Anpassung und Zufriedenheit (Torbiörn, 1982, S. 114) verstärken. Auch die Unterstützung durch Kollegen und Führungskräfte ist von hoher Bedeutung.

Hierbei spielt nicht der Umfang, sondern die Qualität der interpersonellen Kontakte eine entscheidende Rolle. Die Qualität der Beziehung führt zu einer Verringerung der Einsamkeitsempfindungen, welche wiederum mit positiven Auswirkungen auf die Gesamtzufriedenheit einhergeht.

Die soziale Unterstützung steht in positivem Zusammenhang zur affektiven Anpassung (Eckert et al., 2004, S. 642) und führt zu einer geringeren Unsicherheit des Entsandten (Hechanova et al., 2003, S. 231).

Situative Faktoren im organisatorischen Umfeld

Die situativen Faktoren im organisatorischen Umfeld lassen sich unter zwei verschiedenen Aspekten betrachten, die im Folgenden vorgestellt werden.

Aufgaben und Tätigkeiten

Hinsichtlich der Zuteilung von Aufgaben und Tätigkeiten im Ausland muss nach Black et al. dem Unterscheidungsgrad zur bisherigen Tätigkeit, der role novelty, besondere Beachtung zukommen (Black et al., 1991, S. 297). Des Weiteren wirken sich die Rollenklarheit und der Einbezug des Expatriates in diesbezügliche Entscheidungen auf seine berufliche Anpassung aus.

Auch das Ausmaß an interkulturellen Interaktionen (Tung, 1981, S. 73) und des fachlichen Fokus beeinflusst die Arbeits- und die generelle Anpassung des Entsandten an die fremde Kultur (Stahl & Caligiuri, 2005, S. 611).

Kulturelle Distanz

Ein weiterer situativer Faktor im organisatorischen Umfeld ist die kulturelle Distanz des Gastlandes zum Herkunftsland. Ein möglicher Indikator für die kulturelle Distanz zwischen zwei Ländern ergibt sich aus der Berechnung nach der City-Block-Methode (Waxin, 2004, S. 63). Hierbei wird die Differenz der Werte „society practice" beider Länder auf allen Kulturdimensionen ermittelt und aufaddiert (Die erwähnten Berechnungswerte lassen sich der aktuellen GLOBE Studie entnehmen).

> Eine durch den Entsandten erlebte kulturelle Distanz steht in signifikanten negativen Zusammenhang zur Arbeitsleistung im Ausland (Masgoret, 2006, S. 315). Bei einem hohen Grad an kultureller Distanz kommt es vermehrt zu Anpassungsschwierigkeiten und zu einem stärker ausgeprägten Kulturschock (Palthe, 2004, S. 45; Kim, 2001, S. 145) Die Erschwerung der Anpassung erfolgt hierbei nicht in gleichem Maße für die beteiligten Landesangehörigen. Eine Anpassung an entwickelte Länder erweist sich beispielsweise tendenziell als einfacher (Allerdings konnten Stening und Hammer eine geringe Varianz im Anpassungsgrad der Mitglieder einer Kultur über verschiedene Zielkulturen hinweg beobachten. Das relativiert die Bedeutung der kulturellen Distanz und rückt den Einfluss der Herkunftskultur auf die Anpassungsfähigkeit ihrer Mitglieder in den Fokus (Stening & Hammer, 1992, S. 84).

Zum Kontingenzansatz interkultureller Forschung

Würdigt man den situativen Ansatz in seiner Gesamtheit, so sprechen die Ergebnisse für eine notwendige Berücksichtigung der situativen Faktoren bei der Personalauswahl für interkulturelle Tätigkeiten. Da die situativen Bedingungen in jeder Entsendungssituation derart unterschiedlich geprägt sind, dürfen die personalen Einflussfaktoren nicht ungeachtet dieser Einflüsse betrachtet werden. So erreichen Tung zufolge die Unternehmen eine geringere Misserfolgsrate bei der internationalen Personalauswahl, die eine Vielzahl an unterschiedlichen Kriterien für ihre Entscheidung heranziehen. Daher wurde ein Kontingenzansatz entwickelt, demzufolge der Fokus der Personalauswahl in Abhängigkeit von den Kontextfaktoren entweder auf den personalistischen oder den situativen Faktoren liegt, in jedem Fall aber beide Faktorengruppen berücksichtigt werden.

Auch weitere Autoren schließen sich den interaktionistischen Annahmen an, sodass Stahl einen Paradigmenwechsel der interkulturellen Forschung wahrnimmt.

Grundlage der interaktionistischen Annahmen ist die geringe Konsistenz individuellen Verhaltens über verschiedene Situationen hinweg. In der Persönlichkeitspsychologie bilden Situationen das Produkt der Interaktion von Person und Umwelt. So geht dieser Ansatz nicht von einem Nebeneinander von Persönlichkeit und situativen Bedingungen, sondern von einer Interaktion der Faktoren aus. Das Verhalten einer Person wirke auf die Situation ein, konstruiere sie in gewissem Maße (Spitzberg & Cupach, 1989, S. 147), während die Aktion wiederum bei der Person selbst Veränderungen hervorrufe.

So können Anpassung und effektive Arbeit weder alleinig von personalistischen noch von situativen Faktoren vorhergesagt werden. Folglich empfiehlt sich eine Berücksichtigung beider Ansätze in ihrem interaktiven Verhältnis. Nichtsdestotrotz existieren nach wie vor zahlreiche Untersuchungen, die sich auf einen der beiden früheren Ansätze stützen (Prechtl, 2008, S. 41).

In diesem Abschnitt werden mit Hinblick auf die eignungsdiagnostische Fragestellung insbesondere personenbezogene Prädiktoren interkulturellen Erfolgs fokussiert, wie Abb. 3.5 verdeutlicht. Es sei jedoch explizit darauf hingewiesen, dass für andere Forschungsgebiete, insbesondere für die Planung von Unterstützungsmaßnahmen für Auslandsentsendungen, der Kontingenzansatz interkultureller Forschung anzuwenden ist.

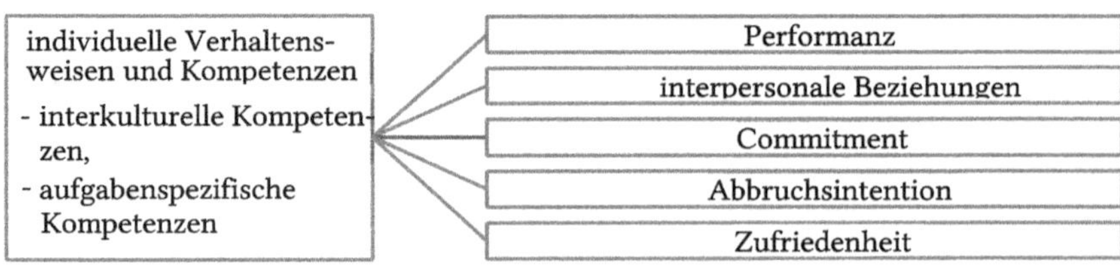

Abb. 3.5: Prädiktoren und Kriterien interkulturellen Erfolgs (eigene Darstellung)

Zu den interkulturellen Kompetenzen als Erfolgsprädiktor interkultureller Tätigkeiten

Interkulturelle Tätigkeiten bieten Einschätzungsmöglichkeiten individueller interkultureller Kompetenzen. So kann anhand konkreter Performanz eine Bewertung interkultureller Kompetenzen hinsichtlich der Erfolgskriterien Effektivität und Angemessenheit und Zufriedenheit erfolgen.

Unter angemessener Interaktion wird ein Verhalten verstanden, das kontextspezifische Erwartungen erfüllt und keine bestehenden Regeln verletzt (Lustig & Spitzberg, 1993, S. 154). Die Evaluationsmaßstäbe sind folglich kontext- und kulturabhängig. Dementsprechend wird Angemessenheit vor dem Hintergrund der konkreten Interaktion und aus den beteiligten Kulturperspektiven bewertet (Ting-Toomey, 1999, S. 263).

Definition

Die Effektivität gibt den Grad der individuellen und tätigkeitsbezogenen Zielerreichung des Mitarbeiters an (Anmerkung: Der Terminus der Effektivität wurde bereits im Zusammenhang mit dem Erfolgskriterium Work Adjustment ausgeführt).

Das Kriterium der Zufriedenheit wird individuell durch die interagierenden Personen bewertet. Die Zufriedenheit wird von den Einstellungen und Bedürfnissen des Individuums bestimmt und hängt davon ab, inwiefern die Interaktion diesen gerecht wird (es wird konstatiert, dass es zwischen den Kriterien Effektivität und Angemessenheit trotz ihrer Interdependenzen zu Zielkonflikten kommen kann. Denn eine starke Betonung von Angemessenheit kann zu verringerter Effektivität führen oder umgekehrt, was auch als ethisches Dilemma bezeichnet wird (Neuberger, 2002, S. 178). In Abb. 3.6 wird das Verständnis der Kriterien aufgezeigt.

Personenmerkmal	proximale Kriterien	distale Kriterien
interkulturelle Kompetenzen	Bewertung der Performanz im situativen Kontext (AC) • effektiv • angemessen • zufrieden Rückschlüsse auf individuelle Kompetenzausprägung	Bewertung des interkulturellen Erfolgs während/ nach dem Auslandsaufenthalt • Arbeitserfolg • Anpassung im Gastland • Zufriedenheit
Prädiktor	situative Performanz	Erfolgskriterium

Abb. 3.6: Proximale und distale Bewertungskriterien interkulturellen Erfolgs (Prechtl, 2008, S. 134.)

Angemessenheit, Effektivität und Zufriedenheit lassen sich kurzfristig erheben und daher als proximale Bewertungsaspekte bezeichnen. Distale Kriterien hingegen werden zu einem späteren Zeitpunkt erhoben und gelten als die eigentlichen Erfolgskriterien interkultureller Tätigkeiten (Neuberger, 2002, S. 183). Effektivität kann somit gleichzeitig einen Bewertungsaspekt der interkulturellen Interaktion im Sinne der kurzfristigen Zielerreichung und ein Erfolgskriterium langfristiger Leistung darstellen. Die Zufriedenheit lässt sich ebenfalls sowohl proximal als auch distal bewerten und bezieht sich entweder auf die konkrete Interaktion oder auf den Zeitraum des Auslandsaufenthalts (wobei hier auch private Einflussfaktoren berücksichtigt werden).

Im Folgenden wird der Terminus der interkulturellen Kompetenzen analysiert und hinsichtlich verschiedener Forschungsansätze untersucht, um im Anschluss der Möglichkeiten Operationalisierungen des Prädiktors vorzustellen.

Zu den terminologischen Grundlagen interkultureller Kompetenzen

Unter dem Kompetenzbegriff wird ein konstitutives individuelles Personenmerkmal (Schuler & Barthelme, 1995, S. 77) verstanden, das die Voraussetzung dafür bildet, „ein Ziel zu formulieren und zu erreichen bzw. eine Handlung auszuführen, sofern die außerhalb des Individuums liegenden Gegebenheiten dies zulassen“, (Kaiser, 1982, S. 2). Somit stellt Kompetenz das individuelle Potenzial bei der Bewältigung von Situationen dar, das situativ (und intra-individuell) variieren kann. Kompetenz ist hierbei, im Gegensatz zur Performanz, nicht explizit beobachtbar (Prechtl, 2008, S. 47).

Interkulturelle Kompetenzen haben nach Prechtl spezifische Charakteristika, die in Abb. 3.7 dargestellt und beschrieben sind.

Merkmale interkultureller Kompetenz	Beschreibung
individuelles Verhaltenspotenzial	Ermittlung des interkulturellen Verhaltenspotenzials einer Person
Kontextbezug	Erfassung der Interaktion in kulturellen Überschneidungssituation
Bewertung aufgrund der Performanz	interkulturelle Kompetenzen selbst können nicht beobachtet werden, nur Performanz
Effektivität	interkulturell kompetentes Verhalten ist effektiv
Angemessenheit	interkulturell kompetentes Verhalten ist dem situativen Kontext angemessen

Abb. 3.7: Charakteristika interkultureller Kompetenzen (Prechtl, 2008, S. 48)

So lassen sich interkulturelle Kompetenzen als „das Potenzial einer Person" beschreiben, das notwendig ist, „um in kulturellen Überschneidungssituationen erfolgreich zu interagieren. [...] Die Person wählt ein als angemessen geltendes Verhalten, wodurch für alle Interaktionspartner ein Maximum an positiven Konsequenzen erreicht werden kann. Auf das Potenzial wird aus der Performanz geschlossen" (Prechtl, 2008, S. 47).

Interkulturelle Kompetenzen lassen sich im Hinblick auf verschiedene Aspekte untersuchen. So wird zwischen der affektiven, kognitiven und konativen Dimension interkultureller Kompetenzen unterschieden.

Affektive Ansätze der interkulturellen Kompetenzforschung

Die affektive Dimension interkultureller Kompetenzen bezeichnet die psychologische und emotionale Perspektive, die die Bereitschaft zum Umgang mit fremden Kulturen steuert (Gudykunst et al., 1977, S. 416). So gilt es die eigenen Emotionen zu kontrollieren und zu akzeptieren. Hiermit in enger Verbindung stehen auch motivationale Komponenten, die die Auswahl und Steuerung von Verhalten beeinflussen. Die Entscheidung hängt hierbei von erwarteten Folgen des jeweiligen Verhaltens ab (Müller & Gelbrich 2001, S. 251). Interkulturelle Motivation umfasst die psychologischen Prozesse, die ein Individuum dazu bringen, interkulturelle Situationen einzugehen und zu bewältigen. So verbinden Mitarbeiter mit hoher interkultureller Motivation positive Erwartungen mit kulturellen Überschneidungssituationen. Als Konsequenz dieses Affekts können sich positive Stereotype und Verhaltenstendenzen bilden (Gudykunst et al., 1977, S. 416).

Kognitive Ansätze der interkulturellen Kompetenzforschung

Definition

Die kognitive Dimension interkultureller Kompetenz bezeichnet die Informationsaufnahme und -verarbeitung hinsichtlich kultureller Erkenntnisse. Hierbei sind sowohl Informationen über Kultur und Kultureinflüsse generell als auch kulturspezifische Informationen, wie informelle Richtlinien zu Verhaltensweisen, von Relevanz (Brislin & Yoshida, 1994, S. 6). Ferner gilt es ein Grundverständnis über Systemzusammenhänge verschiedener Kulturen zu entwickeln und deren Gemeinsamkeiten und Unterschiede zu analysieren (Kulturspezifisches Wissen weist einen signifikanten Einfluss auf generelles Kulturverständnis auf. Als stärkster Prädiktor des Kulturverstehens wurde jedoch geringer Ethnozentrismus (affektive Dimension) identifiziert. Collier, 1989, S. 127f.).

Konative Ansätze der interkulturellen Kompetenzforschung

Die konative Dimension interkultureller Kompetenzen fokussiert explizite verhaltensbezogene Aspekte. So garantiere weder Kulturwissen noch emotionale Beteiligung eine Umsetzung in adäquates interkulturelles Verhalten. Konkrete Verhaltensweisen und -fähigkeiten seien zentral für kulturelle Anpassung, während affektive und kognitive Elemente zwar anerkannt, deren „Qualität als Verhaltensprädiktoren jedoch angezweifelt" werden. So erlangt das tatsächlich gezeigte Verhalten durch den expliziten Nachweis von Kompetenzen eine höhere Bedeutung als die beiden anderen Dimensionen.

Modelle interkultureller Kompetenz

In den letzten Jahrzehnten hat sich die Systematisierung interkultureller Kompetenzen zu einem mehrdimensionalen und mehrfaktoriellen Konzept entwickelt, das die drei vorgestellten Dimensionen vereint. Doch nicht alle Modelle orientieren sich an dieser Kategorisierung. Im Folgenden wird die

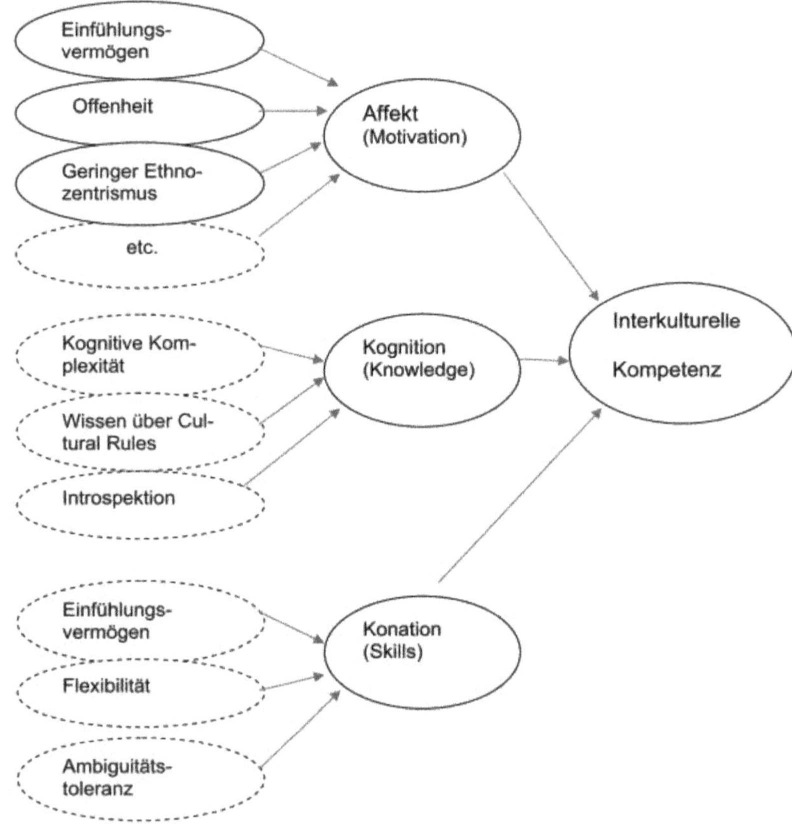

Abb. 3.8: Strukturmodell interkultureller Kompetenz (Müller & Gelbrich, 2001, S. 252)

mögliche Systematisierung. Weitere mögliche Systematisierungen von Modellen interkultureller Kompetenz sind die Anwendungszweckbezogene Klassifikation nach Spitzberg & Changnon (2009) und die „Konstruktbezogene Klassifikation“ nach Leung, Ang & Tan (2014). Die vorliegende Klassifikation nach Bolten orientiert sich an einer zunehmenden Komplexität der Interkulturalität. Interkulturelle Kompetenzen werden in Struktur-, Prozess- und Listenmodellen vorgestellt, um im Anschluss das „Intercultural Competence Assessment“-Modell vorzustellen.

Strukturmodelle

Ausgehend von den drei Dimensionen interkultureller Kompetenzen haben sich in den letzten Jahren Strukturmodelle etabliert, in denen Teilkonstrukte identifiziert und den Dimensionen zugeordnet werden. Ein Beispiel hierfür ist das Strukturmodell nach Müller und Gelbrich, das interkulturelle Kompetenzen unter Zuordnung der drei Dimensionen abbildet (Abb. 3.8).

Bei der Systematik der Strukturmodelle erweist sich die Überschneidung und Interdependenz der psychischen Aspekte als problematisch, die sich zudem teilweise mehreren Dimensionen zuordnen lassen. Zudem unterscheiden sich nicht nur die Zuordnungen verschiedener Autoren, sondern auch die Betrachtung innerhalb einzelner Schriften weist Inkonsistenzen auf. Eine konfirmatorische Faktorenanalyse des dargestellten Strukturmodells konnte die Zuordnung nicht replizieren. Als Konsequenz wird für eine Verwendung einzelner Kompetenzaspekte ohne Zuordnung zu den Dimensionen plädiert (Gelbrich, 2004, S. 263).

Prozessmodelle

In der Praxis lässt sich also ein wechselseitiges Verhältnis zwischen kognitiven, affektiven und konativen Kompetenzen beobachten, das die Trennung der einzelnen Dimensionen erschwert. Bolten beschreibt interkulturelle Kompetenz daher „nicht als Synthese, sondern als synergetisches Produkt des permanenten Wechselspiels der genannten Teilkompetenzen“. So etabliert er das Konstrukt des Prozessmodells (Bolten 2007, S. 25). Abb. 3.9 zeigt exemplarisch ein Prozessmodell interkultureller Kompetenzen nach Deardorff auf.

In Prozessmodellen wird nicht nur das Interdependenzverhältnis der einzelnen Komponenten, sondern auch deren Gebundenheit an Situationen und Umwelteinflüsse verdeutlicht. So werden Komplexität interkultureller Handlungen und deren Abhängigkeit von dynamischen Prozessen betont (wobei das Erfolgskriterium meist nur ein- oder zweidimensional erfasst wurde).

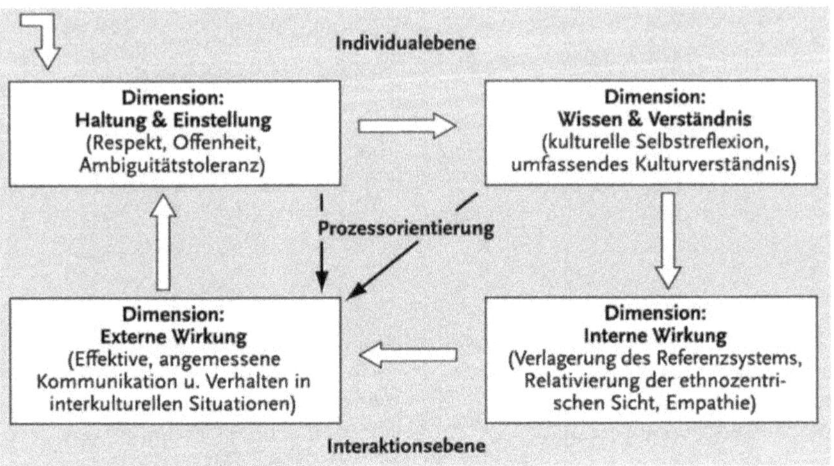

Abb. 3.9: Prozessmodell interkultureller Kompetenz (Deardorff, 2006, S. 21)

Listenmodelle

Der Zweck einer Modellanwendung von interkulturellen Kompetenzen liegt in der theoretischen Erschließung der Personalauswahl für einen Auslandsaufenthalt. Die Anwendung eines Prozessmodells erscheint insbesondere zur Gestaltung von Unterstützungsmaßnahmen vor und während der Auslandsentsendung relevant, jedoch weniger für die Eignungsdiagnostik. Auch von einem Strukturmodell wird angesichts wissenschaftlicher Widersprüche abgesehen. Eine Vielzahl an Autoren bedient sich der pragmatischen Methode der Auflistung von Teilkomponenten interkultureller Kompetenzen.

In Abb. 3.10 werden Ergebnisse empirischer Untersuchungen zu den Teilkomponenten interkultureller Kompetenzen im Hinblick auf bestätigte Prädiktoren interkulturellen Erfolgs dargestellt (wobei das Erfolgskriterium meist nur ein- oder zweidimensional erfasst wurde; siehe Spalte Erfolgsmaße).

Forscher	Erfolgsmaße/ -kriterien	Ergebnisse zur Erfolgswirkung der Teilkomponenten
Cleveland, Mangone, Adams (1960)	Effektivität	Empathie als Prädiktor bestätigt
Hammer, Gudykunst, Wiseman (1978)	Effektivität	Kommunikationskompetenz als Prädiktor bestätigt
Ruben, Kealey (1979)	Effektivität, Anpassung	Offenheit als Prädiktor bestätigt

Hawes, Kealey (1981)	Effektivität, Anpassung	Flexibilität und Kommunikationskompetenz als Prädiktor bestätigt
Abe, Wiseman (1983)	Effektivität	Empathie und Verhaltensflexibilität als Prädiktoren bestätigt
Imahori, Lanigan (1989)	Effektivität, Angemessenheit	Empathie, Offenheit, Flexibilität, Kommunikationskompetenz bestätigt
Cui, Awa (1992)	Effektivität, Anpassung	Empathie, Flexibilität und Kommunikationskompetenz als Prädiktoren bestätigt
Arthur, Bennett (1995)	Effektivität	Empathie, Flexibilität und Kommunikationskompetenz als Prädiktoren bestätigt
Chen, Starosta (1996)	Effektivität, Angemessenheit	Offenheit, Flexibilität, Kommunikationskompetenz bestätigt
Lievens, Harris (2003)	Effektivität	Offenheit als Prädiktor bestätigt
Graf (2004)	Effektivität, Angemessenheit	Offenheit als Prädiktor bestätigt
Gelbrich (2004)	Effektivität, Anpassung, Zufriedenheit	Empathie, Offenheit, Kommunikationskompetenz als Prädiktoren bestätigt
Mol, van der Molen (2006)	Effektivität	Offenheit, Flexibilität und Kommunikationskompetenz als Prädiktoren bestätigt
Shaffer, Harrison, Gregersen (2006)	Effektivität, Anpassung, Abbruchswunsch	Flexibilität und Offenheit als Prädiktoren bestätigt

Abb. 3.10: Prädiktorwirkung der Teilkomponenten interkultureller Kompetenzen (Mertesacker, 2010, S. 342-344)

Bei einigen Listenmodellen überschneiden sich jedoch einzelne Teilkomponente als Resultat oberflächlicher Recherche und fehlender empirischer Ableitung. Bei der Anwendung eines Listenmodells ist daher auf dessen definitorische Abgrenzung und konzeptionelle Klarheit zu achten.

Zum INCA-Modell

Das INCA- (Intercultural Competence Assessment) Modell bietet angesichts der dargestellten empirisch bestätigten Prädiktoren eine adäquate Zusammenstellung an Dimensionen interkultureller Kompetenzen. Das Modell entspringt einem länderübergreifenden interdisziplinären Projekt und bietet ein Konzept interkultureller Kompetenzen, das eine Beschreibung von sechs Teildimensionen sowie damit verbundene Performanzaspekte umfasst (INCA, 2004, S. 3).

Es wird, wie zuvor ausgeführt, davon ausgegangen, dass jede Teilkomponente Korrelate auf der kognitiven, emotionalen und behavioristischen Dimension aufweist. Die Dimensionen des INCA-Modells beschreiben die Anforderungen an Mitarbeiter in kulturellen Überschneidungssituationen und werden im Folgenden vorgestellt.

Ambiguitätstoleranz

Kulturelle Überschneidungssituationen bergen Widersprüche und Mehrdeutigkeiten in sich. Diese Andersartigkeit kann bei der Erfüllung vorgegebener Aufgaben als hinderlich und stressauslösend wahrgenommen werden. Der Expatriate befindet sich in einem „dual loyalty" Dilemma und versucht den Erwartungen des Stammhauses bei begrenzten Realisierungsmöglichkeiten gerecht zu werden (Mendenhall et al., 1995, S. 46). Hierbei gilt es mit negativen Gefühlen wie Unsicherheit und Überforderung umzugehen.

Definition

Unter Ambiguitätstoleranz versteht man die Fähigkeit, Unklarheiten und Mehrdeutigkeiten im interkulturellen Kontakt auszuhalten und konstruktiv damit umzugehen. Hierfür ist eine Wahrnehmung der Unterschiede und Berücksichtigung der Komplexität erforderlich. (eine geringe Ambiguitätstoleranz zeigt sich in Versuchen zur Strukturierung und Vereinfachung. Gering kompetente Expatriates blenden Teilaspekte der interkulturellen Situation aus und entwerfen Schwarz-Weiß-Lösungen. Hatzer & Layes, 2003, S. 141).

Verhaltensflexibilität

Innerhalb einer spezifischen Kultur ist die Akzeptanz von Verhaltensweisen grundsätzlich sehr eingeschränkt, sodass nur eine geringe Spannbreite von Verhalten als angemessen angesehen wird. In der Interaktion mit anderskulturellen Partnern ist die Anpassung der gewohnten Verhaltensweisen an die Regeln und Erwartungen des Gegenübers erforderlich (Ali et al., 2003, S. 567).

Definition

Interkulturelle Verhaltensflexibilität umfasst die Erweiterung und adaptive Anwendung von Verhaltensweisen. Hierzu werden aus einem breiten Repertoire Verhaltensweisen ausgewählt, die der spezifischen Situation und dem fremdkulturellen Interaktionspartner angemessen sind.

Respekt/Offenheit

Kulturelle Überschneidungssituationen bedingen eine Konfrontation mit fremdkulturellen Werten und Normen, die den eigenen widersprechen können. Hierfür ist eine wertungsfreie und akzeptierende Grundhaltung gegenüber anderen Personen und Kulturen erforderlich (Chen & Starosta, 1998, S. 68). Eine Reflexion über die Kulturbedingtheit des eigenen Handelns und eine kritische Auseinandersetzung mit eigenkulturellen Grundannahmen ist hierbei förderlich.

Definition

Respekt beinhaltet einen offenen und wertschätzenden Umgang mit Angehörigen anderer Kulturen. Respekt bezieht sich auf die Akzeptanz und Toleranz anderskultureller Wertsysteme, auch wenn diese den eigenen widersprechen (Prechtl. 2008, S. 59).

Empathie

Im Zuge interkultureller Interaktionen gilt es zu berücksichtigen, dass fremdkulturelle Personen identische Situationen unterschiedlich wahrnehmen und interpretieren. So gewinnt das Einfühlungsvermögen in Bezug auf kulturelle Denk- und Handlungsweisen an Bedeutung. Hierbei gilt es unter Umständen auch andere Ausdrucksweisen von Emotionen zu erfassen und zu deuten (Kühlmann & Stahl, 1998, S. 217).

Definition

Unter Empathie wird die Fähigkeit verstanden, sich in fremdkulturelle Personen und deren Motive, Denkweisen und Gefühle hineinversetzen zu können.

Wissenserwerb

Um Botschaften fremdkultureller Interaktionspartner zu verstehen, ist es erforderlich dessen Orientierungssystem und Verhaltensrepertoire zu kennen. So gilt es Wissen über fremdkulturelle Normen und Werte erwerben zu wollen und zu können (Brislin & Yoshida, 1994, S .6).

Hierbei müssen über kulturelle Artefakte hinaus zugrundeliegende Prämissen erkannt werden (Gertsen, 1990, S. 356). Zudem ist die Kenntnis der Bedeutung spezifischer Ereignisse und der Erwartungshaltung hinsichtlich der kulturellen Anpassung von Bedeutung (Harvey et al., 2002, S. 495).

Definition

Der Wissenserwerb beschreibt die Fähigkeit und Verhaltenstendenz, aus wahrgenommenen Interaktionen Wissen über andere Kulturen zu generieren. Er umfasst sowohl sowohl den Erwerb von Wissen über kulturspezifische Verhaltensweisen als auch über die zugrundeliegenden impliziten Annahmen.

Kommunikationsbewusstheit

Die Absicht und die Botschaft hinter einer Aussage muss im Hinblick auf das kulturelle Bezugssystem des Sprechers gedeutet werden. In kulturellen Überschneidungssituationen kommt es jedoch häufig zu Missverständnissen und der Zuschreibung negativer Eigenschaften (Von Helmolt, 1994, S. 118).

Definition

Interkulturelle Kommunikationsbewusstheit beschreibt die Wahrnehmung von und den Umgang mit unterschiedlichen kulturellen Konventionen und deren Auswirkungen auf den Gesprächsverlauf. Hierbei gilt es Kommunikationsunterschiede zu erkennen und potenzielle Missverständnisse zu klären.

Zur Ein- und Abgrenzung interkultureller Kompetenzen

Hinsichtlich internationaler Tätigkeiten lassen sich in der Literatur vielzählige Anforderungen finden, die Ähnlichkeiten mit interkultureller Kompetenz aufweisen. So werden im Folgenden die wesentlichen Abgrenzungsmerkmale vorgestellt, um das Begriffsbild weiter zu schärfen.

Abgrenzung interkultureller Kompetenzen von ähnlichen Konstrukten

Die Abb. 3.11 zeigt mit interkultureller Kompetenz verwandte Konstrukte auf, die im folgenden Abschnitt charakterisiert werden.

Intercultural Effectiveness	Adaptive Personality	Intercultural Sensitivity	Cultural Intelligence	Global Mindset
Cui, Awa (1992)	Kim (2001)	Chen, Starosta (1998)	Earley, Mosakowski (2004)	Gupta, Govindarajan (2002)
Prädiktor für interkulturelle Anpassung	Ressourcen zur interkulturellen Anpassung	motivationale Aspekte interkultureller Tätigkeiten	kognitive Fähigkeit, unbekanntes Verhalten zu interpretieren	Offenheit und Diversitätsbewusstsein

Abb. 3.11: Der interkulturellen Kompetenz verwandte Konstrukte (Prechtl, 2008, S. 60)

Cross-Cultural Adaption und Adjustment lassen sich weitestgehend synonym verwenden, wobei letzteres insbesondere im US-amerikanischen Raum Verwendung findet. Cross-Cultural Adaption lässt sich als „komplexer, dynamischer und evolutionärer Prozess eines Individuums“ beschreiben, den er „im Hinblick auf eine neue und ungewohnte Umwelt“ durchläuft (Kim, 2001, S. 24). Hierbei gilt Adaption als die Anpassungsfähigkeit, während die Gastkultur den Bewertungsrahmen vorgibt. Folgt man diesem Verständnis, würde interkulturelle Kompetenz stets zur optimalen Anpassung an die fremde Kultur führen. Folglich ließe sich eine Hierarchie zwischen den Kulturen, mit einer dominierenden Gastkultur (sog. „kultureller Chauvinismus“) erkennen (Furnham & Bochner, 1982, S. 342). Eine solche Anpassung stellt nur eine von vielen Möglichkeiten zum interkulturellen Umgang dar (Schroll-Machl & Novy, 2000, S. 38). So beinhaltet der Terminus interkultureller Kompetenzen eine „ergebnisoffene Sichtweise“, nach der verschiedene Strategien in kulturellen Überschneidungssituationen als kompetent angesehen werden (Prechtl, 2008, S. 145).

Eine andere Definition liegt dem Begriff der interkulturellen Sensibilität (Intercultural Sensitivity) zugrunde. Diese wird als positiver „Drive“ bezeichnet, der den Wunsch beinhaltet, sich mit Kulturunterschieden auseinander zu setzen (Chen & Starosta, 1998, S. 231). So erinnert das Konzept an den motivationalen Aspekt interkultureller Kompetenz, der als deren Voraussetzung angesehen wird.

Einige Autoren fokussieren den Aspekt der interkulturellen Kommunikationskompetenz und argumentieren, dass „im Kern aller interkulturellen Kontakte die interpersonale Kommunikation zwischen Angehörigen verschiedener Kulturen“ stehe (Knapp, 1995, S. 11). Hierbei geht es um die kompetente Interaktion hinsichtlich „sprachlicher Formen symbolischen Handelns“ (Knapp & Knapp-Potthoff, 1990, S. 66), die somit eine Akzentuierung des Konzepts interkultureller Kompetenzen bietet.

Ein anderes Konstrukt ist das der kulturellen Intelligenz, das als „natürliche Fähigkeit eines Außenseiters“ beschrieben wird, „unbekanntes und mehrdeutiges Verhalten einer Person zu interpretieren und sogar zu spiegeln, in einer Weise, in der es die Bekannten und Kollegen der Person tun würden“(Earley & Mosakowski, 2004, S. 139). Weiterhin wird kulturelle Intelligenz als die kognitive Fähigkeit beschrieben, neue Interaktionsarten schnell zu lernen und zwischen kulturellen Kontexten zu wechseln. Neben den kognitiven Aspekten werden dem Konzept, entgegen der Intelligenzforschung, auch affektive und behaviorale Aspekte zugeordnet (Earley & Mosakowski, 2004, S. 143). Dementsprechend ist die Verwendung des Begriffs der kulturellen Intelligenz von Verzerrungen geprägt, die die wissenschaftliche Intelligenz-Facette fast gänzlich ausklammern und daher als „pseudowissenschaftlich“ kritisiert werden (Schuler, 2002b, S. 138).

Das Konzept des Global Mindsets wird als Struktur von Wissen beschrieben, die die Sammlung und Interpretation neuer Informationen steuert und von Offenheit und Diversitätsbewusstsein geprägt ist (Gupta & Govindarajan, 2002, S. 120). Im Unterschied zur interkulturellen Kompetenz wird dieser Begriff nicht nur für Personen, sondern auch für die Beschreibung von Organisationen und Organisationskulturen verwendet.

So lässt sich festhalten, dass die neueren Begriffe keinen Zusatznutzen darstellen.

Zur Abgrenzung interkultureller Kompetenzen von Self-Monitoring

In der interkulturellen Interaktion wird neben der Kenntnis um die gewünschten Verhaltensweisen auch die Fähigkeit der entsprechenden Verhaltenssteuerung benötigt. Es lässt sich hierbei zwischen dem Ziel der Belohnung durch die Interaktionspartner (akquisitives Self-Monitoring) und dem Ziel der Vermeidung von Missbilligung (protektives Self-Monitoring) unterscheiden (Laux & Renner, 2002, S. 137). Hierzu kontrolliert das Individuum seine Selbstdarstellung zu Anpassungszwecken, was in unterschiedlichem Maße geschehen kann, (Snyder & Gangestad, 2000, S. 530), Self-Monitoring umfasst die Sensibilität für die Anzeichen von Angemessenheit (Mendenhall & Wiley, 1994, S. 609). Selbstreflexion und -regulation im Falle aufkommender und unangebrachter Emotionen (Matsumoto et al., 2001, S. 485). Je nach Anforderungen und Komplexität der Tätigkeit kann eine starke Variabilität des Self-Monitorings nötig sein (Caligiuri & Day, 2000, S. 158).

Die Bedeutung von Self-Monitoring konnte für verschiedene Anpassungsmaße bestätigt werden. So lässt ein hoher Grad an Self-Monitoring einen signifikanten Zusammenhang zur generellen Anpassung, nicht aber zur beruflichen Anpassung erkennen. Auch im Hinblick auf fremdbewertete Leistung und auf selbstbewertete Anpassung wurden positive Zusammenhänge mit Self-Monitoring nachgewiesen (Harrison et al., 1996, S. 174). Das Self-Monitoring lässt sich somit als weiterer Erfolgsprädiktor interkultureller Tätigkeiten ansehen.

Zum Verhältnis interkultureller und sozialer Kompetenzen

Ähnlich dem interkulturell kompetenten Verhalten gilt es auch bei sozialer Kompetenz einen Kompromiss zwischen individueller Zielerreichung und situativer Anpassung zu erreichen.

Hierzu erfordert es in beiden Fällen „Perspektivenübernahme, Wertepluralismus, Handlungsflexibilität und Konfliktfähigkeiten“, (Prechtl, 2008, S. 156). Es wird betont, dass soziale Kompetenzen zwar hilfreich für interkulturelle Interaktionen seien, jedoch nicht ausreichen, um Kommunikationsbarrieren und interkulturelle Missverständnisse zu überwinden (Triandis, 1972, S. 347). Es lassen sich verschiedene Vermutungen zum Zusammenhang beider Kompetenzarten aufstellen: Eine mögliche Interpretation interkultureller Interaktion ist ihre Einordnung als Spezialfall der sozialen Kompetenzen. So gebe es auch intrakulturelle Minoritäten, deren Besonderheiten es in der Interaktion durch spezifische Kompetenzen zu berücksichtigen gelte (Gudykunst, 1994, S. 27). Einige Autoren vermuten daher die Notwendigkeit derselben Kompetenzen und Prozesse im inter- wie im intrakulturellen Kontakt. Auch Bolten sieht lediglich die zusätzliche Anforderung von Transferleistung im interkulturellen Handlungskontext (Bolten, 2001b, S. 58). Andere Autoren sehen interkulturelle Kompetenz hingegen als Erweiterung der sozialen Kompetenz. Es bestehe in kulturellen Überschneidungssituationen kein Konsens über Normen und Regeln, wie im intrakulturellen Kontext. So seien Interaktionen von Unsicherheit und Missverständnissen geprägt, die weitere Kompetenzen erforderlich machen (Knapp, 1999, S. 10).

Im Hinblick auf den Zusammenhang sozialer und interkultureller Kompetenzen gibt es somit keine eindeutigen empirischen Befunde. Während nach Eder interkulturelle Kompetenzen abhängig von sozialen Kompetenzen sind, (Eder, 1996, S. 412) finden Graf & Harland nur geringe Korrelationen beider Fähigkeiten, woraus sie schließen, dass es sich um unabhängige Konstrukte handelt (Graf & Harland, 2005, S. 51f). So lässt sich weder theoretisch noch praktisch eine Einordnung der Kompetenzarten vornehmen, sodass bei Relevanz sozialer Kompetenzen für die Auslandspositionen zu einer Erhebung beider Konstrukte geraten wird.

Zusammenfassung

Die Erfolgskriterien von Auslandsentsendungen lassen sich anhand der Ergebnisse der Metaanalyse von Bhaskar-Shrinivas klar definieren, bergen jedoch in Ihrer Erfassungsmethode der Nachbefragung das Risiko subjektiver Verzerrung. So gehen mit der Selbsteinschätzung potenzielle Positivverzerrungen und Falschangaben aufgrund sozialer Erwünschtheit einher, während bei der Fremdeinschätzung nicht alle Kriterien bewertet werden können und Verzerrungen aufgrund mangelnder kulturadäquater Ausrichtung der Fragen auftreten können. Den Verzerrungsproblematiken gilt es daher durch entsprechend fundierte Formulierungs- und Fragetechniken entgegenzuwirken.

Interkultureller Erfolg und erfolgreiches Anpassungsgeschehen werden anhand unterschiedlicher Prädiktoren und Einflussfaktoren erklärt, die sich den personalen, situativen und kontingenztheoretischen Forschungsparadigmen zuordnen lassen.

So bietet die konkrete Performanz eines Bewerbers Einschätzungsmöglichkeiten seines zukünftigen interkulturellen Erfolgs. Diesbezüglich wird dargestellt, welche Verhaltensweisen als Erfolgsprädiktoren in der empirischen Forschung identifiziert wurden und auf dieser Basis das sechsdimensionale INCA-Modell interkultureller Kompetenzen ausgewählt. Das Modell bietet durch eine klare Definition der Teilkomponenten interkultureller Kompetenzen eine Auflistung der Erfolgsprädiktoren interkulturellen Erfolgs, die es im Rahmen der Eignungsdiagnostik für Auslandsentsendungen zu erfassen gilt.

3.2 Internationale Entgeltfindung

Lernziele

- Sie haben ein grundsätzliches Verständnis für den Prozess der internationalen Entgeltfindung.
- Sie können die Begriffe wie Direktentgelt, Stammlandmodell, Nettovergleichsrechnung, Kaufkraftausgleich im internationalen Kontext einordnen.

Die bestmögliche Formierung der Gesamtvergütung für Mitarbeiter auf nationaler sowie internationaler Ebene kann unternehmensindividuell gestaltet werden. Die fortschreitende Globalisierung und der damit verbundene Wegfall von Handelsgrenzen führen aufgrund eines international zunehmenden Wettbewerbs zu einem erhöhten Konkurrenzdruck. Daraus ergibt sich ein Personaleinsatz über die Grenzen hinaus. Unternehmen beschäftigen Mitarbeiter, die verschiedenen Kulturkreisen angehören. Demzufolge ist der Bereich der internationalen Personalwirtschaft mit der Herausforderung konfrontiert, ein einheitliches, gerechtes Entgeltsystem in einem multinationalen Unternehmen zu gestalten.

Das Prinzip jeden Entgelts ist die Forderung nach Gerechtigkeit zwischen Leistung und Entgelt zwischen den Mitarbeitern im Inland und im Ausland und somit ein zentrales Thema in jedem multinationalen Unternehmen. Entgeltgerechtigkeit bedeutet Leistung und Lohn/Gehalt haben zueinander in einem angemessenen Verhältnis zu stehen. Da es bisher in keinem internationalen Unternehmen gelungen ist, ein ausgewogenes Entgeltmanagementsystem zu entwickeln, schon allein wegen der unterschiedlichen, internationalen steuerlichen Gesetzgebungen, sozialer Gesetze weltweit, der unterschiedlichen Lebenssituationen der Mitarbeiter/innen in Entwicklungsländern oder in westlichen Ländern, fällt die Einlösung eines ausgewogenen Entgeltmanagementsystems objektiv betrachtet schwer.

Um den erwähnten Prinzipien der Gehaltsgerechtigkeit zu entsprechen, setzt sich das Entgelt in der Regel aus mehreren Entgeltbestandteilen zusammen (= Entgeltsystem).

Tab. 3.1: Formen der Entgeltgerechtigkeit

Prinzip	Merkmal
1. Anforderungs-gerechtigkeit	• Basis bildet die Arbeitsbewertung → Arbeitsentgelte werden nach dem Schwierigkeitsgrad der Arbeit gestaffelt • Ausgestaltung der anforderungsgerechten Entlohnung ist die Funktionsbewertung • Mit der Funktionsbewertung wird eine Stelle / Funktion mit den ihr zugeordneten Aufgaben beurteilt → daraus ergibt sich ein Funktionswert, der die Grundlage für die funktionelle Lohnbestimmung ist
2. Leistungs-gerechtigkeit	• Voraussetzung: Zielvereinbarung • Qualität vs. Quantität • Spezifische Leistung der Mitarbeiter steht im Focus unabhängig von den Anforderungen an die Stelle
3. Markt-gerechtigkeit	• Es herrschen konjunkturelle und saisonale Schwankungen, aber auch regionale Unterschiede → Arbeitsentgelt sollte sich nach dem gegenwärtigen Marktwert der verwertenden Arbeitsvermögen richten
4. Sozial-gerechtigkeit	• Entgeltdifferenzierung nach: – Lebensalter/Dienstalter – Familienstand – Weihnachtsgeld/Urlaubsgeld – Lohnfortzahlung im Krankheitsfall – Behördengänge, Hochzeit – Lohnzulagen (Feiertagsarbeit, Überstunden)
5. Qualifikations-gerechtigkeit	• Entgelthöhe ist abhängig vom Kenntnis-/Wissenstand der Mitarbeiter, auch wenn der höhere Grad an Qualifikation nicht permanent gefordert ist
6. Kompetenz-gerechtigkeit	• 360° Grad Beurteilung • Mitarbeiter als der Differenzierungsfaktor
7. Grundsatz der Gleich-behandlung	• Art. 3GG analog § 611a BGB • → schreibt eine Gleichbehandlung von Männern und Frauen vor

Quelle: in Anlehnung an Jung (2011), S. 563 ff.

3.2.1 Entgeltbegriff

Definition

Der Begriff Entgelt beinhaltet aufgrund eines vertraglich begründeten Arbeitsverhältnisses, alle materiellen Gegenleistungen, die ein Mitarbeiter für seine geleistete Arbeit gegenüber dem Arbeitgeber erhält (Berthel/Becker (2013), S. 573).

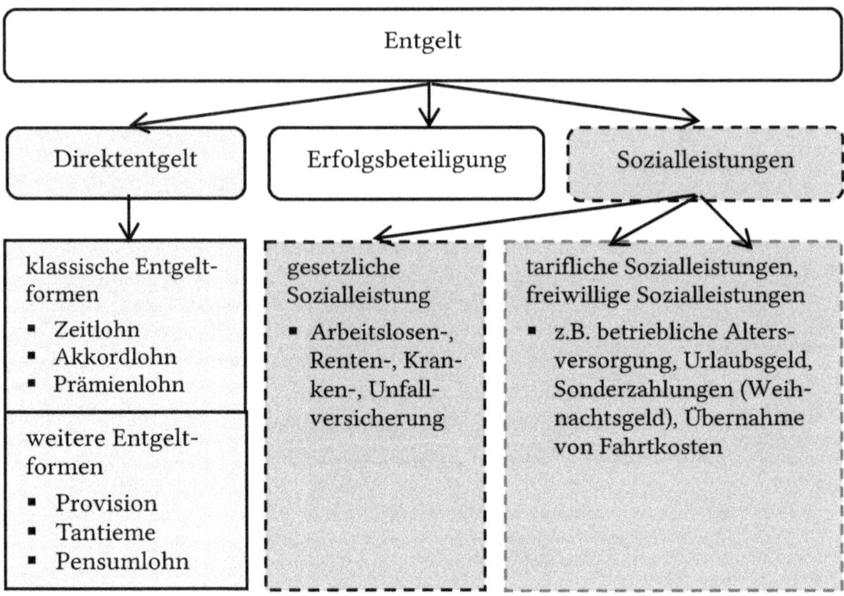

Abb. 3.12: Bestandteile des Entgelts. Quelle: in Anlehnung an Becker/Berthel (2013), S. 574.

Das Entgelt setzt sich aus dem Direktentgelt, der Erfolgsbeteiligung und der gesetzlichen, tariflichen und freiwilligen Sozialleistung zusammen (siehe Abb. 3.12).

3.2.2 Direktentgelt

Tab. 3.2: Lohnformen Direktentgelt

Zeitlohn		Leistungslohn	
reiner Zeitlohn	Zeitlohn mit Leistungszuschlag	Akkordlohn	Prämienlohn
Hier wird die im Betrieb verbrachte Zeit vergütet → unabhängig von der tatsächlich erbrachten Leistung	Dient dem Unternehmen zum Anreiz der Mitarbeiter → zusätzliche Leistungszuschläge zum Grundlohn	Echter Leistungslohn → Höhe des Entgelts ist von der tatsächlichen Arbeitsleistung abhängig	Besteht aus a) leistungsunabhängiger Teil = Grundlohn b) Leistungsabhängiger Teil = Prämie

Quelle: in Anlehnung an Jung (2010), S. 971 ff.

Zu den üblichen Formen des Direktentgeltes gehören der Zeitlohn, der Akkordlohn und Prämienlohn (Jung (2010), S. 971 ff.). Die Entgeltdifferenzierung erfolgt hierbei anforderungs-, aber auch leistungsorientiert.

3.2.3 Erfolgsbeteiligung

Die Erfolgsbeteiligung ist eine freiwillige Sondervergütung des Unternehmens für Mitarbeiter auf erfolgsorientierter Basis, gemessen am Unternehmenserfolg, nach einem vorher festgelegten Bemessungsgrundsatz zusätzlich zur vereinbarten Vergütung.

Tab. 3.3: Formen der Erfolgsbeteiligung:

Leistungs-beteiligung	Ertrags-beteiligung	Gewinn-beteiligung	Werte-entwicklungs-beteiligung
Vorschriftsleistung ist erreicht oder überschritten	direkter Bezug zum Unternehmensertrag	Bilanzgewinn-beteiligung	Anreiz für Führungskräfte → Entscheidungsverhalten am Wert des Unternehmens auszurichten

Quelle: in Anlehnung an Jung (2010), S. 984 ff., Gutmann/Bolder (2012), S. 138 ff.

3.2.4 Sozialleistungen

Zu den Sozialleistungen gehören die gesetzliche, die tarifliche und die freiwillige Sozialleistung (Jung (2010), S. 979).

Tab. 3.4: Formen der Sozialleistung

gesetzliche Sozialleistung	tarifliche Sozialleistung	freiwillige Sozialleistung
• Sozialversicherungsbeiträge • Höhe nicht vom Unternehmen beeinflussbar	• Kündigungsschutz • Rentenbeihilfe • Arbeitszeit- und Arbeitsbedingungen	• Zusatzleitung auf freiwilliger Basis • beruhen auf Einzelverträgen • bspw. Firmenwagen zur Privatnutzung

Quelle: in Anlehnung an Jung (2010), S. 979

3.2.5 Ausrichtung von Entgeltsystemen

Entgeltsysteme werden in „Leistungsorientierte und Erfolgsorientierte Entgeltsysteme“ differenziert (Berthel/Becker (2013), S. 590).

> Bei dem Leistungsorientierten Entgeltsystem steht die Leistung des Mitarbeiters im Fokus, hierbei wird das Entgelt an seine persönlich erbrachte Leistung geknüpft. Gemessen wird die Leistung anhand einer Leistungsbeurteilung. Augenmerk liegt dabei auf dem nach Plan vereinbarten Ziel, um eine Kennzahl zur Messung für die persönliche Leistung zu haben.
>
> Bei dem Erfolgsorientierten Entgeltsystem werden die Mitarbeiter am Erfolg der entsprechenden Einheit, in welcher sie arbeiten, beteiligt.

3.2.6 Anforderungen an Entgeltsysteme

Um andere Ziele wie verbessertes Arbeitgeber-Image, Führungs- und Markterfolg sowie geringe Fluktuation und Absentismus der Mitarbeiter in der Abteilung gewährleisten zu können, sollten folgende Anforderungen an ein Entgeltsystem mit erfüllt sein.

Qualität/Qualifikation

Tab. 3.5: Qualitätsanforderungen

qualifikationsgerechtes Entgelt: Höhere Anforderungen – höherer Lohn
• Abschaffung des Einheitslohns • → Mindestvorgaben durch Tarifverträge, Kollektiv- oder Gesamtarbeitsverträge • Unternehmen sind dazu aufgefordert, sich feinere Abstufungen zurecht zulegen
Anreiz zu höherer Qualifikation/Personalentwicklung
• Je präziser die Abstufung, desto vorteilhafter ist das Angebot zu betriebsamer Personalentwicklung • Nachteil: je mehr Abstufungen es gibt, desto schwieriger ist die Einordnung der Mitarbeiter → Gefahr vor Manipulation
Leistung muss sich lohnen: Variable Entgeltkomponente
• Angemessene Vergütung von Leistung und Einsatzbereitschaft, um Leistungszurückhaltung/Demotivation zu verhindern • Einsatz von für den Mitarbeiter nachvollziehbaren Leistungsbeurteilungen

Quelle: in Anlehnung an Ulmer (2013), S. 23 ff.

Effizienz

Tab. 3.6: Effizienzanforderungen

Berücksichtigung des Unternehmenserfolgs im variablen Entgeltanteil
• Definieren der variablen Entgeltkomponente im Zusammenhang zum Unternehmenserfolg
nachvollziehbare Standortbestimmung bzw. von sinnvollen Vorgesetzten-Mitarbeiter-Gesprächen
• bessere Thematisierung von Führungsgesprächen • vorteilhaftere Konkretisierung der Anforderungsaspekte des Betätigungsfeldes • Ziel: praktikablere Auseinandersetzungen von Vorgesetzten und Mitabeitern
Lenkungseffekte, Verhaltenssteuerung → Prozessorientierung
• Determinieren von Verhaltensattributen wie Kundenorientierung, Teamverhalten und Kommunikationsverhalten • → wichtig dabei ist die Festlegung von Beurteilungskriterien
Anhebung der Produktivität/Effizienz der Abteilung/Niederlassung/Organisation um x %
• Sicherung des Unternehmens durch Wirtschaftlichkeit • Anreize für Mitarbeiter

Quelle: in Anlehnung an Ulmer (2013), S. 23 ff.

Weitere Hilfestellungen

Tab. 3.7: Weitere Hilfestellungen

Unterstützung der Kader → Personalführung, Organisationsentwicklung
• Stärken und Schwächen von Mitarbeitern erkennen
Unterstützung der Administration → Tarif-/Lohnrunden
• Hilfeleistung bei Jahreslohnrunden und persönlichen Gehaltsfragen • mit Hilfe von Simulationsberechnungen, die die Auswirkungen auf den Gewinn der Unternehmung bei einer entsprechenden Lohnsumme aufzeigen • → somit können Entscheidungsprozesse vernünftig gesteuert werden
partizipativ
• Zur Begünstigung der Akzeptanz von Entgeltsystemen sollten die Mitarbeiter als auch der Betriebsrat bei dem Entwurf des Vorhabens und der Durchführung mit einbezogen werden

Quelle: in Anlehnung an Ulmer (2013), S. 23 ff.

3.2.7 Modelle internationaler Entgeltpolitik

In der Literatur werden drei Grundmodelle internationaler Vergütungspolitik unterschieden. Hierzu zählen das stammlandorientierte, das gastlandorientierte und das geozentrische Vergütungsmodell, die im Folgenden näher erläutert werden.

Zum stammlandorientierten Ansatz

Bei dem stammlandorientierten Ansatz wird die Entgeltpolitik durch jene Vergütungsmodalitäten bestimmt, welche von der Unternehmenszentrale vorgegeben werden. Die Gestaltung der Vergütungspakete erfolgt demnach in Abhängigkeit der vorgegebenen stammlandorientierten Kriterien. Hierzu zählen u.a. (Festing (2011), S. 384):

- Höhe des erfolgsabhängigen Entgeltanteils auf den verschiedenen Hierarchiestufen
- Bestimmungen der Entgelterhöhungen in Abhängigkeit von der Dauer der Betriebszugehörigkeit
- Einfluss der individuellen Leistungsbeurteilungen
- Breite einzelner Lohn- und Gehaltsstufen.

In der nachfolgenden Tabelle sind die Vor- und Nachteile des stammlandorientierten Ansatzes gegenübergestellt (Festing (2011), S. 384.):

Tab. 3.8: Vor- und Nachteile des stammlandorientierten Ansatzes

Vorteile	Nachteile
• Transparente Entgeltpolitik aufgrund verbindlicher Richtlinien für wesentliche Bereiche der Gehaltsfindung • Die Anbindung des Gehalts des Expatriates an das Gehaltssystem des Mutterkonzerns bleibt erhalten • Vereinfachte Wiedereingliederung nach Entsendung	• Vernachlässigung von notwendigen und landesspezifischen Aspekten der Entgeltpolitik • Mögliche Demotivation lokaler Mitarbeiter, da entsendete Mitarbeiter eine höhere Vergütung erhalten • Lokale Regelungen werden u.U. nicht genügend berücksichtigt

Quelle: in Anlehnung an Festing (2011), S. 384.

Durch die einheitlichen und verbindlichen Richtlinien bei der Gehaltsfindung wird sichergestellt, dass im gesamten nationalen und/oder multinationalen Unternehmen eine einheitliche und stammlandorientierte Unternehmenskultur vorherrscht (Festing (2011), S. 384):

Zum entsendungslandorientierten Ansatz

Bei der Gestaltung der Entgeltpolitik berücksichtigt der entsendungslandorientierte Ansatz die landesspezifischen Vergütungsmodalitäten des Entsendungslandes und verzichtet demnach auf länderübergreifende Regelungen (Festing (2011), S. 384). Somit sind die Gehälter innerhalb einer Organisationseinheit vergleichbar, jedoch losgelöst vom Stammhaus oder anderen Tochtergesellschaften.

Die nachfolgende Tabelle liefert einen Überblick über die Vor- und Nachteile des entsendungslandorientierten Ansatzes.

Tab. 3.9: Vor- und Nachteile des entsendungslandorientierten Ansatzes

Vorteile	Nachteile
• Verhinderung der Demotivation der lokalen Mitarbeiter innerhalb einer Organisationseinheit aufgrund hoher Gehaltsunterschiede • geringer Verwaltungsaufwand	• kein transparentes Entgeltsystem für Mitarbeiter in Tochtergesellschaften • geringe Mobilitätsförderung international tätiger Mitarbeiter • hohe Gehaltsunterschiede zu anderen internationalen Standorten

Quelle: in Anlehnung an Festing (2011), S. 384.

Zur geozentrischen Entgeltpolitik

Der geozentrische Ansatz verzichtet bei der Gestaltung des Entgeltsystems auf die Standards des Stammlandes und berücksichtigt auch nicht die landesspezifischen Besonderheiten. Stattdessen wird eine internationale Entgeltpolitik entwickelt, die Kriterien aus beiden Umfeldern in die Gestaltung mit einfließen lässt. Das neu entwickelte Konzept ist weltweit verbindlich und soll das Erreichen der strategischen Unternehmensziele unterstützen (Festing (2011), S. 385).

Die wesentlichen Vorteile sind in der nachfolgenden Tabelle aufgeführt:

Tab. 3.10: Vor- und Nachteile der geozentrischen Entgeltpolitik

Vorteile	Nachteile
• meist „Fit“ zwischen Unternehmensstrategie und entgeltpolitischer Ausrichtung • weitgehend weltweiter vergleichbarer Gehälter • Förderung von Auslandsentsendungen • erhöhte internationale Mobilität der Mitarbeiter	• Entwicklung und Gestaltung des Entgeltsystems ist sehr kostenintensiv und zeitaufwendig

Quelle: in Anlehnung an Festing (2011), S. 385.

In der internationalen Entgeltpolitik sind die dargestellten Ansätze in reiner Form selten vorhanden. Aus Kostengründen und/oder lokalen Restriktionen haben sich Mischformen der Modelle internationaler Entgeltpolitik herausgebildet.

Übung 3.3

Erklären Sie das stammlandorientierte, das gastlandorientierte und das geozentrische Vergütungsmodell und grenzen Sie diese gegeneinander ab.

3.2.8 Vergütung international tätiger Mitarbeiter

Im nachfolgenden Abschnitt werden die Bestimmungsfaktoren, Bestandteile und Berechnungsmöglichkeiten des Gehalts von Expatriates erläutert, die bei der Gestaltung internationaler Vergütungspakete zum Tragen kommen können. Die nachfolgenden Kriterien beziehen sich nur auf „klassische Auslandsentsendungen", also jene, die einen Zeitraum von einem bis fünf Jahre aufweisen.

Bestimmungsfaktoren der Gehaltsfindung

Auf nationaler und internationaler Ebene sind die Bestimmungsfaktoren für die Gestaltung des Inlandsgehaltes gleich. Die Höhe wird durch den Wert der Stelle, den Marktwert und die individuelle Mitarbeiterleistung bestimmt. Die nachfolgende Tabelle liefert eine Übersicht über die einzelnen Kriterien und ihre dazugehörige Bestimmungsfaktoren für die Gehaltsfindung auf nationaler Ebene.

Tab. 3.11: Bestimmungsfaktoren auf nationaler Ebene

Kriterium	Bestimmungsfaktor
Marktwert	Gehaltsvergleich
Stellenwert	Stellenbewertung
individuelle Mitarbeiterleistung	Leistungsbeurteilung

Quelle: in Anlehnung an Festing (2011), S. 387.

Bei der Gestaltung von Vergütungspaketen für Expatriates ist es darüber hinaus wichtig, dass dem Mitarbeiter keine finanziellen Nachteile durch die Entsendung entstehen. Aus diesem Grund müssen auch die nachfolgend genannten Kriterien bei der Bestimmung der Vergütungshöhe berücksichtigt werden:

Tab. 3.12: Zusätzliche Bestimmungsfaktoren auf internationaler Ebene

Kriterium	Bestimmungsfaktor
Lebenshaltungskostenniveau	Kaufkraftausgleich
Vergleichsgehalt	Nettovergleichsrechnung (Balance Sheet Approach)
Lebensqualität	Festlegung Auslandszulage

Quelle: in Anlehnung an Festing (2011), S. 387.

Um den Zusammenhang der Bestimmungsfaktoren zu verdeutlichen, liefert die nachfolgende Abbildung eine Übersicht der Gehaltsfindung für entsandte Mitarbeiter.

Nettovergleichsrechnung

Das Gehalt der entsandten Mitarbeiter wird in vielen multinationalen Unternehmen mit Hilfe der Nettovergleichsrechnung ermittelt. In erster Linie soll verhindert werden, dass die Expatriates finanzielle Verluste erleiden. Aus diesem Grund wird versucht ein Gleichgewicht zwischen dem bisherigen Gehalt und den Bezügen, die der Mitarbeiter während seiner Entsendung erhält, herzustellen. Die Nettovergleichsrechnung wird auch Balance Sheet Approach genannt. Die nachfolgende Abbildung liefert eine Übersicht über die einzelnen Bestandteile der Nettovergleichsrechnung (Mayrhofer (1996) in Festing (2011), S. 388):

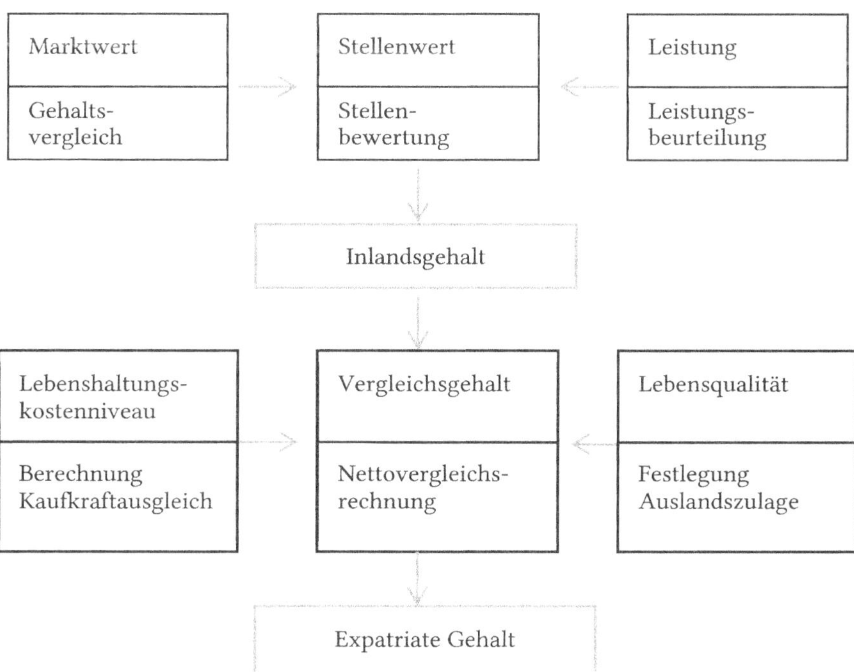

Abb. 3.13: Bestimmungsfaktoren der Gehaltsfindung. Quelle: in Anlehnung an Wirth (1996) in Festing (2011), S. 388.

Bei der Nettovergleichsrechnung wird zunächst das bisherige Bruttogehalt des Expatriates in seine einzelnen Bestandteile zerlegt (Holtbrügge (2010), S. 337 ff):

- Der Betrag der Einkommenssteuer und der Sozialversicherung setzt sich aus den Steuerzahlungen und dem Arbeitnehmeranteil der Sozialversicherungsabgaben zusammen.
- Unter dem Oberbegriff Wohnen werden die wichtigsten Kosten zusammengefasst, die mit dem Hauptwohnsitz des Mitarbeiters verbunden sind.
- Die Höhe des Güter- und Dienstleistungsbetrages setzt sich aus den Ausgaben für Nahrungsmittel, Haushaltseinrichtungen, Kleidung, medizinische Versorgung usw. zusammen.
- Unter dem Begriff der Sparrate werden Beiträge zur Bildung von Ersparnissen, Beiträge zur privaten Altersversorgung, Investitionen und Ausgaben für die Erziehung der Kinder und ähnliche Ausgaben zusammengefasst.

Kaufkraftausgleich

§ 7 Abs. 1 Bundesbesoldungsgesetz (BBesG) besagt, dass wenn die Kaufkraft im Gastland nicht der Kaufkraft im Heimatland entspricht, ist der Unterschied durch Zu- oder Abschläge auszugleichen. Bei Mietzuschüssen und Auslandskindergeldzuschlägen wird kein Kaufkraftausgleich vorgenommen (§ 7 Abs. 1 BBesG). Der Kaufkraftvergleich bildet somit die Basis für die Nettovergleichsrechnung. Er soll gewährleisten, dass Mitarbeiter in vergleichbaren Positionen gleichgestellt sind und ihren gewohnten Lebensstandard halten können.

Mit Hilfe der vom statistischen Bundesamt zu veröffentlichenden Teuerungsziffer wird der Prozentsatz, um den die Lebenshaltungskosten im Gastland höher oder niedriger sind, ermittelt (§ 7 Abs. 2 BBesG). Grundlage hierfür ist ein Warenkorb, der sich aus dem Verbrauchsverhalten eines repräsentativen Haushalts aus Deutschland abgeleitet. Zusätzlich zum Warenkorb werden noch besondere Versorgungsmöglichkeiten (Luftgepäck, Speditionen), Pauschalen für langlebige Gebrauchsgüter (Kleidung, Möbel) und Pauschalen für bestimmte Dienstleistungen (Ärzte, Urlaubsreisen) mit einbezogen. Der Kaufkraftzuschlag bezieht sich auf 60 Prozent der Inlandsdienstbezüge und die vollen Auslandsdienstbezüge (§ 7 Abs. 3 BBesG).

Formel zur Berechnung für den Kaufkraftausgleich

(Grundbetrag + Auslandszuschlag) x Prozentsatz Kaufkraftausgleich x 60%

Die folgende Tabelle gibt einen kurzen Vergleich der Lebenshaltungskosten und der Kaufkraftausgleichszulagen.

Tab. 3.13: Vergleich der Lebenshaltungskosten und Kaufkraftausgleichszulagen

Stadt	Staat	Lebenshaltungskosten	Teuerungsziffer des statistischen Bundesamtes	Kaufkraftzuschlag in %
Tokyo	Japan	108,2	23	30
Rio de Janeiro	Brasilien	69,54	10	10
New York	USA	88,81	4	5
Berlin	Deutschland	100,00	0	0
Paris	Frankreich	115,00	7	10
Hongkong	China	87,63	4	5
Genf	Schweiz	165,11	23	25
Pjöngjang	Korea	100,48	12	15
Nairobi	Kenia	61,51	5	5
Dublin	Irland	122,34	3	5

Quelle: in Anlehnung an Bundesbesoldungsgesetz (2014), Statistisches Bundesamt (2014), Länderdaten (2014).

Probleme bestehen dann, sobald Mitarbeiter aus einem Hochlohnland in ein Niedriglohnland entsandt werden. Analog den Berechnungsaufstellungen des Kaufkraftausgleiches hätten hier die Mitarbeiter mit Einbußen ihres Gehaltes zu rechnen. Da dies auf wenig Akzeptanz trifft, wird hier oft von der üblichen Entgeltpolitik abgewichen (Festing (2011) S. 395).

Auslandszulagen

Die Auslandszulagen sollen die Entsendungsbereitschaft des Mitarbeiters durch finanzielle Anreize fördern und gleichzeitig einen Ausgleich für veränderte Lebens- und Arbeitsbedingungen gewährleisten (Holtbrügge (2010), S. 335). In der Literatur und in der Praxis wird zwischen der Mobilitätszulage und der Erschwerniszulage unterschieden.

Die Mobilitätszulage kann als einmalige Zahlung zu Beginn des Auslandseinsatzes oder als monatlicher Betrag gewährt werden. Die Höhe diese Zulage beträgt bei der monatlichen Zahlung je nach Unternehmen zwischen 5 bis 10% des Nettogehalts.

Die Erschwerniszulage wird zusätzlich zur Mobilitätszulage gewährt und beträgt zwischen 5 und 40% des Nettogehalts (Söllner (2008), S. 395). Die Höhe der Zulage wird durch landesspezifische Faktoren beeinflusst und von jedem Unternehmen selbständig festgelegt (Festing (2011), S. 396) Berücksichtigt werden u.a. Belastung durch Umweltbedingungen, Einschränkungen der Lebensqualität, kulturell bedingte Isolation und Sicherheitsrisiken. Die nachfolgende Tabelle liefert einen Überblick hinsichtlich der Entsendungsländer und die Höhe der Auslandszuschläge (Schmeisser (2010), S. 24).

Tab. 3.14: Länderklassifikationen zur Bestimmung von Auslandszulagen

Kennzeichen der Ländergruppe	Beispiele	Auslandszulage (in % des Grundgehalts)
A: keine Erschwernis	EU-Länder, USA	0
B: geringste Erschwernis	Australien, Südafrika, Singapur	5
C: sehr geringe Erschwernis	Chile, Türkei, Tunesien	10
D: geringe Erschwernis	Argentinien, Malaysia, Marokko	15
E: mittlere Erschwernis	Ägypten, Brasilien, Thailand	20
F: mittelgroße Erschwernis	GUS, Indien (Städte), Japan, Republik Kongo	25
G: große Erschwernis	China (Stadt), Kasachstan, Libyen	30
H: sehr große Erschwernis	Iran, Kolumbien, Nigeria, Usbekistan	35
I: höchste Erschwernis	China (Provinz), Bangladesch, Indien (Provinz), Mozambique	40

Quelle: Holtbrügge/Welge (2010), S. 335.

Zusatzleistungen

Mit den Zusatzleistungen werden Mehraufwendungen des entsandten Mitarbeiters erstattet, die durch die Auslandstätigkeit entstehen (Festing (2011), S. 397). Relevante Zusatzleistungen im Rahmen eines Auslandsaufenthaltes sind Umzugskostenzuschüsse, Mietkostenzuschüsse, Zuschläge für die Kindererziehung sowie zusätzliche Leistungen, die im Nachfolgenden näher beschrieben werden (Festing (2011), S. 397 ff., Holtbrügge (2010), S. 336):

- Der Umzugskostenzuschuss beinhaltet die Reisekosten für den Expatriate und seine Familie sowie Umzugskosten für das Mobiliar oder eine Einrichtungspauschale, wenn der entsandte Mitarbeiter seinen Haushalt im Heimatland zurücklässt.

- Der Mietkostenzuschuss wird dem entsandten Mitarbeiter gezahlt, damit dieser in der Lage ist, den Lebensstandard seines Heimatlandes beizubehalten. Dieser Zuschuss wird gewährt, um dem Mitarbeiter Mehrkosten zu erstatten, die ihn im Ausland bezüglich seiner Unterkunft belasten. Zur Berechnung des Mietkostenzuschusses wird in der Praxis oft ein bestimmter Prozentsatz des Nettogehaltes zu Grunde gelegt. Der Mietkostenzuschuss kann im Einzelfall auch umgangen werden. Besitzt das Unternehmen im Entsendungsland Wohnungen, so können diese dem Mitarbeiter zur Verfügung gestellt werden.
- Einen weiteren zentralen Bestandteil der internationalen Entgeltpolitik bilden die Zuschläge für die Ausbildung der Kinder. Diese Zuschläge werden u.a. für Schulgeld, Sprachunterricht, Büchergeld und Unterrichtsmaterialien, Einschreibungskosten an der Universität und ähnliches bezahlt. Die Betreuungskosten im Kindergarten werden im Regelfall nur bis zu dem Betrag übernommen, der die anfallenden Kosten im Heimatland übersteigt.
- Darüber hinaus können von dem Arbeitgeber weitere zusätzliche Leistungen übernommen werden, die im Wesentlichen die Kosten für Heimflüge, für einen Dienstwagen, für Hausangestellte, für Sprachkurse, für ärztliche Untersuchungen, für Steuerberatungen etc. abdecken.

Der Umfang der zusätzlichen Leistungen wird vom Unternehmen selbst festgelegt und erfolgt in Abhängigkeit vom Gastland.

Besteuerung

Grundsätzlich gilt es zu klären, ob das Einkommen im Heimatland oder im Gastland versteuert werden muss. Dies wird in Abhängigkeit der Ansässigkeit des Expatriates und der Dauer der Entsendung entschieden. In Bezug auf die Besteuerung des Einkommens kommen zwei Prinzipien in Betracht:

- Beim Wohnsitzprinzip richtet sich die Besteuerung des Einkommens nach dem Land, in dem der Expatriate ansässig ist.
- Das Quellenprinzip besagt, dass die Besteuerung sich nach dem Einsatzland richtet.

Werden im Unternehmen beide Prinzipien verfolgt, so können u.U. Einkommenssteuern im Heimatland sowie im Gastland anfallen. Um die Doppelbesteuerung zu vermeiden, hat die BRD mit über 80 Ländern ein Doppelbesteuerungsabkommen geschlossen. Dieses Abkommen besagt, dass die Einkommenssteuer in dem Land abgeführt wird, in dem der Mitarbeiter tätig ist. In diesem Fall verzichtet das Heimatland auf die Besteuerung (Festing (2011), S. 400).

Liegt kein Doppelbesteuerungsabkommen mit dem Entsendungsland vor, kann dies zur Doppelbesteuerung führen. Um diesen finanziellen Nachteil auszugleichen, verfolgen multinationale Unternehmen die nachfolgend genannten Prinzipien:

- Beim Steuerausgleich zahlt der entsandte Mitarbeiter die gleichen Steuern, die fällig wären, wenn er nicht entsandt worden wäre. Hierfür zieht das Unternehmen von dem Gehalt des Expatriates einen Betrag ab, welcher der Einkommenssteuerlast im Heimatland entsprechen würde. Gleichfalls übernimmt er alle zusätzlichen Steuern im Gastland. Bei diesem Prinzip sind die Transparenz sowie die Vergleichbarkeit für alle Expatriates besonders positiv hervorzuheben (Festing (2011), S. 401).
- Bei dem Prinzip des Steuerschutzes wird der Mitarbeiter vor der zusätzlichen Steuerbelastung geschützt, indem der entsandte Mitarbeiter den gleichen Betrag an Einkommenssteuer zahlt, den er im Heimatland zahlen würde. Bei einer steuerlichen Mehrbelastung übernimmt somit das Unternehmen die Differenz. Liegt hingegen eine steuerliche Minderbelastung vor, so verbleiben jene Steuervorteile beim entsandten Mitarbeiter. Für Expatriates ist dieses Prinzip dann vorteilhaft, wenn sie in Länder mit niedrigen Steuersätzen entsandt werden. In diesem Fall können die Unternehmen jedoch keine Ersparnisvorteile nutzen (Festing (2011), S. 401).

Übung 3.4

Erklären Sie das Wohnsitzprinzip und das Quellenprinzip.

Sozialversicherungsleistungen

Bei der Bestimmung der Entgelthöhe ist die Prüfung der Versicherungspflicht in der deutschen Sozialversicherung (gesetzliche Kranken-, Unfall-, Renten- und Arbeitslosenversicherung) eine wichtige Aufgabe multinationaler Unternehmen. Vorab ist zu erwähnen, dass Expatriates grundsätzlich im deutschen Sozialversicherungssystem versichert bleiben möchten, denn die Entsendung würde gleichzeitig eine beitragslose Zeit darstellen und dadurch entstehen dem Entsendeten wesentliche Nachteile, insbesondere bei der Altersversorgung.

Die Sozialversicherungspflicht wird in Abhängigkeit vom Vorhandensein eines Sozialversicherungsabkommens zur Vermeidung von Doppelversicherungen oder der Entsendung innerhalb der EU ermittelt. In diesem Zusammenhang unterscheidet die Literatur vier verschiedene Fälle:

- Zur Bestimmung der Sozialversicherungspflicht gilt in Deutschland das Territorialprinzip. Das bedeutet, der Wohnort ist für die Gewährung der Sozialleistungen maßgebend. Existiert zwischen dem Stammland und dem Gastland kein Sozialversicherungsabkommen, können Mitarbeiter während ihrer Entsendung nur im Heimatland versichert bleiben, wenn sie im Rahmen eines weiterbestehenden inländischen Beschäftigungsverhältnisses ins Ausland entsendet werden und die Entsendung zeitlich befristet ist (§ 4 SGB IV). Dieses Prinzip wird auch Ausstrahlung genannt.
- Besteht zwischen dem Heimatland und dem Gastland ein Sozialversicherungsabkommen, so unterliegen Expatriates nicht der ausländischen, son-

dern der deutschen Sozialversicherungspflicht. Die nachfolgende Tabelle liefert eine Übersicht der Staaten, mit denen Deutschland ein bilaterales Sozialversicherungsabkommen abgeschlossen hat. Allerdings ist zu beachten, dass die bilateralen Abkommen nicht alle Bereiche der Sozialversicherungsleistungen abdecken (Festing (2011), S. 404).

Tab. 3.15: Sozialversicherungsabkommen 2013

Drittstaaten			
Australien	Bosnien und Herzegowina	Brasilien	Chile
China	Indien	Israel	Japan
Kanada	Korea	Marokko	Mazedonien
Montenegro	Quebec	Serbien	Türkei
Tunesien	USA		

Quelle: in Anlehnung an Bouabba (2014), S. 80.

Wird der Mitarbeiter innerhalb der Europäischen Union beziehungsweise innerhalb des Europäischen Wirtschaftsraumes entsandt, so bleibt die Sozialversicherungspflicht des entsandten Mitarbeiters im Heimatland während des Auslandsaufenthalts weiterbestehen (gemäß der EU-Verordnung EWG-VO 883/2004).

Bei einer Entsendung in ein vertragsloses Ausland kommt es im Regelfall zu einer doppelten Beitragszahlung. In diesem Fall müssen individuelle Vereinbarungen mit den Sozialversicherungsträgern getroffen werden, um einerseits die doppelte Betragszahlung zu vermeiden, aber die inländische Sozialversicherungspflicht weiter aufrechtzuerhalten (Laudahn (2008), S. 84).

3.3 Entgeltvergleich eines Expatriates bei Versendung auf internationaler Ebene in Japan und Südafrika

Tab. 3.16: Vergleich der Einkommen in Form einer Nettovergleichsrechnung bei Entsendung nach Japan und Südafrika

Gehaltsbestandteile	Japan 146,14 JPY	Südafrika 14,19 ZAR
Bruttogehalt im Heimatland -Einkommensteuern -Sozialabgaben -Wohnkosten (15%)	125.000 Euro -35.000 Euro -15.000 Euro -18.750 Euro	125.000 Euro -35.000 Euro -15.000 Euro -18.750 Euro
Nettoeinkommen Stammland:		56.250 Euro

- Sparrate (35 %)	19690 Euro	19690 Euro
Konsumeinkommen	Euro 5.342.878 JPY	Euro 518786 ZAR
+/- Kaufkraftausgleich + Auslandszulage + Sparrate (35%) + Wohnkosten	1.602.863 JPY 1.335.720 JPY 1.870.007 JPY 4.384.200 JPY	25.939 ZAR 25.939 ZAR 279365 ZAR 170280 ZAR
Nettoeinkommen im Gastland	14.535.698 JPY 99.464 Euro	1.020.309 ZAR 71.903 Euro
+Sozialabgaben (Gastland und Stammland) + Steuern (Gastland)	2.192.100 JPY 11.151.865 JPY	212.850 ZAR 607.377 ZAR
Soll-Bruttogehalt im Gastland	27.879.663 JPY (=190.774 Euro)	1.840.535 ZAR (= 129.706 Euro)

Quelle: Berechnung in Anlehnung an Holtbrügge/Welge (2010), S. 338.

Bestimmung der Entgelthöhe bei einer Entsendung nach Japan

Die Gehaltsbestimmung wurde mit Hilfe der Nettovergleichsrechnung durchgeführt, mit dem Ziel, dass der entsandte Mitarbeiter durch die Entsendung keine finanziellen Verluste erleidet.

Ausgangspunkt für die Berechnung ist das Vergleichsbruttogehalt (Jahresgehalt) eines inländischen Mitarbeiters. Von diesem Bruttogehalt wird zunächst die jährliche Steuerbelastung abgezogen, wobei die Höhe der Steuern mit Hilfe der Lohnsteuertabelle und unter Berücksichtigung des Werbungskostenpauschalbetrages ermittelt wird. Weiterhin werden die Eigenanteile an den Sozialabgaben sowie an den Wohnkosten abgezogen. Für den Wohnkostenanteil wird eine Pauschale von 15% des Bruttogehaltes angesetzt. Von dem errechneten Nettoeinkommen im Heimatland wird nun die Sparrate in Höhe von 35% abgezogen. Der ermittelte Wert ist das Konsumeinkommen (spendable income), also das verfügbare Einkommen, das dem Mitarbeiter für seinen täglichen Lebensunterhalt im Heimatland zur Verfügung steht. Für die Berechnung des Nettoeinkommens im Gastland werden zum Konsumeinkommen der Kaufkraftausgleich, die Auslandszulage, die Sparrate sowie der Eigenanteil an den Wohnkosten hinzuaddiert. Für die Berechnung des Kaufkraftausgleiches bildet das Konsumeinkommen die Grundlage, fiktiv mit 25% angesetzt. Die Höhe des Auslandszuschlages legen multinationale Unternehmen eigenständig fest und orientieren sich hierbei an der Erschwernisklassifikation des Entsendungslands (siehe Tabelle 14) sowie an erschwerten Bedingungen für den entsendeten Mitarbeiter aufgrund starker Kulturunterschiede, klimatischen Extrembedingungen, starken Umweltbelastungen und weitere Belastungen. Die Mietkosten in Japan sind sehr hoch, aus diesem Grund wurde für die Höhe der Wohnkosten ein monatlicher Betrag von 2500 Euro angesetzt. Zum Nettoeinkommen im Gastland werden die Sozialabgaben und die Steuerbelastung hinzuaddiert. Der Wert der Sozialabgaben im Heimatland und im Gastland ist deckungsgleich, weil der Mitarbeiter aufgrund des geschlossenen Sozialversicherungsabkommens zwischen der BRD und Japan von der lokalen Sozialversicherungspflicht befreit ist. Für die Berechnung der Steuern wurde ein Steuersatz in Höhe von 40% angesetzt, da das jährliche Einkommen über 18.000.000 JPY liegt (http://www.finanzen.net/devisen/euro-suedafrikanischer_rand-kurs)

Das Ergebnis dieser Berechnung ist das Bruttojahreseinkommen, das der Mitarbeiter im Ausland erhält.

Um den Mitarbeiter vor starken Wechselkursschwankungen zu schützen, stehen multinationalen Unternehmen zwei Möglichkeiten zur Verfügung, wobei das Wahlrecht beim Expatriate liegt:

- Der Mitarbeiter kann wählen, in welcher Währung das Gehalt ausgezahlt werden soll.
- Das Gehalt kann in verschiedene Währungen gesplittet werden. Sollten im Heimatland laufende Zahlung anfallen, so ist die Split-Pay-Methode eine gute Wahl.

Für die Ermittlung der Gehaltshöhe nach Rückkehr des Mitarbeiters sowie für die Berechnung der Pensionsrückstellungen ist es wichtig, das bisherige Inlandsgehalt mit seinen fiktiven Bezügen als Schattengehalt weiterzuschreiben. Darüber hinaus muss das Schattengehalt an regelmäßige Gehaltserhöhungen und Einnahme höherwertiger Positionen angepasst werden (Festing (2011), S. 392)

Bestimmung der Entgelthöhe bei einer Entsendung nach Südafrika

Bei einer Entsendung nach Südafrika beträgt die Gehaltssteigerung nur ungefähr 4000 Euro, daher müssen Unternehmen in solchen Fällen weitere materielle und immaterielle Anreize schaffen, um die Auslandsentsendung für den Expatriate attraktiver zu gestalten:

- Unternehmen haben die Möglichkeit dem Expatriate unentgeltlich oder zu vergünstigten Konditionen Sach- und Dienstleistungen freiwillig zur Verfügung zu stellen. Dies können u.a. Produkte des Unternehmens, ein Dienstwagen, der auch privat genutzt werden darf, sowie vergünstigte Essen-, Freizeit-, Sport- und Gesundheitsangebote sein. Diese Art der Zuwendung wird *Fringe Benefit* genannt (Laws (2008), S. 56).
- Des Weiteren können dem Expatriate Aufwendungen und Belastungen, die aufgrund der Entsendung entstehen, durch zusätzliche Leistungen ausgeglichen werden. In Betracht kommen Spesen für den Umzug bzw. für die Einlagerung des Mobiliars, regelmäßige Heimreisen oder die Bereitstellung von Dienstpersonal.

- Einen weiteren finanziellen Anreiz stellen die Ausbildungszulagen für die Kinder des Expatriates dar. Sie ermöglichen den Kindern eine Ausbildung, die dem Heimatland entspricht. Die Ausbildungszulagen werden für Schulgebühren, Büchergeld, Internatskosten oder Reisekosten gewährt.

Des Weiteren besteht die Möglichkeit, dass das Bruttogehalt des Expatriates im Heimatland höher ist als das Bruttogehalt im Ausland. In diesem Fall haben multinationale Unternehmen die Möglichkeit, diesen Differenzbetrag durch die Expatriation Allowance auszugleichen. Der Differenzbetrag wird dem Mitarbeiter in den meisten Fällen ausgezahlt (DGFP (1995), S. 82 ff.).

Für zukünftige Expatriates bietet die Transparenz solcher Klassifikationen dennoch wenig Anreiz. Vordergründig muss in Betracht gezogen werden, dass die zusätzlichen materiellen als auch immateriellen Aufwendungen durch den Auslandseinsatz ausgeglichen werden müssen. Darüber hinaus sollten für besonders kritische soziale Situationen, d.h. für außerordentliche klimatische Belastungen Ausgleiche gezahlt werden. Die Zusammensetzung solcher Ausgleichszahlungen müssen dem Angestellten gegenüber möglichst plausibel in den einzelnen Phasen dargestellt werden. Klare, einleuchtende und durchschaubare Entsendungsrichtlinien tragen zur Akzeptanz des Systems bei.

Bestandteile von Entsendungsrichtlinien könnten dabei sein:

In der Auswahlphase:

- Neben den nötigen verhaltensbedingten Qualifikationen, den interkulturellen Kompetenzen und den tätigkeitsbezogenen Kriterien sind auch die persönlichen Faktoren als wichtige Auswahlkriterien für die Entsendung in Länder mit beispielsweise nachteiligen Lebensbedingungen und kulturellen Unterschieden (Holtbrügge/Welge (2010), S. 325) mit einzubeziehen. Grundlage für die Auswahl eines Expatriates sind die entsprechenden Anforderungen, die mit Übernahme einer Führungsposition im Gastland verbunden sind. Mit beispielsweise der festgelegten Durchführung von Eignungstests und Trainings sollte es Unternehmen leichter fallen, entsprechend geeignete Mitarbeiter zu identifizieren, aber auch den Mitarbeitern die Möglichkeit geben sich ein wenig auf ihre zukünftige Position vorzubereiten zu können.

In der Vorbereitungsphase:

- Es ist nicht ungewöhnlich, dass auch familiäre Bindungen einen immensen Einfluss auf die Entsendung haben. Wichtig ist es hierbei, dieses Umfeld mit einzubeziehen. Im Falle der Umsiedelung der ganzen Familie wäre zum Beispiel Unterstützung bei der Arbeitsplatzsuche/Schuleinrichtungssuche für den Partner/die Kinder in jedem Fall hilfreich. Auch sollten angebotene Sprachschulungen und länderspezifische Vorbereitungsmaßnahmen nicht nur Anwendung bei dem Expatriate haben, sondern auch dessen Angehörige sollten daran teilnehmen dürfen.

Solange die Einstellung des (Ehe-)Partners zum Auslandaufenthalt positiv ist, ist die Gefahr eines eventuellen Abbruchs seitens des Expatriates und somit des Verlustes von Kosten und Knowhow relativ gering.

In der Einsatzphase:

Expatriates müssen aufgrund der neuen Umstände oftmals mit höheren physischen und psychischen Belastungen kämpfen, Dies ist auf klimatische Veränderungen, Kommunikationsbarrieren und neue Anforderungen zurückzuführen. Eine Unterstützung in Form von einer „Patenfunktion" vor Ort, um unzureichenden Betreuungen bei Auslandseinsätzen entgegenzuwirken wäre hierbei zusätzlich vorstellbar. Der entsandte Mitarbeiter bekommt hier beispielsweise für ihre/seine Einstiegszeit über einen festgelegten Zeitraum garantierte Unterstützung von einem Muttersprachler für berufliche, aber auch private Anliegen zugesichert.

Auch könnte seine wöchentliche Arbeitszeit in den ersten Wochen reduziert werden, um ihm genug Raum zu schaffen, sich mit den kulturellen Eindrücken auseinanderzusetzen und die Anpassung vor Ort so einfach wie nur möglich zu gestalten.

In der Reintegrationsphase:

Eine rechtzeitige Reintegrationsplanung sollte systematisch in das Programm der Entsendung mit aufgenommen werden. Infolge der Entsendung müssen sich Expatriates nach der Entsendung mit der Kulturschockphase im „eigenen Land" auseinandersetzen. Nach ihrer Rückkehr müssen sie dagegen ankämpfen, nicht in die „Kontra-Kultur-Schockphase" zu rutschen (Holtbrügge/Welge (2010), S. 342). Es liegt hierbei im Ermessen des Unternehmens entsprechende Maßnahmen für eine erfolgreiche Repatriierung vorzunehmen. Geeignete Maßnahmen hierbei wären hierbei rechtzeitig geführte Personalgespräche, um den Expatriate auf die Rückkehr vorzubereiten. Langfristig gesehen sollte hierbei aus unserer Sicht schon vor der Entsendung mit begonnen werden. Der entsandte Mitarbeiter muss sich darauf einstellen können, dass er bei seiner Rückkehr vorübergehend auf Alternativstellen gesetzt wird, die eventuell nicht der Position entsprechen, welche er vorher im Ausland belegt hat. Auch zusätzliche vertraglich vereinbarte Regelungen über den Fortbestand der Beschäftigung wären hierbei einerseits aus Arbeitgebersicht, aber auch für den Arbeitnehmersicht hilfreich. Der Arbeitnehmer hätte eine Garantie auf Weiterbeschäftigung und der Arbeitgeber könnte ein vorzeitiges Ausscheiden vermeiden.

Mit der Formalisierung der individuell festgelegten Entsendungsrichtlinien erreicht das Unternehmen nicht nur das Ziel der Transparenz, sondern auch das eines gerechten und kontrollierbaren internationalen Entgeltmanagementsystems. Es ist jederzeit flexibel an örtliche, räumliche sowie politische Bedingungen/Veränderungen anpassbar. Gewährleistet wird dies durch den Einsatz der Nettovergleichsrechnung zwischen Inland und Ausland.

Für ein effizientes, transparentes, gerechtes und kontrollierbares „Internationales Entgeltmanagementsystem ist es essentiell, dass die internationale Entgeltpolitik im Einklang mit der Unternehmenspolitik und der gesamten Personalpolitik steht.

Zusammenfassung

In diesem Abschnitt haben wir die Begrifflichkeiten zur internationalen Entgeltfindung geklärt und erläutert. Es wurde auf die Besonderheiten der Entlohnung im internationalen Kontext eingegangen. Die üblichen Modelle der internationalen Entgeltfindung wurden vorgestellt.

Der Vergleich der Einkommen in Form einer Nettovergleichsrechnung bei der Entsendung nach Japan und Südafrika hat ergeben, dass bei einer Entsendung nach Japan eine erhebliche Gehaltssteigerung für den Expatriate möglich wäre. Bei einer Entsendung nach Südafrika würde jedoch lediglich eine geringe Gehaltssteigerung anfallen, daher sollten Unternehmen in solchen Fällen weitere materielle und immaterielle Anreize schaffen, um Auslandsentsendung für den Expatriate attraktiver zu gestalten.

Grundsätzlich ist zu erwähnen, dass für ein effizientes, transparentes, gerechtes und kontrollierbares „Internationales Entgeltmanagementsystem es essenziell ist, dass die internationale Entgeltpolitik im Einklang mit der Unternehmenspolitik und der gesamten Personalpolitik steht. Die Kernaussage bleibt weiterhin gültig.

3.4 Internationales Steuerrecht

Im Bereich des Steuerrechts werden bei einer Entsendung ins Ausland sowohl das entsendende Unternehmen als auch der Mitarbeiter mit dem nationalen Steuerrecht und dem Steuerrecht im Entsendungsland konfrontiert. Dabei tritt neben den arbeits- und sozialversicherungsrechtlichen Problemstellungen die Frage auf, ob der Arbeitnehmer, der für seinen Arbeitgeber im Ausland tätig wird, weiterhin im Inland einkommenssteuerpflichtig oder aber im jeweiligen Einsatzland steuerpflichtig ist. Der Fokus dieses Abschnitts liegt bei der Einkommenssteuerpflicht im Inland. Darauffolgend wird die Thematik der Doppelbesteuerungsabkommen thematisiert, mit der die Bundesrepublik ein Abkommen abgeschlossen hat. Das deutsche Steuerrecht unterscheidet grundsätzlich zwischen der unbeschränkten und der beschränkten Steuerpflicht, die im nachfolgenden erläutert werden. Da das Steuersystem eine enorme Bandbreite an Vielschichtigkeit erfährt und eine detaillierte Betrachtungsweise der Rechtsvorschriften den Rahmen dieses Abschnitts sprengen würde, findet eine Berücksichtigung dessen nicht statt. Daher werden im nachfolgenden

Abschnitt die grundsätzlich allgemeinen Besteuerungsverfahren wiedergegeben, bevor die Problematik der Doppelbesteuerungssystematik reflektiert wird.

3.4.1 Unbeschränkte Einkommenssteuerpflicht

Gemäß § 1 Abs. 1 EStG unterliegen der unbeschränkten Einkommenssteuerpflicht alle natürlichen Personen, die ihren Wohnsitz im Sinne des § 8 AO oder ihren gewöhnlichen Aufenthalt entsprechend § 9 AO in Deutschland haben. Entscheidend ist demzufolge der Ort, an dem der Arbeitnehmer seinen Wohnsitz hat.

Voraussetzungen der unbeschränkten Einkommenssteuerpflicht

Für die unbeschränkte Steuerpflicht sind der Wohnsitz und der gewöhnliche Aufenthalt ausschlaggebende Faktoren. Gemäß § 8 AO befindet sich der Wohnsitz dort, wo die Person die Wohnung innehat, die darauf schließen lässt, dass derjenige die Wohnung behalten und benutzen wird. In diesem Sinne bedeutet das Wort „Innehaben", dass die Person über die Wohnung tatsächlich verfügen kann und diese nicht lediglich vorübergehend benutzt (BFH v. 19.03.1977 – I R 69/96). Die Nutzung der Wohnung zu lediglich vorübergehenden Zwecken über einen Zeitraum von weniger als sechs Monaten begründet keine Gültigkeit und somit keinen Wohnsitz im Sinne der Abgabenordnung (AO). Die Bewertung des Innehabens ist in Bezug auf die tatsächlichen Gegebenheiten entscheidend (Grotherr/Herfort/Strunk, 2010, S. 32) Ausschlaggebend für das Innehaben der Wohnung sind weiterhin die objektiven, äußeren und wirtschaftlichen Merkmale (Jacobs et al., 2016, S. 1318). Eine Kündigung, Auflösung oder eine nicht nur kurzfristige Vermietung der eigenen Wohnung sind Anhaltspunkte für die Auflösung der inländischen Wohnung (Heuser/Heidenreich/Fritz, 2011, S. 135).

Der gewöhnliche Aufenthalt wiederum ist geregelt in § 9 Satz 1 AO und besagt, dass eine Person seinen gewöhnlichen Aufenthalt dort hat, wo diese Person sich unter Umständen aufhält. Dabei muss erkennbar sein, dass die Person an diesem Ort oder in diesem Gebiet nicht nur vorübergehend verweilt (§ 9 Satz 1 AO). Dies kommt gemäß § 9 Satz 2 AO zur Geltung, indem sich eine Person zeitlich zusammenhängend länger als sechs Monate an einem Ort aufhält (Mauer, 2013, S. 135, Rn. 632). In den Fällen, bei denen der Aufenthalt ausschließlich zu Besuchs-, Erholungs- oder ähnlichen Zwecken genutzt wird und nicht länger als ein Jahr dauert, gilt § 9 Satz 2 AO nicht (§ 9 Satz 3 AO).

Ferner kann der Sachverhalt des gewöhnlichen Aufenthaltes unter der Voraussetzung mehrerer kurzfristig aufeinanderfolgender Inlandsaufenthalte, die sachlich miteinander verbunden sind, bei einer von weniger als sechs Monate dauernden Anwesenheit verwirklicht werden. Dabei ist zu beachten, dass der Steuerpflichtige einen nicht nur vorübergehenden Aufenthalt im Inland beabsichtigt (Mauer, 2013, S. 135, Rn. 632). Des Weiteren ist der gewöhnliche

Aufenthalt von dem Wohnsitz darin zu unterscheiden, dass die jeweilige Person ihren gewöhnlichen Aufenthaltsort nur an einem Ort innehaben kann. Somit darf der Steuerpflichtige sich nicht gleichzeitig an mehreren Orten aufhalten (AEAO zu § 9 Rn. 1 Nr. 3).

Folgen der unbeschränkten Einkommenssteuerpflicht

Die zentrale Folge der unbeschränkten Einkommenssteuerpflicht begründet sich aus der Besteuerung des Steuerpflichtigen nach dem Welteinkommensprinzip. Dies hat zur Folge, dass nach § 2 Abs. 1 EStG der Steuerpflichtige mit allen in- und ausländischen Einkünften der Einkommenssteuer unterliegt und darüber hinaus auch Anspruch auf Vergünstigungen hat. Dabei ermöglicht die unbeschränkte Steuerpflicht bspw. die Anwendung des Splittingtarifs, die Option des Abzuges von Sonderausgaben sowie die Möglichkeit des Abzuges von außergewöhnlichen Belastungen. Grundsätzlich erfolgt die Erhebung der Steuer durch das Verfahren der Veranlagung (Heuser/Heidenreich/Fritz, 2011, S. 136) Im Rahmen der unbeschränkten Steuerpflicht sind die in- und ausländischen Einkünfte in Deutschland zu versteuern. Erhebt andererseits auch ein anderer ausländischer Staat Steuern, redet man von Doppelbesteuerung (Djanani/Brähler, 2008, S. 15).

Übung 3.5
Was bedeutet Welteinkommensprinzip?

3.4.2 Beschränkte Einkommenssteuerpflicht

In Deutschland endet die unbeschränkte Einkommenssteuerpflicht in dem Zeitpunkt, in der die natürliche Person ihren Wohnsitz im Inland aufgibt und diesen ins Ausland verlegt. Demgemäß werden in den folgenden Unterkapiteln die Anforderungen und Folgen der beschränkten Steuerpflicht thematisiert.

3.4.2.1 Voraussetzungen der beschränkten Einkommenssteuerpflicht

Die Voraussetzungen der beschränkten Steuerpflicht gelten für natürliche Personen, die in Deutschland weder einen Wohnsitz noch einen gewöhnlichen Aufenthalt haben und nach § 49 EStG einkommenssteuerpflichtig sind, soweit sie inländische Einkünfte erzielen (Djanani/Brähler, 2008, S. 13).

Darüber hinaus orientieren sich die Einkünfte nach § 49 EStG gemäß der beschränkten Steuerpflicht mit einigen Einschränkungen an die sieben Einkunftsarten im Sinne des 2 Abs. 1 EStG. Die Einkünfte aus nichtselbstständiger Arbeit sind im § 19 EStG geregelt. Hier werden demnach alle Gehälter, Löhne, Gratifikationen, Tantiemen sowie andere Bezüge und Vorteile für die Beschäftigung im öffentlichen oder privaten Dienst erfasst. Diese Einkünfte erfassen demnach die Leistungen aus einem aktiven Arbeitsverhältnis. Hinzu kommen

Wartegelder, Ruhegelder, Witwen- und Waisengelder und andere Bezüge und Vorteile aus früheren Dienstleistungen. Hierbei werden somit alle Leistungen aus dem früheren Dienstverhältnis erfasst (§ 19 EStG).

3.4.2.2 Folgen der beschränkten Steuerpflicht

Im Sinne des § 49 Abs. 1 Nr. 4 EStG unterliegen inländische Einkünfte aus nichtselbstständiger Arbeit der beschränkten Einkommenssteuerpflicht: Dies sind im Inland ausgeübte oder verwertete Tätigkeiten, Vergütungen aus einer inländischen öffentlichen Kasse, die aus einem gegenwärtigen oder früheren Dienstverhältnis geleistet wurden, Vergütungen für eine Tätigkeit als Geschäftsführer, Prokurist oder Vorstandsmitglied einer Gesellschaft mit Geschäftsleitung im Inland, Entschädigungen für die Auflösung eines Dienstverhältnisses (§ 49 Abs. 1 Nr. 4 EStG).

Anders als bei der unbeschränkten Steuerpflicht bleiben den beschränkt Steuerpflichtigen die Vergünstigungen wie die Berücksichtigung des Splittingtarifs für Ehegatten, der außergewöhnlichen Belastungen sowie der Abzug von tatsächlichen Sonderausgaben verwehrt. Im Rahmen der Nichtgewährung der Anwendung des Splittingtarifes ist anzumerken, dass beschränkt Steuerpflichtige ihre Einkünfte nach der Grundtabelle versteuern müssen (Fey, 2017, Rn. 21), Die Einkommenssteuer gilt somit durch den Lohnsteuerabzug als abgegolten (Fey, 2017, Rn. 21, § 50 Abs. 2 EStG).

3.4.3 Internationales Doppelbesteuerungsabkommen

Im Rahmen des Auslandseinsatzes von Steuerinländern wird im weiteren Verlauf ausschließlich die unbeschränkte Steuerpflicht des Arbeitnehmers in den Vordergrund gestellt. Da die unbeschränkt steuerpflichtigen Arbeitnehmer mit ihren in- und ausländischen Einkünften der deutschen Einkommenssteuer unterliegen (Welteinkommensprinzip), führt dies zu einer sogenannten Doppelbesteuerung, bei dem der Steuerpflichtige für den gleichen Zeitraum und den gleichen Steuergegenstand von zwei Staaten zur Besteuerung der Vergütung herangezogen wird. In diesem Zusammenhang kommt es darauf an, ob im Entsendeland des Expatriates ein sogenanntes Doppelbesteuerungsabkommen mit Deutschland besteht. Um die Doppelbesteuerung zu vermeiden, hat Deutschland mit einer Vielzahl von Ländern Doppelbesteuerungsabkommen abgeschlossen. Für den Abschluss des Doppelbesteuerungsabkommens bildet das Musterabkommen der OECD-MA die Grundlage (Mauer, 2013, S. 318), die grundsätzlich vereinbart, dass das Besteuerungsrecht dem Staat zukommt, in dem der Expatriate seine Tätigkeit ausübt. Im Gegenzug erfolgt in Deutschland eine Freistellung der Einkommenssteuer (IHK Berlin, 2017, S. 9).

Neben den Prinzipien des Wohnsitzlandprinzips und des Welteinkommensprinzip, die für die Regelung des Doppelbesteuerungsabkommens relevant sind, gehören weiterhin das Quellenland- und das Territorialprinzip dazu, die allerdings für Nicht-Inländer gelten. Das Quellenlandprinzip besagt, dass das Einkommen des unbeschränkt Steuerpflichtigen in dem Land versteuert werden muss, aus dem der Steuerpflichtige das Einkommen bezieht. Im Gegenzug besagt das Territorialprinzip, dass eine Doppelbesteuerung dann erfolgt, wenn der Steuerpflichtige mit dem Einkommen, das in dem Gebiet des jeweiligen Staates erwirtschaftet wurde, veranlagt wird (Heuser/Heidenreich/Fritz, 2011, S. 139 f.).

Unter der Voraussetzung, dass neben dem Wohnsitzstaat auch der Tätigkeitsstaat den Expatriate darauf auffordert, seine Steuern zu zahlen, kann es zu einer doppelten Steuerbelastung kommen. Zur Vermeidung der doppelten Steuerbelastung bei grenzüberschreitender Tätigkeit wurden dementsprechend zahlreiche Maßnahmen festgelegt, die gemäß § 2 AO die innerstaatlichen Regelungen vorgeben. Im Nachfolgenden werden jedoch zwei Hauptmethoden vorgestellt, die für die Vermeidung bzw. der Minderung der Doppelbesteuerung angewandt werden. Ersteres ist die sogenannte Anrechnungsmethode, die im § 34c EStG verankert ist. Hierbei wird die ausländische Steuer auf die deutsche Steuerschuld angerechnet (Huber, 2007, S. 100). Bei der Anrechnung ist zu beachten, dass die Höhe der ausländischen Steuer auf die Höhe der ausländischen Einkünfte entfallenden deutschen Einkommenssteuer beschränkt ist. Daraus ergibt sich, dass ein Anrechnungshöchstbetrag zu ermitteln ist, der sich durch die Veranlagung der auf die ausländischen Einkünfte ergebenden deutschen Einkommenssteuer in Relation der ausländischen Einkünfte zur Summe der Einkünfte ergibt. Im Endeffekt bedeutet diese Anwendung für den Steuerpflichtigen eine Reduzierung der zu bezahlenden Steuer um den jeweiligen Betrag (§ 34c Abs. 1 Satz 2 EStG).

Eine weitere Alternative bei Vorliegen eines Doppelbesteuerungsabkommens ist die sogenannte Freistellungsmethode, die in Art. 23 A Abs. 1 OECD-MA festgehalten ist. In diesem Fall erfolgt die Besteuerung der Einkünfte in dem Staat, in welchem die Einkünfte erwirtschaftet wurden. Daraus ergibt sich für den Steuerpflichtigen, dass dieser mit seinen ausländischen Einkünften im Ansässigkeitsstaat, d.h. von der inländischen Besteuerung steuerfrei gestellt wird (Huber, 2007, S. 100). Hierbei ist allerdings zu beachten, dass die ausländischen steuerfreien Einkünfte bei der Bemessung des Steuersatzes gemäß § 32b Abs. 1 Nr. 3 EStG dem Progressionsvorbehalt unterzogen werden und somit bei der Ermittlung des Steuersatzes in die Bemessungsgrundlage miteinbezogen werden. Dies kann problematisch werden, wenn im Abkommen nicht ausdrücklich geregelt ist, dass für den Arbeitnehmer kein entsprechender Progressionsvorbehalt vorgesehen ist (Vogel/Lehner/Dürrschmidt, 2015, Rn. 44). Unter der Voraussetzung, dass ein Arbeitnehmer nur eine zeitweise bestehende unbeschränkte Einkommenssteuerpflicht aufweist, sind die ausländischen Einkünfte, die im Veranlagungszeitraum nicht der deutschen Einkommenssteuer unterlegen haben, ebenfalls in den Progressionsvorbehalt einzubeziehen (§ 32b Abs. 1 Nr. 2 EStG).

Übung 3.6

Erklären Sie das Wohnsitzlandprinzip.

Die 183-Tage-Regelung

Bezüglich der Zuweisung der Besteuerung des Doppelbesteuerungsabkommens bei unselbstständiger Arbeit gilt der Grundsatz gemäß dem Musterabkommen des Art 15 Abs. 1 OECD-MA, in dem das Arbeitsortprinzip gilt. Das bedeutet, dass alle Vergütungen, wie Löhne, Gehälter und ähnliche Vergütungen, in dem Staat versteuert werden, in dem die Tätigkeit ausgeübt wird und bei dem sich der Arbeitnehmer zur Ausübung der Tätigkeit physisch aufhält (Heuser/Heidenreich/Fritz, 2011, S. 165). Eine wichtige Ausnahme des Arbeitsortprinzips stellt jedoch die 183-Tage-Regelung dar. Diese Regelung hat zur Folge, dass die Einkünfte abweichend von dem Grundsatz in den Doppelbesteuerungsabkommen nicht im Tätigkeitsort, sondern im Wohnsitzstaat des Arbeitnehmers besteuert werden, wenn:

- der Arbeitnehmer im Tätigkeitsstaat im Ausland nicht länger als 183 Tage im Jahr verweilt und
- die Vergütung von oder für einen Arbeitgeber gezahlt wird, der nicht im Tätigkeitsstaat ansässig ist, und
- dass die Vergütungen auch nicht von einer Betriebsstätte getragen werden, die der Arbeitgeber im Tätigkeitsstaat hat (Schmeisser, 2010, S. 143 f.).

Unter der Voraussetzung, dass alle drei Kriterien gleichzeitig vorliegen, unterliegen die Einkünfte, die mit der Auslandstätigkeit erzielt wurden, der deutschen Besteuerung. Sofern nicht alle der oben genannten Voraussetzungen zusammen vorliegen, steht das Besteuerungsrecht dem Tätigkeitsstaat zu, in dem der Arbeitnehmer die unselbstständige Arbeit ausübt.

Bei der Berechnung der 183 Tage sind der An- und Abreisetag sowie alle Aufenthaltstage zu berücksichtigen. Dabei ist die physische Anwesenheit ein entscheidender Faktor. Die Dauer der Tätigkeit ist in diesem Fall unmaßgeblich. Auch zählt zu der Erfassung die zeitanteilige Anwesenheit, die der Expatriate in dem Staat verbringt. Darüber hinaus werden bei der Ermittlung die Aufenthaltstage bezogen auf die Urlaubstage miteinkalkuliert, auch wenn dies unmittelbar vor bzw. nach der Tätigkeit im Ausland erfolgt (IHK Berlin, 2017, S. 10).

Sozialversicherungsrechtliche Bedingungen

Nachdem die arbeitsrechtlichen und steuerlichen Aspekte der Auslandsentsendung des Expatriates im Ausland vorgestellt wurden, folgen im weiteren Verlauf die sozialversicherungsrechtlichen Kriterien. Im Rahmen des deutschen Sozialversicherungsrechts wird zunächst die Frage gestellt, ob für den Expatriate während der Entsendung weiterhin der bestehende soziale Schutz in Deutschland erhalten bleibt (Schmeisser, 2010, S. 144) und unter welchen Voraussetzungen dieser zustande kommt. Weiterhin treten einige Besonderheiten auf, die bei der Überprüfung bezüglich der sozialen Absicherung berücksichtigt werden müssen. Dabei ist die soziale Absicherung des Expatriates seitens des deutschen Unternehmens entweder durch zwischenstaatliche Abkommen oder durch die Ausstrahlung sichergestellt, (Marburger, 2009, S. 22) die dazu führt, dass der Expatriate nach inländischen Vorschriften versichert wird.

Territorialitätsprinzip

In der Sozialversicherung gilt das sogenannte Territorialitätsprinzip. Dieses Prinzip besagt, dass die Regelungen des Sozialversicherungsrechts in dem Staat liegen, in dem der Arbeitnehmer beschäftigt ist. Daraus ergibt sich, dass sozialversicherungsrechtliche Regelungen „auf das Hoheitsgebiet der Bundesrepublik Deutschland beschränkt [sind]." (Mauer, 2013, S. 215).

Nach § 3 SGB IV gilt die Versicherungspflicht für alle Arbeitnehmer in der Kranken-, Pflege-, Renten- und Arbeitslosenversicherung, die im Geltungsbereich des Sozialgesetzbuchs, in dem Fall in Deutschland, beschäftigt sind (§ 3 SGB IV).

Ausstrahlung

Das Vorliegen einer Ausstrahlung ist im § 4 SGB IV geregelt und bezeichnet einen Tatbestand, dass Beschäftigungsverhältnisse der Expatriates auch dann sozialversicherungspflichtig nach den deutschen Vorschriften über die Sozialversicherung bleiben, wenn sie im Ausland praktiziert werden, unter der Voraussetzung, dass:

- es sich um eine Entsendung handelt,
- im Rahmen eines im Inland bestehenden Beschäftigungsverhältnisses handelt, und
- dass die Dauer der Beschäftigung im Ausland im Voraus zeitlich begrenzt ist (IHK Berlin, 2017, S. 5).

Unter der erstgenannten Voraussetzung, nämlich der Entsendung ins Ausland wird verstanden, dass sich der Expatriate von seinem Beschäftigungsort in Deutschland ins Ausland anhand einer Weisung seines Arbeitgebers begibt, um dort die Beschäftigung für den inländischen Arbeitgeber zu praktizieren. Die zweite Voraussetzung, die als ein Beschäftigungsverhältnis im Inland definiert wird, regelt, dass eine vertragliche Bindung des Arbeitnehmers zum Arbeitgeber im Inland bestehen muss, damit eine Entsendung vorliegt. In diesem Zusammenhang muss das Beschäftigungsverhältnis des Expatriates weiterhin beim inländischen Arbeitgeber fortbestehen. Die dritte Voraussetzung für die Sozialversicherungspflicht in Deutschland kennzeichnet sich dadurch, dass im Voraus der Entsendung eine zeitliche Begrenzung vorliegen muss. Eine zeitliche Höchstdauer existiert gesetzlich jedoch nicht, d.h. die Befristung der Entsendung kann sich durchaus über mehrere Jahre erstrecken. Wichtig ist jedoch, dass nach dem Auslandsaufenthalt eine Gewährleistung existiert, dass der Expatriate weiterhin beim entsendenden inländischen Arbeitgeber beschäftigt wird (Marburger, 2009, S. 24-30). Eine Ausstrahlung gilt als beendet nach Ablauf der Auslandstätigkeit. Unter der Annahme, dass die Voraussetzungen der Ausstrahlung entfallen oder abgeändert werden, wie etwa eine Umwandlung eines befristeten in einen unbefristeten Auslandseinsatz, gilt die Ausstrahlung ebenfalls als beendet.

Leistungsansprüche im Ausland

Im Folgenden stehen die Leistungsansprüche entsandter Arbeitnehmer im Vordergrund. Dabei werden die Rubriken vorgestellt, welche Leistungsansprüche gegen wen zustellen sind und in welchem Umfang diese beansprucht werden können. Im Zuge dessen ist zu unterscheiden zwischen den einzelnen Versicherungszweigen. Zu beachten ist außerdem, dass Leistungen beim ausländischen Versicherungsträger geltend gemacht werden, wenn entweder eine entsprechende Versicherung besteht oder der Träger bezüglich der Leistungsaushilfe für die deutsche Sozialversicherung tätig wird (Mauer, 2013, S. 291).

Leistungsansprüche gegen die Krankenversicherung

Gemäß § 17 Abs. 1 SGB V geht hervor, dass der entsandte Arbeitnehmer vollen Anspruch auf Leistungen gegenüber dem Arbeitgeber hat, die ihm nach den deutschen Vorschriften zustehen. Das gleiche gilt auch für mitreisende Familienangehörige gemäß § 19 SGB V. In Bezug auf die Leistungsaushilfe ist es für den Entsandten ratsam, diese eventuell nicht zu beanspruchen, da diese sich negativ auswirken können. Der Nachteil kann dann entstehen, wenn der ausländische Versicherungsträger die Leistungen nach den dort geltenden Bestimmungen durchführt. Dies kann dazu führen, dass es zu Selbstbeteiligungen kommt. Geprägt ist die deutsche Krankenversicherung von Sachleistungen (Mauer, 2013, S. 291 f.), bei dem die entstandenen Kosten von der Krankenkasse in Höhe von der im Inland entstehenden Aufwendungen ersetzt werden müssen (Schmeisser, 2008, S. 278). Falls die im Ausland in Anspruch genommene Leistung günstiger ist, werden die tatsächlich entstandenen Kosten dem Arbeitgeber erstattet. Anderenfalls, d.h. bei Übersteigen der Beanspruchung der Leistung im Ausland gegenüber den Kosten im Inland, erhält der Arbeitgeber somit den inländischen Satz. Ferner ist der Arbeitnehmer dazu verpflichtet, detaillierte Rechnungen nachzuweisen, um einen Rückzahlungsanspruch der entstandenen Kosten zu erhalten (Heuser/Heidenreich/Fritz, 2011, S. 109). Der Entsandte hat die Möglichkeit, eine sogenannte Anwartschaftsversicherung laufen zu lassen, wenn dieser vor Antritt seiner Auslandstätigkeit freiwillig in der gesetzlichen Krankenversicherung versichert war. Dies hat zur Folge, dass der Leistungsanspruch für die Zeit der Auslandsentsendung im Stammland ruht und der Versicherungsschutz aufrecht erhalten bleibt. Dabei ist es von besonderer Bedeutung, dass der Entsandte sicherstellt, dass keine familienversicherten Angehörige in Deutschland verbleiben.

Außerdem darf dieser im Ausland nur unter beruflichen Bedingungen tätig sein (Technische Krankenkasse, 2017, S. 9).

Leistungsansprüche gegen die Pflegeversicherung

Auch im Rahmen der ins Ausland entsandten Arbeitnehmer gilt der Grundsatz „Pflegeversicherung folgt der Krankenversicherung" (Technische Krankenkasse, 2017, S. 9). Hierbei besitzt das Gesagte zu den Grundsätzen der Krankenversicherung ebenfalls seine Gültigkeit für die Pflegeversicherung. Jedoch ist zu beachten, dass dem Arbeitgeber im Bereich der Pflegeversicherung keine Leistungspflicht obliegt. Aufgrund dessen besteht die Möglichkeit, den Anspruch der Leistung des ausländischen Versicherungsträgers über die Leistungsaushilfe zu erbringen. Dies hat in der Praxis dagegen wenige Auswirkungen, da schon vorab das Zurückkehren des Pflegebedürftigen in den Entsendestaat erfolgen wird (Mauer, 2013, S. 293).

Leistungsansprüche gegen die Unfallversicherung

Bei Berufskrankheiten oder Arbeitsunfällen, die im Ausland vorkommen, werden dem Arbeitnehmer die selbstbeschafften Leistungen durch die Unfallversicherungsträger erstattet. Als Besonderheit ist hier von Bedeutung, dass durch die Inanspruchnahme der Leistungsaushilfe seitens der ausländischen Versicherungsträger dieser speziell für Berufskrankheiten und Arbeitsunfälle zuständig ist. Falls es im Ausland diesbezüglich keine Zuständigkeit gibt, kann der Krankenversicherungsträger für die Leistungen in Anspruch genommen werden. Die Kostenrückerstattung kann bei dem inländischen Versicherungsträger angefordert werden, die zunächst mit einem Kontrollmechanismus einhergeht. Falls festgestellt wird, dass keine Berufskrankheit bzw. kein Arbeitsunfall vorliegt, ist der Prozess zu Händen der verantwortlichen Krankenversicherungsträger zu übergeben. Dieser negative Bescheid der Unfallversicherung sollte dem Rückerstattungsantrag beigefügt werden (Heuser/Heidenreich/Fritz, 2011, S. 113).

Leistungsansprüche gegen die Arbeitslosenversicherung

Im Rahmen der Arbeitslosenversicherung werden grundsätzlich die Leistungen vom Staat entrichtet, in dem der Arbeitnehmer zuletzt tätig war. Im Falle, dass der Arbeitslose in das Ausland innerhalb der EU einreist, um dort nach einer Tätigkeit zu suchen, kann das deutsche Arbeitsförderungsrecht in Anspruch genommen werden. Jedoch gibt es hier einige Voraussetzungen, d.h., dass der Arbeitnehmer nur Anspruch auf deutsches Arbeitslosengeld für die Dauer von höchstens drei Monaten hat. Jedoch ist eine Erhöhung bis zu sechs Monaten zugelassen (Bundesagentur für Arbeit, 2017, S. 20). Weiterhin ist zwingend vorausgesetzt, dass der Arbeitslose sich bei der für ihn zuständigen lokalen Arbeitsagentur wieder zur Vermittlung meldet, damit der Anspruch nicht verloren geht (Mauer, 2013, S. 291 f.).

Leistungsansprüche gegen die Rentenversicherung

Die Rentenversicherung ist ein sehr wichtiger Versicherungszweig, der möglichst während des Auslandseinsatzes fortbestehen sollte, damit keine Versicherungslücken im Rentenverlauf zustande kommen. Der Entsandte hat den Anspruch, eine Rentenversicherungspflicht durchzusetzen. Um dies bewirken zu können, muss einerseits der Entsandte im Ausland eine zeitlich begrenzte Tätigkeit ausüben und andererseits muss die Rentenversicherungspflicht im Inland angefordert werden (Schmeisser, 2008, S. 278). Anders als in den oben vorgestellten Versicherungszweigen ist in der Rentenversicherung eine Leistungsaushilfe ausgeschlossen. Über die Rentenangelegenheiten ist dementsprechend ausschließlich der deutsche Rentenversicherungsträger zuständig und bestimmt somit auch über die Höhe der zu zahlenden Rente. In den vereinbarten Abkommen zwischen Deutschland und den einzelnen Ländern sind der Umfang und die Voraussetzungen ausländischer Versicherungszeiten geregelt. Demnach gelten die Voraussetzungen für Ansprüche bezüglich der Versicherungszeiten in dem Abkommen, die bei der deutschen Rente herangezogen werden (Heuser/Heidenreich/Fritz, 2011, S. 114 f.)

Zusammenfassung

Das internationale Steuerrecht wurde in Bezug auf eine Auslandsentsendung erläutert. Hierbei wurde insbesondere auf die unbeschränkte und beschränkte Einkommenssteuerpflicht und auf Doppelbesteuerungsabkommen eingegangen. Interessant ist die 183-Tage-Regelung in Verbindung mit anfallenden Steuern.

4 Internationales Personalmanagement in unterschiedlichen europäischen Kulturbereichen

In diesem Kapitel erfahren Sie Einzelheiten zum Personalmanagement in Europa. Zudem wird auf die Besonderheiten der Personalplanung in Deutschland als Beispiel für Europa bei internationalen Unternehmen eingegangen. Inwiefern die Digitalisierung z.B. auch die Personalwirtschaft beeinflusst, erfahren Sie in Abschnitt 3 dieses Kapitels. Abschließend geht es um zugewanderte Arbeitskräfte aus dem Ausland und die Frage, inwiefern diese die Auswirkungen des demografischen Wandels auffangen können.

4.1 Personalmanagement in Europa – internationales Personalmanagement

Lernziele

- Nach der Lektüre dieses Abschnitts haben Sie ein Verständnis für die Grundbegriffe des internationalen Personalmanagements.
- Sie können die Fachtermini der Internationalisierung der Märkte und von Unternehmen einordnen.

Der Wegfall von Handels-, Kapital- und Arbeitsbarrieren, politische und wirtschaftliche Integrationsbestrebungen sowie technologische Entwicklungen führen zu einer zunehmenden Globalisierung von Wirtschaftsbeziehungen. Der Prozess der Globalisierung steht für die „zunehmende Verflechtung der [...] Wirtschaft und [...] effizienzorientierte Restrukturierung von Gesellschaft, Politik und Wirtschaft“ (Gelbrich & Müller, 2011, S. 537). Unternehmen zielen mit einer wachsenden Internationalisierung auf höhere Gewinnchancen sowie Absatzsteigerung in ausländischen Märkten und das Generieren von Wettbewerbsvorteilen ab. Darüber hinaus erhoffen sie sich durch internationale Verflechtungen einen Technologie- und Know-how-Transfer (Schmeisser & Krimphove, 2010, S. 1 und 296).

Neben allen weiteren Bereichen der Unternehmen wirkt sich die Internationalisierung auch auf das Personalmanagement aus. Das Personalmanagement ist „der Humankapitalschlüssel zum langfristigen Wettbewerbserfolg des internationalen Unternehmens“ (Schmeisser & Krimphove, 2010, S. 2) und nimmt damit als Treiber einer internationalen Unternehmensführung eine bedeutende Schlüsselfunktion ein (ebd.). Im Rahmen der Internationalisierung steht das Personalmanagement vor der Herausforderung, die personalwirtschaftlichen Aktivitäten international zu steuern und kulturelle sowie politische, wirtschaftliche und soziale Hürden zu bewältigen (ebd.; Oechsler & Paul, 2015, S. 126). Das internationale Personalmanagement erfüllt im Kern die gleichen Aufgaben wie das Personalmanagement auf nationaler Ebene, unterscheidet sich jedoch hinsichtlich der Komplexität und des Anpassungsbedarfs an neue Gegebenheiten (Festing, Dowling, Weber & Engle, 2011, S. 5; Schmeisser & Krimphove, 2010, S. 2).

In diesem Kapitel wird das internationale Personalmanagement dargelegt und insbesondere vom nationalen Personalmanagement abgegrenzt. Des Weiteren werden die Auswirkungen der zunehmenden Globalisierung auf die Unternehmen und ihre Wettbewerbsfähigkeit und in diesem Zusammenhang die Treiber und Barrieren der Mitarbeiterentsendung im Kontext der Internationalisierung des Personalmanagements erörtert.

4.1.1 Grundbegriffe des Personalmanagements

Um in einem ersten Schritt das internationale Personalmanagement genauer zu beleuchten, ist es zunächst erforderlich, das Personalmanagement im Allgemeinen zu definieren. In der Literatur werden die Begriffe Personalmanagement, Personalwirtschaft oder auch Human Resource Management häufig synonym verwendet, so auch hier. „Das Personalmanagement umfasst diejenigen Funktionen einer Organisation, die das Ziel haben, Humanressourcen bereitzustellen und zielorientiert einzusetzen" (Festing et al., 2011, S. 13). Zudem stehen beim Personalmanagement die Führung, Leitung und Steuerung des Personals im Fokus, und personalpolitische Maßnahmen des Personalmanagements orientieren sich an der übergeordneten Unternehmenspolitik. Die Personalpolitik wird somit als strategische Ausrichtung des Unternehmens betrachtet und „umfasst alle Grundsätze und Entscheidungen, die sich auf die wechselseitigen Beziehungen zwischen den Vorgesetzten und Mitarbeitern, zwischen Mitarbeitern untereinander und zwischen den Mitarbeitern und ihrer Arbeit beziehen" (Olfert, 2015, S. 43). Personalrekrutierung und -auswahl, Personalentwicklung, Personalentlohnung sowie Personalführung stellen die Kernfunktionen des Personalmanagements dar. Instrumente wie die Personalplanung, das Performance Management oder das Talent Management dienen zur Unterstützung der Hauptaufgaben des Personalmanagements (Festing et al., 2011, S. 13).

4.1.2 Abgrenzung internationales Personalmanagement

Das internationale Personalmanagement umfasst zwar die gleichen Funktionen wie das nationale Personalmanagement, weist jedoch durch das Agieren in unterschiedlichen Ländern, das Berücksichtigen verschiedener Rahmenbedingungen und die Beschäftigung internationaler Mitarbeiter eine weit größere Komplexität auf (Festing et al., 2011, S. 15).

Die folgenden Aspekte grenzen das internationale vom nationalen Personalmanagement ab und verdeutlichen die Komplexität des Personalmanagements auf internationaler Ebene:

- Größeres Ausmaß der Personalmanagementaktivitäten, wie z.B. Auslandsentsendungen und administrative Dienste für entsandte Mitarbeiter;
- Notwendigkeit einer globalen Perspektive, um die Gleichbehandlung bei der Beschäftigung von Mitarbeitern mit unterschiedlichen Nationalitäten zu gewährleisten;
- stärkere Berücksichtigung der Privatsphäre der Mitarbeiter durch einen verstärkten unmittelbaren Kontakt zu Familienangehörigen und deren erforderliche Berücksichtigung;
- Veränderung der Gewichtung der personalwirtschaftlichen Tätigkeiten in verschiedenen Phasen der Internationalisierung;
- höhere Risiken von Fehlschlägen auf internationaler Ebene aufgrund von folgenreicheren finanziellen und menschlichen Konsequenzen;
- Vielzahl an externen Einflussfaktoren, wie z.B. kulturelle Umwelt, Industriezweig oder Größe des Heimatmarkts (Festing et al., 2011, S. 18–26).

4.1.3 Internationalisierung der Märkte

Aspekte wie ausländische Direktinvestitionen und der internationale Handel verdeutlichen die zunehmende Globalisierung der Wirtschaft und damit der Märkte (Festing et al., 2011, S. 6). Die deutsche Wirtschaft ist durch eine steigende internationale Ausrichtung der Unternehmen gekennzeichnet, da sie sehr exportorientiert und gleichzeitig aufgrund der Rohstoffarmut vor allem im Energiebereich auf Importe angewiesen ist. So sind in den vergangenen Jahren durch die zunehmende Globalisierung sowohl die Ein- als auch die Ausfuhrzahlen stetig gestiegen. Neben einem Anstieg des internationalen Handels ist auch die Internationalisierung der Produktionsprozesse eine Folge der Globalisierung. Zu einem Anstieg grenzüberschreitender Warenströme auf allen Produktionsstufen führen insbesondere globale Wertschöpfungsketten bei der Herstellung komplexer technischer Produkte (Schmeisser & Krimphove, 2010, S. 296; Statistisches Bundesamt, 2017, S. 5). Abb. 4.1 zeigt die Entwicklung des deutschen Außenhandels im Zeitraum von 2000 bis 2015.

Die Entwicklung des deutschen Außenhandels ist seit dem Jahr 2000 durch ein deutliches Wachstum gekennzeichnet. Wie die Warenströme sich langfristig nach der Pandemie und des russischen Angriffskriegs entwickeln werden, bleibt abzuwarten. Die Lieferketten waren unterbrochen und geopolitische Aspekte spielen im Handel eine immer größere Rolle. Die Medien sind sich nicht einig, ob wir sogar schon eine De-Globalisierung haben. Die internatio-

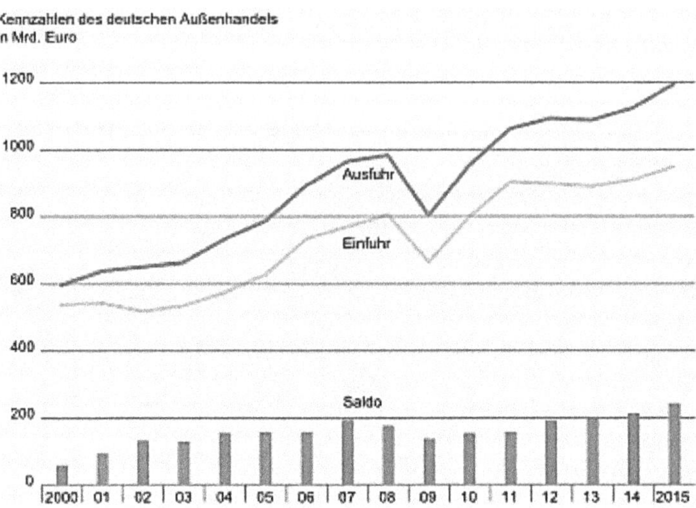

Abb. 4.1: Kennzahlen des deutschen Außenhandels von 2000 bis 2015 (in Anlehnung an Statistisches Bundesamt, 2017, S. 6)

nale Finanz- und Wirtschaftskrise führte 2009 jedoch auch in deutschen Handelsgeschäften zu einem signifikanten Abschwung, von dem sich die deutsche Wirtschaft erst 2011 erholen konnte. In diesem Jahr überstiegen die Ein- und Ausfuhren zum ersten ########

Mal wieder das Vorkrisenniveau. Zwischen 2005 und 2015 stiegen die deutschen Ausfuhren um 52 Prozent und die Einfuhren um 51 Prozent. Trotz des Einbruchs im Jahr 2009 stieg auch die Außenhandelsbilanz stark an. Im Jahr 2013 wurde der Handelsbilanzüberschuss aus dem Jahr 2007 wieder annähernd erreicht. Im gesamten Zeitraum von 2005 bis 2015 verzeichnete die Außenhandelsbilanz einen Anstieg von 54 Prozent. Der Handelsbilanzüberschuss erreichte im Jahr 2015 einen Wert von 244 Milliarden Euro (Statistisches Bundesamt, 2017, S. 6–7).

Die zunehmende internationale Ausrichtung und damit der Anstieg an Export- sowie Importgeschäften führten ebenso zu einem Anstieg grenzüberschreitender Aktivitäten wie steigenden Direktinvestitionen im Ausland. Daraus ergeben sich auch Anforderungen an das internationale Personalmanagement, beispielsweise im Kontext der Mitarbeiterentsendung (Festing et al., 2011, S. 6 und 7).

Wie aus Abb. 4.2 hervorgeht, haben sich im Zeitraum von 1999 bis 2012 die deutschen Direktinvestitionen im Ausland ungefähr verdreifacht.

Im Jahr 2012 entfielen circa 33 Prozent der deutschen Direktinvestitionen auf die Länder der Europäischen Wirtschaftsunion und rund 28 Prozent auf sonstige europäische Länder. Des Weiteren wurden circa 20 Prozent der Direkt-

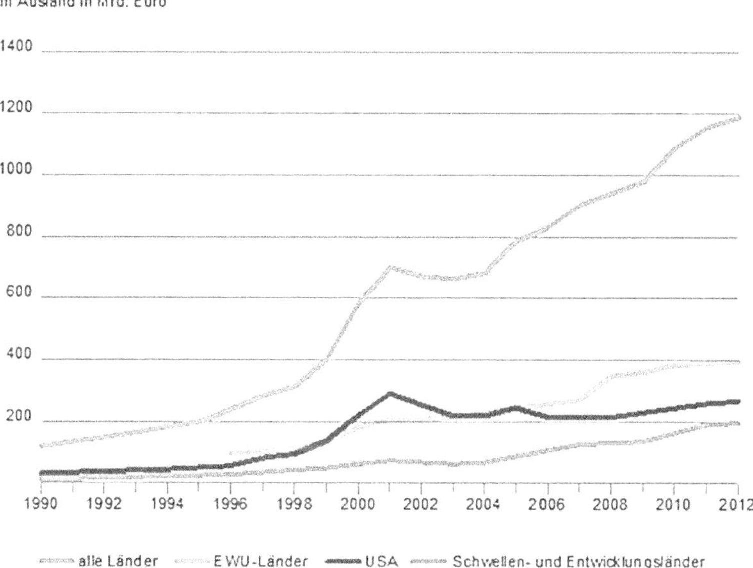

Abb. 4.2: Deutsche Direktinvestitionen im Ausland von 1990 bis 2012 (in Anlehnung an BMF, 2014)

investitionen in den USA und circa 17 Prozent in den Schwellen- und Entwicklungsländern getätigt. Der Bestand deutscher Direktinvestitionen im Ausland erreichte im Jahr 2012 einen Wert von rund 1 200 Milliarden Euro.

Im Zeitraum von 1999 bis 2012 verdreifachten sich die Direktinvestitionen in den Ländern der Europäischen Wirtschafts- und Währungsunion (EWU-Länder). In den USA stieg der Bestand um das Zweifache. Ein besonders starker Anstieg ist bei den Direktinvestitionen in den Schwellen- und Entwicklungsländern zu verzeichnen. Hier erhöhte sich der Bestand auf mehr als das Vierfache. Circa ein Drittel der deutschen Direktinvestitionen entfällt auf den Wirtschaftszweig „Erbringung von Finanz- und Versicherungsdienstleistungen", gefolgt vom „Verarbeitenden Gewerbe" mit einem Anteil von circa 30 Prozent (BMF, 2014). Im Zusammenhang mit der Zunahme der ausländischen Direktinvestitionen ist auch die Anzahl der im Ausland beschäftigten Personen kontinuierlich gestiegen. Mehr als die Hälfte der 2012 rund 6,5 Millionen Beschäftigten entfielen auf Europa, etwa 22 Prozent auf die EWU-Länder und circa 20 Prozent auf Amerika (BMF, 2014).

Übung 4.1

Recherchieren Sie im Internet, was unter einer Direktinvestition zu verstehen ist und wie hoch die deutschen Direktinvestitionen im Ausland aktuell sind.

4.1.4 Internationalisierung von Unternehmen

Da sich die Internationalisierung sowohl auf das gesamte Unternehmen als auch auf einzelne Geschäftsfunktionen auswirken kann, schließt sie den reinen Export von Gütern und Leistungen (internationalen Handel) genauso ein wie Direktinvestitionen. Somit kann die Internationalisierung von Unternehmen, wie in Abb. 4.3 dargestellt, je nach Art und Ausmaß in verschiedene Internationalisierungsgrade eingestuft werden (Becker & Ulrich, 2011, S. 57).

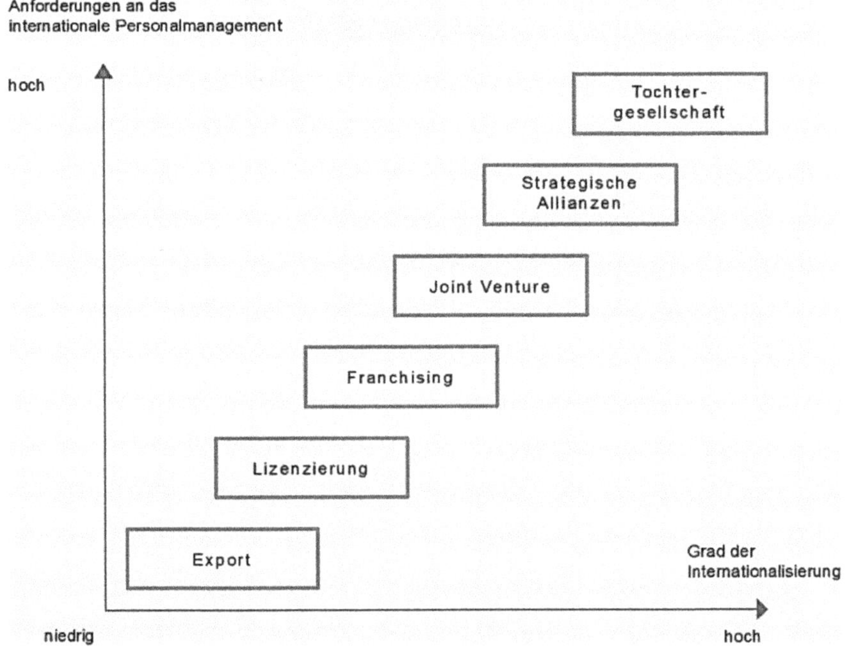

Abb. 4.3: Anforderung an das internationale Personalmanagement (in Anlehnung an Oechsler & Paul, 2011, S. 128)

Inwieweit die Komplexität des Personalmanagements im Rahmen einer internationalen Unternehmenstätigkeit steigt, hängt vom Internationalisierungsgrad des jeweiligen Unternehmens ab. Demnach steigen die Anforderungen an das Personalmanagement und damit die Komplexität der personalwirtschaftlichen Kernfunktionen mit zunehmendem Internationalisierungsgrad (Oechsler & Paul, 2015, S. 127). Eine internationale Ausrichtung der Unternehmenstätigkeit und damit verbunden das international orientierte Personalmanagement erhöhen einerseits die Möglichkeiten zur Bedarfsdeckung von qualifiziertem Personal, verstärken aber anderseits den Wettbewerb um die besten Mitarbeiter weltweit (Jung, 2017, S. 870).

Im Rahmen der Internationalisierung von Unternehmen und des Personalmanagements steigen die Bedeutung grenzüberschreitender Tätigkeiten und in diesem Zusammenhang auch die Anzahl von Auslandsentsendungen (Festing et al., 2011, S. 19). Daher werden im folgenden Abschnitt die Treiber und Barrieren der Mitarbeiterentsendung dargelegt.

4.1.5 Treiber und Barrieren der Mitarbeiterentsendung

Die Treiber und Barrieren der Mitarbeiterentsendung weisen eine Reihe an Einfluss nehmenden Faktoren mit wirtschaftlichen, sozialen und regulatorischen Charakteristika auf. Die wirtschaftlichen Faktoren spielen insbesondere als Treiber der Mitarbeiterentsendung eine entscheidende Rolle. Regulatorische und soziale Aspekte stehen hingegen vorwiegend im Zusammenhang mit Barrieren. Bei der Darlegung der Treiber und Barrieren der Mitarbeiterentsendung erfolgt eine Unterscheidung in die Aufnahme- und die Entsendeperspektive (European Commission, 2011, S. 28).

Werden Mitarbeiter in andere EU-Mitgliedstaaten entsandt, können neue Märkte erschlossen und Umsätze auch außerhalb des eigenen Mitgliedstaats generiert werden. Außerdem werden der internationale Fokus von Unternehmen und der Aufbau von Geschäftsnetzwerken gefördert. Zudem können eigene Arbeitskräfte eingesetzt werden, was eine bessere Kontrolle der ausgeführten Arbeiten ermöglicht. Im Kontext sozialer Aspekte stehen neben der Möglichkeit, Arbeitskräfte zu geringeren Arbeitskosten als im aufnehmenden Land anzubieten, der Erfahrungszuwachs und das Lernen als Folge der Arbeit im Ausland. Regulatorische Treiber liegen in einem relativ einfachen administrativen Verfahren für Unternehmen im Entsendungsland (European Commission, 2011, S. 28).

Wirtschaftliche Treiber aus der Aufnahmeperspektive sind insbesondere wettbewerbsfähigere Preise für ausländische Dienstleister durch geringere Lohn- und Arbeitskosten, eine flexible Kapazität und saisonale Nachfrage sowie die Auslagerung von Kosten. Durch die Beschäftigung entsandter Arbeitnehmer können Unternehmen außerdem einem Arbeitskräftemangel im Aufnahmestaat entgegenwirken, insbesondere in Zeiten wirtschaftlichen Wachstums (European Commission, 2011, S. 28).

Auf der anderen Seite stehen Barrieren für Unternehmen, die Arbeitnehmer ins EU-Ausland entsenden. Sie müssen Arbeitsbedingungen anwenden, die in allgemein verbindlichen Tarifabkommen geregelt sind, auch wenn sie über den

Kern des Schutzes der Arbeitnehmer hinausgehen. Weitere Barrieren aus der Entsendeperspektive sind neben der Zurückhaltung von Mitarbeitern, geografisch mobil zu sein, die sprachlichen und kulturellen Barrieren. Der administrative Aufwand im Zusammenhang mit der Entsendung von Arbeitnehmern, die Komplexität des gesetzlichen Rahmens, der die Entsendung regelt, und unterschiedliche Modalitäten für die Mitarbeiterentsendung in den verschiedenen Mitgliedstaaten stellen weitere Hindernisse im Rahmen der Mit-arbeiterentsendung dar (European Commission, 2011, S. 28).

Aus der Aufnahmeperspektive ergeben sich auch einige wirtschaftliche, soziale und regulatorische Barrieren. Im wirtschaftlichen Kontext steht die Angst vor der Konkurrenz für lokale Marktteilnehmer. Das negative Image der Entsendung aufgrund illegaler Beschäftigung oder der Beschäftigung unter Mindeststandards stellt neben Kommunikations- und Sprachbarrieren eine soziale Hürde für die Mitarbeiterentsendung aus der Aufnahmeperspektive dar. Regulatorische Hindernisse liegen in Schutzmaßnahmen in bestimmten Sektoren und der Verfügbarkeit weiterer Mechanismen zur Rekrutierung ausländischer Arbeitskräfte (European Commission, 2011, S. 28).

Übung 4.2

Nennen und erklären Sie die üblichen Treiber und Barrieren einer Auslandsentsendung.

Zusammenfassung

In diesem Abschnitt wurde eine Abgrenzung zwischen nationalem und internationalem Personalmanagement vorgenommen. Weiterhin sind wir auf die Internationalisierung der Märkte und die Internationalisierung von Unternehmen eingegangen. Der Abschnitt schloss mit den Treibern und Barrieren der Mitarbeiterentsendung.

4.2 Personalplanung in Deutschland und als Beispiel für Europa bei multinationalen Unternehmen

Lernziele

- Wenn Sie diesen Abschnitt durchgearbeitet haben, haben Sie ein grundsätzliches Verständnis von der Personalplanung in Unternehmen unabhängig von Größe, Branche oder Internationalität.
- Zudem wissen Sie um die aktuellen Herausforderungen in Bezug auf die Personalplanung bei multinationalen Unternehmen.

Personalplanung ist eine wesentliche Aufgabe in jedem Unternehmen, unabhängig von dessen Größe, Branche oder Internationalität. Denn Unternehmen können nur dann wirtschaftlich arbeiten, wenn die richtige Anzahl von Mitarbeitern mit den benötigten Skills und Kompetenzen gegenwärtig und in Zukunft vorhanden und einsetzbar ist. Doch aufgrund der jahrelang niedrigen Geburtenraten in Industrieländern, besonders in Europa, besteht die Gefahr, dass qualifiziertes Personal in deutschen Unternehmen, ebenso wie in den anderen hoch entwickelten Industrieländern, knapp wird. Theoretischer Ausgangspunkt der vorliegenden Analyse ist, dass bereits 2017 den deutschen Unternehmen 723.317 Arbeitnehmer gefehlt haben.

Hieraus ergibt sich die Frage: Was müssen Unternehmen bei der Personalplanung in Hinblick auf den demografischen Wandel beachten und welche unterstützenden Maßnahmen könnte die Politik in Bezug auf die Zuwanderung ergreifen?

In diesem Abschnitt wird darauf eingegangen, welche Möglichkeiten deutsche internationale Unternehmen haben, um trotz des demografischen Wandels ihren Fachkräftebedarf effizient zu decken. Dabei kann der Staat die Unternehmen mit sinnvollen Gesetzen zur Migration zusätzlich unterstützen.

4.2.1 Methodik der Personalplanung

Gründe für auftretende personelle Besetzungsprobleme können, neben dem demografischen Wandel, noch folgende sein:

- Fehler bei der Organisation der Personalsuche,
- zu geringe Bekanntheit des Arbeitgebers,
- zu geringe Attraktivität des Arbeitgebers oder der Branche (oder gegebenenfalls sogar ein schlechter Ruf),
- unattraktive Arbeitsbedingungen und
- regionaler oder qualifikatorischer Mismatch.

Die Bundesagentur für Arbeit gab an, dass 2016 in 19 Berufsgruppen ein Fachkräftemangel erkennbar gewesen sei, u.a. bei Lokführern, Energietechnikern, Mechatronikern, Softwareentwicklern und Altenpflegern. Zur selben Zeit gab es zwar 2,69 Millionen Arbeitslose in Deutschland, aber nicht jeder Arbeitslose ist für jede Arbeitsstelle geeignet. Gründe dafür sind:

- keine oder keine geeignete Ausbildung,
- gesundheitliche Beeinträchtigung, oder
- mangelnde Bereitschaft zu einem örtlichen Umzug.

Inzwischen bieten die Jobagenturen jedoch deutlich mehr Programme für Menschen an, die eine Ausbildung nachholen möchten.

Die ersten Folgen des demografischen Wandels sind also bereits spürbar und werden sich in den nächsten Jahren noch stärker bemerkbar machen. Ein geeigneter Indikator, um die allgemeine Entwicklung zu verfolgen, ist das Erwerbspersonenpotenzial. Das **Erwerbspersonenpotenzial** ist das zur Verfügung stehende Arbeitskräfteangebot und besteht aus den Erwerbstätigen, den Arbeitslosen bzw. Erwerbslosen und der geschätzten stillen Reserve. Unter stiller Reserve sind folgende Personen zusammengefasst:

- Arbeitslose, die nicht registriert sind oder die Arbeitssuche vorübergehend/ entmutigt aufgegeben haben,
- Personen in arbeitsmarktpolitischen Maßnahmen oder in den Warteschleifen des Bildungs- und Ausbildungssystems und
- Personen, die vorzeitig aus dem Erwerbsleben ausgeschieden sind.

Im Jahr 2014 lag das Erwerbspersonen**potenzial** in Deutschland bei 45,91 Millionen Menschen. Abb. 4.4 zeigt mehrere mögliche Szenarien für die Entwicklung des Erwerbspersonenpotenzials.

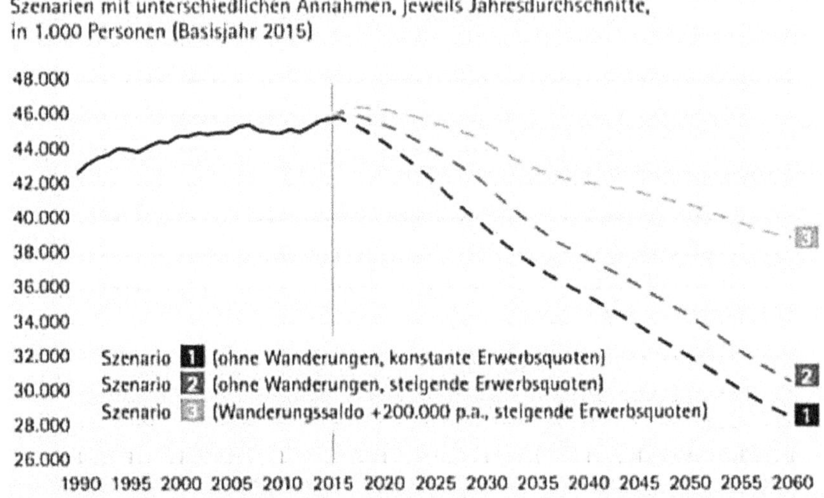

Abb. 4.4: Erwerbspersonenpotenzial bis 2060 (Fuchs, Söhnlein & Weber, 2017)

- Szenario 1: Von 2015 bis 2030 würde, bei alleiniger Berücksichtigung des demografischen Effekts und ohne jegliche Wanderung, das Erwerbspersonenpotenzial um 6 Millionen Personen abnehmen und von 2030 bis 2060 noch einmal um 12 Millionen Personen. Dieses Szenario ist jedoch unrealistisch und kann daher unberücksichtigt bleiben.

- Szenario 2: Die Erwerbsbeteiligung von älteren Arbeitnehmern und von Frauen würde zunehmen und das durch den demografischen Wandel verursachte Sinken des Erwerbspersonenpotenzials etwas abschwächen. In diesem Fall würde das Erwerbspersonenpotenzial von 2015 bis 2030 um 3,8 Millionen Personen abnehmen und von 2030 bis 2060 noch einmal um 11,4 Millionen Personen.
- Szenario 3: Dieses Szenario prognostiziert, zusätzlich zur steigenden Erwerbsbeteiligung von älteren Arbeitnehmern und von Frauen, einen jährlichen positiven Wanderungssaldo von 200 000 Personen, der die Abnahme des Erwerbspersonenpotenzials weiter verringert. Bei diesem Szenario würde das Erwerbspersonenpotenzial von 2015 bis 2030 um 1,4 Millionen Personen abnehmen und von 2030 bis 2060 noch einmal um 5,5 Millionen Personen.

Laut diesen Prognosen lässt sich für 2060 bestenfalls mit einem Erwerbspersonenpotenzial von 38,9 Millionen Personen rechnen (Fuchs, Söhnlein & Weber (IAB), 2017).

Aber nicht nur die Unternehmen und deren Personalplanung werden künftig vom demografischen Wandel betroffen sein, die Politik wird ebenfalls gefragt sein. Dem sinkenden Erwerbspersonenpotenzial wird zukünftig eine wachsende Anzahl an Rentnern gegenüberstehen. Da auf die geburtenstarken Jahrgänge, die sogenannten *Babyboomer* (zwischen 1954 und 1969), nach dem Pillenknick geburtenschwache Jahrgänge folgen, wird in naher Zukunft die Zahl der Rentner sprunghaft ansteigen. Prognosen des Statistischen Bundesamtes ergeben, dass 2030 in Deutschland 19,2 Millionen Menschen leben werden, die über 67 Jahre alt sind. 13,8 Millionen werden jünger als 20 Jahre alt sein und daher teilweise noch nicht in Vollzeit arbeiten, sondern sich in der Schul- oder Berufsausbildung befinden. 2060 wird es laut Prognose 20,6 Millionen Menschen geben, die älter als 67 Jahre alt sind, und 10,9 Millionen Menschen, die jünger als 20 Jahre alt sind (Statistisches Bundesamt DESTATIS, n.d.).

Um auf das sinkende Erwerbspersonenpotenzial und das damit schrumpfende Angebot an Arbeitskräften bestmöglich zu reagieren, müssen sowohl Politiker als auch die Unternehmen selbst zeitnahe Gegenmaßnahmen einleiten. Es gibt verschiedene mögliche Lösungsansätze, dem demografischen Wandel entgegenzuwirken. Die skandinavischen Länder haben mit den gleichen Problemen wie Deutschland zu kämpfen und haben hier eine Vorreiterposition. Dort fangen junge Leute früher an zu arbeiten, Frauen arbeiten häufiger als in Deutschland und die Bevölkerung geht später in Rente. Dies sorgt für eine höhere Erwerbsbeteiligung als in Deutschland (Börsch-Supan, 2015, S. 268).

4.2.2 Zur engeren Personalplanung

Hier wird die Personalplanung kurz vorgestellt. Da dieses Thema äußerst komplex ist, kann allerdings nur ein grober Überblick gegeben werden. Zur Einordnung der einzelnen empfohlenen Handlungsfelder für Unternehmen genügt dieser kurze Überblick.

Personalplanung ist ein wichtiger Bestandteil der Unternehmensplanung und eine bedeutsame Aufgabe der Personalabteilung. Dementsprechend lässt sich der zeitliche Rahmen der Personalplanung genau wie die Unternehmensplanung in operative, taktische und strategische Planungszeiträume unterteilen.

Definition

Die *strategische Personalplanung* befasst sich mit langfristigen Personalanforderungen (mehrere Jahre im Voraus), um den wirtschaftlichen Erfolg des Unternehmens sicherzustellen. Vor allem in Hinblick auf den demografischen Wandel bedarf es einer langfristigen Planung. Die Personalplanung beinhaltet zahlreiche Kernaufgaben, von denen die folgenden besonders wichtig sind, um auf den demografischen Wandel zu reagieren:

- Personalbestandsplanung,
- Personalbedarfsplanung,
- Personalbeschaffungsplanung,
- Personaleinsatzplanung,
- Personalentwicklungsplanung,
- Personalfreisetzungsplanung und
- Personalkostenplanung.

Die strategische Personalplanung ist erfolgreich, wenn das Personalportfolio (unter Berücksichtigung der Kosten und Risiken, z.B. aufgrund des Alters der Mitarbeiter) hinsichtlich seiner Quantität und Qualität geeignet ist, die strategischen Unternehmensziele zu erreichen. Externe Faktoren, die von der Konkurrenz, der Politik oder den Kunden bestimmt werden, müssen bei der Planung ebenfalls berücksichtigt werden. Die Personalbestandsentwicklung und der Personalbedarf müssen quantitativ und qualitativ übereinstimmen. Daher müssen ggf. drohende Personalüber- oder -unterdeckungen von der Personalabteilung analysiert und vermieden werden (Perlitz & Schrank, 2013, S. 1 ff. und 687 ff.).

Da die kleinen und mittleren Unternehmen die Auswirkungen des demografischen Wandels zuerst zu spüren bekommen, wird die strategische Personalplanung hier exemplarisch für kleine und mittlere Unternehmen vorgestellt. Abb. 4.5 veranschaulicht, wie dieser Prozess aussehen kann.

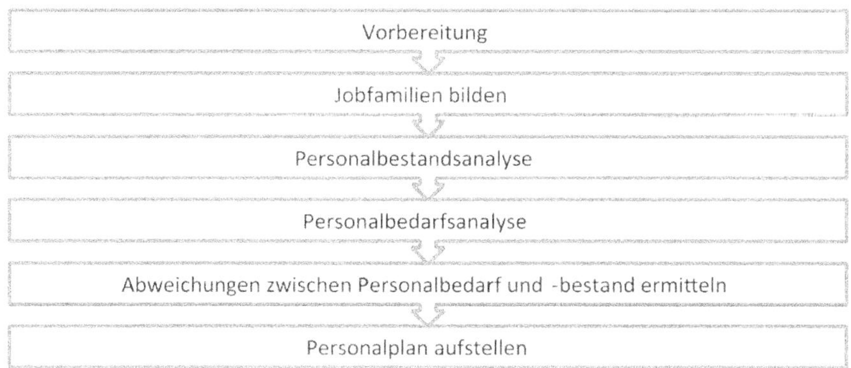

Abb. 4.5: Prozess der strategischen Personalplanung (in Anlehnung an Rump, Kreis & Schmoll, 2017)

In der Vorbereitungsphase sind die unterschiedlichsten Aufgaben zu lösen, wie beispielsweise die Klärung der Zuständigkeiten, die Entscheidung für eine passende Planungsmethode, die Auswahl eines dazu passenden Computerprogramms, die Sicherstellung der Datenerfassung, die Feststellung der strategischen Unternehmensziele und das Festlegen eines Planungshorizonts.

Um sich einen ersten Überblick zu verschaffen, empfiehlt es sich als Nächstes, Jobfamilien (eine Art Stellen-Cluster) zu bilden. Dafür werden Tätigkeiten mit ähnlichen Aufgaben und Anforderungen zu homogenen Gruppen zusammengefasst. Die Einteilung erfolgt unabhängig von der Hierarchiestufe, aber unter Berücksichtigung der Einarbeitungszeit und des Qualifikationsniveaus. Dabei können Stellenausschreibungen zu Hilfe genommen werden, da Qualifikationen und Kompetenzen gruppiert werden sollen, nicht einzelne Stelleninhaber. Theoretisch sollten sich die Stelleninhaber gegenseitig ersetzen können. Jobfamilien (beispielsweise Supply Chain) können in Unterfamilien (beispielsweise Logistik) und schließlich in Jobfelder (beispielsweise Transport) unterteilt werden.

Im nächsten Schritt wird eine Personalbestandsanalyse durchgeführt. Dafür wird der Personalbestand zum Planungsbeginn ermittelt. Es werden alle Mitarbeiter mit ihren Personalstammdaten erfasst und Zu- und Abgänge eingetragen. Der so ermittelte Personalbestand wird dabei in die zuvor gebildeten Jobfamilien eingeteilt. Durch Einsatz entsprechender Hilfsmittel können dann Renteneintrittsalter, Fluktuationsquote etc. ermittelt werden.

Darauf erfolgt die Personalbedarfsanalyse, in der der zukünftige Personalbestand ermittelt wird, der nötig ist, um die Unternehmensziele zu erreichen. Während dieses Prozesses müssen das unternehmerische Umfeld und die internen Einflussfaktoren erfasst und analysiert werden, um den zukünftigen Bedarf besser einschätzen zu können. Dabei wird unterschieden zwischen der zum

Erreichen der zukünftigen Unternehmensziele benötigen Gesamtpersonalzahl (Bruttopersonalbedarf) und der dafür zusätzlich erforderlichen Anzahl von Mitarbeitern, die neu eingestellt werden müssen (Nettopersonalbedarf).

Danach werden die Abweichungen zwischen Personalbedarf und -bestand ermittelt und, in der Regel mithilfe von Computerprogrammen, zusätzlich visualisiert. Um Personalstrukturen, -beziehungen, -interdependenzen und -bewegungen innerhalb eines Unternehmens zu berücksichtigen, können Simulationsmodelle benutzt werden. Durch Ermittlung der Differenz zwischen Personalbedarf und -bestand ergeben sich Über- oder Unterdeckungen für die einzelnen Jobfamilien, auf die die Personalabteilung dann reagieren muss.

Daraus lassen sich Handlungsfelder und Maßnahmen erschließen und der Personalplan aufstellen. In dieser Phase werden unter anderem Personalbeschaffungsmaßnahmen (Ausbildungsangebote, Einstellungen), Transfers, Qualifikationen oder Beendigungen von Arbeitsverhältnissen erwogen. Dabei muss jedes Unternehmen individuelle Lösungen finden.

In der strategischen Personalplanung wird dabei i.d.R. nur mit Jobfamilien gearbeitet. Einzelne Mitarbeiter werden erst in der operativen Phase betrachtet.

Eine besondere Herausforderung der zukünftigen Personalplanung wird es sein, die altersbedingt ausscheidenden Arbeitnehmer durch Nachwuchskräfte zu ersetzen. Um ein nachhaltiges Wissensmanagement sicherzustellen, muss dabei darauf geachtet werden, dass das vorhandene Fachwissen nicht aus dem Unternehmen abwandert. Denn es wird sich zukünftig nicht nur das Arbeitskräfte-angebot verringern, sondern spezifische Qualifikationen und Wissen werden ebenso knapper werden. Daher wird die Personalplanung zukünftig mit steigenden Herausforderungen konfrontiert werden (Gischer & Spengler, 2008, S. 69).

Im Jahr 2015 gab es 3 469 039 Unternehmen in Deutschland. Davon beschäftigten 89,75 Prozent der Unternehmen bis zu neun sozialversicherungspflichtig Beschäftigte, 8,09 Prozent der Unternehmen beschäftigten 10–49 sozialversicherungspflichtig Beschäftigte, 1,75 Prozent beschäftigten 50–249 sozialversicherungspflichtig Beschäftigte, 0,41 Prozent der deutschen Unternehmen beschäftigten über 250 sozialversicherungspflichtig Beschäftigte. Diese Zahlen lieferte das statistische Unternehmensregister, welches im Oktober 2016 ausgewertet wurde. Alle 3 469 039 Unternehmen sind auf ihre Mitarbeiter angewiesen, um wirtschaftlich erfolgreich zu sein, und spüren zum Teil schon die Folgen des demografischen Wandels oder werden ihn zumindest in den nächsten Jahren spüren.

Der folgende Abschnitt beschreibt die derzeitige und die prognostizierte Entwicklung der deutschen Bevölkerung ausführlicher. Das Statistische Bundesamt veröffentlicht regelmäßig objektive, unabhängige und qualitativ hochwertige amtliche Statistiken. Bei Betrachtung der Prognosen zur deutschen Bevölkerung lässt sich in Abb. 4.6 eindeutig eine Abnahme der Bevölkerung und damit gleichermaßen des Erwerbspersonenpotenzials erkennen.

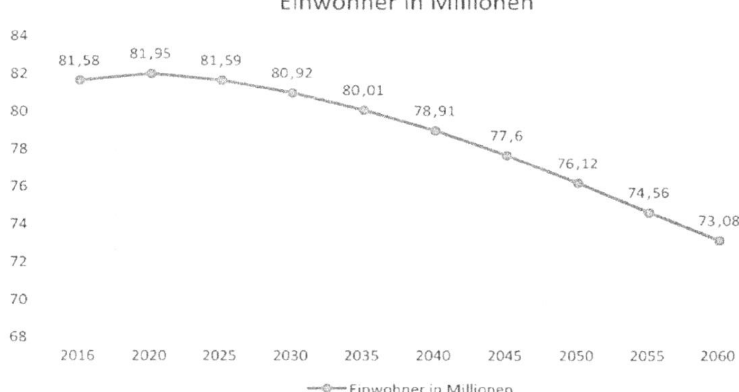

Abb. 4.6: Prognose der Einwohnerzahl Deutschlands von 2016 bis 2060 (in Millionen) (in Anlehnung an Statistisches Bundesamt DESTATIS, n.d.)

Doch es wird in den nächsten Jahren nicht nur ein Bevölkerungsrückgang, sondern zusätzlich eine Überalterung erwartet. Diese demografischen Entwicklungen werden von unterschiedlichen Faktoren bestimmt. Die bedeutendsten sind dabei die Fertilitätsrate, die Lebenserwartung und das Wanderungssaldo. Daraus ergibt sich die betriebswirtschaftliche Frage, wie deutsche Unternehmen auf den prognostizierten Rückgang des Erwerbspotenzials reagieren und ob sie überhaupt mit einem Rückgang des Erwerbspotenzials rechnen.

Prognostizierte demografische Entwicklung in Deutschland

Fertilitätsrate

Definition

Die Fertilitätsrate oder *zusammengefasste Geburtenziffer* definiert das Statistische Bundesamt folgendermaßen: „die zusammengefasste Geburtenziffer eines Kalenderjahres [...] ist ein altersstandardisiertes Maß für die Geburtenhäufigkeit der Frauen, die im betrachteten Kalenderjahr im Alter von 15 bis 49 Jahren waren. Die Kennzahl setzt sich aus den altersspezifischen Geburtenziffern für jedes einzelne Altersjahr der Frauen zwischen 15 bis 49 Jahren zusammen. Die zusammengefasste Geburtenziffer der Kalenderjahre bezieht sich demzufolge auf eine hypothetische Kohorte, die aus Frauen von 35 aufeinander folgenden Jahrgängen besteht" (Statistisches Bundesamt DESTATIS, 2017b, S. 155).

Die Kinderzahl der *realen Kohorte* wäre zwar zuverlässiger, da sie die tatsächlichen Geburten eines Jahrgangs widerspiegeln würde, doch diese lässt sich erst nach

Abschluss der fertilen Phase berechnen. Tab. 4.1 zeigt, dass die zusammengefasste Geburtenziffer in Deutschland in den letzten Jahren sogar angestiegen ist. Dies lässt sich wahrscheinlich zumindest teilweise zurückführen auf das 2007 eingeführte Elterngeld und den 2013 zusätzlich eingeführten Rechtsanspruch auf einen Betreuungsplatz für Kinder zwischen ein und drei Jahren (für ältere Kinder gab es bereits davor einen Rechtsanspruch).

Tab. 4.1: Zusammengefasste Geburtenziffer: Entwicklung der Fertilitätsrate in Deutschland von 2004 bis 2015 (in Anlehnung an Statistisches Bundesamt DESTATIS, 2017b)

Jahr	2004	2005	2006	2007	2008	2009	2010	2011	2012	2013	2014	2015
Geburtenziffer	1,36	1,34	1,33	1,37	1,38	1,36	1,39	1,39	1,41	1,42	1,48	1,50

Um ein Sinken der Bevölkerung zu verhindern, ist jedoch mindestens eine zusammengefasste Geburtenziffer von 2,1 Kindern pro Frau erforderlich; diese wurde zuletzt 1970 erreicht. Daher führt die gegenwärtige Geburtenziffer von 1,5 zu einer sinkenden Bevölkerung.

Die Gründe für die geringe Geburtenziffer sind unterschiedlich. Die klassische Partnerschaft als Familienmodell mit gemischtgeschlechtlichen Ehepartnern, die in einem gemeinsamen Haushalt leben, hat in den letzten Jahren kontinuierlich abgenommen und dies beeinflusst ebenfalls die Anzahl der Kinder. Außerdem hat die Mehrheit der in Lebensgemeinschaften (64 Prozent) lebenden und der alleinerziehenden Eltern (68 Prozent) heutzutage nur ein Kind.

Frauen sind heutzutage sozial immer unabhängiger von Männern und erlangen zunehmend eine höhere Bildung als früher. Allgemein lässt sich sagen, dass Akademikerinnen weniger Kinder bekommen als geringer qualifizierte Frauen, allerdings ist dieser Trend in den letzten Jahren leicht zurückgegangen. 2016 hat eine Befragung zur Kinderlosigkeit bei 45- bis 54-jährigen Frauen stattgefunden, bei der sich ergab, dass von den Frauen mit niedrigem Bildungsniveau 16 Prozent keine Kinder geboren hatten, bei den Frauen mit hohem Bildungsniveau, wie Akademikerinnen, dagegen 24 Prozent. Die geringere Fertilitätsrate gut ausgebildeter Frauen beruht insbesondere auf der Schwierigkeit, Familie und Beruf miteinander zu vereinbaren. Frauen mit einem hohen Bildungsgrad haben häufig viel in ihre Bildung investiert, möchten diese weiterhin nutzen und nicht auf eine Berufstätigkeit verzichten. Wenn diese Frauen zwischen Familie und Beruf wählen müssen, entscheiden sie sich häufiger als Frauen mit einem niedrigen Bildungsniveau für den Beruf. Zusätzlich bekommen Akademikerinnen ihr erstes Kind häufig später als Frauen mit niedriger Bildung. Dadurch verkürzt sich ihre fertile Lebensphase und sie werden insgesamt weniger Kinder bekommen. Diese Frauen bleiben dann später teilweise ungewollt kinderlos oder haben Schwierigkeiten, einen passenden Lebenspartner zu finden, oder sie haben sich schlicht an ein Leben ohne Kinder gewöhnt und sind nicht mehr bereit, für ein Kind Kompromisse einzugehen (Rosenstil, Molt & Rüttinger, 1977, S. 269 sowie diverse Artikel über „Frauenpower" in: Die Zeit in den Jahren 2016 und 2017).

Lebenserwartung

Neben der zuvor beschriebenen Fertilitätsrate hat auch die steigende Lebenserwartung einen Einfluss auf den demografischen Wandel. Seit über 100 Jahren steigt die Lebenserwartung kontinuierlich an. Ende des 19. Jahrhunderts wurde die steigende Lebenserwartung durch die Abnahme der Säuglingssterblichkeit geprägt, in den 1960ern durch die abnehmende Sterblichkeit der älteren Bevölkerung. Diese und der jüngste Anstieg der Lebenserwartung gehen auf den stetigen medizinischen Fortschritt und die Verbesserung der Lebensbedingungen zurück. Zusätzlich ist zu erwarten, dass sich die unterschiedlichen Lebenserwartungen von Männern und Frauen angleichen werden. Abb. 4.7 stellt diesen Trend noch einmal grafisch dar und verdeutlicht, dass nur in der Gruppe der über 65-Jährigen mit einem Anstieg der Personenzahl zu rechnen ist und dass die Personenzahl der restlichen Altersgruppen, ebenso wie die Gesamtbevölkerung, sinken wird. Im Jahre 2050 wird folglich eine Gesamtbevölkerung von 68,8 Millionen Deutschen zu erwarten sein.

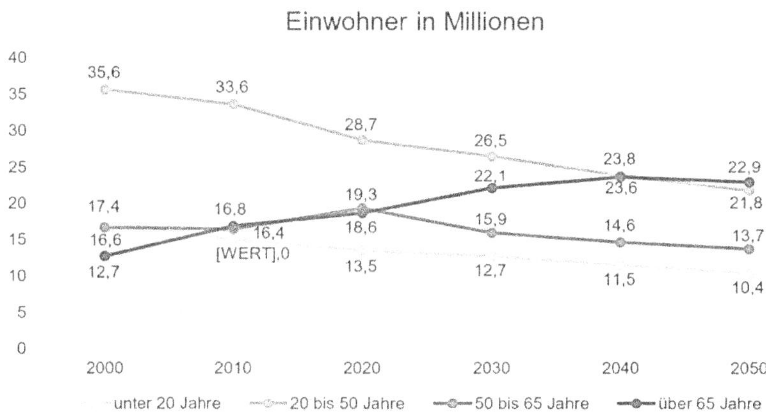

Abb. 4.7: Prognostizierte Entwicklung der Altersstruktur in Deutschland von 2010 bis 2050 (in Millionen Einwohner) (in Anlehnung an Statista, n.d.)

Wanderungssaldo

Als Drittes wird die Bevölkerungsentwicklung Deutschlands vom Wanderungssaldo geprägt. Hier interessiert dabei nur der Außenwanderungssaldo.

Definition
Der Außenwanderungssaldo ist die Differenz zwischen der Zuwanderung nach Deutschland und der Abwanderung aus Deutschland (Statistisches Bundesamt Destatis, n.d.).

In diesem Bereich sind Prognosen schwerer zu treffen, wie insbesondere das Jahr 2015 gezeigt hat. Bisher ist das Statistische Bundesamt bei Prognosen mit einer schwächeren Zuwanderung von einem Wanderungssaldo von 100 000 Personen ausgegangen und bei Prognosen mit einer stärkeren Zuwanderung von einem Wanderungssaldo von 200 000 Personen.

Das Statistische Bundesamt kann zum gegenwärtigen Zeitpunkt noch keine Aussagen dazu machen, ob die insbesondere seit 2015 stark angestiegene Zuwanderung die demografischen Trends nachhaltig beeinflussen wird. Es ist jedoch sicher, dass sie die Größe und Struktur der aktuellen deutschen Bevölkerung zumindest vorübergehend verändert hat. Das Statistische Bundesamt hat eine aktualisierte Prognose des Außenwanderungssaldos unter Berücksichtigung der jüngsten Zuwanderung veröffentlicht. Tab. 4.2 zeigt einen Auszug daraus.

Tab. 4.2: Korrigierte Prognose des Außenwanderungssaldos (in Anlehnung an Statistisches Bundesamt DESTATIS, n.d.)

Jahr	Saldo der Außenwanderung (in Personen)
2016	750 000
2017	500 000
2018	400 000
2019	300 000
2020	250 000
2021 bis 2060	200 000

Übung 4.3
Erklären Sie, was unter einem Außenwanderungssaldo zu verstehen ist.

Bei Betrachtung der Einflussfaktoren der demografischen Entwicklung wird klar, dass die deutsche Bevölkerung trotz der jüngsten Zuwanderung schrumpfen und überaltern wird und dass dieser Prozess schon begonnen hat. Abb. 4.8 zeigt eine Bevölkerungspyramide aus dem Jahr 2017, Abb. 4.9 eine Prognose für das Jahr 2030 und Abb. 4.10 eine Prognose für das Jahr 2060. In den Abbildungen 4.9 und 4.10 wurde jeweils in hellgrau die Bevölkerungspyramide des Jahres 2017 skizziert.

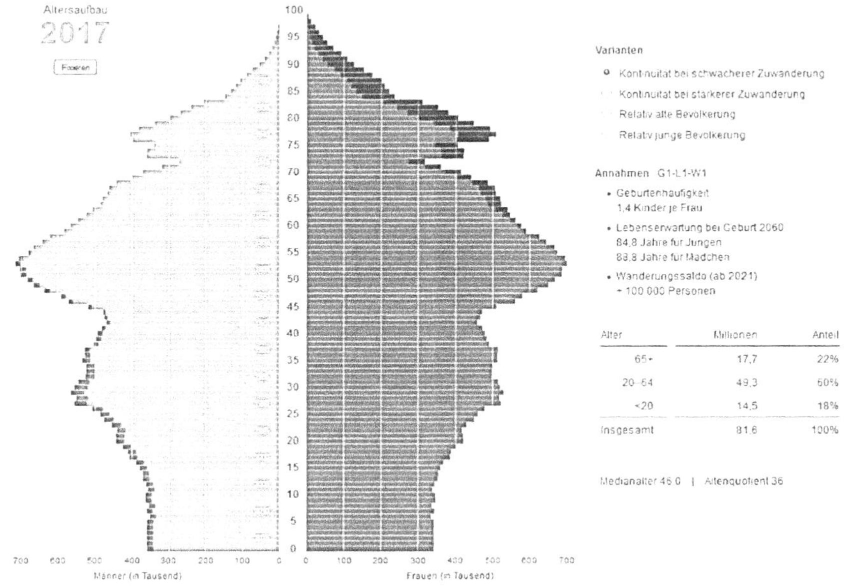

Abb. 4.8: Bevölkerungspyramide für das Jahr 2017 (Statistisches Bundesamt DESTATIS, 2015)

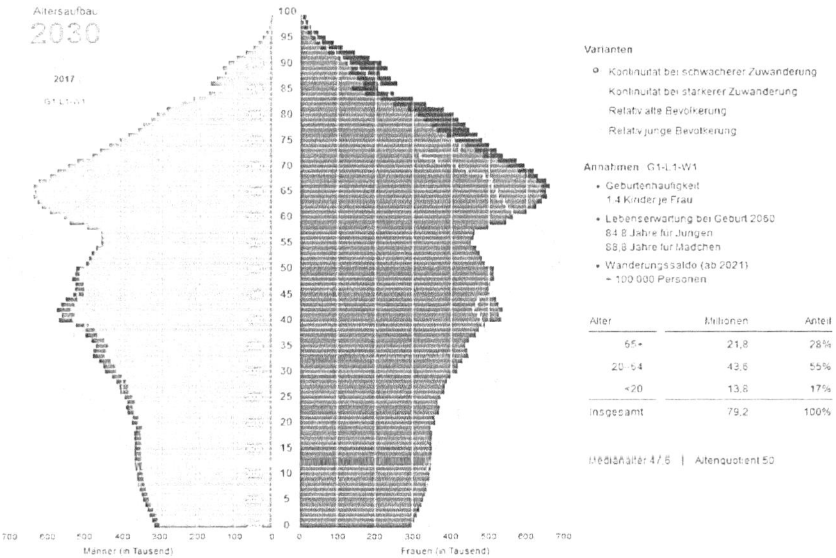

Abb. 4.9: Prognostizierte Bevölkerungspyramide für das Jahr 2030 (Statistisches Bundesamt DESTATIS, 2015).

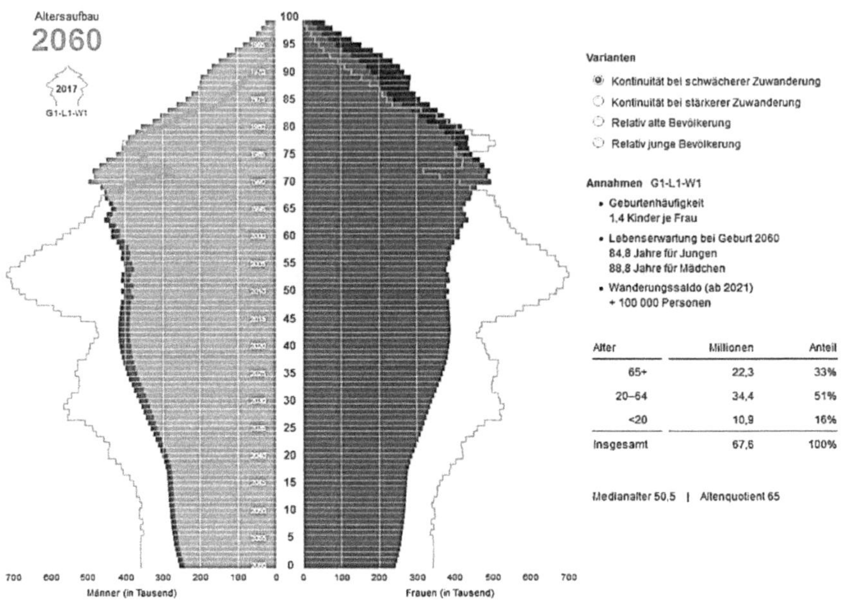

Abb. 4.10: Prognostizierte Bevölkerungspyramide für das Jahr 2060 (Statistisches Bundesamt DESTATIS, 2015)

Diese Prognosen können nur vorhersehbare Trends berücksichtigen; und vor allem Einflussfaktoren wie die Zuwanderung lassen sich nicht langfristig planen und nur schwer kontrollieren.

> Übung 4.4
> Was ist mit der Aussage gemeint: „Die Bevölkerungspyramide steht Kopf"?

Folgen der demografischen Entwicklung für deutsche Unternehmen

Der demografische Wandel stellt die deutschen Unternehmen vor diverse strukturelle Herausforderungen. Sie müssen ihre Personalplanung dem demografischen Wandel anpassen und vermeiden, dass dieser zu einer Einschränkung der Leistungsfähigkeit der Unternehmen führt. Gleichzeitig entwickelt sich unsere Gesellschaft durch die Digitalisierung und Globalisierung von einer Industriegesellschaft weiter zu einer innovativen Wissensgesellschaft. Dadurch werden die Aufgaben für die Arbeitnehmer immer komplexer, sodass mehr hoch qualifizierte Arbeitnehmer und gut ausgebildete Facharbeiter mit einer schnellen Auffassungsgabe benötigt werden. Deshalb müssen die Unternehmen die Qualifikationen ihrer älteren Arbeitnehmer weiter fördern. Bereits seit 2005 hat sich die Alterszusammensetzung der Arbeitnehmer in den Unternehmen merklich verändert und wird sich noch weiter verändern.

Zum Teil verwechseln Unternehmen, die die Weiterentwicklung ihrer Arbeitnehmer versäumt haben, die Weiterbildungslücke ihrer Arbeitnehmer jedoch mit einem Fachkräftemangel. Im europäischen Vergleich liegt Deutschland bei der Bildung und Weiterbildung seiner Erwerbspersonen (Erwerbstätige und Erwerbslose) unter dem Durchschnitt. In Deutschland hatten 2014 nur 8 Prozent der Erwerbspersonen in den vier Wochen vor der Datenerfassung durch die *Arbeitskräfteerhebung* (die in Deutschland in den Mikrozensus integriert ist) an einer formalen oder nicht formalen Aus- oder Weiterbildung teilgenommen, der EU-Durchschnitt lag bei rund 11 Prozent, Spitzenreiter waren die Dänen mit 32 Prozent.

Eine vom Bundesministerium für Wirtschaft und Energie (BMWi) in Auftrag gegebene Studie untersucht die Fachkräfteverknappung aus Unternehmenssicht. Eine dazugehörige Studie des Instituts für Arbeitsmarkt- und Berufsforschung (IAB) zeigt, dass die Time-to-Fill, die Zeit von der Personalbedarfsmeldung bis zur Besetzung einer Stelle, deutlich angestiegen ist. Dafür wurden 76 875 Stellenbesetzungen von 2000 bis 2013 beobachtet. Obwohl die Besetzungsdauer schwankt, lässt sich in diesem Zeitraum ein Anstieg von durchschnittlich 72,5 Tagen auf durchschnittlich 92 Tage feststellen. Dieser Anstieg zeigt, dass es inzwischen tatsächlich schwieriger geworden ist, Arbeitnehmer zu rekrutieren. Der Anteil der Unternehmen, die von Schwierigkeiten bei der Besetzung von Fachkräftestellen ausgehen, stieg ebenfalls von 10 Prozent im Jahre 2004 auf 30 Prozent im Jahr 2014.

Es wird nicht nur immer schwieriger, neue Arbeitnehmer zu rekrutieren, der Altersdurchschnitt der Mitarbeiter verändert sich ebenfalls. Das Statistische Bundesamt (DESTATIS) teilte 2017 mit, dass 2015 das durchschnittliche Alter der Erwerbstätigen bei 43,4 Jahren lag. In den letzten 25 Jahren ist es um 4,6 Jahre angestiegen und wird noch weiter steigen. 1991 betrug das Durchschnittsalter dagegen nur 38,8 Jahre (Statistisches Bundesamt DESTATIS, 2017c).

Um die Auswirkungen des ansteigenden Durchschnittsalters besser zu erfassen, lässt sich die Studie der Krankenkasse DAK (DAK Gesundheit, 2017) heranziehen, die die Arbeitsunfähigkeit von rund 2,6 Millionen Mitgliedern im Jahr 2016 nach Altersgruppen untersucht hat. Diese zeigt, dass sich sehr junge Arbeitnehmer (15–24 Jahre) am häufigsten arbeitsunfähig melden. Die jüngs-ten Arbeitnehmer haben zum einen ein höheres Unfall- und Verletzungsrisiko aufgrund der aktiveren Freizeitgestaltung, zum anderen lassen sie sich bereits für geringfügige Erkrankungen arbeitsunfähig schreiben. Die Anzahl der Arbeitsunfähigkeitsfälle schwankt ab 25 Jahren bis zum Renteneintritt nur in geringem Maße. Die durchschnittliche Dauer einer Erkrankung steigt mit dem Alter kontinuierlich an. Die durchschnittliche Ausfallzeit pro Krankmeldung liegt bei den 15- bis 19-jährigen Versicherten bei 5,5 Tagen und steigt bei den über 60-jährigen auf

22,2 Tage an. Mit höherem Alter steigt ebenfalls die Gefahr der Langzeitarbeitsunfähigkeit von mehr als sechs Wochen Dauer an, da langwierige chronische Erkrankungen, z.B. des Rückens, häufiger auftreten.

Ein weiteres wichtiges Merkmal für Unternehmen ist die Leistungsfähigkeit ihrer Mitarbeiter. Alter und berufliche Leistungsfähigkeit müssen dabei getrennt betrachtet werden. Zwar sinkt die körperliche Leistung mit zunehmendem Alter, aber dafür haben ältere Arbeitnehmer andere Stärken, wie z.B. ihre Erfahrung. Dadurch können sie schnell und intuitiv richtige Entscheidungen treffen, was in der modernen Arbeitswelt eine wichtige Fähigkeit ist. Arbeitsgestaltung, Weiterbildung, Training und Gesundheit sind für die individuelle Leistungsfähigkeit bedeutender als das Lebensalter. Jeder Arbeitnehmer altert zu einem anderen Zeitpunkt und in jeder Lebensphase kann das Unternehmen mit gezielten Personal- und Gesundheitsmaßnahmen reagieren.

Die höhere Lebenserwartung als Teil des demografischen Wandels ist für die deutschen Unternehmen sogar ein Vorteil, denn bisher und in naher Zukunft schrumpft die Zahl der Konsumenten nicht im gleichen Maße wie die Zahl der Arbeitnehmer und bedroht somit nicht den Absatzmarkt.

Die genannten Entwicklungen treten meist regional unterschiedlich und zeitlich versetzt auf; bisher sind die kleinen und mittleren Unternehmen (KMU) stärker betroffen als große Konzerne. Diese genannten Faktoren hängen oft zusammen. Obwohl die überwiegende Mehrheit aller Fachkräfte in Deutschland in KMUs arbeitet, sind diese in der Regel vom Fachkräftemangel stärker betroffen als große Konzerne. Das hat mehrere Gründe: Zum einen sind kleinere Unternehmen arbeitssuchenden Personen häufig weniger bekannt als große Konzerne. Zum anderen können sie sich meist keine gut ausgebildete und spezialisierte Personalabteilung und keine aufwendigen überregionalen Stellenausschreibungen leisten. Außerdem sind sie häufig in weniger beliebten Regionen angesiedelt.

Besondere Probleme treten in ländlichen Regionen auf: Besonders für junge und gut ausgebildete Menschen sind Städte attraktiver, weil dort das Angebot an Arbeitsplätzen, Einkaufsmöglichkeiten und Kultur-, Freizeit- und Bildungseinrichtungen sowie die ärztliche Versorgung besser sind als auf dem Lande. Durch den Wegzug von erheblichen Teilen dieser Bevölkerungsgruppen überaltert die Bevölkerung in den ländlichen Gebieten noch stärker und die Geburtenraten nehmen weiter ab. Die verbleibende Bevölkerung hat ein geringes durchschnittliches Haushaltseinkommen und damit eine geringere Kaufkraft, wodurch die Nachfrage nach Gütern weiter abnimmt und weitere Unternehmen abwandern. Am stärksten betroffen von dieser Entwicklung sind die ländlichen Gebiete der neuen Bundesländer, so zum Beispiel die Stadt Suhl in Thüringen mit einer Bevölkerungsabnahme von circa 31 Prozent (seit 1990).

Bisher sind noch nicht alle Branchen vom Fachkräfteengpass betroffen. Besonders stark betroffen sind bisher einerseits die sogenannten MINT-Berufe (Mathematik, Informatik, Naturwissenschaften und Technik) und andererseits die Medizin und die Pflege. Vom Fachkräfteengpass der MINT-Berufe sind vor allem die Ingenieure betroffen. Die Position des Elektroingenieurs scheint teilweise z.B. nur als Einstiegsposition zu Karrierebeginn genutzt zu werden, ab Mitte 30 verlassen viele Ingenieure diese Position bereits. Naturwissenschaftliche Berufe scheinen hingegen derzeit noch genug Nachwuchskräfte anzuziehen. In Gesundheits- und Pflegeberufen, wie Krankenschwester und Hebamme, liegt bereits heute ein Fachkräftemangel vor. Trotz relativ niedrigem Gehaltsniveau wird das Personal in diesen Berufen stark beansprucht; und aufgrund der speziellen Tätigkeiten ist ausgebildetes Fachpersonal nur sehr bedingt ersetzbar.

Handlungsfelder für deutsche Unternehmen

Deutsche Unternehmen sind den demografischen Veränderungen nicht machtlos ausgesetzt. Es gibt zahlreiche Handlungsfelder, die den Betrieben die Möglichkeit eröffnen, auf die Gegebenheiten des demografischen Wandels zu reagieren.

Einbinden älterer Arbeitnehmer

Der demografische Wandel verlangt von den deutschen Unternehmen eine angepasste Personalplanung, die den Alterungsprozess der Arbeitnehmer berücksichtigt. Dabei sollten vor allem ältere Arbeitnehmer so lange, wie es möglich und sinnvoll ist, in den Unternehmen gehalten werden. Dadurch, dass in Deutschland jahrelang der Trend bestand, ältere Arbeitnehmer unbegründet oder aus Kostengründen verfrüht in Rente zu schicken, fehlt es vielen Unternehmen oft an Erfahrung im Umgang mit älteren Arbeitnehmern. Dabei ist es wichtig, zwischen den aktuell über 60-jährigen und zukünftig älteren Arbeitnehmern zu differenzieren, da ihre Werte, Einstellungen und Kompetenzen unterschiedlich sind. Den Generationen gemein ist jedoch, dass eine Wertschätzung ihrer Arbeit sie signifikant motiviert. Dies kann, vor allem bei höher qualifizierten Arbeitnehmern, durch *Coaching* oder *Mentorenprogramme* für jüngere Kollegen geschehen, da die Programme oft weniger anstrengend sind als die alltäglichen Aufgaben.

Eine andere Möglichkeit des Wissenstransfers stellt die Zusammenstellung **von altersgemischten Arbeitsteams** dar. Dabei sollten die Unternehmen nicht unüberlegt und willkürlich neue Teams zusammenstellen, sondern die Teams gut vorbereiten und kontinuierlich begleiten. Dabei ist es wichtig, Vorurteile gegen die jeweils andere Altersgruppe abzubauen und Altersdiskriminierung von Anfang an zu unterbinden. Häufig werden diese Vorurteile gerade in den altersgemischten Teams abgebaut, da jüngere Arbeitnehmer von der Erfahrung ihrer älteren Kollegen profitieren, sich ihr Wissen im direkten Kontakt leichter aneignen und dieses nach dem Ausscheiden der Älteren im Unternehmen erhalten bleibt. Durch die Zusammenarbeit lernen jüngere Kollegen ihre älteren Kollegen häufig ebenfalls mehr zu schätzen. Außerdem werden ältere Arbeitnehmer zukünftig immer relevanter für die Unternehmen, da Arbeitnehmer immer schwerer zu rekrutieren sind. Jüngere Arbeitnehmer hingegen bringen neue Ideen und neues Wissen in ein Unternehmen und können ihren dienstälteren Kollegen Aufgaben abnehmen, die diesen Probleme bereiten. Trotz der vielen Vorteile haben altersgemischte Teams aber ebenso Nachteile: Ältere und jüngere Arbeitnehmer befinden sich in unterschiedlichen Lebensphasen und haben dadurch zwangsläufig unterschiedliche Werte, Ziele und Interessen. Außerdem haben die verschiedenen Altersklassen unterschiedliche Arbeitsweisen und -tempi. Wenn dann das gegenseitige Verständnis fehlt, zum Beispiel dafür, dass ältere Mitarbeiter einige Aufgaben nicht mehr so schnell ausführen können wie junge Kollegen, kann es zu Konflikten innerhalb der Teams kommen, andererseits können ja auch ältere Mitarbeiter aufgrund ihrer Erfahrung Arbeiten evtl. schneller ausführen als die Nachwuchskräfte. Die Vorteile altersgemischter Teams überwiegen allerdings und bieten die beste Möglichkeit, Wissen, Erfahrung und Fähigkeiten verschiedener Altersklassen zu kombinieren, um komplexe Aufgaben innovativ zu lösen.

Allgemein ist es empfehlenswert, dass sich Unternehmen mit den individuellen Lebensentwürfen ihrer Mitarbeiter und deren Übergängen von der Erwerbs- in die Nacherwerbsphase befassen. Dafür sind ebenso flexible Arbeitszeitmodelle geeignet, die sich den Bedürfnissen des Arbeitnehmers und seiner Gesundheit anpassen, wie Lebenszeitkonten oder Altersteilzeit.

Effiziente Gesundheitsvorsorge

Eine weitere Möglichkeit, Arbeitnehmer und ihr Wissen möglichst lange im Unternehmen zu halten, sind Präventionsmaßnahmen und gezielte Gesundheitsförderung. Dabei gibt es die unterschiedlichsten Möglichkeiten: zum Beispiel die Mitgliedschaften in einem Fitnessstudio zu bezahlen, ein hauseigenes Fitnessstudio zur Verfügung zu stellen oder Kurse zur Entspannung, für Rückengymnastik oder über Stressmanagement anzubieten. Gesundes Essen in der Kantine und ergonomische Arbeitsplätze können einen zusätzlichen Beitrag zur Gesundheit der Mitarbeiter und zur Vermeidung von chronischen Krankheiten leisten. Dadurch können die Mitarbeiter effizient arbeiten. Durch diese Investitionen kann es außerdem gelingen, die krankheitsbedingten Fehlzeiten zu reduzieren und als Arbeitgeber attraktiver aufzutreten. Dadurch entsteht ein Anreiz für potenzielle Arbeitnehmer, sich im Unternehmen zu bewerben.

Häufig werden diese Maßnahmen gebündelt im **betrieblichen Gesundheitsmanagement (BGM)** integriert.

Definition

Eine der gängigsten Definitionen des BGM stammt von E. Wienemann (2002): **Betriebliches Gesundheitsmanagement** ist die bewusste Steuerung und Integration aller betrieblichen Prozesse mit dem Ziel der

> Erhaltung und Förderung der Gesundheit und des Wohlbefindens der Beschäftigten. Die Ziele des BGM übersteigen damit die bloße Gesundheitsvorsorge: Durch Reorganisation von Managementprozessen und -strukturen soll erreicht werden, dass gesunde Mitarbeiter in gesunden Unternehmen arbeiten. Die Gesundheitsförderung sowie das Wohlbefinden der Mitarbeiter sollen u.a. durch zusätzliche Investitionen in bestehende Strukturen gefördert werden. Dazu gehören ferner noch die Vereinbarkeit von Beruf und Familie, die Bewältigung des demografischen Wandels, die Zukunftssicherung von Mitarbeitern und die Förderung des Betriebsklimas (Kiesche, 2013, S. 19).

Die Entwicklung zu einer Wissensgesellschaft wirkt sich dahingehend positiv auf die Gesundheit der Belegschaft aus, dass in dieser die Gesundheit im Allgemeinen, abgesehen vom übermäßigen Sitzen, weniger belastet wird als in der vorangegangenen Industriegesellschaft.

Steigerung der Arbeitgeberattraktivität

Während bisher die Unternehmen ihre zukünftigen Mitarbeiter häufig aus einer großen Menge von Bewerbern auswählen konnten, werden sich in Zukunft viele Bewerber aussuchen können, bei welchem Unternehmen sie arbeiten wollen. Daher wird dann u.a. die Arbeitgeberattraktivität entscheidend dafür sein, dass es einem Unternehmen trotz drohendem Fachkräftemangel gelingt, sich von den Wettbewerbern abzuheben, um genügend geeignete Arbeitnehmer einzustellen und langfristig an sich zu binden. Dabei haben es Unternehmen mit bekanntem Namen leichter.

Eine Strategie, sich positiv von der Konkurrenz abzuheben, ist die Arbeitgebermarkenbildung. Diese ist besonders für unbekannte Unternehmen zu empfehlen. Sie funktioniert ähnlich wie eine gewöhnliche Markenbildung: Es ist ebenfalls ein strategischer Prozess, in dem eine Arbeitgebermarke erst gebildet, aufgebaut, positioniert und danach kontinuierlich gestärkt werden muss. Dabei präsentiert sich das Unternehmen mit seiner personellen Marketingstrategie am Arbeitsmarkt so, wie es von möglichen Bewerbern und Mitarbeitern wahrgenommen werden möchte. Die dadurch entstehende Markenidentität mit personalpolitischen Aspekten wirkt im Idealfall gleichzeitig als Filter, um geeignete Arbeitnehmer vorzuselektieren. Daher ist es wichtig, dass sich das Unternehmen realistisch darstellt, um nicht unerfüllbare Erwartungen zu wecken (Esch, 2014, S. 151).

Die Kommunikation mit den potenziellen Arbeitnehmern erfolgt dann entsprechend der Zielgruppe. Die breite Masse wird am besten mit Werbung erreicht, doch damit hinterlässt ein Unternehmen selten einen bleibenden Eindruck. Letzterer wird beispielsweise mit einem Praktikum erzielt, wobei jedoch nur mit einer begrenzten Anzahl an Personen in Kontakt getreten werden kann. Die

Kommunikationskanäle müssen ebenfalls angepasst werden: Während früher eine große Anzahl an geeigneten Kandidaten über Stellenanzeigen in Zeitungen erreicht wurde, sind es heute eher ältere Arbeitnehmer, die diese Möglichkeit wahrnehmen. Jüngere Arbeitnehmer hingegen nutzen Online-Jobbörsen oder Business Networks, wie beispielsweise Xing oder LinkedIn. Der Erfolg der personellen Marketingstrategie lässt sich zum Teil in den Rankings von Arbeitgeberbewertungsportalen wie Kununu messen. Diese Arbeitgeberbewertungsportale geben jedoch keine differenzierte Auskunft, denn in den unterschiedlichen Portalen führen unterschiedliche Unternehmen die Rankings an; und kleine Unternehmen werden dabei kaum erfasst.

Steigerung der Erwerbsbeteiligung

Obwohl es einerseits bereits einen Fachkräfteengpass gibt, gab es 2016 andererseits 2,69 Millionen Arbeitslose. Es ist zwar teilweise mühsam, diese Personen wieder zu aktivieren, aber mit ihnen lässt sich vor allem die Einfacharbeit in Unternehmen abdecken. Knapp die Hälfte der Arbeitslosen verfügt über keinen Berufsabschluss. Für sie ist *Training-on-the-Job* mit einfachen, gering entlohnten Tätigkeiten (oftmals in Form von Zeitarbeit oder in befristeten Arbeitsverhältnissen) auf niedrigschwelligen Arbeitsplätzen geeignet, um einen (Wieder-)Einstieg in die Arbeitswelt zu bekommen. Alternativ können sie von den Unternehmen in einem ersten Schritt individuell qualifiziert und später durch Personalentwicklungsmaßnahmen unterstützt werden. Entscheidend für den Erfolg der Eingliederung ist zusätzlich die Eigenmotivation oder die Lerndistanz der neuen Mitarbeiter. Teilweise werden entsprechende Programme zusätzlich gefördert, zum Beispiel durch die Bundesagentur für Arbeit oder von den lokalen Jobcentern.

Eine weitere Möglichkeit ist, ungelernte Nachwuchskräfte über soziale Projekte zu gewinnen oder zu qualifizieren. Die Berliner Stadtreinigung (BSR) z.B. rekrutiert ebenfalls *schwer vermittelbare* junge Erwachsene aus sozialen Projekten, denen sie so eine Chance auf einen Arbeitsvertrag bietet und zugleich mit den jungen Nachwuchskräften ihren Altersdurchschnitt senkt.

Zusätzlich stellen insbesondere Frauen ein weiteres, ungenutztes Arbeitskräftepotenzial dar. Im Jahr 2016 war die Frauenerwerbsquote mit 62,0 Prozent deutlich geringer als die der Männer mit 70,4 Prozent. Die Teilzeitquote ist bei Frauen mit 47,1 Prozent deutlich höher als bei Männern, wo sie bei 10,8 Prozent liegt. Gerade in den stark betroffenen Gesundheits- und Pflegeberufen, in denen über drei Viertel der Angestellten weiblich sind und in etwa die Hälfte nur in Teilzeit arbeitet, ist die Ausweitung der Arbeitszeit eine der wichtigsten Maßnahmen zur Vermeidung des Fachkräftemangels. Im Jahre 2016 waren branchenübergreifend 1 349 000 Frauen unterbeschäftigt, das heißt, sie streben eine Ausdehnung der Wochenarbeitszeit an. Insbesondere Frauen im Alter zwischen 40 und 49 Jahren, die nach einer Erziehungspause wieder beruflich eingestiegen sind, wünschen sich längere Arbeitszeiten. Bisher gibt es in Deutschland zwar unter gewissen Voraussetzungen ein Recht auf Teilzeitarbeit (geregelt in § 8 des TzBfG), aber kein Rückkehrrecht zur Vollzeitarbeit. Dieses soll sich jedoch zumindest in einigen Branchen laut neuer Bundesregierung bald ändern (Stand April 2018). Diese unfreiwillige Unterbeschäftigung verstärkt den Fachkräfteengpass zusätzlich. Stattdessen sollten Unternehmen Frauen nach der Erziehungspause nicht unterschätzen.

Den Frauen sollte der Weg zurück ins Erwerbsleben erleichtert und die Vereinbarkeit von Familie und Beruf ermöglicht werden, da viele dieser Frauen hoch qualifiziertes Personal darstellen. Im Jahre 2016 hat das Bayerische Staatsministerium für Wirtschaft und Medien, Energie und Technologie gemeinsam mit dem Bayerischen Staatsministerium für Arbeit und Soziales, Familie und Integration den Unternehmenswettbewerb „Erfolgreich.Familienfreundlich" ausgetragen. Dort wurden die familienfreundlichsten Unternehmen Bayerns ausgezeichnet. Als besonders geeignet, Frauen einen reibungslosen Wiedereinstieg zu ermöglichen, haben sich dabei folgende Maßnahmen gezeigt:

- Wenn es gewünscht wird, können Mitarbeiterinnen während der Elternzeit die Verbindung zum Unternehmensalltag beibehalten, zum Beispiel durch die Teilnahme an Fortbildungen und Meetings.
- Falls es möglich ist, sollten Unternehmen nicht nur flexible Arbeitszeiten, sondern zusätzlich flexible Arbeitsorte anbieten und auf feste Wochenarbeitszeiten verzichten.
- Um Frauen den Wiedereinstieg zu erleichtern, könnte beispielsweise eine Kinderbetreuung durch betriebseigene Betreuungsplätze angeboten werden, es gestattet werden, Mitarbeiterkinder in Ausnahmefällen mit in das Unternehmen zu bringen, ergänzende Kinderbetreuung am Wochenende oder zusätzliche Kinderferienprogramme angeboten werden.

Diese Maßnahmen erleichtern Frauen den Wiedereinstieg zusätzlich emotional. Allen Maßnahmen gemein ist, dass sie sich an die individuellen Bedürfnisse von Unternehmen und Mitarbeiterinnen anpassen und nicht pauschal und unüberlegt eingesetzt werden sollten. Für Unternehmen sollten diese Maßnahmen eine Überlegung wert sein, da sie auf die Ausschöpfung dieser bisher häufig unvollständig genutzten Erwerbspotenziale abzielen (Herrfurth & Schmeisser, 2014, S. 1 ff.).

Die wahrscheinlich wichtigste Zielgruppe für Unternehmen, um Nachwuchskräfte zu rekrutieren, sind jedoch Jugendliche. Zur Fachkräftesicherung ist daher das duale Ausbildungssystem essenziell für internationale Unternehmen. Nachdem jahrelang weniger duale Ausbildungsplätze angeboten wurden, als es Bewerber gab, hat sich die Situation seit 2008 gewandelt. Inzwischen bleiben viele Ausbildungsplätze unbesetzt. Im Jahre 2016 gab es 22 928 offene Ausbildungsplätze. Da es dennoch Jugendliche gibt, die keinen Ausbildungsplatz gefunden haben, ist davon auszugehen, dass trotz des Fachkräfteengpasses unzureichend qualifizierte Ausbildungsbewerber nicht eingestellt werden oder dass es ein regionales Mismatch gibt. Die Tatsache, dass es für Unternehmen zunehmend schwieriger wird, offene Ausbildungsplätze zu besetzen, hat noch weitere Ursachen:

- Zum einen stehen durch den demografischen Wandel weniger Jugendliche dem Ausbildungsmarkt potenziell zur Verfügung, weshalb die einzelnen Unternehmen zukünftig noch stärker um geeignete Bewerber konkurrieren werden.
- Zum anderen haben Jugendliche teilweise falsche Vorstellungen von bestimmten Berufen, und die Präferenz für eine akademische Ausbildung steigt.

Den Trend zur Akademisierung bestätigt der Berufsbildungsbericht des Bundesministeriums für Bildung und Forschung (BMBF) von 2015. Die duale Ausbildung und die Ausbildung an einer Hochschule stehen zunehmend im Wettbewerb. Die Politik unterstützt zwar prinzipiell die Akademisierung, aber dennoch hat die Stärkung der dualen Berufsausbildung hohe politische Priorität. Die Politik rät den Unternehmen, die berufliche Ausbildung attraktiver zu gestalten und Studienabbrecher gezielt anzuwerben. In Deutschland bricht mehr als jeder Vierte sein Bachelorstudium ab. Diesen jungen Menschen sollten die Unternehmen unbedingt eine Chance geben und die bereits erreichten Qualifizierungen anerkennen. Zum Vorteil der Unternehmen selbst sollten diese den Erwerb eines berufsqualifizierenden Abschlusses in möglichst kurzer Zeit unterstützen. Dennoch ist es entscheidend, darauf zu achten, dass die Studienabbrecher genügend betriebliche Praxiserfahrung sammeln.

Neben den steigenden Schwierigkeiten, geeignete Auszubildende zu finden, nimmt die zukünftige Verwertbarkeit und Aktualität der Berufsausbildungen kontinuierlich ab. Die Produkt-, Prozess- und Innovationszyklen werden sich noch weiter verkürzen, die Komplexität der Technologien wird weiterhin zunehmen und der Innovationsdruck steigen. Diese Entwicklungen erfordern Fach- und Spezialistenwissen, erschweren aber gleichzeitig die Qualifizierung von Fachkräften und lassen berufliche Qualifikationen schneller veralten. Auszubildende werden dadurch zu Flexibilität erzogen. Andererseits sind sie deswegen häufiger bereit, das Unternehmen für ein besseres Angebot zu wechseln. Berufsschulen, Hochschulen und die ausbildenden Unternehmen müssen besonders für die Digitalisierung gerüstet sein, damit die Nachwuchskräfte am Ende ihrer Ausbildung den Anforderungen der modernen Arbeitswelt genügen können und das Gelernte nicht bereits unmittelbar nach Abschluss der Ausbildung veraltet ist.

Die Digitalisierung und der Einsatz ausländischer Fachkräfte bieten den Unternehmen zusätzliche Lösungsmöglichkeiten für die Herausforderungen des demografischen Wandels.

Beispiel

Praxisbeispiel für Diversität von der ING-DiBa AG

Ein geeignetes Praxisbeispiel, wie deutsche Unternehmen angemessen auf den demografischen Wandel reagieren, bietet die Bank ING-DiBa AG. Ein Hauptanliegen ist dabei die Diversität, damit die Lebensphasen und verschiedenen Altersgruppen der Mitarbeiter mit denen der Kunden korrespondieren. Ein weiteres Ziel ist, sich von den alten Stereotypen zu lösen.

Die Bank versucht dabei gezielt, Vorurteile unter den verschiedenen Altersklassen abzubauen. Einerseits will sie junge Arbeitnehmer nicht bevorzugt einstellen, zum anderen sollten sich ältere Arbeitnehmer nicht auf ihren Privilegien ausruhen und auf die jungen Kollegen herabschauen. Dabei setzt die ING-DiBa AG auf altersgemischte Teams, um von den jeweiligen Vorteilen zu profitieren und dem Kunden auf Augenhöhe begegnen zu können. Dazu gehört es, Respekt für die unterschiedlichen Herangehensweisen der Kollegen zu entwickeln und sich gegenseitig zu unterstützen. Außerdem sollen ältere Mitarbeiter dazu bereit sein, gegebenenfalls wieder eine Stufe auf der Hierarchieleiter hinunterzusteigen und dies nicht als einen persönlichen Angriff, sondern eher als eine Entlastung zu empfinden. Ein weiterer Punkt ist die betriebliche Gesundheitsvorsorge, die dazu beitragen soll, die Arbeitnehmer möglichst lange und gesund im Unternehmen zu halten. Ergänzend dazu wird Altersteilzeit individuell eingesetzt.

Bei der ING-DiBa AG ist, ähnlich wie in anderen Unternehmen, das Durchschnittsalter in den letzten Jahren von 36 auf 39 Jahre gestiegen. Dafür hat die Bank sich in ihren Zielvereinbarungen verpflichtet, ihre lebens- und familienbewusste Führung weiter zu fördern. Dies soll unter anderem auf unternehmenseigenen Seminaren den Managern bewusstgemacht werden. Im Fokus steht dabei vor allem die Zielgruppe 50+. Eine konkrete Maßnahme für diese Zielgruppe ist das Programm *Ausbildung 50+*, das älteren potenziellen Arbeitnehmern einen beruflichen Neueinstieg oder einen Wiedereinstieg ermöglichen soll. Dieses Programm wurde mit dem Sonderpreis *Förderung älterer Menschen* des Arbeitgeberwettbewerbs *Deutschlands beste Arbeitgeber* gewürdigt.

Weitere Maßnahmen für die älteren Mitarbeiter (über 50 Jahre) sind die Teilnahmemöglichkeit an altersunabhängigen Weiterbildungsmaßnahmen, flexible Arbeitszeitmodelle und das Gesundheitsprogramm *DiBa FIT*. Die Initiative DiBa FIT unterhält Programme zur Prävention und Früherkennung von Gesundheitsbelastungen. Der Gesundheitsschutz ist somit ein Teil der Unternehmenskultur und war sogar Teil des zum 1. Januar 2013 in Kraft getretenen Zukunftsvertrags zwischen der Bank und der Gewerkschaft ver.di. Darin wurden die Aufrechterhaltung der Gesundheit und die damit verbundene nachhaltige Arbeitsfähigkeit zu einer beidseitigen Verpflichtung erklärt. Schlüsselrollen haben dabei die Prävention und Handhabung von körperlichen und mentalen Gesundheitsbelastungen.

Ergänzend wird kontinuierlich bei allen Mitarbeitern geprüft, welche Personalentwicklungsinstrumente die einzelnen Mitarbeiter am sinnvollsten fördern und wie ihre Erfahrung am besten eingesetzt werden kann.

Während die ING-DiBa AG mit Diversität auf den Fachkräfteengpass reagiert, untersucht das folgende Kapitel, ob Unternehmen durch technologische Entwicklungen weniger Arbeitskräfte benötigen.

Zusammenfassung

In diesem Abschnitt wurden der Fachbegriff der Personalplanung näher erläutert und die Besonderheiten gerade im internationalen Umfeld vorgestellt.

Durch den demografischen Wandel werden die Unternehmen vor neue Herausforderungen gestellt. Um dem Fachkräfteengpass entgegenzuwirken, der bereits jetzt schon in einigen Branchen herrscht, müssen Unternehmen neue Wege beschreiten, wie z.B. die Steigerung der Attraktivität als Arbeitgeber, bessere Wiedereinstiegsmöglichkeiten für Frauen nach der Kindererziehungszeit, altersgemischte Teams etc.

4.3 Digitalisierung als Ausgleich des demografischen Wandels

Lernziele

Nach Durcharbeiten dieses Abschnitts haben Sie ein grundsätzliches Verständnis der Digitalisierung erworben und Sie wissen um die Möglichkeiten der Digitalisierung als Ausgleich des demografischen Wandels am Arbeitsmarkt.

In diesem Abschnitt betrachten wir, inwieweit die zunehmende Digitalisierung den deutschen Unternehmen eine Möglichkeit bietet, auf den demografischen Wandel zu reagieren.

Die Digitalisierung scheint eine geeignete Möglichkeit zu bieten, den Folgen des demografischen Wandels entgegenzuwirken. Ob das wirklich so ist, wird in diesem Abschnitt untersucht. Seit einigen Jahren sind die Begriffe *Digitalisierung* und *Industrie 4.0* immer öfter zu hören und werden ebenso wie die *Silver Society* als Megatrends unserer Zeit gehandelt.

Industrie 4.0 ist eine Folge der Digitalisierung und bezeichnet die vierte industrielle Revolution.

Unter Digitalisierung werden verschiedene Veränderungen zusammengefasst, die sich aus den Möglichkeiten der Informationstechnologie ergeben, ohne dass jedoch eine allgemein akzeptierte Definition besteht. Das Unternehmen Deloitte erklärt Digitalisierung als „eine Überführung von analogen in digitale Daten [...] Digitalisierung bedeutet die Veränderung von Geschäftsmodellen durch die Verbesserung von Geschäftsprozessen aufgrund der Nutzung von Informations- und Kommunikationstechniken" (Deloitte, 2013, S. 8).

Übung 4.5

Erklären Sie die Begriffe Silver Society und Best Ager.

Daraus ergibt sich für die Personalplanung bereits jetzt und in Zukunft noch verstärkt die Aufgabe, Arbeitnehmer entsprechend ihren menschlichen Fähigkeiten wie Kreativität, Einfühlungsvermögen und Motorik wirtschaftlich am sinnvollsten einzusetzen. Bezüglich der Veränderungen, die Digitalisierung in der Arbeitswelt auslöst, gibt es die unterschiedlichsten Prognosen (Schmeisser, Kaziula, Ortmeier & Spiger, 2018, S. 199 ff.).

Auf der einen Seite tauchen in den Medien immer wieder Artikel darüber auf, dass durch die Digitalisierung die Hälfte der deutschen Arbeitsplätze in 20 Jahren durch Roboter ersetzt werden könnte. Dabei soll es nicht nur Berufe wie Postboten, Taxi- und Lkw-Fahrer treffen, die durch Drohnen, Roboter oder selbstfahrende Autos ersetzt werden, sondern ebenfalls Hochqualifizierte wie Professoren, Ärzte oder Anwälte. Denn laut FOCUS-MONEY-Redakteur Jens Masuhr werden, anders als in den vorangegangenen technischen Umbrüchen, mit der Industrie 4.0 keine neuen Arbeitsplätze geschaffen, sondern nur die vorhandenen effizienter gestaltet und technisch unterstützt (Schmeisser et al., 2018, S. 122 ff. und 204 ff.).

Derartige Meldungen, die über eine äußerst hohe Anzahl von zukünftig nicht mehr benötigten Arbeitskräften berichten, lassen sich größtenteils auf eine **Oxford-Studie von Frey und Osborne aus dem Jahre 2013** zurückführen (Masuhr, 2017). Diese gingen von einer in den USA erstellten Auflistung von Tätigkeitsbeschreibungen für 702 Berufe aus und diskutierten auf einem Workshop mit zehn Robotik- und Computerfachleuten darüber, welche Berufe in Zukunft noch existieren würden. Dabei kam allerdings nur in 70 Fällen eine Einigung zustande. Anschließend erstellten Frey und Osborne dann zu jedem der 702 Berufe eine Aufstellung, wie hoch jeweils der Anteil an Kreativität, sozialer

Kompetenz, Fingerfertigkeit und Routinetätigkeit ist. Für die 70 Berufe, bei denen sich die Experten einig waren, bestimmten sie dann eine mathematische Funktion dieser Anteile, die die von den Experten bestimmten Vorhersagen für das Entfallen beziehungsweise das Weiterbestehen dieser Berufe annähernd richtig wiedergab. Eine Anwendung der Funktion auf die für die übrigen 632 Berufe ermittelten Verteilungen ergab dann die Wahrscheinlichkeiten dafür, dass diese Berufe zukünftig ebenfalls entfallen werden. Frey selbst hält die Aufregung um die hundertfach zitierte Studie inzwischen selbst für übertrieben.

Auf der anderen Seite gehen viele Experten, u.a. Gunther Kegel, Präsident des Verbands der Elektrotechnik (VDE), davon aus, dass auf längere Sicht keine Arbeitsplätze verloren gehen werden. Er ist der Überzeugung, dass nur vorübergehend mehr Stellen wegfallen, als neue durch die Digitalisierung entstehen. Mittelfristig hingegen werden durch rund um die Digitalisierung benötigte Dienstleistungen mehr neue Arbeitsplätze entstehen, als vorher weggefallen sind. Ralph Appel, Direktor des Vereins Deutscher Ingenieure (VDI), nimmt zusätzlich an, dass es durch die Digitalisierung zu Rückverlagerungen von Arbeitsplätzen und Produktionsstätten nach Deutschland kommt (Schmeisser et al., 2018, S. 246 ff.).

Die Expertenmeinungen widersprechen sich also in der Beantwortung der Frage, ob sich die Digitalisierung substitutiv oder komplementär auf die Zahl der Arbeitsplätze auswirken wird. Deshalb lohnt sich eine Analyse, wie sich der Arbeitsmarkt und damit die Personalplanung der Unternehmen in den nächsten Jahren durch die Digitalisierung verändern werden. Hierbei geht es darum, ob die Unternehmen durch die zunehmende Digitalisierung eine adäquate Möglichkeit erhalten, auf den demografischen Wandel zu reagieren. Daher wird zunächst der derzeitige Stand der Digitalisierung aufgezeigt, dann die Substituierbarkeit der Berufe dargestellt, danach weitere Folgen der Digitalisierung aufgezeigt und abschließend Handlungsfelder für die Unternehmen vorgestellt.

4.3.1 Voranschreiten der Digitalisierung

Der Gebrauch von Computern hat in den vergangenen Jahren nicht nur im Privatleben stark zugenommen, sondern ebenfalls in der Arbeitswelt. Immer mehr Beschäftigte arbeiten an einem Computer und seit der Corona-Krise 2020 sogar im Home-Office. Die Europäische Stiftung zur Verbesserung der Lebens- und Arbeitsbedingungen (Eurofound) hat von 1991 bis 2010 insgesamt 87 884 Beschäftigte in verschiedenen europäischen Ländern bezüglich des Computereinsatzes an ihrem Arbeitsplatz befragt. 1991 nutzten 46 Prozent der Beschäftigten einen Computer, 2000 waren es 56 Prozent und 2010 waren es schließlich 68 Prozent. Des Weiteren wurde nach der Intensität der Computernutzung gefragt. Es wurde dabei unterschieden zwischen Basisnutzern, die maximal die Hälfte ihrer Arbeitszeit mit einem Computer arbeiteten, und Intensivnutzern, die mindestens drei Viertel ihrer Arbeitszeit mit einem Computer arbeiteten. Es ergab sich, dass von 1991 bis 2010 der Anteil der Basisnutzer von 32 Prozent auf 38 Prozent angestiegen ist und der Anteil der Intensivnutzer von 14 Prozent auf knapp 30 Prozent. Diese Entwicklung dürfte sich weiter fortsetzen (Schmeisser et al., 2018, S. 199 ff.).

Im März 2016 veröffentlichte Bitkom Research, das auf Marktforschungsprojekte zum Thema Informations- und Telekommunikationstechnik spezialisiert ist, die Ergebnisse einer Umfrage zum Thema „Computer-Arbeitsplätze und Mobilgeräte als Ergänzung zu stationären Computern". Dafür wurden 1 108 Geschäftsführer, Vorstandsmitglieder und IT-Leiter aus allen Branchen mit einer Unternehmensgröße ab 20 Mitarbeitern befragt. Demnach arbeiten inzwischen 44 Prozent der Mitarbeiter an einem Computer-Arbeitsplatz (in etwa vergleichbar mit den Intensivnutzern aus der Eurofound-Befragung) und 32 Prozent arbeiten sogar mit einem Mobilgerät mit Internetzugang, wie Smartphone oder Tablet-PC. Diese Entwicklung ermöglicht zusätzlich ein mobiles Arbeiten von unterwegs oder aus dem Home-Office (Schmeisser et al., 2018, S. 218 ff.).

Erwartungsgemäß hängt die Computernutzung jedoch maßgeblich vom Wirtschaftszweig und vom Bildungsgrad ab. Das Statistische Bundesamt hat von Februar bis Juli 2016 mit einer Onlineumfrage in Deutschland (nach Wirtschaftszweigen getrennt) den Anteil der Personen ermittelt, die für berufliche Zwecke einen Computer mit Internetzugang nutzen. Die Umfrage hat ergeben, dass im Informations- und Kommunikationssektor 91 Prozent der Beschäftigten Internet am Arbeitsplatz nutzen, im Gastgewerbe hingegen nur 25 Prozent (Schmeisser et al., 2018, S. 218 ff.).

Durch die Digitalisierung werden Computer immer wichtiger für die tägliche Arbeit. Dadurch verändern sich die Anforderungen an die Arbeitnehmer. Das Karrierenetzwerk LinkedIn hat zusammen mit Bitkom Research im Januar 2017 eine Studie dazu durchgeführt. In dieser wurden 305 Personalverantwortliche und Vorstände von deutschen Unternehmen ab 50 Mitarbeitern nach den wichtigsten Fähigkeiten ihrer Mitarbeiter heute und in 10 Jahren befragt. Danach werden allgemein Soft Skills gegenüber Hard Skills an Bedeutung gewinnen. Die geforderten Hard Skills verändern sich kaum: Datenanalyse und -interpretation ist derzeit die gefragteste Fähigkeit und wird in den nächsten 10 Jahren wahrscheinlich auf den zweiten Platz zurückfallen (von 88 auf 91 Prozent). Wissensmanagement steht heute auf dem zweiten Platz und wird in 10 Jahren das wichtigste Hard Skill sein (von 82 auf 92 Prozent). Projektmanagement ist heute und in Zukunft die drittwichtigste Qualifikation (74 Prozent). An Wichtigkeit gewinnen werden Unternehmensführung (von 50 auf 73 Prozent), allgemeine Digitalkompetenz (von 53 auf 69 Prozent) sowie Programmierkenntnisse (von 32 auf 48 Prozent). Die angeforderten Soft Skills werden sich hingegen signifikant verändern: Während heute Kritikfähigkeit (76 Prozent), Entscheidungsstärke (74 Prozent) und Verhandlungsführung (73 Prozent) als die wichtigsten sozialen Kompetenzen gelten, werden in zehn Jahren wahrscheinlich funktionsübergreifende Kompetenzen (82 Prozent), Verhandlungsführung (79 Prozent) und Mitarbeiterführung (76 Prozent) für die Personalverantwortlichen am wichtigsten sein. Die größten Zuwächse sind bei funktionsübergreifenden Kompetenzen (von 67 auf 82 Prozent) und interkulturellen Kompetenzen (von 67 auf 75 Prozent) zu erwarten (Schmeisser et al., 2018, S. 199 ff.).

Zusammenfassend lässt sich vermuten, dass Manager ihre Mitarbeiter für den digitalen Wandel motivieren wollen. Da Entscheidungsfähigkeit, Unternehmergeist, Präsentieren und öffentliches Sprechen sowie Kreativität der Mitarbeiter für Führungskräfte zunehmend an Bedeutung verlieren, ist ferner zu vermuten, dass die Führungskräfte ihnen in Zukunft bevorzugt weniger Mitspracherechte und Verantwortung bei unternehmerischen Entscheidungen zugestehen möchten. Ferner erzeugt die Digitalisierung bei einigen Arbeitnehmern die Angst, den Arbeitsplatz zu verlieren. Bei anderen führt die Forderung nach ständiger Erreichbarkeit zu Mehrbelastung.

4.3.2 Folgen der Digitalisierung für deutsche Unternehmen

In den kommenden Jahren wird sich der Arbeitsmarkt stark verändern. Während einerseits das Arbeits(kräfte)angebot wegen der Überalterung der Gesellschaft abnimmt, werden gleichzeitig Arbeitnehmer durch Computer und computergesteuerte Maschinen ersetzt. Bisher sind lediglich 100 000 Beschäftigte vollständig substituierbar, aber da die Digitalisierung der Arbeitswelt noch nicht abgeschlossen ist, ist anzunehmen, dass die Zahl weiter ansteigen wird (Schmeisser et al., 2018, S. 199 ff.). Außerdem ist zu erwarten, dass durch die Digitalisierung die Arbeitsproduktivität weiter steigen wird, sodass zukünftig dieselbe Menge von Produkten von weniger Arbeitnehmern erzeugt werden kann, was ebenfalls zu einer Verringerung der Arbeits(kräfte)nachfrage führen könnte.

Andererseits kann die Digitalisierung ältere Arbeitnehmer unterstützen, möglichst lange leistungsfähig zu bleiben. Dabei können ungesunde Tätigkeiten, wie Heben und Tragen, von Maschinen ausgeführt werden, automatische Einstellungen können Körpermaße und Qualifikationsprofile der individuellen Arbeitnehmer speichern und Informationssysteme können die kognitiven Fähigkeiten unterstützen.

Abgesehen von der Änderung der Gesamtzahl der Arbeitskräfte wird die Digitalisierung außerdem noch zu einer strukturellen Verlagerung der Arbeitsnachfrage zwischen verschiedenen Branchen, Qualifikationsanforderungen und Regionen führen. Die durch die Substituierbarkeit gefährdeten Regionen (wie zum Beispiel das Saarland) und Branchen (wie zum Beispiel das produzierende Gewerbe) drohen deshalb in ihrer Bedeutung von der zügig voranschreitenden Entwicklung verdrängt zu werden. Es ist daher zu erwarten, dass der Arbeitsmarkt noch schnelllebiger werden wird und von den Arbeitnehmern noch mehr Flexibilität verlangt werden wird. Für die Veränderungsprozesse, die mit der

Digitalisierung einhergehen, werden Arbeitnehmer benötigt, die die Digitalisierung implementieren und weiterverbreiten. Daher wird die Nachfrage nach Experten rund um die Digitalisierung weiter steigen.

Helfer und Arbeitnehmer, die in Berufen mit einem geringen Anforderungsniveau arbeiten, sind stärker gefährdet, ihre Anstellung zu verlieren. Da häufiger einkommensschwache Arbeitnehmer durch die Digitalisierung substituiert werden könnten und dadurch ebenfalls eher freigesetzt werden dürften, wird es die Aufgabe der Politik sein, diese in einem sozialen Netz aufzufangen und mit Umschulungen beziehungsweise Weiterbildungsmaßnahmen bestmöglich zu fördern und zu unterstützen. Es ist aber anzunehmen, dass das Mismatch der gesuchten und gebotenen Qualifikationen nur temporär bestehen wird.

Die Digitalisierung wird den Fachkräftemangel wahrscheinlich frühestens in fünf bis zehn Jahren bedeutend reduzieren können, was noch vor dem beruflichen Ausscheiden der Babyboomer ist. Bisher können deutsche Unternehmen nur vereinzelt aufgrund der Digitalisierung komplette Arbeitsplätze einsparen. Ferner waren 2015 überhaupt nur 100 000 Beschäftigte vollständig ersetzbar; und das vor allem in Berufen auf dem Anforderungsniveau von Fachkräften und Helfern. Zusätzlich wird in anderen Branchen der Bedarf an Arbeitskräften zeitgleich steigen. Außerdem ist zu erwarten, dass es noch einige Jahre dauern wird, bis die technisch substituierbaren Tätigkeiten wirklich von Maschinen statt von Menschen ausgeführt werden können. Es ist ferner abzuwarten, inwieweit die Bundesregierung die Digitalisierung tatsächlich vorantreibt.

Die Digitalisierung wird daher die Folgen des demografischen Wandels in einigen Branchen oder Gebieten geringfügig abmildern, aber gleichzeitig, beispielsweise in Berufen mit einem hohen Anforderungsniveau, zu einer Steigerung der Arbeitsnachfrage führen.

4.3.3 Substituierbarkeitspotenzial

Das Institut für Arbeitsmarkt- und Berufsforschung (IAB) hat 2015 die Studie *Folgen der Digitalisierung für die Arbeitswelt – Substituierbarkeitspotenziale von Berufen in Deutschland* von Dengler und Matthes veröffentlicht. Das Besondere an dieser Studie ist, dass sie nicht nur einfach die Daten aus den USA auf Deutschland überträgt. Das ist sinnvoll, da das Bildungssystem und der Arbeitsmarkt in Deutschland anders sind als in den USA, was zu unterschiedlichen Automatisierungswahrscheinlichkeiten führt. Unter *Substituierbarkeitspotenzial* verstehen die Autoren der Studie dabei den gegenwärtigen Anteil der Kernanforderungen von Berufen, der durch Computer oder Maschinen ausgeführt werden könnte. Dabei wird bei den Kernanforderungen aber weder die Wichtigkeit noch der Anteil an der täglichen Arbeitszeit gewichtet. Insgesamt werden ca. 3 900 Einzelberufe analysiert. Dengler und Matthes wollten in ihrer Studie zunächst einmal nur den Status quo erfassen und haben daher, anders als Frey und Osborn in der Oxford-Studie, nicht die zukünftige Automatisierungswahrscheinlichkeit einzelner Tätigkeiten untersucht.

Dengler und Matthes (2015) unterscheiden dabei zwischen Routinetätigkeiten und Nicht-Routinetätigkeiten, wobei Routinetätigkeiten eher durch Computer oder Maschinen ersetzt werden können als Nicht-Routinetätigkeiten. Diese Unterscheidung wandten Autor, Levy und Murnane bereits 2003 an. Sie beschrieben Routinetätigkeiten als Tätigkeiten, die von Maschinen ausgeführt werden können, wenn sie vorprogrammierte Regeln befolgen. Beispiel für Routinetätigkeiten sind die Temperaturüberwachung in der Stahlproduktion und die Montage von Auto-Windschutzscheiben an Fließbändern, also monotone Tätigkeiten. Nicht-Routinetätigkeiten hingegen sind Tätigkeiten, für die es nicht möglich ist, einheitliche Regeln aufzustellen, sie zu programmieren oder von einem Computer ausführen zu lassen. Zu den Nicht-Routinetätigkeiten zählen außerdem Tätigkeiten, die visuelle Kontrolle und vielfältige motorische Fertigkeiten verlangen, wie zum Beispiel die Arbeit eines Hausmeisters (Autor, Levy & Murnane, 2013).

Einige Tätigkeiten, die Autor, Levy und Murnane (2003) als nicht substituierbare Nicht-Routinetätigkeiten aufführen, dürften bereits heute oder in der Zukunft durch Maschinen oder Computer ersetzt werden können, wie zum Beispiel das autonome Fahren eines Autos durch den Stadtverkehr und das Entziffern von Handschriften. Die Substituierung von Arbeitskräften hat ferner bereits in der (ersten) industriellen Revolution begonnen und nicht erst mit der Industrie 4.0.

Dengler, Matthes und Paulus hatten 2014 die Ergebnisse einer Untersuchung veröffentlicht, in der sie die Tätigkeitskomposition für alle (ca. 3 900) in Deutschland registrierten Berufe berechnet haben. Dabei sind sie von den Angaben in der Expertendatenbank BERUFENET der Bundesagentur für Arbeit ausgegangen, die zu jedem Beruf die dafür erforderlichen Kernanforderungen auflistet. Jede dieser ca. 8 000 Kernanforderungen haben sie dann, nach dem Vorbild von Autor, Levy und Murnane (2013), einem der folgenden fünf Anforderungstypen zugeordnet:

- analytische Nicht-Routinetätigkeiten,
- interaktive Nicht-Routinetätigkeiten,
- kognitive Routinetätigkeiten,
- manuelle Routinetätigkeiten und
- manuelle Nicht-Routinetätigkeiten.

Ausgehend von diesen Untersuchungen haben Dengler und Matthes 2015 ihre eingangs erwähnte Folgeuntersuchung durchgeführt. Das Substituierbarkeitspotenzial ist als Verhältnis der Anzahl der Routineanforderungen zur Gesamtzahl der Anforderungen eines Berufs definiert. Anschließend wurden die verschiedenen Berufe unterteilt in solche mit

- geringem Substituierbarkeitspotenzial, falls dieses ≤ 30 Prozent war, mittlerem Substituierbarkeitspotenzial, falls dieses zwischen 30 Prozent und 70 Prozent lag,

hohem Substituierbarkeitspotenzial, falls dieses ≥ 70 Prozent war.

Übung 4.6

Definieren Sie Substituierbarkeitspotenzial in Verbindung mit der Digitalisierung.

Substituierbarkeitspotenzial nach Berufssegment und Region

Ausgehend von ihren Ergebnissen für die Einzelberufe und für die Berufsgruppen, die sie nach der Klassifikation der Berufe der Bundesagentur für Arbeit gruppiert haben, haben Dengler und Matthes (2015) dann die Substituierbarkeitspotenziale für die verschiedenen Berufssegmente berechnet und veröffentlicht. Dafür wurden die Werte der zugehörigen Einzelberufe jeweils mit der Anzahl der in ihnen beschäftigten Personen gewichtet. Abb. 4.11 zeigt, wie groß das Substituierbarkeitspotenzial der einzelnen Berufssegmente ist. Der Punkt zeigt das durchschnittliche Substituierbarkeitspotenzial für das jeweilige Berufssegment, während die Linie den Bereich zwischen dem minimalen und dem maximalen Substituierbarkeitspotenzial der zugehörigen Einzelberufe angibt.

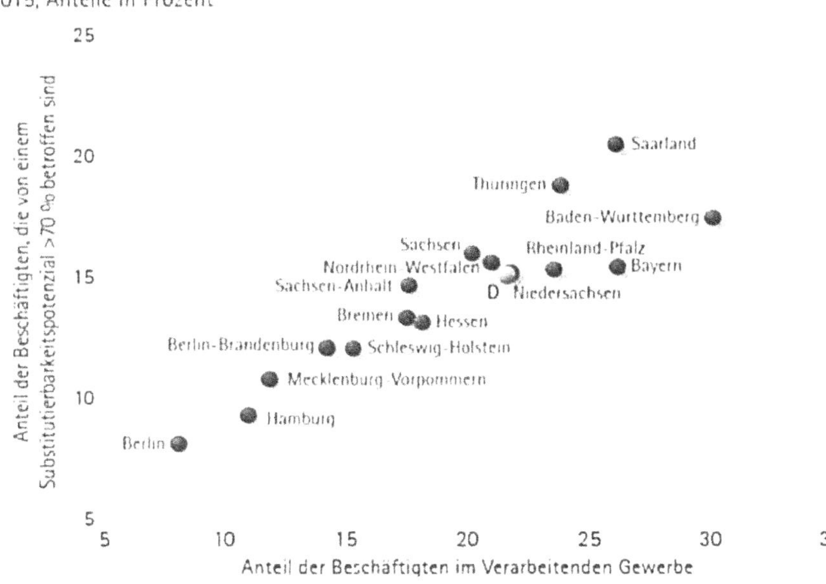

Abb. 4.11: Minimale bis maximale Substituierbarkeitspotenziale einzelner Berufsgruppen (inklusive Gruppendurchschnitt) (in Anlehnung an Dengler & Matthes, 2015)

Wie zu erwarten, bieten vor allem Fertigungsberufe ein hohes Substituierbarkeitspotenzial. Überraschender ist, dass ebenso Berufe in der Unternehmensführung und -organisation im Mittel zu fast 50 Prozent substituierbar sind. Dies liegt daran, dass es in diesem Segment mindestens einen Beruf gibt, nämlich den des Korrektors, dessen Tätigkeiten bereits heute vollständig durch Computer ersetzt werden könnte. Unerwartet ist ebenfalls, dass Reinigungs- und Sicherheitsberufe ein geringes Substituierbarkeitspotenzial aufweisen. Das kommt daher, dass trotz Technik wie Staubsaugrobotern oder Überwachungskameras diese Berufe einen hohen Anteil an Nicht-Routinetätigkeiten beinhalten. Das geringste Substituierbarkeitspotenzial besitzen soziale oder kulturelle Dienstleistungsberufe. Dazu gehören viele Berufe, in denen Kinder erzogen oder unterrichtet werden. Diese Berufe haben einen hohen Anteil an analytischen und interaktiven Nicht-Routinetätigkeiten.

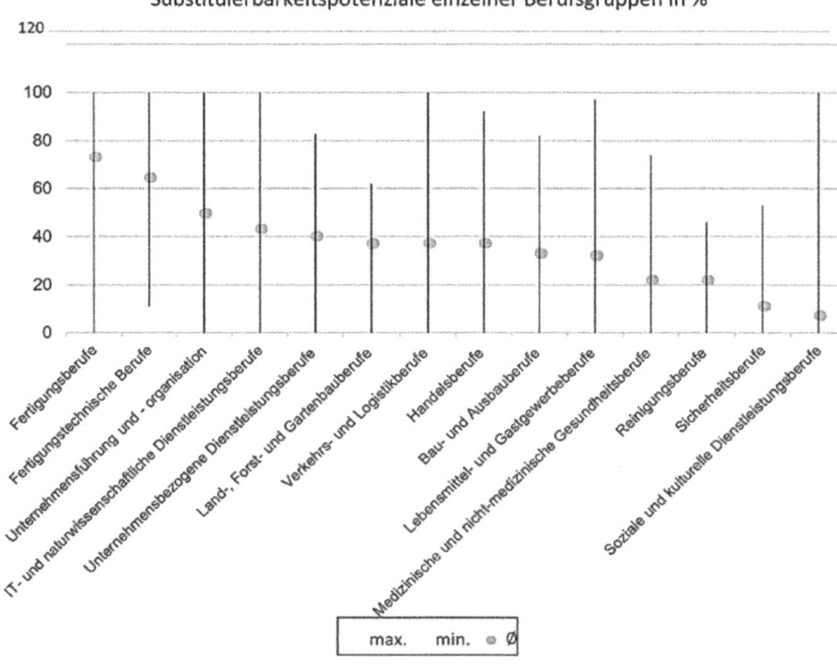

Abb. 4.12: Die deutschen Bundesländer eingeteilt nach Betroffenheit durch ein hohes Substituierbarkeitspo-tenzial und Beschäftigung im verarbeitenden Gewerbe (Buch, Dengler & Matthes, 2016, S. 3)

Aus den unterschiedlichen Substituierbarkeitspotenzialen der verschiedenen Berufssegmente ergeben sich zusätzlich unterschiedliche Substituierbarkeitspotenziale für die einzelnen Bundesländer. Bundesländer mit einem hohen Anteil Beschäftigter im verarbeitenden Gewerbe, zum Beispiel in der chemischen Industrie, dem Maschinen- und dem Anlagenbau, weisen häufig ebenfalls einen hohen Anteil an Beschäftigten mit hohem Substituierbarkeitspotenzial auf. Daher schwankt, wie Abb. 4.12 zeigt, der Anteil der sozialversicherungspflichtigen Arbeitnehmer mit hohem Substituierbarkeitspotenzial beträchtlich zwischen 8 Prozent in Berlin und über 20 Prozent im Saarland.

Das Saarland, Baden-Württemberg und Thüringen sind die Bundesländer mit dem höchsten Anteil an Beschäftigten, bei denen über 70 Prozent der Tätigkeiten ihres Berufes durch Computer oder Maschinen erledigt werden könnten. Im Saarland arbeiten im Bundesvergleich prozentual überdurchschnittlich viele Arbeitnehmer in Fertigungsberufen oder in fertigungstechnischen Berufen. Diese beiden Berufssegmente weisen mit 73 Prozent und 64 Prozent die höchsten Anteile an Tätigkeiten auf, die bereits heute von Computern oder computergesteuerten Maschinen ausgeführt werden könnten. Berlin hingegen hat einen vergleichsweise geringen Anteil an Beschäftigten mit hohem Substituierbarkeitspotenzial. Das kommt daher, dass in keinem anderen Bundesland prozentual so viele Personen in sozialen oder kulturellen Dienstleistungsberufen arbeiten wie in Berlin und dass dort gleichzeitig unterdurchschnittlich wenige Beschäftigte in Fertigungsberufen oder fertigungstechnischen Berufen tätig sind. Die einzelnen Bundesländer stehen daher vor unterschiedlichen Herausforderungen und müssen analysieren, in welchen Berufssegmenten welche Berufe substituierbar sind. Darüber hinaus variiert das Substituierbarkeitspotenzial natürlich noch innerhalb der einzelnen Bundesländer zwischen den verschiedenen Regionen.

Substituierbarkeitspotenzial nach Anforderungsniveau

Ob ein Beruf ein geringes oder ein hohes Substituierbarkeitspotenzial hat, hängt, wie in Abb. 4.13 grafisch dargestellt, neben dem Berufssegment zusätzlich noch vom Anforderungsniveau ab. Das höchste Substituierbarkeitspotenzial weisen Helfer- und Fachkraftberufe mit ca. je 45 Prozent auf. Spezialisten, d.h. Arbeitnehmer mit Meister- oder Technikerausbildung, Fachschul- oder Bachelorabschluss, sind einem ca. 30-prozentigen Risiko ausgesetzt, ersetzt zu werden. Experten, d.h. Arbeitnehmer, die mindestens über ein vierjähriges abgeschlossenes Hochschulstudium verfügen, haben mit 19 Prozent das geringste Risiko, substituiert zu werden.

Dass Fachkräfte nicht besser als Helfer davor geschützt sind, durch die Digitalisierung ersetzt zu werden, erklärt sich daraus, dass ihre Tätigkeiten sich zum Teil einfacher programmieren lassen als die von Helfern, die häufig Nicht-Routinetätigkeiten ausführen, wie zum Beispiel in der Pflege das Austeilen von Essen oder das Füttern von Patienten. Diese Tätigkeiten lassen sich nicht so einfach durch Maschinen ersetzen wie zum Beispiel Bestellprozesse oder andere Arbeiten am Computer.

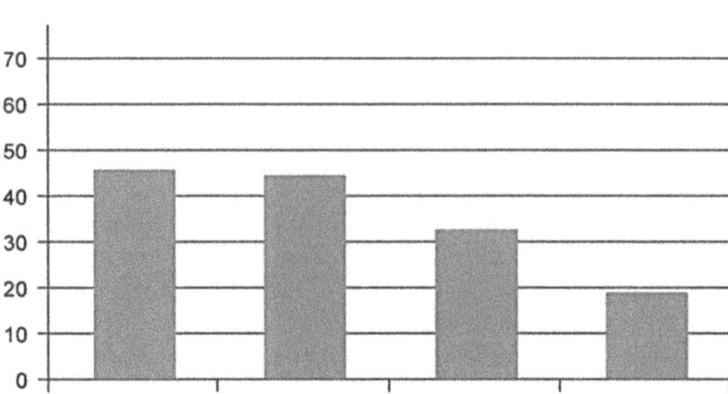

Abb. 4.13: Substituierbarkeitspotenziale nach Anforderungsniveau (in Anlehnung an Dengler & Matthes, 2015, S. 13)

Bei den medizinischen Gesundheitsberufen sind beispielsweise etwa 20 Prozent der Helfer-Tätigkeiten (z.B. Krankenpflegehelfer), 37 Prozent der Fachkraft-Tätigkeiten (z.B. EEG-Assistent), 10 Prozent der Spezialisten-Tätigkeiten (z.B. Funkstellenleiter in einer Rettungsleitstelle) und 7 Prozent der Experten-Tätigkeiten (z.B. Regulatory-Affairs-Manager) durch Computer oder Maschinen ersetzbar. Da dieses Segment jedoch personell unterbesetzt ist, könnte die Digitalisierung hier zu einer Entlastung für das unterbesetzte Personal und für die personalsuchenden Unternehmen führen. Außer bei Fachkräften weisen die medizinischen Gesundheitsberufe nur ein geringes Substituierbarkeitspotenzial auf.

Bei detaillierter Betrachtung der Berufe in der Unternehmensführung und -organisation, bei denen das Substituierbarkeitspotenzial überraschend hoch ausfiel, ergeben sich ebenfalls starke Schwankungen zwischen den einzelnen Anforderungsniveaus: Circa 60 Prozent der Helfer-Tätigkeiten (z.B. Datenerfasser), 59 Prozent der Fachkraft-Tätigkeiten (z.B. Projektassistent), 27 Prozent der Spezialisten-Tätigkeiten (z.B. Parlamentsstenograf) und 20 Prozent der Experten-Tätigkeiten (z.B. Energiemanager) sind durch Computer oder Maschinen ersetzbar. Im Segment Unternehmensführung und -organisation kommt es stark auf das Anforderungsniveau an, ob ein Beruf ein mittleres Substituierbarkeitspotenzial (Helfer und Fachkräfte) oder geringes Substituierbarkeitspotenzial (Spezialisten und Experten) hat.

Eine andere Verteilung des Substituierbarkeitspotenzials über die unterschiedlichen Anforderungsniveaus bieten die Sicherheitsberufe: Bei diesen Berufen sind in etwa 28 Prozent der Helfer-Tätigkeiten (z.B. Spielhallenaufsicht), aber nur 6 Prozent der Fachkraft-Tätigkeiten (z.B. Fachangestellter für Bäderbetriebe), 20 Prozent der Spezialisten-Tätigkeiten (z.B. Servicetechniker für Alarmanlagen) und 13 Prozent der Experten-Tätigkeiten (z.B. Betriebsleiter im Strafvollzugsdienst) durch Computer oder Maschinen ersetzbar. Insgesamt haben alle Sicherheitsberufe ein geringes Substituierbarkeitspotenzial von unter 30 Prozent. Vor allem im Justizvollzug oder bei polizeilichen Ermittlungen wird der Mensch wahrscheinlich noch lange unersetzbar bleiben.

Substituierbarkeitspotenzial nach Geschlecht

Weil es noch heute Branchen und Bereiche gibt, in denen überwiegend Frauen beziehungsweise Männer beschäftigt sind, haben Frauen und Männer ein unterschiedlich hohes Substituierbarkeitspotenzial. Daher lässt sich ein Trend dahingehend feststellen, dass „typische“ Frauenberufe, wie zum Beispiel soziale Berufe in der Pflege oder mit Kindern, weniger einfach durch Maschinen und Computer ersetzbar sind als zum Beispiel „typische“ Männerberufe in der industriellen Produktion.

Außerdem werden, laut einer Studie des Instituts für Weltwirtschaft, durch die Digitalisierung menschliche Fähigkeiten (wie Sozialkompetenzen) wichtiger, die von Maschinen (zumindest noch) nicht substituiert werden können. Daraus ergibt sich für Frauen eine Chance. Allerdings werden Frauen gleichzeitig häufiger diskriminiert und sind noch immer unterrepräsentiert in Experten- und Führungspositionen sowie in naturwissenschaftlichen und IT-Berufen, die weniger bedroht sind (Sorgner, Bode & Krieger-Boden, 2017).

Substituierbarkeitspotenzial in Deutschland

Als Letztes errechneten Dengler und Matthes (2015), wie viele sozialversicherungspflichtig Beschäftigte in Berufen mit einem geringen, einem mittleren und einem hohen Substituierbarkeitspotenzial arbeiten. Circa 11,8 Millionen Beschäftigte (40 Prozent) waren 2015 in Berufen mit einem niedrigen Substituierbarkeitspotenzial tätig. Davon hatten 2,4 Millionen (8 Prozent) einen Beruf, in dem bisher keine Tätigkeiten von Computern oder Maschinen übernommen werden können, wie zum Beispiel bei Friseuren oder Dirigenten. In einem Beruf mit einem mittleren Substituierbarkeitspotenzial arbeiteten 2015 circa 13,2 Millionen Beschäftigte (45 Prozent). Dagegen hatten circa 4,4 Millionen Beschäftigte (15 Prozent) 2015 ein hohes Substituierbarkeitspotenzial. Explizit bedeutet dies, dass in 15 Prozent der Berufe über 70 Prozent der berufstypischen zu erledigenden Aufgaben bereits 2015 von Computern oder computergesteuerten Maschinen hätten übernommen werden können. Nur circa 100 000 Beschäftigte (0,4 Prozent) arbeiteten in einem Beruf mit einem Substituierbarkeitspotenzial von 100 Prozent. Bei diesen 100 000 Arbeitsplätzen hätten bereits alle Tätigkeiten von Computern oder Maschinen übernommen werden können. Von den insgesamt 3 900 untersuchten Berufen waren 20 Berufe vollkommen durch Computer oder computergesteuerte Maschinen substituierbar. Zu diesen Berufen gehören

Aufbereitungsmechaniker für Steinkohle, Verfahrensmechaniker der Hütten- und Halbzeugindustrie und Korrektoren.

Dennoch benötigen die Abläufe, die vollständig automatisiert werden können, weiterhin menschliche Überwachung und Steuerung, um den Überblick zu behalten und um eingreifen zu können, wenn es zu unvorhergesehenen Zwischenfällen kommt. Wartungs- und Reparaturarbeiten müssen ebenfalls größtenteils von Menschen übernommen werden. Außerdem ist zu beachten, dass die angegebenen Zahlen nur das technisch mögliche Substituierbarkeitspotenzial betreffen. Dieses Potenzial muss aber in der Realität nicht automatisch zu einem entsprechenden massenhaften Stellenabbau führen. Zum einen bedeutet die Anschaffung von Maschinen immer eine große Investition, die sich kleine Unternehmen nicht unbedingt leisten können. Zum anderen haben Gesetze, Politiker, individuelle Arbeitsverträge, Arbeitnehmervertretungen und letztendlich die Gesellschaft als Ganzes ebenfalls Einfluss auf die zukünftige Entwicklung. Bei der Abschätzung der gesellschaftlichen Folgen sollte bedacht werden, dass 2017 bereits 723 317 Arbeitsplätze nicht besetzt werden konnten und die Substituierbarkeit von Personal daher eine Entlastung für die deutschen Unternehmen darstellen kann.

Gleichzeitig schreitet der technische Fortschritt weiter voran und es wird in Zukunft möglich sein, noch weitere Tätigkeiten zu substituieren. Dengler und Matthes (2015) beschreiben in ihrer Studie das Steuern von Lkws und Pkws als bisherige Nicht-Routinetätigkeiten, die zukünftig wahrscheinlich zu Routinetätigkeiten werden, obwohl damals autonom fahrende Lkws und Pkws noch als unmöglich galten. Bereits im März 2017 hat der Bundestag das bestehende Straßenverkehrsgesetz geändert und erlaubt nun selbst in Serienfahrzeugen den Einbau technischer Systeme, die die Steuerung des Autos auf öffentlichen Straßen zumindest zeitweise übernehmen. Seit Oktober 2017 setzt die Deutsche Bahn in Bad Birnbach auch den ersten in Deutschland autonom fahrenden Bus ein. Des Weiteren schätzen Experten des Weltverkehrsforums, dass im Jahr 2030 nur noch rund 30 bis 50 Prozent der Lkw-Fahrer benötigt werden. Derzeit gibt es ca. 500 000 Berufskraftfahrer in Deutschland. Gleichzeitig waren bereits 2016 knapp 16 000 Stellen für Berufskraftfahrer unbesetzt und in den nächsten 15 Jahren werden circa zwei Drittel der heutigen Fahrer in Rente gehen.

4.3.4 Steigende Produktivität

Aufgrund der Digitalisierung ist es nicht nur möglich, Personal vereinzelt durch Computer oder computergesteuerte Maschinen zu ersetzen, sondern die Mitarbeiter können darüber hinaus wesentlich effizienter arbeiten. Durch den digitalen Fortschritt werden also weniger Arbeitnehmer für dieselbe Produktionsmenge benötigt. Wenn alle anderen Bedingungen gleichbleiben, führt dies zu sinkenden Preisen für die Konsumenten.

Eine Möglichkeit ist, dass die Konsumenten mit einer elastischen Nachfrage reagieren, sie also mehr konsumieren, sodass die Preissenkungen im Endeffekt zu einem Beschäftigungswachstum führen könnten (Buch, Dengler & Matthes, 2016, S. 7).

Eine weitere Möglichkeit ist, dass die Konsumenten unelastisch reagieren, ihre Nachfrage also nicht steigern, und dass dadurch weniger Arbeitnehmer benötigt werden (Appelbaum & Schettkat, 1995). Es bleibt abzuwarten, ob es zu Preissenkungen kommt und wie die Konsumenten darauf reagieren werden.

4.3.5 Umstrukturierung der Arbeitskräfte

Aufgrund der Digitalisierung müssen sich Arbeitgeber und Arbeitnehmer zukünftig auf einen sektoralen Strukturwandel einstellen. Während in den Fertigungsberufen mit einem Rückgang des Personalbedarfs gerechnet wird, wird 2030 die Zahl der benötigten Manager und leitenden Personen gleichzeitig um 170 000 steigen. Es werden außerdem zusätzlich neue Berufe entstehen. In der Unternehmensdienstleistung werden Prognosen zufolge bis 2030 ebenfalls 750 000 neue Arbeitsplätze entstehen. China und Indien werden beim Aufbau einer industriellen Hochtechnologie weiter voranschreiten und Spezialisten für technische Dienstleistungen benötigen. Bei den Finanzdienstleistungen ist ebenfalls ein wachsender Arbeitskräftebedarf zu erwarten: Da sich Prognosen zufolge die deutsche Wirtschaft weiter vom Produzenten zum Investor entwickeln wird (ähnlich wie Großbritannien während der Deindustrialisierung), werden wachsende Finanzbeteiligungen deutscher Industrieunternehmen im Ausland erwartet. Zusätzlich werden für das wachsendende Privatvermögen weitere Finanzdienstleister benötigt werden.

Die Anforderungsstruktur der Berufe wird sich in Zukunft ebenfalls ändern. Durch die Digitalisierung können bei einfachen Tätigkeiten Arbeitskräfte eingespart werden, während mehr Experten für komplexe Tätigkeiten benötigt werden. Daher werden Helfer- und Fachkräftetätigkeiten häufiger von Computern oder computergestützten Maschinen übernommen werden; andererseits werden aber zusätzlich mehr gut ausgebildete Spezialisten nachgefragt werden. Die Anzahl der Beschäftigten in Deutschland wird sich weniger drastisch verändern als die Umstrukturierung zwischen den Branchen, den Berufen und den Anforderungsniveaus ausfallen wird.

Wolter et al. veröffentlichten 2016 einen Forschungsbericht für das Institut für Arbeitsmarkt- und Berufsforschung (IAB), in dem sie Szenarien verglichen, nach denen sich die deutsche Wirtschaft und der deutsche Arbeitsmarkt durch die Digitalisierung verändern könnten. Dabei wird angenommen, dass die Digitalisierung vorangetrieben wird durch eine Erhöhung der Ausrüstungs- und Bauinvestitionen, durch eine Änderung der Kosten- und Gewinnstrukturen und der Berufsfeldstruktur sowie durch eine steigende Nachfrage nach neuen Gütern und Dienstleistungen. Wolter et al. schätzen, dass bis 2025 durch die Digitalisierung 30 000 Arbeitsplätze wegfallen und außerdem 1,5 Millionen Arbeitsplätze umgeschichtet werden. Abb. 4.14 zeigt die erwarteten Veränderungen.

Wolter et al. (2016) prognostizieren, dass die von Dengler und Matthes (2015) bereits festgestellte Substituierbarkeit des produzierenden Gewerbes tatsächlich realisiert werden wird. Eine steigende Anzahl von Arbeitsplätzen erwarten sie hingegen für technisch-naturwissenschaftliche Berufe, Sozialberufe, lehrende Berufe sowie für Sicherheits- und Wachberufe. Die Zunahme der Beschäftigtenzahl in den medien- und geisteswissenschaftlichen Berufen wird aufgrund der Nachfrage nach Luxusartikeln und der allgemeinen gesamtwirtschaftlichen Entwicklung prognostiziert.

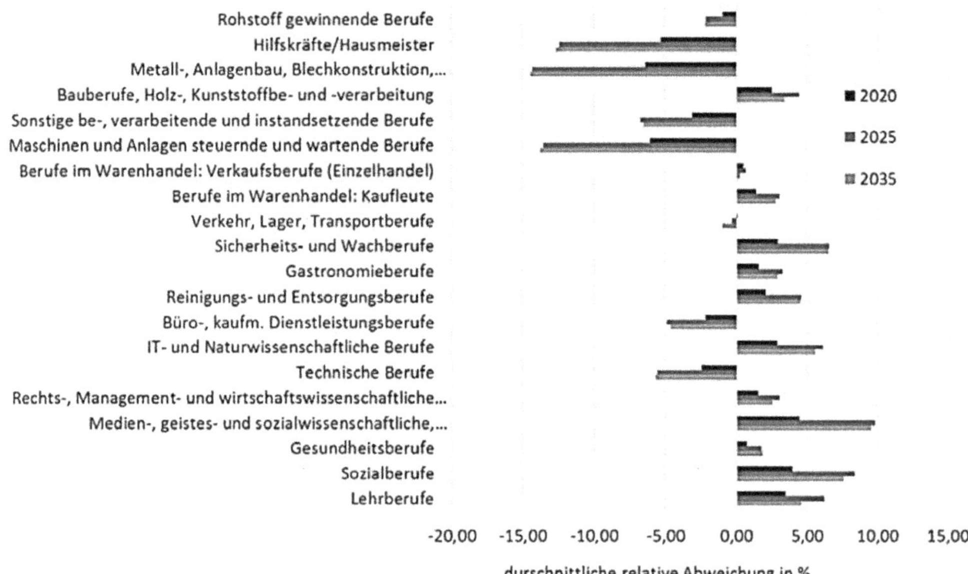

Abb. 4.14: Prozentuale Abweichung der Zahl von Erwerbstätigen nach Berufshauptfeldern aufgrund der Digitalisierung (Wolter et al., 2016, S. 57)

4.3.6 Handlungsfelder für deutsche Unternehmen

Vorrangig sollten die deutschen Unternehmen ihre Geschäftsmodelle überprüfen, um nicht den Anschluss an die technische und gesellschaftliche Entwicklung zu verlieren, wie es beispielsweise bei Kodak geschehen ist.

Beispiel

Der einstige Foto-Pionier hatte bereits 1975 die erste Digitalkamera erfunden, war aber nicht bereit zu größeren Investitionen in diesem Bereich oder gar zu entsprechenden Umstrukturierungen. Daher verpasste Kodak seine Chance und musste 2012 Insolvenz anmelden.

Dieses Beispiel zeigt, dass es, vor allem in der schnelllebigen Welt der Digitalisierung, erforderlich ist, regelmäßig die zukünftigen Märkte zu analysieren, neue Geschäftsmodelle zu definieren und das Unternehmen immer wieder an die geänderten Rahmenbedingungen anzupassen. Diese Neuausrichtungen verlangen nach individuellen personellen Anpassungen. Wenn ein Unternehmen aufgrund der Digitalisierung an einigen Stellen Arbeitsplätze abbauen muss und an anderen Stellen neues Personal benötigt, sollte es zunächst prüfen, ob es nicht möglich ist, Mitarbeiter umzuschulen oder weiterzubilden, bevor es wertvolle Mitarbeiter entlässt und für andere Stellen neues Personal suchen muss. Außerdem sollte in Erwägung gezogen werden, weiblichen Arbeitnehmern auf Wunsch die Rückkehr von Teilzeit in Vollzeit zu erleichtern, da Frauen häufig über eine ausgeprägte Empathie oder ähnliche soziale Fähigkeiten verfügen, die von Maschinen nicht ersetzt werden können.

Da Arbeitnehmer, die eine neue Anstellung suchen, ebenfalls im digitalen Zeitalter angekommen sind, ist inzwischen beim Recruiting die moderne Kommunikationstechnik nicht mehr wegzudenken. Das Bundesministerium für Wirtschaft und Energie wies in einem 2016 veröffentlichten Ratgeber für Unternehmer darauf hin, dass inzwischen 65 Prozent der Arbeitssuchenden auf Social-Media-Plattformen nach einem potenziellen Arbeitgeber suchen. Es ist daher ratsam, dort ebenfalls präsent zu sein. In den Karrierenetzwerken LinkedIn und Xing ist es möglich, direkt geeignete Bewerber anzuschreiben. Die Diakonie Deutschland hat versuchsweise sogar eine WhatsApp-Kampagne gestartet, um speziell junge Bewerber anzusprechen. Mit Social Media Recruiting wird eine breite Masse an Usern erreicht. Daher nutzen Unternehmen inzwischen immer häufiger Instagram, Snapchat, Twitter und Facebook zum Rekrutieren neuer Mitarbeiter. Wenn Unternehmen vor allem junge Berufsanfänger ansprechen möchten, ist es optimal, dass in einigen dieser Netzwerke überwiegend junge Menschen angemeldet sind. Digitales Recruiting kann also die Personalplanung erleichtern. Außerdem können intelligente Personal-planungssysteme die Personalabteilungen zusätzlich entlasten.

Um die vorhandene Belegschaft bestmöglich auf die Digitalisierung einzustellen, ist es wichtig, insbesondere die Führungskräfte auf die neuen Arbeitsstrukturen vorzubereiten. Daher empfiehlt es sich, dass die Personalabteilung nach geeigneten Weiterbildungen für diesen Personenkreis sucht. Außerdem ist es wichtig, dass die Manager ihren Mitarbeitern die Veränderung und den Wandel vorleben und dadurch eine Veränderungsbereitschaft in ihren Abteilungen oder Teams fördern. Besonders für ältere Arbeitnehmer empfehlen sich die Teilnahme an Inhouse-Trainings und der Besuch von Fachkonferenzen oder Workshops. Diese Maßnahmen lohnen sich aber nur, wenn die Digitalisierung im technischen, organisatorischen und kulturellen Umfeld des Unternehmens bereits umgesetzt ist und unterstützt wird.

Eine nicht zu unterschätzende Möglichkeit, die neue Technik in den Arbeitsalltag einzubauen und dort zu verankern, besteht darin, die Mitarbeiter im Austausch untereinander oder im Selbststudium die neuen Verfahren bzw. die neuen Maschinen intuitiv ausprobieren zu lassen. Ein Vorteil dieses Verfahrens besteht darin, dass sich dabei ein direkter Unternehmensbezug ergibt. Eine 2016 mit 9 600 Beschäftigten durchgeführte Befragung des *DGB-Index Gute Arbeit* hat ergänzend gezeigt, dass die Chancen für eine erfolgreiche Implementierung neuer digitaler Techniken umso größer sind, je stärker der Einfluss der Mitarbeiter bei deren Einführung war (DGB, n.d.).

Da durch die Digitalisierung nicht so viele Arbeitsplätze substituierbar sind wie häufig angenommen, untersucht der nächste Abschnitt, inwiefern Migranten den deutschen Arbeitsmarkt entlasten können. Die künstliche Intelligienz (KI) hat schon begonnen, die Arbeitswelt verändern, ob jedoch Arbeitsplätze wegfallen, bleibt abzuwarten. Sehr wahrscheinlich werden eher neue und anderen Arbeitsplätze entstehen.

Zusammenfassung

In diesem Abschnitt wurde auf das Voranschreiten der Digitalisierung eingegangen und die Frage, welche Folgen sich hieraus für Unternehmen ergeben. Das Substituierbarkeitspotenzial wurde erläutert, mögliche Handlungsfelder für deutsche Unternehmen wurden aufgezeigt.

4.4 Zugewanderte Arbeitskräfte als Ausgleich des demografischen Wandels

Lernziele

Wenn Sie diesen Abschnitt absolviert haben, besitzen Sie ein grundsätzliches Verständnis für die Zuwanderungen der letzten Jahre mit ihren Chancen und Risiken.

Eine weitere Möglichkeit, dem demografischen Wandel entgegenzuwirken und Fachkräfte für den deutschen Arbeitsmarkt zu gewinnen, könnte die Zuwanderung sein. Als 2015 die Migration von Geflüchteten nach Deutschland stark anstieg, löste sie eine gesellschaftliche Debatte aus.

Anfangs verkündeten die deutschen Medien, dass Migranten aus Drittstaaten eher eine Chance für den Arbeitsmarkt darstellten. So war z.B. in der *Süddeutschen Zeitung* zu lesen, dass Flüchtlinge ein ungenutztes Potenzial bilden, um Personallücken bei den Unternehmen zu schließen, da diese häufig die benötigten beruflichen und sozialen Kompetenzen mitbringen würden (Stocker, 2015).

Nach etwas mehr als zwei Jahren verbreitete sich jedoch Ernüchterung. Die *Welt* veröffentlichte im Januar 2017 einen Artikel, in dem sie exemplarisch über die Baufirma PG Günter Papenburg berichtete. Das Unternehmen wollte 70 Migranten ausbilden, aber ein Jahr später hatte nur einer von ihnen eine Ausbildung begonnen. Obwohl die Zahl der Flüchtlinge ansteigt, hatte zur Zeit des *Welt*-Artikels nicht einmal jeder sechste Migrant einen Arbeitsplatz (Gassmann, 2017). Ein Grund dafür, so Gassmann, sei neben bürokratischen Hürden, dass es vielen Migranten an ausreichenden Deutschkenntnissen und beruflicher Bildung fehle. Es ergibt sich die Frage, ob dieser Pessimismus gerechtfertigt ist oder die jüngste Zuwanderungswelle nach Deutschland den heimischen Arbeitsmarkt doch entlasten kann.

Es gibt jedoch neben der Fluchtmigration zwei weitere wichtige Formen der Migration, die aufgrund der Geschehnisse der letzten Jahre in den Medien in den Hintergrund geraten sind:

[1] EU-Binnenmigration und

[2] die Anwerbung qualifizierter Arbeitskräfte aus Drittstaaten.

Beide könnten ebenfalls Lösungen für den Fachkräftemangel sein.

Wie Lee bereits 1982 erkannt hat, können Migranten bezüglich ihres Motivs für die Migration in zwei Gruppen eingeteilt werden:

Entweder verlassen sie ihr Herkunftsland, weil wirtschaftliche, politische oder soziale Faktoren, wie zum Beispiel Kriege, sie dazu drängen, oder

sie werden von der wirtschaftlichen, politischen oder sozialen Situation ihres Ziellandes angezogen.

Diese Push- bzw. Pull-Faktoren lassen sich jedoch nicht immer klar trennen. Oft kommt es zu einer gegenseitigen Verstärkung (Lee, 1982).

Zuwanderer lassen sich nach ihren Qualifikationen in drei Kategorien unterteilen:

unqualifizierte,
qualifizierte und
selbstständige Personen.

Diese Einteilungen sind nicht immer einheitlich, ermöglichen aber einen groben Überblick. Als **unqualifiziert** gilt, wer nur über eine geringe (Schul-)Bildung verfügt und nur als ungelernter Arbeiter oder Hilfskraft arbeiten kann. Als **qualifiziert** wird eingestuft, wer mindestens einen höheren Schulabschluss oder eine Ausbildung absolviert hat. Anderen Definitionen nach muss ein akademischer Abschluss oder eine mehrjährige Berufserfahrung vorliegen. Eine Untergruppe davon bilden hoch qualifizierte Einwanderer, wie z. B. erfahrene Manager oder technische Spezialisten. **Selbstständige** werden unabhängig von ihrer (Schul-)Bildung betrachtet.

Handlungsfelder für deutsche Unternehmen

Zusammenfassend kann gesagt werden, dass es sich für deutsche Unternehmen empfiehlt, ausländisches Personal in Betracht zu ziehen oder dieses sogar selbst aus dem Ausland zu rekrutieren. Dabei ist es wichtig, die Gesetzeslage zu beachten und Personal aus Drittstaaten nicht ohne Aufenthalts- und Arbeitserlaubnis zu beschäftigen, da dies zu hohen Geldstrafen für das Unternehmen führen kann. Der gesetzlich vorgeschriebene Versicherungsschutz und der Lohnsteuerabzug müssen ebenfalls sichergestellt werden.

Wenn ein zukünftiger Arbeitnehmer zur Arbeitsaufnahme nach Deutschland zieht, sollte sich das Unternehmen möglichst früh um den Aufenthaltstitel und das Visum kümmern. Dabei kann die Wartezeit sinnvoll genutzt werden: Zum einen kann der zukünftige Arbeitnehmer in der Zwischenzeit (falls nötig) anfangen, Deutsch zu lernen, und, wenn nötig, seine eigene Familie auf den Umzug vorbereiten. Zum anderen kann das heimische Team bereits auf den neuen Mitarbeiter und seinen kulturellen Hintergrund vorbereitet werden. Dies wird vor allem dann nötig sein, wenn die Bürosprache von Deutsch auf Englisch gewechselt werden muss. Dabei muss jedoch von vornherein geklärt werden, ob ein Sprachwechsel für die Kollegen vor Ort überhaupt möglich ist. Dieses Vorgehen erleichtert die Integration des neuen Mitarbeiters.

Zusätzlich kann ein Mentorenprogramm die Integration des neuen Mitarbeiters vereinfachen und beschleunigen. Der Mentor sollte sorgfältig ausgewählt werden und bezüglich seiner Persönlichkeit und seiner Sprachkenntnisse für die Aufgabe geeignet sein. Mentor und Mentee sollten dabei auf derselben Hierarchiestufe stehen.

Für besonders wichtige neue Mitarbeiter sollte ein Relocationservice in Betracht gezogen werden, der den neuen Mitarbeiter zusätzlich unterstützt. Ferner können Fort- und Weiterbildungsmaßnahmen nötig sein, da ein neuer ausländischer Mitarbeiter möglicherweise vorher mit anderen technischen Systemen gearbeitet hat oder vor sonstigen Herausforderungen steht. Solche Schwierigkeiten sollten aufgedeckt und behoben werden, um zu vermeiden, dass der neue Mitarbeiter wieder frustriert abwandert. Dabei ist zu beachten, dass einige Ausländer in ihrer Heimat dazu erzogen wurden, Probleme nicht direkt anzusprechen.

Bearbeitungshinweise zu den Übungen

Übung 1.1

Fortschreitende Globalisierung, gesättigte Märkte im Heimatland, zunehmende Geschäftstätigkeiten im Ausland, erhöhte weltweite Konkurrenz, Knappheit der Fachkräfte

Übung 1.2

Apple, Microsoft, Amazon, Facebook, ExxonMobil, Johnson & Johnson, Alibaba, General Elektric (Stand 2020)

Übung 1.3

Internationales Personalmanagement: Personalmanagement in multinationalen Unternehmen, das im interkulturellen Umfeld tätig wird, um dem Unternehmen dafür die angemessenen Mitarbeiter(-innen) zuzuführen, damit das Unternehmen betriebswirtschaftlich erfolgreich ist und wird.

Nationales Personalmanagement: Personalmanagement im Inland

Internationales Personalmanagement: länderübergreifendes Personalmanagement, also mindestens in zwei Ländern der Erde

Übung 1.4

Internationalität erfordert grundsätzlich internationales Management, Theorien und Strategien, da die nationalen Strategien, Theorien und auch das nationale Management nicht weit genug greifen. Im internationalen Umfeld ist mehr zu beachten als im nationalen Umfeld, wie unterschiedliche Werte, Kulturen, Normen, unterschiedliche Währungen, Markteintritts- und -austrittsbarrieren etc.

Übung 1.5

Das EPRG-Modell wird als grundsätzliches Modell des internationalen (Personal-)Managements von Perlmutter, H. V., 1969 angesehen.

	Interne Personalbeschaffung	Externe Personalbeschaffung
Vorteile	• transparente Personalpolitik • gesteigerte Arbeitgeberattraktivität, Mitarbeiterbindung und Motivation durch Entwicklungsmöglichkeiten • Entwicklung internationaler Managementfähigkeiten (Festing et al., 2011, S. 242)	• Personalbedarf wird direkt gedeckt • Auswahlmöglichkeiten aus Vielzahl von Bewerbern • Möglichkeit, bereits vorhandene spezielle Qualifikationen (Sprache, kulturelle Kenntnisse) zu nutzen – Vermeidung von Fortbildungskosten

	• Einstiegsmöglichkeiten für Nachwuchskräfte werden frei • geringere Stellenbesetzungszeit und -aufwand • Mobilitätserhöhung der Arbeitnehmer • Erhalt und Transfer von unternehmensspezifischem Wissen • erleichterte Einarbeitung durch Betriebskenntnisse • Minimierung des Risikos von Fehlbesetzung durch Kenntnis und Erfahrungen des Mitarbeiters • geringere Beschaffungs- und Einarbeitungskosten	• Anerkennung extern eingestellter Mitarbeiter und Führungskräfte • geringere Gefahr von Betriebsblindheit durch neue Impulse von außen • keine vorhandenen Abhängigkeiten im Unternehmen
Nachteile	• begrenzte Auswahlmöglichkeit • Beförderungsautomatik → Nachlassen der Kreativität, Qualität und Motivation • Möglichkeit der Betriebsblindheit • Neid und Rivalitäten zwischen Kollegen • subjektive Beurteilung der Bewerber • ehemalige Kollegen werden nicht als Vorgesetzte akzeptiert • Sachentscheidungen können durch starke persönliche Bindungen beeinflusst werden • Stagnation des Unternehmens/ Hemmung einer fortschrittlichen Entwicklung • Enttäuschung, Frustration und Demotivation bei Ablehnung • ggf. hohe Fortbildungskosten • geringe Veränderungsbereitschaft und Anpassungsfähigkeit an den neuen Arbeitsraum, Unternehmens-, Landes- und Teamkultur • nur Verlagerung des quantitativen Bedarfs	• hohe Beschaffungskosten (eventuell langwieriger Prozess) • mögliche Fluktuations- und Frustrationsförderung • negative Auswirkungen auf das Betriebsklima • keine Unternehmenskenntnis (mehr Einarbeitungs- und Integrationsaufwand) • Risikoerhöhung von Fehlbesetzung • eventuell höheres Einkommen als bei internen Mitarbeitern • größerer Zeitaufwand

Es ist ein Konzept zur qualitativen Betrachtung der Personalstrategien von internationalen Unternehmungen.

EPRG steht für

E: ethozentrische Orientierung

P: polyzentrische Orientierung

R: regiozentrische Orientierung

G: geozentrische Orientierung

Übung 1.6

Vor- und Nachteile der externen und internen Personalgewinnung für einen Global Player wie Siemens.

Die Interne Personalgewinnung hat für große und länderübergreifend tätige Unternehmen einen hohen Wert, da die Rekrutierung im eigenen Unternehmen einfacher ist, als Mitarbeiter bspw. in 40 Ländern der Erde zu rekrutieren.

Quelle: in Anlehnung an Jung, 2011, S. 152; Olfert, 2015, S. 131 und 137

Übung 1.7

Die Experten sind sich nicht einig; einige reden schon seit längerer Zeit von einem Fachkräftemangel, andere führen auf, dass es nur Engpässe in einigen Branchen geben würde. Ein deutliches Indiz eines Fachkräftemangels wären steigende Löhne, nach den volkswirtschaftlichen „Gesetz von Angebot und Nachfrage“.

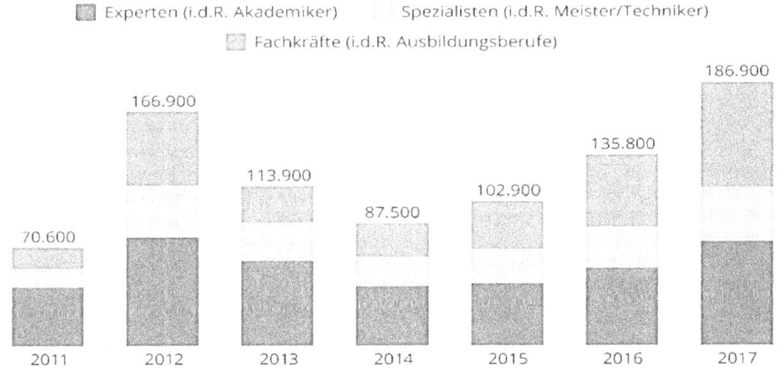

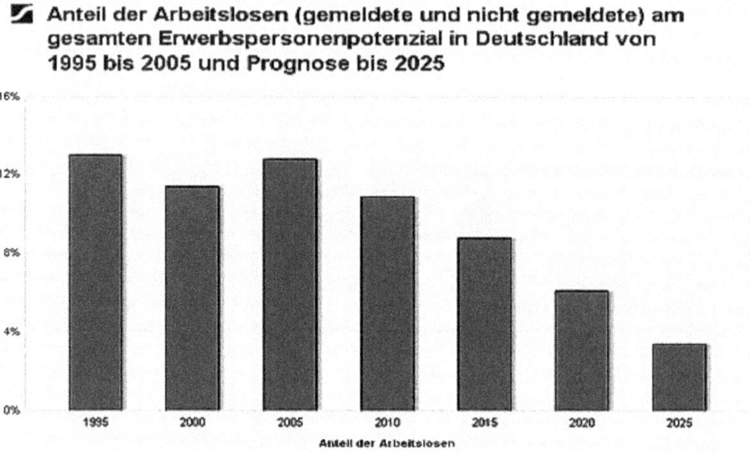

Übung 1.8

Im Arbeitsrecht aus deutscher Perspektive wird zwischen mehreren Ebenen unterscheiden:

[1] Individuelles Arbeitsrecht: Hier wird der individuelle Arbeitsvertrag des Mitarbeiters nach dem Bürgerlichen Gesetzbuch (BGB) geregelt (§ 611 ff. BGB).

[2] Kollektives Arbeitsrecht: Hierunter fällt das Betriebsverfassungsgesetz, das Mitbestimmungsgesetz, das Montanmitbestimmungsgesetz, das Tarifgesetzbuch, Mutterschutzgesetz, Datenschutzgesetz, das Gleichbehandlungsgesetz usw.

[3] Europäisches Arbeitsrecht: Jeder hat das Recht sich in der europäischen Union frei zu bewegen z.B. seine Schulausbildung oder sein Studium zu betreiben, überall zu arbeiten, zu wohnen und muss überall im Sinne des Gleichbehandlungsgesetzes behandelt werden.

[4] Sozialrecht (Arbeitslosenversicherung, Schwerbehindertengesetz usw.)

[5] Ansonsten gelten die Gesetze des entsprechenden Landes (z.B. Chinas, Polens, Bulgariens), wohin der Mitarbeiter entsendet wird (z.B. Arbeitslosenversicherung, Unfallversicherung, Krankenversicherung, Rentenversicherung usw., insofern diese Versicherungen im Entsendungsland existieren).

Übung 1.9

Methoden der Vorbereitung auf Auslandstätigkeiten:

erfahrungsbezogen

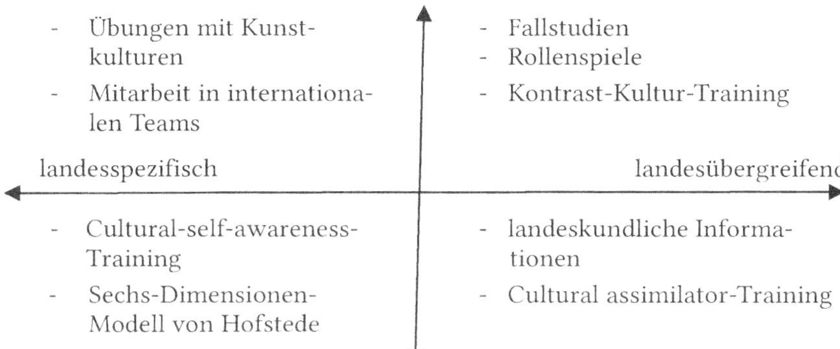

intellektuell

Übung 1.10

Abgrenzung Expatriates, Inpatriates, International Commuters, International Frequent Travellers und virtuelle Expatriates

Mitarbeiter, die auch **Expatriates** genannt werden, werden von den fachlichen Vorgesetzten vorgeschlagen, die Auslandsaktivitäten in ihrem Bereich in der Tochterniederlassung aufzubauen, weiterzuentwickeln und Mitarbeiter vor Ort anzulernen. Traditionelle Entsendungen können 3-6 Wochen, mittelfristig bis zwei Jahre und langfristig bis 5 Jahre betragen. Sollte der Mitarbeiter für immer in der Tochterniederlassung bleiben wollen, so muss er in die Tochterniederlassung übertreten.

Inpatriates

Inpatriates sind Expatriates von Tochterunternehmen, d.h. beschäftige ausländische Mitarbeiter werden von der Tochterniederlasssung in die Muttergesellschaft entsandt oder sie werden in eine andere Niederlassung entsandt und beschäftigt.

International Commuters

International Commuters sind internationale Pendler zwischen Muttergesellschaft und Tochterniederlassungen oder nur zwischen Tochtergesellschaften zwecks Sonderaufgaben, die immer wieder anfallen, z.B. die Informationssysteme und die Computer zu aktualisieren, zu überprüfen, zu reparieren usw.

International Frequent Travellers

Sie sind Expatriates, die gleichzeitig als internationale Vielflieger bezeichnet werden können, z.B. Mechaniker / Monteure, die immer wieder zu verschiedenen Erdölförderinseln in der Nordsee fliegen, um Probleme der Hydraulik und Mechanik zu reparieren und generell zu lösen.

Virtuelle Expatriates

Fachkräfte, z.B. auch Ärzte und Lehrer in Australien, Astronautenbetreuung von der Mutterbasis, die mit Hilfe von Skype fachliche Hilfe geben können, da deren Verschickung nicht möglich oder zu teuer wäre und das Problem derart akut ist, dass der fachliche Rat nur noch zeitlich über Skype möglich ist.

Übung 1.11

Den Mindestlohn gibt es in Deutschland seit 1.1.2015. Ab 1.1.2021 beträgt der Mindestlohn 9,50 € pro Stunde. Ab dem 1.7.2021 beträgt er 9,60 € pro Stunde, ab dem 1.1.2022 9,82 € und ab dem 1.7.2022 10,45 € Stunde.

Übung 1.12

Offshoring und Outsourcing sind in vielerlei Hinsicht vergleichbar, jedoch gibt es einige wichtige Unterschiede.

„Outsourcing bezieht sich auf den Erwerb bestimmter Dienstleistungen oder Produkte von einem Drittunternehmen, im Wesentlichen so etwas wie Buchhaltungsdienstleistungen oder Herstellung eines bestimmten Inputs für ein anderes Unternehmen. Während viele denken, Outsourcing bezieht sich auf die Verwendung eines Dienstleisters in einem anderen (in der Regel billigeren) Land, das ist nicht unbedingt der Fall. Outsourcing kann an ein Unternehmen erfolgen, das sich irgendwo befindet, der Standort ist nicht wichtig. Die wichtigsten Auslagerungsgründe sind Kosten, Spezialisierung und Flexibilität.

Offshoring bezieht sich auf den Erwerb von Dienstleistungen oder Produkten aus einem anderen Land und ist oft, was Nachrichtenartikel wirklich beziehen, wenn sie Outsourcing diskutieren. Während viel Offshoring beinhaltet, die Produktion an ein anderes Unternehmen auszulagern, kann es sich auch darauf beziehen, bestimmte Aspekte eines Unternehmens einfach in ein anderes Land zu verlagern. Die Dienste und Produkte werden immer noch im selben Land angeboten, befinden sich aber jetzt in einem anderen Land. Zum Beispiel, wenn ein Autohersteller in den USA eine Fabrik in Thailand eröffnet, um bestimmte Teile zu Offshoring zu machen, da alles noch immer innerhalb desselben Unternehmens geschieht.

Die wichtigsten Gründe für Offshoring sind auch Kosten, Steuern und Zölle sowie Kontrollen.

Bei der Entscheidung zwischen Offshoring oder Outsourcing müssen viele Faktoren berücksichtigt werden, und die ‚richtige' Entscheidung wird von Unternehmen zu Unternehmen variieren. Letztendlich kann es erhebliche Kosteneinsparungen oder Spezialisierungsvorteile sowohl beim Offshoring als auch beim Outsourcing geben, was viele Unternehmen dazu bewegt, diese Routen zu wählen. Oft lohnt es sich, mit Experten von der Prozesssteuerung bis zur Steuer zu beraten, um die bestmögliche Entscheidung zu treffen. Oft scheint eine große Outsourcing- oder Offshoring-Vereinbarung viele versteckte Kosten zu haben, die den Nutzen reduzieren. Viele Unternehmen, die Outsourcing oder Offshoring schlecht gemanagt haben, haben später die Entscheidung rückgängig gemacht, was im Laufe der Zeit zu einem sehr kostspieligen Fehler wurde." https://translate.google.de/translate?hl=de&sl=en&u=http://www.bu siness-dictionary.com/article/1090/offshoring-vs-outsourcing-d1412/&prev= searc

Übung 2.1

Koordinations- und Kontrollfunktion: Auslandsentsandte, insbesondere in ethnozentrisch geführten Unternehmen, können als Personalcontroller in der Organisation wirken, in der der Entsandte eine direkte Kontrollfunktion innehat, und damit die Umsetzung der Strategie in den Strukturen und Prozessen seitens der Tochterunternehmung sicherstellt. Gerade amerikanische, chinesische, deutsche, japanische und französische Unternehmen nutzen diese Form von Kontrolle, um die Dominanz und Machtposition der Entsandten zu unterstreichen.

Sozialisierungsfunktion: Internationale Entsendungen helfen das Wissen von Sprache, politischen und kulturellen Werten von Ländern und Tochterunternehmen zu lernen und zu vertiefen. Kompetenzen im Controlling, im Marketing und im Handel, in der Produktion und in der Logistik sich anzueignen und an andere Mitarbeiter weiterzugeben, um spätere potenzielle, internationale Führungsfunktion im Unternehmen zu übernehmen.

Bildung von Netzwerken: Expatriates tragen zur freundschaftlichen Pflege, Kontakte und Kommunikation zwischen Mitarbeitern der Muttergesellschaft und der Tochterunternehmen bei. Man erhofft sich, dass Netzwerke international entstehen, auf die man bei Gelegenheit zurückgreifen kann, insbesondere wenn der Expatriate zurückgekehrt ist, und z.B. im Mutterunternehmen Kontaktstelle bzw. Person für bestimmte Länder ist.

Boundary spanner: Expatriates tragen Informationen aus den intra- und extraorganisatorischen Bereichen der multinationalen Unternehmung zusammen und bilden somit „Botschafter oder ähnliche Vertreter" ihres Unternehmens im jeweiligen Land. Soziale Events können dem Unternehmen helfen sich über politische Entwicklungen im Land rechtzeitig zu informieren und ein Wissen über den lokalen Markt zu sammeln und wie Reputation für das eigene Unternehmen platziert werden kann.

Wissenstransfer und Sprachvermittler: Viele multinationale Unternehmen wie Airbus, BASF, Siemens usw. entwickeln eine unternehmenseigene, standardisierte Unternehmenssprache, die in den meisten Fällen Englisch ist. In Spanien, Mittelamerika und Südamerika kann dies auch Spanisch sein, ebenso in Portugal, Kongo, Mosambik und Brasilien ist auch Portugiesisch denkbar. Dennoch bleiben sprachliche Barrieren als Teil der Zusammenarbeit in internationalen Unternehmen oft bestehen.

Übung 2.2

Die effektive und effiziente Personalauswahl nimmt einen großen Stellenwert im Beschaffungsprozess und im gesamten Unternehmen ein. Individuell auf das Unternehmen angepasste Diagnoseverfahren können entscheidende Wettbewerbsvorteile generieren (Berthel/Becker, 2013, S. 354) So kann auch das Risiko von Fehlentscheidungen gemindert und das Unternehmen mit den benötigten Mitarbeitern versorgt werden.

Die Entlassung von einmal eingestelltem Personal ist häufig mit Komplikationen verbunden (Jung, 2011, S. 153). Fehlentscheidungen bei der Auswahl können dem Unternehmen erheblich Schaden zufügen. Es können, wie in Tabelle 2.7 dargestellt, zwei Arten von Entscheidungsfehlern unterschieden werden.

Tab. 2.7: Unterscheidung von Entscheidungsfehlern

Eignung des Bewerbers	Entscheidung	
	angenommen	abgelehnt
objektiv geeignet	richtige Entscheidung	fälschlicherweise abgelehnt (β-Fehler)
objektiv ungeeignet	fälschlicherweise angenommen (α-Fehler)	richtige Entscheidung

Quelle: in Anlehnung an Berthel/Becker, 2013, S. 367; Scholz, 2014, S. 18; Krüger, 2002, S. 195

Übung 2.3

AGG Allgemeines Gleichbehandlungsgesetz:

§ 1 Ziel des Gesetzes

Ziel des Gesetzes ist, Benachteiligungen aus Gründen der Rasse oder wegen der ethnischen Herkunft, des Geschlechts, der Religion oder Weltanschauung, einer Behinderung, des Alters oder der sexuellen Identität zu verhindern oder zu beseitigen. (https://www.gesetze-im-internet.de/agg/BJNR189710006.html)

Übung 2.4

„Halo-Effekt, halo = Heiligenschein, systematischer Fehler der Personenbeurteilung (Urteilsfehler), bei dem ein einzelnes Merkmal einer Person so dominant wirkt, dass andere Merkmale in der Beurteilung dieser Person sehr stark in den Hintergrund gedrängt bzw. gar nicht mehr berücksichtigt werden. Darüber hinaus wird ausgehend von dem gewählten Merkmal auf weitere Eigenschaften der Person geschlossen, ohne dass hierfür eine objektive Grundlage vorliegen muss. Ausgangspunkt für den Halo-Effekt sind vor allem markante Merkmale der zu beurteilenden Person (z.B. physische Attraktivität, Behinderung, außergewöhnliche Leistungen). Der Effekt der physischen Attraktivität ist besonders häufig belegt worden. Personen, die gut aussehen, werden demzufolge meist auch als intelligent, gesellig oder dominant beurteilt. Das Auftreten des Halo-Effektes wird gefördert, wenn das Urteil besonders schnell gefällt wird." http://www.spektrum.de/lexikon/psychologie/halo-effekt/6232)

Übung 2.5

Die mitreisenden Familienangehörigen spielen eine wichtige Rolle im Prozess der Auslandsentsendung. Diese können sowohl positive als auch negative Auswirkungen auf den Entsandten und den Auslandseinsatz haben, da ein starker Zusammenhang zwischen der Entsendung und der Familienmitglieder herrscht.

An dieser Stelle ist auf Groß (1994) zu verweisen, der sich im Hinblick auf die Partnerschaft folgendermaßen äußert: „Eine stabile Ehe erleichtert den Auslandseinsatz, indem sie den ruhenden Pol in einem fremden Umfeld darstellt und Geborgenheit und Vertrautheit vermittelt" (Groß, 1994, S. 177). Im Gegensatz dazu führt eine bereits belastete Ehe zu Einschränkungen bezüglich der gegenseitigen partnerschaftlichen Beziehungen und somit erschwert sie auch den Auslandsaufenthalt für beide Parteien.

Kammel & Teichelmann (1994) betonen, dass eine positive Einstellung des Entsandten und der Familienangehörigen zur Entsendung und zum Auslandsaufenthalt ein nicht zu unterschätzendes Kriterium darstellt. Im Zuge dessen ist es für die Begleitperson ebenfalls von Vorteil, diese in die Auswahlgespräche einzubinden. Außerdem thematisieren die Autoren, dass eine „Schnupperreise" durchaus sinnvoll erscheint, um eine Enttäuschung in dem Entsendungsland zu vermeiden. Mit dieser Gelegenheit können die Entsandten und deren Familienmitglieder einen Einblick über zahlreiche Aspekte, die mit einer Entsendung zusammenhängen, gewinnen (Kammel/Teichelmann, 1994, S. 77).

Eine Vielzahl von Studien hat sich mit der familiären Begleitung des Entsandten beschäftigt. Dabei bestätigte sich, dass die Unzufriedenheit der Familienangehörigen einen negativen Einfluss auf die Leistungsfähigkeit des Entsandten ausüben kann. Aufgrund der ungenügenden kulturellen Anpassung des Partners, besteht die Wahrscheinlichkeit, dass die Motivation des Entsandten sinkt. Des Weiteren kann eine Auslandsentsendung einen Bruch der Karriere der Begleitpartner verursachen (Schneider/Hirt, 2007, S. 257). Um diese Herausforderungen minimal zu halten, bedarf es einer systematischen Planung während der Auswahlphase des Expatriates. Schon in der Rekrutierungs- und Auswahlphase ist eine Auswahl von geeigneten Mitarbeitern vorzunehmen, die für eine bestmögliche Übereinstimmung im Hinblick auf die Kriterien wie die technischen und sozialen Ziele infrage kommen.

Übung 2.6

Mithilfe eines Onboarding-Prozesses sollen die Mitarbeiter in den betrieblichen Leistungsprozess eingeführt werden, mit dem Ziel jegliche Aktivitäten durchzuführen, die dem Unternehmen durch personelle Kapazitäten eine Profitabilität verspricht (Berthel/Becker, 2013, S. 320). Der Onboarding-Prozess setzt sich grundsätzlich aus drei Phasen der Vorbereitung, Orientierung und Integration zusammen. Diese erstreckt sich über einen Zeitraum von Beginn der Vertragsunterzeichnung bis hin zum frühesten Ende der vereinbarten Probezeit. Im weiteren Verlauf sollen die oben aufgeführten Phasen eines Onboarding-Prozesses beschrieben, sowie die Aufgaben, die sich für die Beteiligten herausstellen, benannt werden.

Die Vorbereitungsphase des Onboarding-Prozesses beginnt mit der Unterzeichnung des Arbeitsvertrages und dem ersten Arbeitstag. Hierzu werden zahlreiche Maßnahmen im Unternehmen des Einsatzlandes ergriffen, die es einerseits ermöglichen, dem Expatriate den Einstieg in das Unternehmen zu erleichtern und andererseits ein Image der Professionalität des Unternehmens zu erzeugen. Im Hinblick auf die Maßnahmen, sollte der Kontakt mit dem Expatriate möglichst aufrechtgehalten werden. Dabei ist es wichtig, nach Unterzeichnung des Arbeitsvertrages den Entsandten möglichst nützliche Informationen bezüglich der Unternehmensphilosophie sowie den zuständigen Kontaktpersonen mitzuteilen. Außerdem ist es extrem vorteilhaft, zuvor einen konkreten Einarbeitungsplan zu erstellen, die aufschlussreichen Informationen zum geplanten Ablauf geben, wodurch auch der Expatriate das Gefühl der Sicherheit und Klarheit bekommt (Lohaus/Habermann, 2015, S. 127). In der Vorbereitungsphase könnte außerdem die Bestimmung eines persönlichen Mentors zu einem positiven Effekt führen (Bube, 2015, S. 3).

Die Orientierungsphase stellt die zweite Phase des Onboarding-Prozesses dar und schließt den Zeitraum von dem Arbeitsbeginn bis zu dem dritten Monat im Unternehmen ein. Hierbei soll der Expatriate in die Auf- und Ablauforganisation des Unternehmens eingebunden werden, diese verstehen und lernen und sich in seine neue Rolle und seine neuen Aufgaben eingliedern. Dabei werden in der Literatur seitens der Unternehmen zum einen die Aufgaben, die sich an dem ersten Arbeitstag und zum anderen jene Aufgaben, die sich in der ersten Arbeitswoche bemerkbar machen, unterschieden. Aufgaben, die am ersten Arbeitstag vorgenommen werden sollten, beinhalten Maßnahmen, wie die Begrüßung und das Führen eines Einführungsgespräches. Das Gespräch sollte möglichst durch die zuständige Person im Einsatzland des Expatriates stattfinden und eine detaillierte Zusammenfassung über das Gastunternehmen beinhalten. Dabei sollte der Expatriate in Bezug auf die Arbeitsweisen, Führungsgrundsätze, Entwicklungen sowie einen Überblick über die konzeptionellen Feedback-Gesprächstermine bekommen. Auch ist es unerlässlich das zukünftige Tätigkeitsfeld des Expatriates zu betrachten. In der ersten Arbeitswoche übernimmt der Expatriate erste positionsbezogene Aufgaben.

Die Integrationsphase des Onboarding-Prozesses durchläuft der Mitarbeiter von dem dritten bis sechsten, maximal jedoch zwölften Monat. In diesem Zeitraum werden durch das Unternehmen integrationsfördernde Maßnahmen implementiert. Diese reichen von der Mitarbeit in Arbeitsgruppen und Projekten, Fortbildungsangebote, bis hin zu Angeboten, die den beruflichen Netzwerken dienen. Weiterhin soll der Expatriate in dieser Phase motiviert werden, zum einen das Wissen zu vertiefen und zum anderen die Eigeninitiative zu stärken. Darüber hinaus sollte die Zeitspanne durch Maßnahmen, wie das Einbinden von Fortbildungsangeboten und Trainings sowie regelmäßigen Feedbackgesprächen unterstützt werden, um die Integration des Expatriates in das Unternehmen zu erleichtern. Hierzu unterstreichen Lohaus & Habermann (2015) die Relevanz eines Gespräches mit dem Mitarbeiter, welches in jedem Fall nach der Integrationsphase stattfinden sollte. Somit soll das Ziel des Gespräches darin liegen, dem Mitarbeiter das Gefühl zu geben, dass er ab diesem Zeitpunkt in vollem Umfang selbstständig für die Erledigung seiner Aufgaben und somit der Arbeitsleistung die volle Verantwortung trägt (Lohaus/Habermann, 2015, S. 142).

Übung 2.7

Arten internationaler Auslandseinsätze

Der Begriff Entsendung wird als Oberbegriff für den internationalen Mitarbeitereinsatz definiert. Diese Entsendung kann von einer kurzfristigen Dienstreise bis zu einem mehrjährigen Auslandseinsatz stattfinden.

Grundsätzlich liegt eine **Entsendung** vor, wenn sich ein Mitarbeiter ins Ausland begibt, um dort seine Beschäftigung auszuüben (www.ihk-berlin.de, 2017).

Hier wird ein(e) Mitarbeiter/in, der/die eine Auslandstätigkeit ausübt, als **Expatriate,** Entsandter oder einfach als entsandter Mitarbeiter bezeichnet.

Kurzzeit-Entsendung – Short Term Assignment

Bei einer Short Term Assignment spricht man, wenn der Mitarbeiter für einen Zeitraum von weniger als einem Jahr im Ausland tätig ist.

Vorteil dieser Art von Entsendung sind die geringen Kosten und Probleme, die bei der Eingliederung im Gastland stattfinden, da die Familien im Heimatland bleiben und dadurch die Entsendung vereinfacht wird.

Bei dieser Art der Entsendung handelt es sich um Projekte, die im Ausland von qualifizierten Mitarbeitern betreut werden müssen. Das ständige Reisen ist der Grund dafür, dass eher jüngere Mitarbeiter hierzu bereit sind. Ausschlaggebend für das Antreten der kurzen Auslandstätigkeiten ist häufig der Gewinn der vielen Erfahrungen (www.pwc.com, 2012).

Langzeit-Entsendung – Long Term Assignment

Bei einer Long Term Assignment ist ein Zeitraum von mehr als einem Jahr definiert, da bei dieser Art von Entsendung der Wohnsitz und der Arbeitsplatz ins Ausland verlegt werden müssen. Die Mitarbeiter werden als Führungspositionen und Repräsentanten des Unternehmens ins Ausland geschickt (Fischermayr/Kopecek, 2012, S. 28). Die Langzeit-Entsendung ist die mit der Assoziation der klassischen Auslandsentsendung, wobei die Funktionen des Mitarbeiters im Ausland klar definiert sind (Festing et al., 2011, S. 242).

Vielflieger

Mit einem Vielflieger werden mehrere aufeinanderfolgende Dienstreisen mit verschiedenen Zielen im Ausland bezeichnet (Otten et al., 2007, S. 176). Die Art von Dienstreisen können mehrere Tage bis hin zu mehreren Wochen andauern. Trotz des hohen Stresspegels und Zeitverlustes besteht für diese Art höchste Bereitschaft (Fischermayr/Kopecek, 2012, S. 28). Aufgrund des Pendelns zwischen verschiedenen Ländern ist für die Mitarbeiter mit Familien kein Wohnortwechsel notwendig.

Übung 2.8

Auslandseinsatz aus Sicht des Unternehmens:

Die Motive und Ziele der Auslandstätigkeit der Mitarbeiter für das Unternehmen sind vor allem der Know-how-Transfer, sowohl vom Mutterunternehmen zum Tochterunternehmen im Ausland als auch umgekehrt. Die typischen Entsendungsziele des Heimatunternehmens sind der Transfer der Unternehmenskultur und Technologietransfer in ausländische Niederlassungen.

Desweitern gehören zu der Motivation zum einen die Entwicklung eines globalen Bewusstseins und die damit verbundene internationale Denkweise der entsandten Mitarbeiter. Zum anderen die Implementierung einer einheitlichen Führungskonzeption im Unternehmen, sowie die Ausbildung des Führungspersonals im Zielland.

Jedoch gibt es auch Nachteile für die Mitarbeiterentsendung für ein Unternehmen. Die Unternehmen haben durch die Entsendung der Mitarbeiter enorm hohe Kosten, die durch die Entsendung und Weiterbildungen bzw. Trainings entstehen. Der entsandte Mitarbeiter wird auf die Auslandstätigkeit vorbereitet, jedoch sieht es in der Praxis meist anders aus, sodass eine gewisse Unsicherheit der erstrebten Ziele eine sehr große Rolle spielt. Aufgrund der veränderten Bedingungen im Ausland kann es zum Verlust des Mitarbeiters an andere Unternehmen führen und dessen Leistungsvermögen auf Dauer beschädigen (Mauer, 2013, S. 1ff.).

Zu den unternehmerischen Zielen lassen sich in vier Typen der Auslandsentsendung unterscheiden (Mayrhofer, 2005, S. 5f.).

„Wachhund, Trouble Shooting“ entsandte dieser Kategorie konzentrieren sich auf Kontroll- und Steuerungszwecke. Entsendungen des Stammhauses auf Schlüsselpositionen in Auslandsniederlassungen gehören dem Typ des „Wachhundes“ an.

„Senior-Management, High-Flyer“ stellen primär die Steuerungsaktivität als auch Personalentwicklung da, wobei die Entsendung zur Steuerung und Kontrolle der Gesamtorganisation dient und ihre individuellen Kompetenzen vertiefen soll. Ein typisches Beispiel ist die Entsendung von Stammhausmitgliedern, denen die Fähigkeit zur Erreichung einer hohen hierarchischen Position zugeschrieben wird.

„Entwicklungs-/Nachwuchsförderung“ Der Fokus liegt auf der Personalentwicklung und nicht auf der Kontroll- und Steuerungsfunktion. Routinemäßige Entsendungen von Nachwuchsführungskräften dienen dazu Erfahrungen zu sammeln.

„Isolation, Abstellgleis“ Hierbei liegt der Fokus weder auf Steuerung noch auf der Personalentwicklung. Der Auslandseinsatz dieser Kategorie wird unternehmensintern als Bestrafung oder Abschiebung aufgrund mangelnder Kompetenzen angesehen.

Übung 2.9

Klassische berufliche Probleme bei einer Reintegration nach einem Auslandseinsatz:

Die Mitarbeiter, die sich für eine Auslandstätigkeit entscheiden, haben die Hoffnung nach Rückkehr auf einen Karrieresprung (With, 1992, S. 206). Unternehmen versprechen keine explizierte Position nach der Beendigung des Auslandsaufenthaltes und garantieren den Karrieresprung auch nicht (Kollmann, 2016, S. 20).

In der GMAC-Umfrage von Jahr 2004 gaben 68% der befragten Unternehmen an, dem Entsandten keine Rückkehrpositionsversprechen abzugeben (Dowling et al., 2008, S. 188).

Demzufolge haben die Rückkehrer Angst, keine angemessene Stelle wie die Auslandsposition zu finden (Fritz, 1984, S. 121). So kann im Vorfeld der Entsendung eine versprochene Stelle in Zukunft nicht mehr vorhanden sein. Dies hat zu Folge, dass eine gewisse Unzufriedenheit der Rückkehrer entsteht, da die Erwartungen nach der Auslandstätigkeit nicht erfüllt worden sind. Je höher der Entsandten in der Hierarchie stand, desto schwieriger wird es eine angemessene Position zu finden (Kollmann, 2016, S. 20ff.).

Durch organisatorische Veränderungen wie Outsourcing, Downsizing oder Fusionen, stehen für Rückkehrer weniger attraktive Positionen zur Verfügung (Kühlmann, 2004, S. 95).

Außerdem kann der Expatriate durch den Aufenthalt im Ausland gewisse Kenntnisse verlernt haben, wie z.B. den Verlust des Know-hows im technischen Bereich, in dem die Kenntnisse schnell alt werden (Bittner/Reisch, 1994, S. 227), wobei bei der Rückkehr des Expatriates er den Anforderungen nicht gewachsen sein kann (Kühlmann, 2004, S. 95). Dies führt zwangsläufig zur Enttäuschung des Expatriates, da seine Erwartungen nach der Rückkehr nicht erfüllt werden.

Übung 2.10

Die Auswirkungen einer ungenügenden Wiedereingliederung in das Unternehmen sind für den Rückkehrer als auch für das Unternehmen gravierend. Wird der Rückkehrer vor und während der Reintegrationsphase mangelhaft betreut, wird die Bereitschaft einen erneuten Auslandseinsatz zu tätigen gering. Die schlechten Erfahrungen werden an die Arbeitskollegen übermittelt und lösen eine Abneigung eines Auslandseinsatzes aus. Da die gewünschte Position für Rückkehrer zunächst in weiter Ferne bleibt, wird eine geringfügigere Tätigkeit ausgeübt.

Durch die schwierige Situation für beide Parteien, schrecken Unternehmen nicht davor zurück, einem Rückkehrer einen Aufhebungsvertrag mit einer entsprechenden Abfindung anzubieten (Dülfinger/Jöstingmeirer, 2008, S. 540f.).

Die ungenügende Reintegration eines entsandten Mitarbeiters mit neu erworben kulturellen und fachlichen Wissen, hat die Folge, dass der Rückkehrer das Unternehmen verlässt.

Dies führt zu einer erheblichen Fehlinvestition, da viele Maßnahmen getroffen wurden, um den Erfolg des Auslandseinsatzes zu garantieren.

„Ein Mitarbeiter, der sich unter schwierigen Bedingungen im Ausland bewähren konnte, besitzt Kenntnisse und Fähigkeiten, die in Zeiten der zunehmenden Globalisierung der Wirtschaft immer wertvoller werden. Hierzu gehören z.B. Aufgeschlossenheit gegenüber ungewohnten Arbeits- und Lebensstilen, größere Selbstständigkeit im Denken und Handeln sowie Verhandlungsfähigkeit in einer oder mehreren Fremdsprachen“ (Kühlmann/Stahl, 1995, S. 189).

So verlässt ein Mitarbeiter mit all dem erlernten Wissen im beruflichen als auch im privaten Bereich das Unternehmen, wobei dieser z.B. als Mentor für andere Mitarbeiter zur Verfügung stehen hätte können.

Eine Studie der GMAC (Global Relocation Services, 2002) ergab von 150 befragten Unternehmen, dass 26% der Rückkehrer nach mindestens zwei Jahren den Arbeitgeber verlassen bzw. gewechselt haben. Die Rückkehrer haben im Ausland Erfahrung sammeln können, wobei das Wissen der Auslandstätigkeit vom Unternehmen nicht ausreichend genutzt wurde.

Übung 3.1

Die Bezeichnung interkulturell ist abzugrenzen von den zum Teil analog verwendeten Begriffen „multikulturell“ und „cross-cultural“. Letztere sind der Sichtweise des Multikulturalismus und des Kulturvergleichs zuzuordnen und betonen die Kontraste von zwei oder mehreren Kulturen (Knapp, 1998, S. 13). Hierbei wird ein Nebeneinander von Kulturen beschrieben, die keinen wechselseitigen Einfluss aufeinander haben (Dietrich, 2000, S. 28). So weisen multikulturelle Personen Merkmale mehrerer Kulturen auf, jedoch nicht zwingend auch interkulturelle Kompetenzen (Bolten, 2001b, S. 37).

Übung 3.2: Kulturelle Distanz

Ein weiterer situativer Faktor im organisatorischen Umfeld ist die kulturelle Distanz des Gastlandes zum Herkunftsland. Ein möglicher Indikator für die kulturelle Distanz zwischen zwei Ländern ergibt sich aus der Berechnung nach der City-Block-Methode (Waxin, 2004, S. 63). Hierbei wird die Differenz der Werte „society practice“ beider Länder auf allen Kulturdimensionen ermittelt und aufaddiert (Die erwähnten Berechnungswerte lassen sich der aktuellen GLOBE Studie entnehmen).

Eine durch den Entsandten erlebte kulturelle Distanz steht in signifikanten negativen Zusammenhang zur Arbeitsleistung im Ausland (Masgoret, 2006, S. 315). Bei einem hohen Grad an kultureller Distanz kommt es vermehrt zu Anpassungsschwierigkeiten und zu einem stärker ausgeprägten Kulturschock (Palthe, 2004, S. 45; Kim, 2001, S. 145). Die Erschwerung der Anpassung erfolgt hierbei nicht in gleichem Maße für die beteiligten Landesangehörigen. Eine Anpassung an entwickelte Länder erweist sich beispielsweise tendenziell als einfacher (Allerdings konnten Stening und Hammer eine geringe Varianz im Anpassungsgrad der Mitglieder einer Kultur über verschiedene Zielkulturen hinweg beobachten. Das relativiert die Bedeutung der kulturellen Distanz und rückt den Einfluss der Herkunftskultur auf die Anpassungsfähigkeit ihrer Mitglieder in den Fokus (Stening & Hammer, 1992, S. 84).

Übung 3.3

Bei dem stammlandorientierten Ansatz wird die Entgeltpolitik durch jene Vergütungsmodalitäten bestimmt, welche von der Unternehmenszentrale vorgegeben werden. Die Gestaltung der Vergütungspakete erfolgt demnach in Abhängigkeit der vorgegebenen stammlandorientierten Kriterien. Hierzu zählen u.a. (Festing (2011), S. 384):

- Höhe des erfolgsabhängigen Entgeltanteils auf den verschiedenen Hierarchiestufen
- Bestimmungen der Entgelterhöhungen in Abhängigkeit von der Dauer der Betriebszugehörigkeit
- Einfluss der individuellen Leistungsbeurteilungen
- Breite einzelner Lohn- und Gehaltsstufen.

Tab. 3.17: Vor- und Nachteile des stammlandorientierten Ansatzes

Vorteile	Nachteile
• Transparente Entgeltpolitik aufgrund verbindlicher Richtlinien für wesentliche Bereiche der Gehaltsfindung • Die Anbindung des Gehalts des Expatriates an das Gehaltssystem des Mutterkonzerns bleibt erhalten • Vereinfachte Wiedereingliederung nach Entsendung	• Vernachlässigung von notwendigen und landesspezifischen Aspekten der Entgeltpolitik • Mögliche Demotivation lokaler Mitarbeiter, da entsendete Mitarbeiter eine höhere Vergütung erhalten • Lokale Regelungen werden u.U. nicht genügend berücksichtigt

Quelle: in Anlehnung an Festing (2011), S. 384.

Durch die einhtlichen und verbindlichen Richtlinien bei der Gehaltsfindung wird sichergestellt, dass im gesamten nationalen und/oder multinationalen Unternehmen eine einheitliche und stammlandorientierte Unternehmenskultur vorherrscht (Festing (2011), S. 384):

Bei der Gestaltung der Entgeltpolitik berücksichtigt der entsendungslandorientierte Ansatz die landesspezifischen Vergütungsmodalitäten des Entsendungslandes und verzichtet demnach auf länderübergreifende Regelungen (Festing (2011), S. 384). Somit sind die Gehälter innerhalb einer Organisationseinheit vergleichbar, jedoch losgelöst vom Stammhaus oder anderen Tochtergesellschaften.

Tab. 3.18: Vor- und Nachteile des entsendungslandorientierten Ansatzes

Vorteile	Nachteile
• Verhinderung der Demotivation der lokalen Mitarbeiter innerhalb einer Organisationseinheit aufgrund hoher Gehaltsunterschiede • geringer Verwaltungsaufwand	• kein transparentes Entgeltsystem für Mitarbeiter in Tochtergesellschaften • geringe Mobilitätsförderung international tätiger Mitarbeiter • hohe Gehaltsunterschiede zu anderen internationalen Standorten

Quelle: in Anlehnung an Festing (2011), S. 384.

Der geozentrische Ansatz verzichtet bei der Gestaltung des Entgeltsystems auf die Standards des Stammlandes und berücksichtigt auch nicht die landesspezifischen Besonderheiten. Stattdessen wird eine internationale Entgeltpolitik entwickelt, die Kriterien aus beiden Umfeldern in die Gestaltung mit einfließen lässt. Das neu entwickelte Konzept ist weltweit verbindlich und soll das Erreichen der strategischen Unternehmensziele unterstützen (Festing (2011), S. 385).

Tab. 3.19: Vor- und Nachteile der geozentrischen Entgeltpolitik

Vorteile	Nachteile
• meist „Fit" zwischen Unternehmensstrategie und entgeltpolitischer Ausrichtung • weitgehend weltweiter vergleichbarer Gehälter • Förderung von Auslandsentsendungen • erhöhte internationale Mobilität der Mitarbeiter	• Entwicklung und Gestaltung des Entgeltsystems ist sehr kostenintensiv und zeitaufwendig

Quelle: in Anlehnung an Festing (2011), S. 385.

In der internationalen Entgeltpolitik sind die dargestellten Ansätze in reiner Form selten vorhanden. Aus Kostengründen und/oder lokalen Restriktionen haben sich Mischformen der Modelle internationaler Entgeltpolitik herausgebildet.

Übung 3.4

Das Wohnsitzprinzip richtet sich die Besteuerung des Einkommens nach dem Land, in dem der Expatriate ansässig ist.

Das Quellenprinzip besagt, dass die Besteuerung sich nach dem Einsatzland richtet.

Übung 3.5: Welteinkommensprinzip

Vereinfacht ausgedrückt besagt dieses, dass jeder, der seinen Wohnsitz oder seinen gewöhnlichen Aufenthaltsort in einem Land hat, seine gesamten in der Welt erzielten Einkünfte auch in diesem Land versteuern muss (https://www.rechnungswesen-verstehen.de/steuern/welteinkommensprinzip.php).

Übung 3.6: Wohnsitzlandprinzip

Wohnsitzlandprinzip: Eine Person ist in dem Staat steuerpflichtig, in dem sie ihren Wohnsitz oder ihren gewöhnlichen Aufenthalt hat (https://www.bundesfinanzministerium.de/Content/DE/Glossareintraege/D/004_Doppelbesteuerungsabkommen.html?view=renderHelp).

Übung 4.1

Direktinvestition: Kapitalanlagen eines Unternehmens im Ausland zur Gründung von oder zur Beteiligung mit unternehmerischer Verantwortung an Unternehmen, Produktionsstätten oder Niederlassungen (Duden Wirtschaft, 2016).

Zur aktuellen Höhe der deutschen Direktinvestitionen im Ausland recherchieren Sie bitte im Internet.

Übung 4.2

Die Treiber und Barrieren der Mitarbeiterentsendung weisen eine Reihe an Einfluss nehmenden Faktoren mit wirtschaftlichen, sozialen und regulatorischen Charakteristika auf. Die wirtschaftlichen Faktoren spielen insbesondere als Treiber der Mitarbeiterentsendung eine entscheidende Rolle. Regulatorische und soziale Aspekte stehen hingegen vorwiegend im Zusammenhang mit Barrieren. Bei der Darlegung der Treiber und Barrieren der Mitarbeiterentsendung erfolgt eine Unterscheidung in die Aufnahme- und die Entsendeperspektive (European Commission, 2011, S. 28).

Werden Mitarbeiter in andere EU-Mitgliedstaaten entsandt, so können neue Märkte erschlossen und Umsätze auch außerhalb des eigenen Mitgliedstaats generiert werden. Außerdem werden der internationale Fokus von Unternehmen und der Aufbau von Geschäftsnetzwerken gefördert. Zudem können eigene Arbeitskräfte eingesetzt werden, was eine bessere Kontrolle der ausgeführten Arbeiten ermöglicht. Im Kontext sozialer Aspekte stehen neben der Möglichkeit, Arbeitskräfte zu geringeren Arbeitskosten als im aufnehmenden Land anzubieten, der Erfahrungszuwachs und das Lernen als Folge der Arbeit im Ausland. Regulatorische Treiber liegen in einem relativ einfachen administrativen Verfahren für Unternehmen im Entsendungsland (European Commission, 2011, S. 28).

Wirtschaftliche Treiber aus der Aufnahmeperspektive sind insbesondere wettbewerbsfähigere Preise für ausländische Dienstleister durch geringere Lohn-

und Arbeitskosten, eine flexible Kapazität und saisonale Nachfrage sowie die Auslagerung von Kosten. Durch die Beschäftigung entsandter Arbeitnehmer können Unternehmen außerdem einem Arbeitskräftemangel im Aufnahmestaat entgegenwirken, insbesondere in Zeiten wirtschaftlichen Wachstums (European Commission, 2011, S. 28).

Auf der anderen Seite stehen Barrieren für Unternehmen, die Arbeitnehmer ins EU-Ausland entsenden. Sie müssen Arbeitsbedingungen anwenden, die in allgemein verbindlichen Tarifabkommen geregelt sind, auch wenn sie über den Kern des Schutzes der Arbeitnehmer hinausgehen. Weitere Barrieren aus der Entsendeperspektive sind neben der Zurückhaltung von Mitarbeitern, geografisch mobil zu sein, die sprachlichen und kulturellen Barrieren. Der administrative Aufwand im Zusammenhang mit der Entsendung von Arbeitnehmern, die Komplexität des gesetzlichen Rahmens, der die Entsendung regelt, und unterschiedliche Modalitäten für die Mitarbeiterentsendung in den verschiedenen Mitgliedstaaten stellen weitere Hindernisse im Rahmen der Mitarbeiterentsendung dar (European Commission, 2011, S. 28).

Aus der Aufnahmeperspektive ergeben sich auch einige wirtschaftliche, soziale und regulatorische Barrieren. Im wirtschaftlichen Kontext steht die Angst vor der Konkurrenz für lokale Marktteilnehmer. Das negative Image der Entsendung aufgrund illegaler Beschäftigung oder der Beschäftigung unter Mindeststandards stellt neben Kommunikations- und Sprachbarrieren eine soziale Hürde für die Mitarbeiterentsendung aus der Aufnahmeperspektive dar. Regulatorische Hindernisse liegen in Schutzmaßnahmen in bestimmten Sektoren und der Verfügbarkeit weiterer Mechanismen zur Rekrutierung ausländischer Arbeitskräfte (European Commission, 2011, S. 28).

Übung 4.3

Der Außenwanderungssaldo ist die Differenz zwischen der Zuwanderung nach Deutschland und der Abwanderung aus Deutschland.

Übung 4.4

Die Bevölkerungspyramide in Deutschland steht Kopf

Bisher spielt die Alterung der Bevölkerung und ihre Auswirkungen auf die Rente im Bundestagswahlkampf keine Rolle. Das Thema bleibt aber brandaktuell. Denn seit 2003 schrumpft die Anzahl der Deutschen jährlich um etwa 100 000 – während die Weltbevölkerung bis 2050 auf rund neun Milliarden Menschen ansteigt. Es wird höhere Sterbe- als Geburten- und Zuwanderungszahlen geben. Durch eine verlängerte Lebenserwartung dürfte die Anzahl der Menschen mit 80 Jahren oder älter in den kommenden 40 Jahren in Deutschland um das Zweieinhalbfache steigern. Dann werden nahezu 15 Prozent der Bevölkerung älter als 80 sein (Schnitzler (FwDienste), n.d.).

Übung 4.5

Silver Society und Best Ager:

Megatrend Silver Society

Die Lebenserwartung steigt auf der ganzen Welt: Wir alle werden nicht nur älter, sondern altern auch anders – und wir werden später alt. Zum Älterwerden gesellt sich das „Downaging", das Heraustreten aus traditionellen Altersrollen derer, die man einst als „Senioren" bezeichnete. Statt sich in den Ruhestand zu begeben, nehmen ältere Menschen selbstverständlich in Form von Ehrenamt, Erwerbsleben oder einem Universitätsstudium am Gesellschaftsleben teil (Zukunftsinstitut, n.d. b).

„Best Ager" fühlen sich jung, sind bei weitem keine Senioren, grenzen sich aber von den „jungen Erwachsenen" ab. Diese Zielgruppe hat eine hohe Kaufkraft und ist damit für viele Unternehmen attraktiv. Doch im Marketing und Verkauf begehen die Unternehmen noch immer viele Fehler und enttäuschen die Best Ager (Etrillard, n.d.).

Übung 4.6

Unter Substituierbarkeitspotenzial wird der gegenwärtige Anteil der Kernanforderungen von Berufen verstanden, der durch Computer oder Maschinen ausgeführt werden könnte.

Übung 4.7

Die häufigsten Fluchtursachen sind Krieg und Armut.

Das **Bildungsniveau der Asylsuchenden** aus den Top-10-Herkunftsländern ist je nach Herkunftsland unterschiedlich hoch. Die volljährigen Asyl-Erstantragsteller aus den zehn Hauptherkunftsländern setzten sich folgendermaßen zusammen: 35,7 Prozent Syrer, 15,2 Prozent Afghanen, 12,6 Prozent Iraker, 4,8 Prozent Iraner, 3,2 Prozent Eritreer, 2,8 Prozent Pakistani, 2,1 Prozent Nigerianer, 1,9 Prozent Albaner, 1,5 Prozent Somalier und 1,1 Prozent Russen (dazu 19,1 Prozent aus sonstigen Ländern).

Das Bundesamt für Migration und Flüchtlinge (BAMF) veröffentlichte im April 2017 eine Analyse von Neske über das Qualifikationsniveau und die Berufstätigkeit der volljährigen Asyl-Erstantragsteller. Dabei wurde gefragt, welche Schulform besucht wurde, der erreichte Abschluss blieb jedoch unberücksichtigt. Daher ist es möglich, dass die Befragten ihre schulische beziehungsweise universitäre Ausbildung zwar begonnen, aber (noch) gar nicht abgeschlossen haben. Es ist ebenfalls zu berücksichtigen, dass die Zahlen der sozialen Komponenten aus freiwilligen Selbstauskünften stammen. Sie wurden direkt durch BAMF-Mitarbeiter während der Antragstellung mit Unterstützung eines Dolmetschers erfragt. Die Möglichkeit von strategischen Antworten und somit überhöhter Selbstdarstellung der Schulbildung und des zuletzt im Herkunftsland ausgeübten Berufs können daher nicht ausgeschlossen werden. Die Zahlen sollen einen ersten Einblick geben, denn es gibt keine verpflichtenden Statistiken.

Etwa drei Viertel der Asyl-Erstantragsteller haben Angaben zu Schulbildung und Beruf gemacht. Es ist daher denkbar, dass das eine Viertel der Asyl-Erstantragsteller, das keine Angaben gemacht hat, unterdurchschnittlich qualifiziert ist. Dies könnte die Statistik bezüglich der Schulbildung und Berufserfahrung zusätzlich verzerren. Ein weiteres Problem, das die Erfassung der Qualifikation zusätzlich erschwert, ist, dass die Herkunftsländer der Asyl-Erstantragsteller ein anderes Schul- und Berufsbildungssystem haben als Deutschland. Brücker vom Nürnberger Institut für Arbeitsmarkt- und Berufsforschung gibt außerdem zu bedenken, dass die Qualität der Bildungssysteme sehr unterschiedlich ist. So ist ein Jahr Schule in einem Kriegs- oder Krisengebiet nicht mit einem Jahr Schule in Deutschland vergleichbar.

Das BAMF gab an, dass 15,5 Prozent der Antragsteller laut Selbstauskunft als höchste Bildungseinrichtung eine Hochschule besucht haben. 21,5 Prozent nannten als höchste besuchte Bildungseinrichtung das Gymnasium, 31,1 Prozent die Mittelschule (in etwa Haupt- oder Realschulniveau in Deutschland) und 20,5 Prozent die Grundschule. 11,3 Prozent aller Asyl-Erstantragsteller haben keinerlei formelle Schulbildung genossen. Die weiblichen Asylantragsteller haben allgemein ein geringeres Schulbildungsniveau als die männlichen Asylantragsteller.

Darüber hinaus scheint ein Großteil der Geflüchteten nur für einfache Tätigkeitsfelder geeignet zu sein, da ihr Qualifikationsniveau häufig nicht dem auf dem Arbeitsmarkt benötigten Fachkräfteniveau entspricht. Ein Drittel der Erwachsenen wird als unqualifiziert eingestuft, da sie maximal die Grundschule besucht haben.

Übung 4.8

Kriege und Unruhen haben einen großen Einfluss auf das Bildungsniveau.

Charbonneau von UNICEF gibt an, dass die syrischen Schüler immer mehr Unterrichtsstoff verpassen und der schulische Wiedereinstieg umso schwerer wird, je länger die Konfliktsituation im Heimatland anhält. Erwachsene aus Somalia und Afghanistan haben vergleichsweise die geringste Schulbildung. In Ländern wie Afghanistan, in denen schon seit Jahrzehnten politische bzw. religiöse Konflikte herrschen, ist der Zugang zum Bildungssystem stark eingeschränkt.

Literaturverzeichnis

Acevedo, C.; Ebinger, A.; Gaumann, R. (2004). Geiz ist in – Konzepterstellung und Durchführung von Assessment Centern in Zeiten knapper Ressourcen. Deutscher AssessmentCenter-Kongress 2004, Dokumentation 9.

Ackerschott, H., Gantner, N. & Schmitt, G. (2016). Eignungsdiagnostik: Qualifizierte Personalentscheidungen nach DIN 33430. Berlin: Beuth.

Adams, S. (2012): The Innovation That Could Make Most Job Interviews Obsolete. Forbes. Online verfügbar unter http://www.forbes.com/sites/susanadams/2012/08/28/the-innovation-that-could-make-most-job-interviews-obsolete/#9883ce42a19c, zuletzt aktualisiert am 28.08.2012, zuletzt geprüft am 25.05.2016.

Adler, N. J. (1980). Re-entry: a study of the dynamic coping processes used by repatriated employees to enhance effectiveness in the organization and personal learning during the transition back into the home country. London: University Microfilms International.

Adler, N. J. (2008). International Dimensions of Organizational Behavior. 5.Aufl. New York: Thomson.

Albaum, G.S.; Strandskov, J.; Duerr, E. (2001). Internationales Marketing und Exportmanagement. 3.Aufl. München: Pearson.

Ali, A.; Van der Zee, K. I.; Sanders, G. (2003). Determinants of Intercultural adjustment among expatriate spouses. In: International Journal of Intercultural Relations, 27(5), (S. 563-580).

Andreason, A. W. (2003). Expatriate adjustment to foreign assignments. In: International Journal of Commerce and Management,.13(1). (S. 42-60).

Appelbaum, E.; Schettkat, R. (1995). Employment and productivity in industrialized economies. *International Labor Review 134*(4-5) (Special Issue), S. 605–623.

Arbeitskreis Assessment Center e.V. (2001): AC-Studie 2001. Online verfügbar unter http://www.arbeitskreis-ac.de/index.php/projekte/studien/ac-studie-2001, zuletzt geprüft am 07.05.2016.

Arbeitskreis Assessment Center e.V. (2004): Standards der Assessment Center Technik. Unter Mitarbeit von Jürgen Böhme, Reinhard Diesner, Ralph Glodek, Stefan Höft, Elmar Lammerskitten, Rainer Neubauer, Christof Obermann, Renate von Rüden. Hamburg, 06.2004.

Arbeitskreis Assessment Center e.V. (Hg.) (2012): Talente entdecken und fördern: Personaldiagnostik als Wettbewerbsvorteil. Lengerich: Pabst Science Publisher.

Argyle, M. (1982). Inter-cultural communication. In: Bochner, S. (Hg.). Cultures in Contact: Studies in Cross-Cultural Interaction (S. 61-79). Oxford: Pergamon Press.

Arthur, W.; Bennett, W. (1995). The international assignee: The relative importance of factors perceived to contribute to success. In: Personnel Psychology, 48(1), (S. 99-114).

Auswärtiges Amt (2014): http://www.sis-verlag.de/praxishilfen/weitere-praxishilfen/87-kaufkraftzuschlaege-kaufkraftzuschlaege [Abruf: 12-1-2014]

Autor, D., Levy, F. & Murnane, R. (2003). The skill content of recent technological change: an empirical exploration. *Quarterly Journal of Economics 116*(4).

Backhaus, K.; Erichson, B.; Plinke, W.; Weiber, R. (2003). Multivariate Analysemethoden. 10. Aufl. Berlin: Springer.

Barmeyer, C. (2002). Interkulturelle Zusammenarbeit: Deutsch-französisches Projektmanagement. In: Personal. 6. (S. 36-41).

Bartscher, T.; Huber, A. (2007). Praktische Personalwirtschaft. Eine praxisorientierte Einführung (2., vollst. überarb. Aufl.). Wiesbaden: Gabler GWV.

Bastians, F.; Runde, B. (2002). Instrumente zur Messung sozialer Kompetenzen. In: Zeitschrift für Psychologie. 210. (S. 186-196).

Bayer (2015): Shared Service Center. Online verfügbar unter http://www.bayer.com.pl/pl/life-science/service-center-gdansk-eng/shared-service-center/, zuletzt aktualisiert am 20.01.2015, zuletzt geprüft am 10.05.2016.

Bechtel, M. (2011): Internationale Personalsuche wird immer wichtiger. Online verfügbar unter https://www.academics.de/wissenschaft/internationale_personalsuche_wird_immer_wichtiger_50348.html, zuletzt aktualisiert am 21.07.2011, zuletzt geprüft am 26.03.2016.

Beck, C. (2011). Analyse von Jobbörsen im Internet 2011. Fachhochschule Koblenz. Online verfügbar am 06.04.2018 unter http://de.statista.com/statistik/studie/id/6519/dokument/

Beck, C. (Hg.) (2012): Personalmarketing 2.0. Vom Employer Branding zum Recruiting. 2., neu bearb. und erw. Aufl. Köln: Luchterhand (Personalwirtschaft: Buch).

Becker, J.; Mathas, C.; Winkelmann, A. (2007). Geschäftsprozessmanagement. Berlin: Springer.

Becker, M. (2005): Personalentwicklung: Bildung, Förderung und Organisationsentwicklung in Theorie und Praxis. Stuttgart: Gabler.

Becker, N.; Diesner, R.; Hasselmann, D.; Höft, S.; Hofilter, I.; Obermann, C.; Prena, A. (2016). AC-Standards. Standards der Assessment Center Methode 2016. Unter https://www.akac-kongress2016.de/images/AKAC_AC_Standards_2016.pdf [Aufruf 06.08.2017]

Becker, W.; Ulrich, P. (2011). Internationalisierung mittelständischer Familienunternehmen – Gründe, Erscheinungsformen, Fallstudien. In F. Kreuper und H. Schunk (Hg.), *Internationalisierung deutscher Unternehmen. Strategien, Instrumente und Konzepte für den Mittelstand* (2., überarbeitete und erweiterte Aufl.) (S. 51–73). Wiesbaden: Gabler.

Becker, W.; Ulrich, P. (2016) Evidenzbasiertes Management. Leitlinien für Forschung und Praxis. Wiesbaden: Springer.

Beneke, J. (1994). Hildesheimer Profil Interkultureller Kompetenz (HPIK). Vorschläge für ein Interkulturelles Assessment Centre. In: IFAB (Hg.), Interkulturelle Kommunikation und Interkulturelles Training. (S. 65-72).

Benit, N.; Soellner, R. (2012) Validität von Assessment-Centern in deutschen Unternehmen: Vergleich von Unternehmensdaten mit einer bestehenden Metaanalyse. In: Personalführung. 11. (S. 32-39).

Bennett, M. J. (1993). Towards ethnorelativism: A Developmental Model of Intercultural Sensitivity. In: Paige, R. M. (Hg.). Education for the Intercultural Experience. (S. 2172). Yarmouth: Intercultural Press.

Bergemann, N.; Sourisseaux, A. (2003) Interkulturelles Management. Heidelberg: PhysicaVerlag.

Bernhard, N. (2002). Interkulturelles Lernen und Auslandsaustausch – „Spielend“ zu interkultureller Kompetenz. In: Volkmann, L.; Stierstorfer, K.; Gehring, A. (Hg.). Interkulturelle Kompetenz. Konzepte und Praxis des Unterrichts (S. 194-216). Tübingen: Narr.

Bertelsmann, G. (2002). Interne Personalbeschaffungswege. In R. Bröckermann & W. Pepels (Hg.): Handbuch Recruitment. Die neuen Wege moderner Personalakquisition. Planung, Beschaffungswege, Auswahlverfahren. Beiträge aus Forschung und Praxis. Berlin: Cornelsen, S. 143–171.

Berthel, J.; Becker, F. G. (2013). Personal-Management. Grundzüge für Konzeptionen betrieblicher Personalarbeit (10., überarb. und aktual. Aufl.). Stuttgart: Schäffer-Poeschel.

Bhaskar-Shrinivas, P.; Harrison, D., Shaffer, M.; Luk, D. (2005). Input-based and timebased models of international adjustment: Meta-analytic evidence and theoretical extensions. In: Academy of Management Journal. 48(2). (S. 257-281).

Birdseye, M. G.; Hill, J. S. (1995). Individual, organizational/work and environmental influences on expatriate turnover tendencies: An empirical study. In: Journal of International Business Studies. 36(4). (S. 787-813).

BITKOM (2013). Soziale Netzwerke 2013. Dritte, erweiterte Studie. Eine repräsentative Untersuchung zur Nutzung sozialer Netzwerke im Internet. Online verfügbar am 06.04.2018 unter https://www.bitkom.org/noindex/Publikationen/2013/Studien/Soziale-Netzwerke-dritte-erweiterte-Studie/SozialeNetzwerke-2013.pdf

BITKOM (2015). 44 Millionen Deutsche nutzen ein Smartphone. Online verfügbar am 06.04.2018 unter https://www.bitkom.org/Presse/Presseinformation/44-Millionen-Deutsche-nutzen-ein-Smartphone.html

Black, J. S. (1988). Work role transitions: A study of American expatriate managers in Japan. In: Journal of International Business Studies. 19(2). (S. 277-294).

Black, J. S.; Gregersen, H. (1992). Serving two masters: Managing the dual allegiance of expatriate employees. In: Sloan Management Review. 33(4). (S. 61-72).

Black, J. S.; Mendenhall, M.; Oddou, G. (1991). Toward a comprehensive model of international adjustment: an integration of multiple theoretical perspectives. In: Academy of Management Review. 16(2). (S. 291-317).

Black, J. S.; Stephens, G. (1989). The influence of the spouse on American expatriate adjustment and intent to stay in Pacific Rim overseas assignments. In: Journal of Management, 15(4). (S. 529-544).

Blom, H.; Meier, H. (2002). Interkulturelles Management. Herne/Berlin: NWB.

Bobko, P.; Karren, L. & Parkington, A. (1983) Estimation of standard deviation in utility analysis: An empirical test. In: Journal of Applied Psychology. 86 (1). (S. 170-176).

Bolino, M. C. (2007): Expatriate assignments and intra-organizational career success: implications for individuals and organizations. In: Journal of International Business Studies, 38. (S. 819-835).

Bolten, J. (2001a). Interkulturelle Assessment-Center. In: Sarges, W. (Hg.). Weiterentwicklungen der Assessment Center-Methode. (S. 213-218). Göttingen: Verlag für Angewandte Psychologie.

Bolten, J. (2001b). Interkulturelle Kompetenz. Erfurt: Landeszentrale für politische Bildung.

Bolten, J. (2002). Das Kommunikationsparadigma im internationalen M&A-Prozess. Due Dilligence und Post-Merger-Management im Zeichen der 'Zweiten Moderne'. Interculture Online. unter http://www.interculture-journal.com [Aufruf 05.08.2017].

Bolten, J. (2005). Interkulturelle Personalentwicklungsmaßnahmen: Training, Coaching und Mediation. In: Stahl, G. K.; Mayrhofer, W.; & Kühlmann, T. M. (Hg.). Internationales Personalmanagement – neue Aufgaben, neue Lösungen (S. 307-324). München: Rainer Hampp.

Bolten, J. (2007). Was heißt „Interkulturelle Kompetenz?" Perspektiven für die internationale Personalentwicklung. In: Künzer, V.; Berninghausen, J. (Hg.). Wirtschaft als interkulturelle Herausforderung (S. 21-42). Frankfurt am Main: IKO-Verlag.

Borjas, G. J. (1987). Self-Selection and the Earnings of Immigrants. *American Economic Review 77*(4), S. 531–53.

Börsch-Supan, A. (2010). Demografie betrifft alle – Handlungsoptionen für älter werdende Unternehmen. In G. Happe (Hg.), *Demografischer Wandel in der unternehmerischen Praxis* (2. Aufl.) (S. 17–30). Wiesbaden: Gabler.

Bortz, J.; Döring, N. (2006). Forschungsmethoden und Evaluation. Für Human- und Sozialwissenschaftler. 3. Aufl. Berlin: Springer.

Bouabba (2014): Bouabba R., Internationale Einsätze rechtssicher gestalten, in: Expat/Impact Guide, Personal Manager 2014

Braun, B. (2008). Curriculare Planungsphasen von Lehr-/Lernprozessen in der Aus- und Weiterbildung. In: Negri, C. (Hg.). Angewandte Psychologie für die Personalentwicklung Konzepte und Methoden für Bildungsmanagement, betriebliche Aus- und Weiterbildung (S. 131–156). Berlin: Springer.

Breisig, T. (1998). Personalbeurteilung Mitarbeitergespräch Zielvereinbarungen Handbücher für die Unternehmenspraxis. Bd. 6. Frankfurt am Main: Bund-Verlag.

Breisig, T.; Schulze, H. (1998). Das mitbestimmte Assessment Center: Baden-Baden: Suhrkamp.

Briscoe, Dennis R./Schuler, Randall S.; Tarique, Ibraiz (2012): International human resource management. Policies and practices for multinational enterprises. 4. ed. New York: Routledge.

Brislin, R. W. (1994). A culture-general assimilator: Preparation for various types of sojourn. In: Paige, R. M. (Hg.). Education for the Intercultural Experience. (S. 281-300). Yarmouth: Intercultural Press.

Brislin, R. W.; Yoshida, T. (1994). The content of cross-cultural training: An introduction. In: Brislin, R. W.; & Yoshida, T. (Hg.), Improving Intercultural Interactions. Modules for Cross-Cultural Training Programs. (S. 1-14). Thousand Oaks: Sage.

Bröckermann, R.; Pepels, W. (Hg.) (2002). Handbuch Recruitment. Die neuen Wege moderner Personalakquisition. Planung, Beschaffungswege, Auswahlverfahren. Beiträge aus Forschung und Praxis. Berlin: Cornelsen.

Bröckermann, R. (2016). Personalwirtschaft. Lehr- und Übungsbuch für Human Resource Management. Stuttgart: Schäffer-Poeschel.

Brömer, K. (2015). Bauwirtschaft und Konjunktur. Wiesbaden: Gabler.

Brookfield (2012). Global Relocation Trends. 2012 Survey Report. Unter https://espritgloballearning.com/wp-content/uploads/2011/03/2012-Brookfield-Global-RelocationsTrends-Survey.pdf [Aufruf 09.08.2017].

Brülke, E. (n.d.). Was sind Push-Benachrichtigungen? Online verfügbar am 06.04.2018 unter http://www.helpster.de/was-sind-push-benachrichtigungen_ 108036

Buch, T., Dengler. K.; Matthes, B. (2016). Relevanz der Digitalisierung für die Bundesländer. Saarland, Thüringen und Baden-Württemberg haben den größten Anpassungsbedarf. IAB-Kurzbericht 14/2016. Online verfügbar am 20.04.2018 unter http://doku.iab.de/kurzber/2016/kb1416.pdf

Bühl, A. (2008). Einführung in die moderne Datenanalyse. München/Boston: Springer.

Bundesagentur für Arbeit (2018). *Auswirkungen der Migration auf den deutschen Arbeitsmarkt.* Online verfügbar am 06.04.2018 unter https://statistik.arbeitsagentur.de/Statischer-Content/Statistische-Analysen/Statistische-Sonderberichte/Generische-Publikationen/Auswirkungen-der-Migration-auf-den-Arbeitsmarkt.pdf

Bundesbesoldungsgesetz (2014): https://www.jurion.de/Gesetze/BBesG/55 [Abruf: 12-1-2014]

Bundesinstitut für Berufsbildung (BiBB) (2014). Einreise und Aufenthalt von Staatsangehörigen aus Drittstaaten. Online verfügbar am 06.04.2018 unter https://www.anerkennung-in-deutschland.de/html/de/drittstaaten.php

Bundesministerium der Finanzen (BMF) (2014). *Deutsche Direktinvestitionen im Ausland. Bestand, Entwicklung und ökonomische Bedeutung.* Online verfügbar am 06.04.2018 unter http://www.bundesfinanzministerium.de/Content/DE/Monatsberichte/2014/09/Inhalte/Kapitel-3-Analysen/3-2-deutsche-direktinvestitionen-im-ausland.html

Bundesministerium für Bildung und Forschung (o.J.): Zukunftsprojekt Industrie 4.0. Online verfügbar unter https://www.bmbf.de/de/zukunftsprojekt-industrie-4-0-848. html, zuletzt geprüft am 29.05.2016.

Bundesregierung (2017c). Rat stimmt Reformkompromiss zur Entsenderichtlinie zu. Online verfügbar am 06.04.2018 unter http://www.esf.de/portal/SharedDocs/

Meldungen/DE/2017/2017_10_25_entsenderichtlinie.html;jsessionid= 651E02D89E6FBA3B76B28652DA2B0123

Bundesregierung (2017d). Reform der Entsenderichtlinie. Gleicher Lohn für gleiche Arbeit. Online verfügbar am 06.04.2018 unter https://www.bundesregierung.de/Content/DE/Artikel/2017/10/2017-10-24-entsenderichtlinie.html

Bungarten, T. (1998). Nationale Wirtschaftskultur und interkulturelle Kommunikation. Welche Konflikte, welche Lösungen? Mit einem Ausblick auf die deutsch-russischen Wirtschaftsbeziehungen. In: Rösch, O.; Schmidt, E. (Hg.). Interkulturelle Kommunikation. Beiträge aus Wissenschaft und Praxis. (S. 19-40). Berlin: Verlag News & Media.

Burkert, C.; Kislat, J. (2017). Binnenwanderung im Kontext der Wirtschafts- und Finanzkrise: Trends und Perspektiven. In R. Hrbek & M. Große Hüttmann (Hg.), *Hoffnung Europa – Die EU als Raum und Ziel von Migration* (S. 141–178). Baden-Baden: Nomos.

Busse, G., Paul-Kohlhoff, A., Wordelmann, P. (1997). Fremdsprachen und mehr. Internationale Qualifikationen aus der Sicht von Betrieben und Beschäftigten. Bielefeld: Bundesinstitut für berufliche Bildung.

Caligiuri, P. M. (2000). Selecting expatriates for personality characteristics: A moderating effect of personality on the relationship between host national contact and cross-cultural adjustment. In: Management International Review. 40(1). (S. 61-80).

Caligiuri, P. M., Day, D. (2000). Effects of self-monitoring on technical, contextual, and assignment-specific performance. In: Group & Organization Management. 25(2). (S. 154174).

Campbell, D.; Fiske, D. (1959). Convergent and discriminat validation by the multitraitmultimethod matrix. In: Psychological Bulletin. 56(2). (S. 81-105).

Carl-Duisberg-Gesellschaft (n.d.). Prüfungsvorbereitung. Online verfügbar am 06.04.2018 unter https://www.carl-duisberg-firmentraining.de/training/ sprachkurse/pruefungsvorbereitung/

Cascio, W. F. (1982). Costing Human Resources: The Financial Impact of Behavior in Organizations. 1. Aufl. Boston: Allyn and Bacon.

Cascio, W. F.; Ramos, R.A. (1986). Development and Application of a New Method for Assessing Job Performance in Behavioral/Economic Terms. In: Journal of Applied Psychology. 71(1). (S. 20-28)

Cascio, W. F.; Silbey, V. (1979). Utility of the Assessment-Center as a selection device. In: Journal of Applied Psychology. 64(1). (S. 107–118).

Centre of Human Resources Information Systems (CHRIS) (Hg.) (2016). Recruiting Trends 2015. Eine empirische Untersuchung mit den Top-1.000-Unternehmen aus Deutschland sowie den Top-300-Unternehmen aus den Branchen Finanzdienstleistung, Health Care und IT. Verfügbar am 27.03.2018 unter https://www.uni-bamberg.de/fileadmin/uni/fakultaeten/wiai_lehrstuehle/isdl/Recruiting_Trends_2015.pdf

Chen, G.-M., & Starosta, W. (1998). Foundations of Intercultural Communication. Boston: Allyn and Bacon.

Clarke, C..; Hammer, M. R. (1995). Predictors of Japanese and American managers job success, Personal adjustment and intercultural interaction effectiveness. In: Management International Review. 35(2). (S. 153-170).

Collier, M. J. (1989). Cultural and Intercultural Communication Competence: Current Approaches and Directions for Future Research. In: International Journal of Intercultural Relations. 13(3). (S. 287-302).

Cremers, J. (2011). Auf der Suche nach billigen Arbeitskräften in Europa. Lebens- und Arbeitsbedingungen entsandter Arbeitnehmer. CLR Studies 6. Online verfügbar am 06.04.2018 unter http://www.efbww.org/pdfs/2%20-%20FINAL%20GERMAN% 20 Synthesis.pdf

Cronbach, L.J.; Gleser, G. C. (1965). Psychological tests and personnel decisions. Urbana: University of Illinois Press.

Cui, G.; Awa, N. E. (1992). Measuring intercultural effectiveness: an integrative approach. International Journal of Intercultural Relations. 16(3). (S. 311-328).

Cushner, K., & Brislin, R. W. (1996). Intercultural Interactions: A practical guide. Thousand Oaks: Sage.

CYQUEST GmbH (2004): CYQUEST entwickelt eAssessment Verfahren „unique.st“ für Unilever Deutschland. Hamburg. Online verfügbar unter http://www.cyquest.net/pressemitteilungen/21-juni-2004-eassessment-projekt/, zuletzt aktualisiert am 21.06. 2004, zuletzt geprüft am 03.05.2016.

CYQUEST GmbH (o.J. a): Webbasiertes eAssessment zur Rekrutierung des Führungsnachwuchses bei Unilever. Online verfügbar unter http://www.cyquest.net/portfolio-item/webbasiertes-eassessment-zur-rekrutierung-des-fuhrungsnachwuchses-bei-unilever/, zuletzt aktualisiert am 2016 a, zuletzt geprüft am 09.06.2016.

CYQUEST GmbH (o.J. b): Rechentextaufgaben, technisch. Online verfügbar unter http://www.cyquest.net/online-assessment-verfahren/uebersicht-testverfahren/berufsbezogene_leistungsverfahren/rechentextaufgaben-technisch/, zuletzt aktualisiert am 2016 b, zuletzt geprüft am 25.05.2016.

CYQUEST GmbH (o.J. c): Simulation. Online verfügbar unter http://www.cyquest.net/uniquest/simulation.html, zuletzt geprüft am 20.05.2016.

Dannhäuser, R. (2015). Trends im Recruiting. In R. Dannhäuser (Hg.): Praxishandbuch Social Media Recruiting. Experten Know-how / Praxistipps / Rechtshinweise (2. Aufl.). Wiesbaden: Springer Gabler, S. 1–32.

Dannhäuser, R. (Hg.) (2015): Praxishandbuch Social Media Recruiting. Experten Know-how/Praxistipps/Rechtshinweise. 2. Aufl. Wiesbaden: Springer Gabler.

Davis, S.; Finney, S. (2006). A Factor Analytic Study of the Cross-Cultural Adaptability Inventory. In: Educational and Psychological Measurement. 66(2). (S. 318-330).

Deller, J. (2000). Interkulturelle Eignungsdiagnostik. Zur Verwendbarkeit von Persönlichkeitsskalen. Waldsteinberg: Heidrun Popp Verlag.

Deller, J. (2003). Auswahl für internationale Tätigkeiten. In: Wirtschaftspsychologie aktuell. 10(2). (S. 20-25).

Deloitte (2013). *Digitalisierung im Mittelstand.* Online verfügbar am 20.04.2018 unter https://www2.deloitte.com/content/dam/Deloitte/de/Documents/Mittelstand/Digitalisierung-im-Mittelstand.pdf

Dengler, K., Matthes, B.; Paulus, W. (2014). Berufliche Tasks auf dem deutschen Arbeitsmarkt. Eine alternative Messung auf Basis einer Expertendatenbank. *FDZ Methodenreport* Nr. 12/2014. Nürnberg: IAB.

Dengler, K.; Matthes, B. (2015). *Folgen der Digitalisierung für die Arbeitswelt. Substituierbarkeitspotenziale von Berufen in Deutschland.* IAB-Forschungsbericht 11/2015. Institut für Arbeitsmarkt- und Berufsforschung der Bundesagentur für Arbeit. Online verfügbar am 20.04.2018 unter http://doku.iab.de/forschungsbericht/2015/fb1115.pdf

Deutsche Handwerks Zeitung (2017). Mindestlohn im Baugewerbe steigt zum 1. Januar 2018 (aktualisiert am 04.01.2018). Online verfügbar am 06.04.2018 unter https://www.deutsche-handwerks-zeitung.de/zdb-akzeptiert-mindestlohn-regelung-am-bau/150/11266/60857

Deutsche Welle (2016): Konsequenzen aus dem Germanwings-Absturz gefordert. Deutsche Welle (www.dw.com). Online verfügbar unter http://www.dw.com/de/konsequenzen-aus-dem-germanwings-absturz-gefordert/a-19113808, zuletzt geprüft am 13.06.2016.

DGFP (1995): Deutsche Gesellschaft für Personalführung: Der internationale Einsatz von Fach- und Führungskräften, 2. erweiterte und aktualisierte Aufl., Wirtschaftsverlag Bachlem, Köln

Die Ärztekammer Berlin (2008): Die ärztliche Schweigepflicht, November 2008. Online verfügbar unter https://www.aerztekammer-berlin.de/10arzt/30_Berufsrecht/08_ Berufsrechtliches/index. html/Behandlung von Patienten – Pflichten und Empfehlungen, zuletzt geprüft am 03.06.2016.

Diercks, J. (2012): Die Kombination aus internetbasiertem Employer Branding und E-Assessment bei Tschibo. In: Christoph Beck (Hg.): Personalmarketing 2.0. Vom Employer Branding zum Recruiting. 2., neu bearb. und erw. Aufl. Köln: Luchterhand (Personalwirtschaft: Buch), S. 175–190.

Dietrich, A. (2000). Interkulturelle Konflikte am Arbeitsplatz. In: Personalführung. 5. (S. 2635).

Dix, M.; Witrahm, A. (2001). Das Internet als Instrument des Personalmanagements. In: A. Clermont, W. Schmeisser & D. Krimphove (Hg.): Strategisches Personalmanagement in globalen Unternehmen. München: Vahlen, S. 435–446.

Doppelbesteuerungsabkommen mit Japan: http://www.bundesfinanzministerium.de/Content/DE/Standardartikel/Themen/Steuern/Internationales_Steuerrecht/Staatenbezogene_Informationen/Laender_A_Z/Japan/1967-02-25-Japan-Abkommen-DBA.html [Abruf: 12-18-2014]

Doppelbesteuerungsabkommen mit Südafrika: http://www.bundesfinanzministerium.de/Content/DE/Standardartikel/Themen/Steuern/Internationales_Steuerrecht/Staatenbezogene_Informationen/Laender_A_Z/Suedafrika/1974-09-05-

Suedafrika-Abkommen-DBA.html [Abruf: 12-18-2014]

Douiyssi, D.; Aldred G. (2016). Breakthrough to the Future of Global Talent Mobility. 2016 Global Mobility Trends Survey. Unter http://globalmobilitytrends.bgrs.com [Aufruf 09.08.2017]

Duden Wirtschaft (2016). *Wirtschaft von A bis Z. Grundlagenwissen für Schule und Studium, Beruf und Alltag* (6. Aufl.). Mannheim: Bibliographisches Institut. Zitiert nach BpB, online verfügbar am 20.04.2018 unter http://www.bpb.de/nachschlagen/lexika/lexikon-der-wirtschaft/19059/direktinvestitionen

Dumont, J-C., Lemaître, G. (2005): Counting Immigrants and Expatriates in OECD Countries. A New Perspective. OECD Social, Employment and Migration Working. Paris: Organisation für Wirtschaftliche Zusammenarbeit und Entwicklung.

Earley, P. C.; Mosakowski, E. (2004). Cultural Intelligence. In: Harvard Business Review. 82(10). (S. 139-146).

Ebert, K.; Drietchen, F. (2004). Empirische Sozialforschung. Grundlagen, Methoden, Anwendungen. Wiesbaden: Gabler.

eBizMBA (Hg.) (2016): Top 15 Most Popular Job Websites. Online verfügbar unter http://www.ebizmba.com/articles/job-websites, zuletzt aktualisiert am 06.2016, zuletzt geprüft am 08.06.2016.

Eckert, S., Rässler, S., Mayer, S., & Bonsiep, W. (2004). Kulturschock in Deutschland? Zeitlicher Verlauf und Leistungseffekte der kulturellen Anpassung asiatischer Führungskräfte in Deutschland. In: Zeitschrift für betriebswirtschaftliche Forschung. 56(11). (S. 639-659).

Eder, G. (1996). 'Soziale Handlungskompetenz' als Bedingung und Wirkung interkultureller Begegnung. In: Thomas, A. (Hg.). Psychologie interkulturellen Handelns (S. 411-422). Göttigen: Hogrefe.

Edström, A.; Galbraith, J. R. (1977). Transfer of managers as a coordination an control strategy in multinational organizations. In: Administrative Science. 22. (S. 248-263).

Ehret, A. (2007). Förder-Assessment Center für Mitarbeiter der internationalen Jugendarbeit. Hildesheim: Springer.

Eichhorst, W. (2000). Europäische Sozialpolitik zwischen nationaler Autonomie und Marktfreiheit. Die Entsendung von Arbeitnehmern in der EU. Frankfurt/Main: Campus.

Eilles-Matthiessen, C.; El Hage, N.; Jannsen, S.; Osterholz, A. (2002). Schlüsselqualifikationen in Personalauswahl und Personalentwicklung. Ein Arbeitsbuch für die Praxis. Bern: Hans Huber Verlag.

Eisele, D.; Doyé, Th. (2010): Praxisorientierte Personalwirtschaftslehre. Wertschöpfungskette Personal. 7. Aufl. s.l.: Kohlhammer Verlag.

Emrich, C. (2007). Interkulturelleres Marketing-Management. Wiesbaden: DUV.

Engel, Dirk/Stiebale, Joel/Trax, Michaela (2011): Direktinvestitionstätigkeit von Unternehmen – Eine ländervergleichende Analyse zu deren Umfang und eine Bestandsaufnahme ihrer Effekte. In: Frank Keuper und Henrik A. Schunk (Hg.):

Internationalisierung deutscher Unternehmen. Strategien, Instrumente und Konzepte für den Mittelstand. 2., überarbeitete und erweiterte Aufl. Wiesbaden: Gabler Verlag / Springer Fachmedien Wiesbaden GmbH Wiesbaden, S. 3–30.

Erbacher, D.; D'Netto, B.; España, J. (2006). Expatriate Success in China: Impact of Personal and Situational Factors. In: Journal of American Academy of Business. 9(2). (S. 183188).

Erpenbeck, J.; Rosenstiel, L. (2007). Handbuch Kompetenzmessung. Erkennen, Verstehen und Bewerten von Kompetenzen in der Betrieblichen, Pädagogischen und Psychologischen Praxis. 2. Aufl. Stuttgart: Schäffer-Poeschel.

Esch, F.-R. (2014). *Strategie und Technik der Markenführung* (8. Aufl.). München: Verlag Franz Vahlen.

Eschbach, D.; Parker, G.; Stoeberl, P. (2001). American repatriate employees' retrospective assessments of the effects of cross-cultural training on their adaptation to international assignments. In: International Journal of Human Resource Management. 12(2). (S. 270287).

Etrillard, S. (n.d.). *Erfolgreich verkaufen an die anspruchsvolle Zielgruppe Best-Ager.* Online verfügbar am 20.04.2018 unter https://www.business-wissen.de/artikel/kauf-kraeftig-erfolgreich-verkaufen-an-die-anspruchsvolle-zielgruppe-best-ager/

EU, 2023, Entsendung von Arbeitnehmern | Kurzdarstellungen zur Europäischen Union | Europäisches Parlament.

Europäische Kommission (2016b). Gerechtere Löhne und fairer Wettbewerb: EU-Kommission schlägt Reform der Entsenderichtlinie vor. Online verfügbar am 06.04.2018 unter https://ec.europa.eu/germany/news/gerechtere-l%C3% L6hne-und-fairer-wettbewerb-eu-kommission-schl%C3%A4gt-reform-der-entsende-richtlinie-vor_de

Europäische Kommission (2016c). Überarbeitung der Richtlinie über die Entsendung von Arbeitnehmern – häufig gestellte Fragen (aktualisiert 24.10.2017). Online verfügbar am 06.04.2018 unter http://europa.eu/rapid/press-release_ MEMO-16-467_de.htm

Europäische Kommission (2017). Entsendung von Arbeitnehmern in der EU. Lage der Union 2017. Online verfügbar am 06.04.2018 unter https://ec.europa.eu/ commission/sites/beta-political/files/posting-workers_de.pdf

Europäische Union (2018). Arbeiten im Ausland. Online verfügbar am 06.04.2018 unter https://europa.eu/youreurope/citizens/work/work-abroad/indexde.htm

Europäischer Berufsausweis – EPC (2016): Arbeiten im Ausland. Online verfügbar unter http://europa.eu/youreurope/citizens/work/work-abroad/index_de.htm, zuletzt aktualisiert am 20.04.2016, zuletzt geprüft am 11.05.2016.

European Commission (2011). *Study on the economic and social effects associated with the phenomenon of posting of workers in the EU.* Online verfügbar am 06.04.2018 unter http://ec.europa.eu/social/BlobServlet?docId=6678&lagId=en

European Commission (2015). Posting of workers. Report on A1 portable documents issued in 2015. Online verfügbar am 06.04.2018 unter http://ec.europa.eu/social/ BlobServlet?docId=17164&langId=en

European Commission (2016). Posted Workers in the EU. Online verfügbar am 06.04.2018 unter http://ec.europa.eu/social/BlobServlet?docId=15181&lagId= en

European Commission (n.d.). Employment, Social Affairs & Inclusion. Online verfügbar am 06.04.2016 unter http://ec.europa.eu/social/keyDocuments.jsp?pager.off-set=20&&langId=en&mode=advancedSubmit&year=0&country=0&type=0&advSearchKey=PostWork

Eurostat (2017). Arbeitskosten pro Stunde lagen 2016 in den EU-Mitgliedstaaten zwischen 4,40 € und 42,0 €. Pressemitteilung 58/2017. Online verfügbar am 06.04.2018 unter http://ec.europa.eu/eurostat/docu-ments/2995521/7968164/3-06042017-AP-DE.pdf/b8a7b214-b6f1-4445-a5df-10cac8e64488

Ferrieux, E. (1998). Hidden Messages. Cambridge: Cambridge University Press.

Festing, M., Dowling, P. J., Weber, W.; Engle, A. D. (2011). Internationales Personalmanagement (3., aktual. und überarb. Aufl.). Wiesbaden: Gabler/ Springer

Finaccord Ltd. (2014). Global Expatriates: Size, Segmentation and Forecast for the Worldwide Market. Report Prospectus. Unter: http://finaccord.com/documents/rp_2013/report_prospectus_global_expatriates size segmentation_forecasts_worldwide_market.pdf [Aufruf 09.08.2017].

Fisseni, H.-J. (2004). Lehrbuch der Psychologischen Diagnostik. Göttingen: Hogrefe

Fisseni, H.-J.; Preusser, I. (2007). Assessment Center: Eine Einführung in Theorie und Praxis. Göttingen: Hogrefe

Flanagan, J.C. (1954). The critical incident technique. In: Psychology Bulletin. 51(4). (S. 327–358).

Frintrup, Andreas/Flubacher, Brigitte (2014): Diversity Management in der Personalauswahl. Kulturelle Vielfalt in Unternehmen und Behörden ermöglichen. Berlin: Springer

Fritz, S. (2006). Ökonomischer Nutzen ‚weicher' Kennzahlen: (Geld)Wert von Arbeitszufriedenheit und Gesundheit (Mensch, Technik, Organisation). 2. Aufl. Zürich: vdf.

Fritz, W., Möllenberg, A. (2003). Interkulturelle Kompetenz als Gegenstand internationaler Personalentwicklung. In: Bergemann, N.; & Sourisseaux, A. I. J. (Hg.). Interkulturelles Management. 3. Aufl. (S. 295-307). Berlin: Springer.

Fritz, W., Möllenberg, A., Werner, T. (1999). Die interkulturelle Kompetenz von Managern. Ihre Bedeutung für die Managementpraxis und Perspektiven für die Forschung. Berlin: Springer.

Fuchs, J., Söhnlein, D.; Weber, B. (IAB) (2017). *Arbeitskräfteangebot sinkt auch bei hoher Zuwanderung.* IAB-Kurzbericht 06/2017. Online verfügbar am 20.04.2018 unter http://doku.iab.de/kurzber/2017/kb0617.pdf

Furkel, D. (2012). Die Zukunft ist mobil. Wie mobil ist Ihr Recruiting? Haufe Online Redaktion. Online verfügbar am 06.04.2018 unter https://www.haufe.de/ personal/hr-management/die-zukunft-ist-mobil-wie-mobil-ist-ihr-recruiting_80_154360.html?page=14

Furkel, D. (2015). Bewerbung übers Smartphone. In R. Straub (Hg.): Trends im Recruiting. Personalmagazin. Freiburg: Haufe-Lexware, S. 4–6.

Furnham, A., Bochner, S. (1982). Social difficulty in a foreign culture: An empirical analysis of culture shock. In: Bochner, S. (Hg.). Cultures in Contact: Studies in Cross-Cultural Communication (S. 161-198). Oxford: Pergamon Press.

Gaugler, B. B.; Rosenthal, D. B.; Thornton, G. C.; Bentson, C. (1987). Meta-analysis of assessment center validity. In: Journal of Applied Psychology. 72(3). (S. 493-511).

Gebert, D. (2004). Durch Diversity zu mehr Teaminnovativität? Ein vorläufiges Resümee der empirischen Forschung sowie Konsequenzen für das diversity Management. In: Die Betriebswirtschaft. 64(4). (S. 412-430).

Geister, Susanne/Rastetter, Daniela (2009): Aktueller Stand zum Thema Online-Tests. In: Heinke Steiner (Hg.): Online-Assessment. Grundlagen und Anwendung von Online-Tests in der Unternehmenspraxis. 1. Aufl.: Springer-Verlag, S. 3–16.

Gelbrich, K. (2004). The relationship between intercultural competence and expatriate success. A structural equation model. In: Die Unternehmung. 58(3-4). (S. 261-277).

Gelbrich, K.; Müller, S. (2011). Handbuch internationales Management. München: Oldenbourg

Gerpott, T. J. (1990). Erfolgswirkungen von Personalauswahlverfahren. Zur Bestimmung des ökonomischen Nutzens von Auswahlverfahren als Instrument des Personalcontrollings. Stuttgart: Schäffer-Poeschel.

Gierschmann, F. (2005). Evaluation von Auswahl- und Potenzial Assessment Centern – Beispiele der Deutschen Post AG. In: Sünderhauf, K.; Stumpf, S.; Höft, S. (Hrsg). Assessment Center. Von der Auftragsklärung bis zur Qualitätssicherung. (S. 375–388). Heidelberg: Springer.

Gischer, H.; Spengler, T. (2008). Personalplanung bei demographischem Wandel: Einzel- und gesamtwirtschaftliche Aspekte. In H. Gischer, P. Reichling, T. Spengler & A. Wenig (Hg.), *Transformation in der Ökonomie* (S. 67–90). Wiesbaden: Gabler/ GWV Fachverlage.

Glover, K. (1990). Dos and taboos. Cultural aspects of international business. Amsterdam: Swets & Zeitlinger.

Gong, Y.; Fan, J. (2006). Longitudinal examination of the role of goal orientation in crosscultural adjustment. In: Journal of Applied Psychology. 91(1). (S. 176-184).

Görlich, Y.; Schuler, H. (2014). Personalentscheidungen, Nutzen und Fairness. In: Schuler, H. & Kanning, U. (Hg.) Lehrbuch der Personalpsychologie. (S. 1137–1199). Göttingen/Bern/Wien/Paris/Oxford: Hogrefe.

Gornig, M. & Michelsen, C. (2017). Bauwirtschaft: volle Auftragsbücher und gute Wachstumsaussichten. Online verfügbar am 06.04.2018 unter http://www.diw.de/documents/publikationen/73/diw_01.c.550249.de/ 17-1-4.pdf

Graf, A. (2004). Interkulturelle Kompetenzen im Human Resource Management. Berlin: Springer.

Graf, A.; Harland, L. (2005). Expatriate selection: Evaluating the discriminant, convergent and predictive validity of five measures of interpersonal and intercultural competence. In: Journal of Leadership & Organizational Studies. 11. (S. 46-62).

Greer, O. L.; Cascio, W. F. (1987). Is cost accounting the answer? Comparison of two behaviourally based methods for estimating the standard deviation of job performance in dollars with a cost-counting-based approach. In: Journal of Applied Psychology. 72(4). (S. 588-595).

Gregersen, H.; Black, J. S. (1996). Antecedents to commitment to a parent company and a foreign operation. In: Academy of Management Journal. 35(1). (S. 65-91).

Greßlin, Martin (2015): Umgang mit Bewerberdaten – was geht und was geht nicht? In: Betriebs-Berater (117-122), zuletzt geprüft am 03.06.2016.

Groenewald, H.; Stein, V. (2012): Auslandsentsendung aktuell. Benchmarkingstudie zu den Entsendungsrichtlinien 38 führender deutscher Unternehmen. Siegen: Bund Verlag.

Gudykunst, W. B. (1977). Individual and cultural influences on uncertainty reduction. In: Communication Monographs. 51(1). (S. 23-36).

Gudykunst, W. B.; Hammer, M. R. (1983). Basic Training Design: Approaches to Inter cultural Training. In V. D. Landis & R. W. Brisling (Hg.), Handbook of Intercultural Training. Vol. I: Issues in Theory and Design. New York: Pergamon Press, S. 118–154

Gudykunst, W. B.; Nishida, T. (2001). Anxiety, uncertainty, and perceived effectiveness of communication across relationships and cultures. In: International Journal of Intercultural Relations. 25(1). (S. 55-71).

Gupta, A. K., & Govindarajan, V. (2002). Cultivating a global mindset. In: Academy of Management Executive. 16(1). (S. 116-126).

Gutmann J., Bolder A. (2012), Vergütung für Arbeitnehmer, Anspruch, Leistung, Erfolg. Haufe, München

Hall, E. (1959). The Silent Language. New York: Doubleday.

Hammer, M. R.; Bennett, M.; Wiseman, R. (2003). Measuring intercultural sensitivity: The intercultural development inventory. In: International Journal of Intercultural Relations. 27(4). (S. 421-443).

Hampden-Turner, C.; Trompenaars, F. (1993). The Seven Cultures of Capitalism. New York: Doubleday.

Handler, C.; Lane, I. (1997): Career planning and expatriate couples. In: Human Resource Management Journal. 7 (3). (S. 67-78).

Hardison, C. M.; Sackett, P. R. (2007). Kriterienbezogene Validität des Assessment Centers. In: Schuler, H. (Hrsg). Assessment Center zur Potenzialanalyse. (S. 168-204). Göttingen: Hogrefe.

Harrison, J. K.; Chadwick, M.; Scales, M. (1996). The relationship between cross-cultural adjustment and the personality variables of self-efficacy and self-monitoring. In: International Journal of Intercultural Relations. 20(2). (S. 167-188).

Harvey, M.; Novicevic, M. M.; Kiessling, T. (2002). Development of multiple IQ maps for use in the selection of inpatriate managers: a practical theory. In: International Journal of Intercultural Relations. 26(5). (S. 493-524).

Hatzelmann, E.; Wakenhut, R. (1995). Probleme der Situationsdiagnostik. In: Sarges, W. (Hg.), Managementdiagnostik. 2. Aufl. (S. 135-140). Göttingen: Hogrefe.

Hatzer, B.; Layes, G. (2003). Interkulturelle Handlungskompetenz. In: Thomas, A.; Kinast, E. U.; Schroll-Machl, S. (Hg.). Handbuch Interkultureller Kommunikation und Kooperation. Bd 1: Grundlagen und Praxisfelder. (S. 138-148). Göttingen: Vandenhoeck & Ruprecht.

Hauptverband der Deutschen Bauindustrie (2017a). Statistik anschaulich. Bedeutung der Bauwirtschaft. Online verfügbar am 06.04.2018 unter http://www. bauindustrie.de/zahlen-fakten/statistik-anschaulich/bedeutung-der-bauwirtschaft/

Hauptverband der Deutschen Bauindustrie (2017b). Bauwirtschaft im Zahlenbild. Online verfügbar am 06.04.2018 unter http://www.bauindustrie.de/media/documents /BW_Zahlenbild_2017_final.pdf

Hechanova, R.; Beehr, T.; Christiansen, N. (2003). Antecedents and consequences of employees' adjustment to overseas assignment: A meta-analytic review. In: Applied Psychology. 52(2). (S. 213-236).

Heenan, D. A.; Perlmutter, H. V. (1979). Multinational Organization Development. Reading: Addison-Wesley.

Herbrand, F. (2002). Interkulturelle Kompetenz. Wettbewerbsvorteil in einer globalisierenden Wirtschaft. Bern: Haupt 2000.

Herrfurth, N.; Schmeisser, W. (2014). *Familienfreundliche Personalpolitik.* Konstanz und München: UVK-Verlag.

Herzberg, F. (1966). *Work and the Nature of Man.* New York: Ty Crowell Co.

Herzog, W. (2003). Im Nebel des Ungefähren: Wenig Plausibilität für eine neue Kompetenz. In: Erwägen, Wissen, Ethik. 14(1). (S. 178-180).

Hesse, G. (2015): Auf dem Weg zum Enterprise 2.0: Digitalisierung, Demografie und Wertewandel als Treiber für Change-Management und Kulturwandel. In: Ralph Dannhäuser (Hg.): Praxishandbuch Social Media Recruiting. Experten Know-how/Praxistipps/Rechtshinweise. 2. Aufl. Wiesbaden: Springer Gabler, S. 509–535.

Heymann, Hans-Helmut/Schuster, Lars (1998): Rekrutierung und Auswahl internationaler Führungskräfte. In: Brij Kumar (Hg.): Handbuch des internationalen Personalmanagements. [Konzept, Umfeld, Funktionen, Länderpraxis]. München: C.H. Beck, S. 85–104.

Hirsch, K. (2003). Reintegration von Auslandsmitarbeitern. In: Bergemann, N.; Sourisseaux, A. L. (Hg.). Interkulturelles Management. (S. 417-430). Berlin: Springer.

Hirsig, R. (1993). Methodische Grundlagen der Testpsychologie. Skriptum zur Lehrveranstaltung. Zürich: Psychologisches Institut der Universität Zürich.

Hofstede, G. (1991). Lokales Denken, globales Handeln. Kulturen, Zusammenarbeit und Management. München: C.H. Beck.

Höft, S. (2006): Erfolgsüberprüfung personalpsychologischer Arbeit. In: Heinz Schuler (Hg.): Lehrbuch der Personalpsychologie. 2., überarb. und erw. Aufl. Göttingen: Hogrefe, S. 762–796.

Höft, S.; Funke, U. (2006): Simulationsorientierte Verfahren der Personalauswahl. In: Heinz Schuler (Hg.): Lehrbuch der Personalpsychologie. 2., überarb. und erw. Aufl. Göttingen: Hogrefe, S. 145-187.

Höft, S.; Obermann, Ch. (2010): Der Praxiseinsatz von Assessment Centern im deutschsprachigen Raum. Eine zeitliche Verlaufsanalyse basierend auf den Anwendungsbefragungen des Arbeitskreises Assessment Center e.V. von 2001 und 2008. In: Wirtschaftspsychologie (Heft 2/2010), S. 7–9.

Holtbrügge. D. (2010): Personalmanagement, 4.Aufl., Springer, Heidelberg

Holtbrügge, D. (2015): Personalmanagement. 6. Aufl. Berlin, Heidelberg: Springer Gabler.

Holtbrügge, D. (2022): Personalmanagement (8. Aufl.). Berlin: Springer Gabler.

Holtbrügge, D.; Schillo, K. (2006). Virtuelle Auslandsentsendungen – Konzeptionelle Grundlagen, Anwendungsbeispiele und Bewertung. 35 (6). (S. 320-324).

Holtbrügge, D.; Welge M. K. (2010). Internationales Management, Theorien, Funktionen, Fallstudien, 5. Aufl., Schäffer-Poeschel, Stuttgart

Holtbrügge, D.; Welge, M. K. (2015). Internationales Management (6., vollst. überarb. Aufl.). Stuttgart: Schäffer-Poeschel.

Holzenkamp, M. (2010). Wie valide sind Assessment Center im deutschsprachigen Raum? Eine Überblicksstudie mit Empfehlungen für die AC-Praxis. In: Wirtschaftspsychologie aktuell. 2. (S. 17–25).

Hossiep, R. (2001). Manager im Test. Sichern die Diagnostiksysteme den Managementerfolg ab? In: Friederichs, P.; Althauser, U. (Hg.). Personalentwicklung in der Globalisierung- Strategien der Insider. Neuwied/Kriftel: Luchterhand.

House, R., Hanges, P., Javidan, M., Dorfman, P., Gupta, V. (2004). Culture, Leadership, and Organizations: The GLOBE Study of 62 Societies. Thousand Oaks: Sage.

Humanium (2023). https://www.humanium.org/de/philippinen/

Hutzschenreuter, T. (2015). Allgemeine Betriebswirtschaftslehre. Grundlagen mit zahlreichen Praxisbeispielen (6., überarb. Aufl.). Wiesbaden: Springer Gabler.

IAB (2011). Evaluation bestehender gesetzlicher Mindestlohnregelungen – Branche: Bauhauptgewerbe. Forschungsauftrag des Bundesministeriums für Arbeit und Soziales (BMAS), Endbericht. Online verfügbar am 06.04.2018 unter http://www.bmas.de/SharedDocs/Downloads/DE/PDF-Meldungen/evaluation-mindestlohn-bauhauptgewerbe.pdf?_blob=publicationFile

Indeed (2014). Indeed Studie zur mobilen Jobsuche in Deutschland 2014. Online verfügbar am 06.04.2018 unter http://blog.de.indeed.com/2014/05/15/indeed-studie-zur-mobilen-jobsuche-in-deutschland-2014/

Industrie und Handelskammer Bonn (Hg.) (2013). Mitarbeiterentsendung ins Ausland. Online verfügbar am 06.04.2018 unter https://www.ihk-bonn.de/ fachbereiche/international/laender-und-maerkte/mitarbeiterentsendung-ins-aus-land.html

Iten, P.A. (2001). Virtuelle Auslandseinsätze von Mitarbeitern. In: Führung und Organisation. 70(3). (S. 168-174).

Jeserich, Wolfgang (1981): Mitarbeiter auswählen und fördern. Assessment-Center-Verfahren. Unter Mitarbeit von Gerhard Cornelli und Otto Daniel. 6., unveränd. Nachdr. München: Hanser (Handbuch der Weiterbildung für die Praxis in Wirtschaft und Verwaltung, Bd. 1).

John, Mechthild/Maier, Günther (Hg.) (2007): Eignungsdiagnostik in der Personalarbeit. Grundlagen, Methoden, Erfahrungen. Düsseldorf: Symposion.

Jordan, J.; Cartwright, S. (1998). Selecting expatriate managers: Key traits and competencies. In: Leadership and Organization Development Journal, 19(2), (S. 89-96).

Jung, H. (2010). Allgemeine Betriebswirtschaftslehre (12., aktual. Aufl.). München: Oldenbourg.

Jung, H. (2011): Personalwirtschaft (9. Aufl.), Oldenbourg, München

Jung, H. (2017): Personalwirtschaft (10., aktualisierte Aufl.). Berlin, Boston: De Gruyter Oldenbourg.

Kabasakal, H.; Bodur, M. (2004). Human orientation in societies, organizations and leader attributes. In: House, R., Hanges, P., Javidan, M., Dorfman, P., & Gupta, V. (Hrsg). Culture, Leadership, and Organizations: The GLOBE Study of 62 Societies. (S. 564-601). Thousand Oaks: Sage.

Kaiser, P. (1982). Kompetenz als erlernbare Fähigkeit zur Analyse und Bewältigung von Lebenssituationen auf mehreren Ebenen. Oldenburg: BIS-Verlag.

Kammel, A.; Teichelmann, D. (1994): Internationaler Personaleinsatz. Konzeptionelle und instrumentelle Grundlagen. München/Wien: Springer.

Kammhuber, S. (2000). Kommunikationskompetenz als Schlüsselqualifikation für globales Management. In: Schriftenreihe des IIK Bayreuth. 3. (S. 61-97).

Kanning, P. U.; Pöttker, J.; Gellèri, P. (2007). Assessment Center-Praxis in deutschen Großunternehmen: Ein Vergleich zwischen wissenschaftlichem Anspruch und Realität, Zeitschrift für Arbeits- und Organisationspsychologie. 51(3). (S. 155-167).

Kealey, D. J. (1989). A study of cross-cultural effectiveness: Theoretical issues, practical applications. In: International Journal of Intercultural Relations. 13. (S. 387-428).

Kelley, C.; Meyers, J. (1995). The Cross-Cultural Ability Inventory. Minneapolis: MN.

Kersting, M.; Püttner, I. (2006): Personalauswahl: Qualitätsstandarfd und rechtliche Aspekte. In: Heinz Schuler (Hg.): Lehrbuch der Personalpsychologie. 2., überarb. und erw. Aufl. Göttingen: Hogrefe, S. 841–861.

Kersting, M.; Westmeyer, H. (2013). Qualitätsbeurteilung managementdiagnostischer Verfahren und Prozesse. In: Sarges, W. (Hg.). Management-Diagnostik, 4. Aufl. (S. 948954). Göttingen: Hogrefe.

Keuper, F.; Schunk, H. A. (Hg.) (2011): Internationalisierung deutscher Unternehmen. Strategien, Instrumente und Konzepte für den Mittelstand. 2., überarbeitete und erweiterte Aufl.. Wiesbaden: Gabler Verlag / Springer Fachmedien Wiesbaden GmbH Wiesbaden.

Kiesche, E. (2013). *Betriebliches Gesundheitsmanagement.* Frankfurt am Main: Bund-Verlag.

Kim, Y. Y. (2001). Becoming Intercultural. An Integrative Theory of Communication and Cross-Cultural Adaptation. Thousand Oaks: Sage.

Kinast, E.-U. (2009). Diagnose interkultureller Handlungskompetenz. In: Thomas, A.; Kinast, E.-U.; Schroll-Machl, S. (Hrsg). Handbuch Interkulturelle Kommunikation und Kooperation. (S. 167-181). Vandenhoeck & Ruprecht. Göttingen.

Kleinmann, M. (2013): Assessment-Center. 2. Aufl. Göttingen: Hogrefe Verlag

Kleinmann, M.; Strauß, B. (2001). Konstrukt- und Kriteriumsvalidität des Assessment Centers: Ein Spannungsfeld. In: Sarges, W. (Hg.), Weiterentwicklung der Assessment Center-Methode. 2. Aufl. (S. 1-16). Göttingen: Hogrefe.

Klement, Elwira (2007): Das Assessment Center als Instrument der Personalauswahl und dessen ökonomische Güte. München: GRIN Verlag GmbH.

Klimecki, Rüdiger G./Gmür, Markus (2005): Personalmanagement. Strategien, Erfolgsbeiträge, Entwicklungsperspektiven. 3., erw. Aufl. Stuttgart: Lucius & Lucius.

Kluckhohn, F. R.; Strodtbeck, F. L. (1961). Variations in value orientations. Evanston: Row Peterson.

Knapp, K. (1998). Intercultural Communication in EESE. EESE Strategy Paper No. 4. Unter http://webdoc.sub.gwdg.de/edoc/ia/eese/strategy/knapp/4_st.html [Aufruf 05.08.2017].

Knapp, K.; Knapp-Potthoff, A. (1990). Interkulturelle Kommunikation. In: Zeitschrift für Fremdsprachenforschung. 1. (S. 62-93).

Knoll, T.; Preuss, A. (2003): Online-Recruitment: Internetgestützte Personalauswahl. In: Udo Konradt und Werner Sarges (Hg.): E-Recruitment und E-Assessment. Rekrutierung Auswahl und Beratung von Personal im Inter- und Intranet. Göttingen [u.a.]: Hogrefe.

Koch A.; Strobel, A.; Westhoff, K. (2005). Top-down Vorgehen bei Anforderungsanalysen als notwendige Ergänzung zum Bottom-up Vorgehen: Empirische Befunde und Praxiserfahrungen. In: Ingenkamp, K.; Jäger, R. S. (Hrsg). Tests und Trends. 8. Jahrbuch der Pädagogischen Diagnostik. (S. 119-135). Weinheim: Beltz.

Koch, M.: Kritische Anmerkungen zum Assessment Center als Bewerber-Auswahlverfahren. In: Aachener Zeitung-Blog. Online verfügbar unter http://www. aachener-zeitung.de/blogs/serendipity/index.php?/archives/803-Kritische-Anmerkungen-zum-Assessment-Center-als-Bewerber-Auswahlverfahren.html, zuletzt geprüft am 06.04.2016.

Kolb, M.; Bergmann, G. (1997). Qualitätsmanagement im Personalbereich für Personalwirtschaft, Personalführung und Personalentwicklung. Landsberg: Haufe.

König, M.; Möller, J. (2007). Mindestlohneffekte des Entsendegesetzes? Eine Mikrodatenanalyse für die deutsche Bauwirtschaft. IAB DiscussionPaper No. 30/2007. Online verfügbar am 06.04.2018 unter http://doku.iab.de/discussionpapers/2007/dp3007.pdf

Konradt, U.; Sarges, W. (Hg.) (2003). E-Recruitment und E-Assessment. Rekrutierung Auswahl und Beratung von Personal im Inter- und Intranet. Göttingen: Hogrefe.

Kopleck, H. (Hg.) (2013). Langenscheidt Taschenwörterbuch Englisch. Englisch – Deutsch, Deutsch – Englisch. Neubearb. Berlin: Langenscheidt.

Köppel, P. (2002). Kulturerfassungsansätze und ihre Integration in interkulturelle Trainings, Fokus Kultur, Bd. 2, Trier: Springer.

Kraus, P. (2018). Beschäftigung und Arbeitslosigkeit im Bauhauptgewerbe. Online verfügbar am 06.04.2018 unter https://www.bauindustrie.de/zahlen-fakten/bauwirtschaft-im-zahlenbild/beschftigung-und-arbeitslosigkeit-im-bauhauptgewerbe_bwz/

Kreutzer, F.; Roth, S. (2006). Transnationale Karrieren. 1. Aufl. Heidelberg: VS Verlag für Sozialwissenschaften.

Kroeber, A.; Kluckhohn, C. (1952). Culture: A critical review of concepts and definitions. Cambridge/Massachusetts: The Museum.

Krüger, K.-H. (2002): Personalauswahl: Angebotssichtung. Forschungsbericht. In: Reiner Bröckermann und Werner Pepels (Hg.): Handbuch Recruitment. Die neuen Wege moderner Personalakquisition; Planung, Beschaffungswege, Auswahlverfahren; Beiträge aus Forschung und Praxis. 1. Aufl. Berlin: Cornelsen, S. 192–227.

Kühlmann, T. M. (1995). Das Führen von Mitarbeitern aus anderen Kulturen. In: Meiler, R. C. (Hg.), Mittelstand und Betriebswirtschaft. Beiträge aus Wissenschaft und Praxis (S. 2948). Wiesbaden: DUV.

Kühlmann, T. M. (2004). Mittelständische Unternehmen – grenzenlos! Herausforderungen für das Personalmanagement. In: Schlüchtermann, J.; Tebroke, H. J. (Hg.). Mittelstand im Fokus. (S. 283-306). Wiesbaden: DUV.

Kühlmann, T. M.; Müller-Jacquier, B. (2004). The INCA project: Intercultural Competence Assessment. Unter https://ec.europa.eu/migrant-integration/librarydoc/ the-inca-project-intercultural-competence-assessment?lang=de [Aufruf 05.08. 2017]

Kühlmann, T. M.; Stahl, G. K. (1998). Diagnose interkultureller Kompetenz: Entwicklung und Evaluierung eines Assessment-Centers. In: Barmeyer, C. I.; Bolten, J. (Hg.). Interkulturelle Personalorganisation. (S. 213-224). Sternenfels: Wissenschaft und Praxis.

Kumar, B. (Hg.) (1998): Handbuch des internationalen Personalmanagements. [Konzept, Umfeld, Funktionen, Länderpraxis]. München: C.H. Beck.

Kupka, K.; Diercks, J.; Kopping, N. (2007): E-Assessments bei Unilever. In: Mechthild John und Günther Maier (Hg.): Eignungsdiagnostik in der Personalarbeit. Grundlagen, Methoden, Erfahrungen. Düsseldorf: Symposion, S. 405–427.

Kupka, K.; Selivanova, N.; Diercks, J. (2013): Online-Assessments als Instrument der Personalvorauswahl. Hg. v. Peter Knauth und Arthur Wollert. Symposion Publishing (Human Resource Management. Digitale Fachbibliothek auf USB-Stick). Online verfügbar unter http://www.cyquest.net/fachartikel-und-studien/k-kupka-n-selivanova-j-diercks-online-assessments-als-instrument-der-personalvorauswahl/, zuletzt geprüft am 25.05.2015.

Kutschker, M.; Schmid, S. (2011). Internationales Management. München: Vahlen-Verlag.

Laick, S. (2012). Internationales Employer Branding und Recruiting. In C. Beck (Hg.), Personalmarketing 2.0. Vom Employer Branding zum Recruiting. (2., neu bearb. und erw. Aufl.). Köln: Luchterhand, S. 87–100.

Laier, Wolfgang (2009): Einsatz von Online-Tests aus technischer Sicht. In: Heinke Steiner (Hg.): Online-Assessment. Grundlagen und Anwendung von Online-Tests in der Unternehmenspraxis. 1. Aufl. s.l.: Springer-Verlag, S. 37–54.

Lance, C. E. (2007). Weshalb Assessment Center nicht in der erwarteten Weise funktionieren. In: Schuler, H. (Hrsg). Assessment Center zur Potenzialanalyse. Göttingen: Hogrefe.

Länderdaten (2014): http://www.laenderdaten.info/lebenshaltungskosten.php [Abruf: 12-1-2014]

Lantermann, E. D. (1980). Interaktionen: Person, Situation und Handlungen. München: Urban und Schwarzenberg.

Laudahn, H. (2008). Moderne Instrumente im Human Resource Cycle, in: Hans, Klaus/Schneider, Hans J. (Hg.), Mensch und Arbeit, Handbuch für Studium und Praxis, 11. Aufl., Symposium, Düsseldorf

Laux, L.; Renner, K.-H. (2002). Self-Monitoring und Authentizität: Die verkannten Selbstdarsteller. Zeitschrift für Differentielle und Diagnostische Psychologie. 23(2). (S. 129148).

Laws B., Koziner A., Waldenmaier M. (2008): Mitarbeiter ins Ausland entsenden, Verträge gestalten und Vergütung optimieren, Gabler, Wiesbaden

Lee, E. S. (1982). Eine Theorie der Wanderung. In G. Széll (Hg.). *Regionale Mobilität.* München: Nymphenburger.

Leung, A.; Ang, Z.; Tan, L. (2014). Role Stressors, Interrole Conflict, and Well-Being: The Moderating Influence of Spousal Support and Coping Behaviors. In. Journal of Vocational Behavior. 54. (S. 259–278).

Li, L.; Tse, E. (1998). Antecedents and consequences of expatriate satisfaction in the Asian Pacific. In: Tourism Management. 19(2). (S. 135-143).

Lienert, G.; Raatz, U. (1998). Testaufbau und Testanalyse. 5. Aufl. Weinheim: Psychologie Verlag.

Lievens, F.; Thornton, G. C. (2005). Assessment Centers: recent developments in practice and research. In: Evers, A.; Smit-Voskuijl, O.; Anderson, N. (Hrsg). Handbook of selection. (S. 243–264). San Diego: Academic Press.

Lippold, D. (2014). Die Personalmarketing-Gleichung: Einführung in das wert- und prozessorientierte Personalmanagement. 2. Aufl. De Gruyter: München.

Litzcke, S. M. (2003). Assessment Center. Haufe: München

Lockwood, N. R. (2006). Leadership Development: Optimizing Human Capital for Business Success. In: HR Magazine 51 (12). (S. 1-10).

Lorenz, M.; Rohrschneider, U. (2015). Erfolgreiche Personalauswahl. Sicher, schnell und durchdacht (2. Aufl.). Wiesbaden: Springer Gabler.

Lorenz, M.; Rohrschneider, U. (2009). Erfolgreiche Personalauswahl. Gabler: Wiesbaden.

Lustig, M. W.; Koester, J. (1999). Intercultural Competence. Interpersonal Communication Across Cultures. 3 Aufl. New York: Longman.

Lustig, M. W.; Spitzberg, B. H. (1993). Handbook of Interpersonal Competence Research. New York/Berlin: Springer.

Masgoret, A.-M. (2006). Examining the role of language attitudes and motivation on the sociocultural adjustment and the job performance of sojourners in Spain. In: International Journal of Intercultural Relations. 30(3). (S. 311-331).

Matsumoto, D.; LeRoux, J.; Iwamoto, M.; Choi, J. W.; Rogers, D.; Tatani, H. (2003). The robustness of the intercultural adjustment potential scale (ICAPS): the search for a universal psychological engine of adjustment. In: International Journal of Intercultural Relations. 27(5). (S. 543-562).

Mauer, R. (Hg.) (2013). Personaleinsatz im Ausland. Personalmanagement, Arbeitsrecht, Sozialversicherungsrecht, Steuerrecht (2., aktual. und überarb. Aufl.). München: C.H. Beck.

Mazveev, A., Nelson, P. (2004). Cross Cultural Communication Competence and Multicultural Team Performance. Perceptions of American and Russian Managers. In: International Journal of Cross Cultural Management. 4(2). (S. 253–270).

McCrae, R.; Costa, P. (1987). Validation of the five-factor model of personality across instruments and observers. In: Journal of Personality and Social Psychology. 52(1). (S. 8190).

Mendenhall, M.; Dubar, E.; Oddou, G. (1987). Expatriate selection, training and careerpathing: A review and critique. In: Human Resource Management. 26(3). (S. 331-345).

Mendenhall, M.; Punnett, B.; Ricks, D. (1995). Global Management. Cambridge: Blackwell Publishers.

Mendenhall, M.; Stroh, L. K. (1999). Globalizing people through international assignments. San Francisco:

Mendenhall, M.; Wiley, C. (1994). Strangers in a strange land. The relationship between expatriate adjustment and impression management. In: American Behavioral Scientist. 37(5). (S. 605-620).

Mercer (2016). Worldwide International Assignments Policies and Practices. Unter http://mercer. de/newsroom/kurzfristige-auslandsentsendungen-werden-wichtiger.html [Aufruf 09.08.2017].

Mertesacker, M. (2010). Die interkulturelle Kompetenz im Human Resources Management. In: Becker, F. B.; Oechsler, W. A. (Hg.) Personal, Organisation und Arbeitsbeziehungen. Bd 47. (S. 128-169). Köln: Josef Eul Verlag.

Miebach, B. (2017). Handbuch Human Resource Management. Das Indidviduum und seine Potentiale für die Organisation. Wiesbaden: Springer.

Milhouse, V. (1993). The applicability of interpersonal communication competence to the intercultural communication context. In Wiseman, R.; Koester, J. (Hg.), Intercultural Communication Competence (S. 184-203). Newbury Park: Sage.

Mitchell, D. (2000). The effects of Assessment-Center feedback on employee development. In: Journal of Applied Psychology. 95(2). (S. 321–333).

Mol, S.; Born, M.; van der Molen, H. (2005). Developing criteria for expatriate effectiveness: time to jump off the adjustment bandwagon. In: International Journal of Intercultural Relations. 29(3). (S. 339-353).

Mondy, R. W.; Mondy, J. B, (2014): Human Resource Management. 13. ed., global ed. Boston: Pearson.

Müller, B. (2010). Die Bedeutung von Karrieremanagement im Rahmen der Auslandsentsendung von Führungskräften. München: Rainer Hampp Verlag.

Müller, H. (2007). Handhabung der kulturellen Heterogenität zur Erzielung von Wettbewerbsvorteilen in internationalen Unternehmen. In: Macharzina, K., Oesterle, M.-J. (Hrsg) Handbuch internationales Management. (S. 881-907). Wiesbaden: Gabler.

Müller, S.; Gelbrich, K. (2001). Interkulturelle Kompetenz als neuartige Anforderung an Entsandte: Status quo und Perspektiven der Forschung. In: Zeitschrift für betriebswirtschaftliche Forschung. 53(5). (S. 246-272).

Müller-Jacquier, B. (2000). Linguistic Awareness of Cultures. Grundlagen eines Trainingsmoduls. In: Bolten, J. (Hg.). Studien zur internationalen Unternehmenskommunikation. Leipzig: Heidrun Popp.

Neubauer, R.; Höft, S. (2006): Standards der Assessment-Center-Technik – Version 2004. Überblick und Hintergrundinformationen. In: Wirtschaftspsychologie (4), S. 77–82.

Neuberger, O. (2002). Führen und führen lassen. Ansätze, Ergebnisse und Kritik der Führungsforschung. 6. Aufl. Stuttgart: Lucius & Lucius.

Nicolai, Ch. (2006): Personalmanagement. Stuttgart: Lucius & Lucius.

Oberg, K. (1960). Adjustment to new cultural environments. In: Practical Anthropology. Bd. 7. (S. 177-182).

Obermann Consulting GmbH (2012): Wie alles begann – Geschichte Assessment Center. Teil 1. In: AC-Newsletter (Ausgabe 28), S. 4. Absatz. Online verfügbar unter http://www.obermann-consulting.de/wie-alles-begann-geschichte-assessment-center/, zuletzt geprüft am 05.04.2016.

Obermann, C. (2013): Assessment Center. Entwicklung Durchführung Trends. Mit originalen AC-Übungen. 5. Aufl. 2013. Wiesbaden: Springer.

Obermann, C., Höft, S. (2008) Assessment Center: Entwicklung statt Auswahl. In: Wirtschaftspsychologie aktuell 2008. Bd.3. (S. 18–20). Wiesbaden: Springer Gabler.

Obermann, C., Höft, S.; Becker, J.-N. (2016). Assessment Center-Praxis 2016: Ergebnisse der aktuellen AkAC-Anwenderbefragung. In Arbeitskreis Assessment Center e.V. (Hg.), Dokumentation zum 9. Deutschen Assessment-Center-Kongress. Lengerich: Pabst.

Obermann, C.; Höft, S.; Becker, J.-N. (2012): Die große Assessment Center-Studie 2012: Der Status quo zur Gestaltung von Assessment Centern im deutschsprachigen Raum. In: Arbeitskreis Assessment Center e.V. (Hg.): Talente entdecken und fördern: Personaldiagnostik als Wettbewerbsvorteil. Lengerich: Pabst Science Publi-sher, S. 590–605.

Oechsler, W. (2000). Personal und Arbeit. Grundlagen des Human Resource Management und der Arbeitgeber-Arbeitnehmer-Beziehungen. München: Oldenbourg.

Oechsler, W.A., Paul, C. (2015). *Personal und Arbeit. Einführung in das Personalmanagement* (10. Aufl.). München: De Gruyter Oldenbourg.

Olfert, K. (2015). Personalwirtschaft (16., aktual. Aufl.). Herne: Kiehl.

Oltmer, J. (2017). *Migration, Geschichte und Zukunft der Gegenwart.* Darmstadt: Theiss-Verlag/WBG.

Osgood, C. (1951). Culture: Its empirical and non-empirical character. In: Southwestern Journal of Anthropology. 7 (2). (S. 202-214).

Otto GmbH & Co KG (Hg.) (2012): Mit Skype zum neuen Job. Das Bewerbungsgespräch am heimischen Computer. Unternehmenskommunikation – Basisinformation – Thema: E-Recruting. Online verfügbar unter https://www.otto.de/unternehmen/de/ newsroom/materialien.php/Filder: Dokumente/07.08.2012/ Skype Interview - eine neue Form des Bewerbungsgesprächs, zuletzt geprüft am 26.05.2016.

Oubaid, V. (2005). Qualitätsmanagement nach ISO 9000 in der beruflichen Eignungsdiagnostik. In: Sünderhauf, K.; Stumpf, S.; Höft, S. (Hg.). Assessment Center: Von der Auftragsklärung bis zur Qualitätssicherung. (S. 389-400). Heidelberg: Springer.

Palthe, J. (2004). The relative importance of antecedents to cross-cultural adjustment: implications for managing a global workforce. In: International Journal of Intercultural Relations. 28(1). (S. 37-59).

Pepels, W. (2002). Einleitung: Was ist Recruitment? In R. Bröckermann & W. Pepels (Hg.), Handbuch Recruitment. Die neuen Wege moderner Personalakquisition. Planung, Beschaffungswege, Auswahlverfahren. Beiträge aus Forschung und Praxis. Berlin: Cornelsen, S. 15–29.

Perlitz, M.; Schrank, R. (2013). *Internationales Management* (6. Aufl.). Konstanz, München: UTB-Verlag.

Perlmutter, H. V. (1969). The Tortuous Evolution of the Multinational Corporation. Columbia Journal of World Business 4 (1), 9-18

Pieles, H. (2004). Die Strategische Planung im Rahmen Virtueller Unternehmen. Eine Analyse auf Basis der Koordinationstheorie. Aachen: vfl.

Podsiadlowski, A. (2002). Multikulturelle Arbeitsgruppen in Unternehmen. Bedingungen für erfolgreiche Zusammenarbeit am Beispiel deutscher Unternehmen in Südostasien. Münster: Waxmann.

Prechtl, E. (2008). Interkulturelles Assessment Center – Prognosekraft für Auslandsentsendungen und multikulturelle Gruppen. Berlin/Wien: Pabst.

Preuss, A.; Knoll, T.: Computergestützte Assessmentsysteme. In: PERSONAL 2001 (03), S. 128–131. Online verfügbar unter http://www.mwonline.de/online/journalartikel/407/Computergest%FCtzte+Assessmentsysteme/Achim+Preuss+++Tillmann+Knoll.html#download, zuletzt geprüft am 27.03. 2016.

Punnett, B. (1997). Towards effective management of expatriate spouses. In: Journal of World Business. 32 (3). (S. 243–257).

Reiche, B. S.; Harzing, A.-W. (2011). International Assignments. In: Harzing, A.-W.; Pinnington, A. H. (Hg.): International Human Resource Management. (S. 185-226). London: Sage.

Reimann, G. (2005), Verbreitung und Akzeptanz der DIN 33430. In: Report Psychologie. 30(2). (S. 114-123).

ReMoMedia (o.J.): Mobile Media & Mobile Recruiting. Unter Mitarbeit von Wolfgang Jäger, Stephan Böhm und Susanne Niklas. Online verfügbar unter http:// www.remomedia.de/index.php/de/anwendungen.html.

Ridder, Hans-Gerd (2015): Personalwirtschaftslehre. 5. Aufl. Stuttgart: Kohlhammer.

Röder, Stefan (2011): Zur Förderung der Internationalisierung kleiner und mittlerer Unternehmen (KMU) in Deutschland durch Landesförderinstitute (LFI). In: Frank Keuper und Henrik A. Schunk (Hg.): Internationalisierung deutscher Unternehmen. Strategien, Instrumente und Konzepte für den Mittelstand. 2., überarbeitete und erweiterte Aufl. Wiesbaden: Gabler Verlag / Springer Fachmedien Wiesbaden GmbH Wiesbaden, S. 31 50.

Rosenberger, B. (Hg.) (2014). Modernes Personalmanagement. Strategisch – operativ – systemisch. Wiesbaden: Springer Gabler.

Rosenstil, L.v., Molt, W.; Rüttinger, B. (1977). *Organisationspsychologie* (3. Aufl.). Stuttgart: Kohlhammer.

Rothlauf, J. (2006). Interkulturelles Management. München: Oldenbourg.

Ruben, B. D. (1976). Assessing communication competency for intercultural adaptation. In: Group & Organization Studies. 1. (S. 334–354).

Ruben, B. D. (1989). The study of cross-cultural competence: Traditions and contemporary issues. International Journal of Intercultural Relations. 13. (S. 229–240).

Ruben, B. D.; Kealey, D. J. (1979). Behavioral assessment of communication competency and the prediction of cross-cultural adaptation. In: International Journal of Intercultural Relations. 3(1). (S. 15-47).

Rump, J., Kreis, L.-M. & Schmoll, R. (2017). Personal strategisch planen: Bestandsaufnahme und Handlungsansätze. In J. Rump & S. Eilers (Hg.), *Auf dem Weg zur Arbeit 4.0* (S. 233–262). Wiesbaden: Springer Gabler.

Rußig, V., Deutsch, S.; Spillner, A. (1996). Branchenbild Bauwirtschaft. Entwicklung und Lage des Baugewerbes sowie Einflussgrößen und Perspektiven der Bautätigkeit in Deutschland. Berlin/München: Duncker & Humblot.

Sabel, N. (2010), Interkulturelle Kompetenz. Einfluss auf das internationale Management. Bd.3. Hamburg: Diplomica.

SAP. (2023). Globale Unternehmensinformationen, https://www.sap.com/germany /about/company.html

Sarges, W. (2001): Die Assessment Center-Methode. Herkunft, Kritik und Weiterentwicklungen. In: Werner Sarges (Hg.): Weiterentwicklungen der Assessment Center-Methode. 2., überarb. und erw. Aufl. Göttingen: Hogrefe

Sarges, W. (Hg.) (2001): Weiterentwicklungen der Assessment Center-Methode. 2., überarb. und erw. Aufl. Göttingen: Hogrefe.

Sarges, W.; Wottawa, H. (2004). Handbuch wirtschaftspsychologischer Testverfahren. Bd.1. Personalpsychologische Instrumente. Lengerich: Pabst.

Schaper, Niclas (2009): Online-Tests aus diagnostisch-methodischer Sicht. In: Heinke Steiner (Hg.): Online-Assessment. Grundlagen und Anwendung von Online-Tests in der Unternehmenspraxis. 1. Aufl. s.l.: Springer-Verlag, S. 17–36.

Schein, E. H. (1985). Organizational culture and leadership. A dynamic view. San Francisco: CA.

Schein, E. H. (1995). Unternehmenskultur. Ein Handbuch für Führungskräfte. Frankfurt am Main/ New York: Campus.

Schenk, E. (2001). Interkulturelle Kompetenz. In Bolten, J.; Schröter, D. (Hg.). Im Netzwerk interkulturellen Handelns. Theoretische und praktische Perspektiven der interkulturellen Kommunikationsforschung (S. 52-61). Sternenfels: Verlag Wissenschaft und Praxis.

Scherm, E. (1999). Internationales Personalmanagement. München/Wien: Springer.

Scherm, E.; Süß, S. (2001). Internationales Management. Eine funktionale Perspektive. München: Vahlen.

Schermuly, C. C.; Nachtwei, J. (2010): Assessment-Center optimieren. In: Harvard Business Manager 9/2010, S. 16–17.

Schermuly, C. C.; Schröder, T.; Nachtwei, J.; Gläs, K. (2012): Recruiting im Jahr 2020. Die sieben Szenarien 9 Bilder. In: Harvard Business Manager 11/2012, S. 8–11.

Schiek, D. (2007). Europäisches Arbeitsrecht (3. Aufl.). Wiesbaden: Nomos.

Schmeisser, W.; Andresen, M.; Kaiser, S. (2013): Personalmanagement. Unter Mitarbeit von Edith Teschner, Anja Dittmann, Lydia Clausen, Doreen Menzel, Jil Morgenfeld, Nowak, CHristian, Zietlow, mark und Patrick Struzik. Konstanz: UVK Verl.-Ges.

Schmeisser, W.; Andresen, M.; Kaiser, S. (2012). Personalmanagement. Konstanz: UVK.

Schmeisser, W.; Eckstein, P.; Klugmann, P. (2002). Forschungsbericht: Personalrecruiting im Internet. In R. Bröckermann & W. Pepels (Hg.), Handbuch Recruitment. Die neuen Wege moderner Personalakquisition. Planung, Beschaffungswege, Auswahlverfahren. Beiträge aus Forschung und Praxis. Berlin: Cornelsen, S. 84–10.

Schmeisser, W.; Kaziulia, Y.; Ortmeier H.; Spiger, M. (2018). *Die neue Seidenstraße, Digitalisierung und strategische Herausforderungen.* München: UVK-Verlag.

Schmeisser, W.; Krimphove, D. (2010). Internationale Personalwirtschaft und Internationales Arbeitsrecht. München: Oldenbourg.

Schmidt, F. L.; Hunter, J. E. (1983). Messbare Personenmerkmale: Stabilität, Variabilität und Validität zur Vorhersage zukünftiger Berufsleistung und berufsbezogenen Lernens. In: Kleinmann, M.; Strauß, B. (Hrsg). Potenzialfeststellung und Personalentwicklung. (S. 15–43). Göttingen: Hogrefe.

Schmidt, F. L.; Hunter, J. E.; McKenzie, R.; Muldrow, T. (1979). The impact of valid selection procedures on workforce productivity. In: Journal of Applied Psychology. 64. (S. 609–626).

Schnabel, D.; Kelava, A.; Seifert, L.; Kuhlbrodt, B. (2014). Konstruktion und Validierung eines multimethodalen berufsbezogenen Tests zur Messung interkultureller Kompetenz. Göttingen: Hogrefe.

Schnitzler, G. (FwDienste) (n.d.). *Die Bevölkerungspyramide in Deutschland steht Kopf.* Online verfügbar am 20.40.2018 unter https://www.fwdienste.de/news/branchen-news/1796-die-bevoelkerungspyramide-in-deutschland-steht-kopf.html

Scholz, C. (2014). Grundzüge des Personalmanagements (2., überarb. Aufl.). München: Vahlen.

Schroll-Machl, S.; Novy, I. (2000). Perfekt geplant oder genial improvisiert? In: Personalführung. 57. (S. 36-43).

Schuhmacher, F. (2014). Assessment Center und Risikomanagement bei Personalentscheidungen. Leitfaden zur Anwendung (2. Aufl.). Wiesbaden: Springer Gabler.

Schuler, H. (2002a). Das Einstellungsinterview. Ein Arbeits- und Trainingsbuch. Göttingen: Hogrefe.

Schuler, H. (2002b). Emotionale Intelligenz. Ein irreführender und unnötiger Begriff. In: Zeitschrift für Personalpsychologie. 3. (S. 138-140).

Schuler, H. (Hg.) (2006): Lehrbuch der Personalpsychologie. 2., überarb. und erw. Aufl. Göttingen: Hogrefe.

Schuler, H., (2013). Personalentwicklung. In: H. Schuler (Hg.), Lehrbuch der Organisationspsychologie (S. 289–343). Bern: Huber.

Schuler, H.; Barthelme, D. (1995). Soziale Kompetenz als berufliche Anforderung. In: Seyfried, B. (Hg.). „Stolperstein" Sozialkompetenz (S. 77-116). Bielefeld: Bertelsmann.

Schuler, H.; Hell, B.; Trapmann, S.; Schaar, H.; Boramir, I. (2007). Die Nutzung psychologischer Verfahren der Personalauswahl in deutschen Unternehmen– ein Vergleich über 20 Jahre. In: Zeitschrift für Personalpsychologie. 6. (S. 60–70).

Schuler, H.; Markus, B. (2006): Biografieorientierte Verfahren der Personalauswahl. In: Heinz Schuler (Hg.): Lehrbuch der Personalpsychologie. 2., überarb. und erw. Aufl. Göttingen: Hogrefe, S. 189–230.

Schulte, B. (2013). Entsendung innerhalb der Europäischen Union. In R. Mauer (Hg.), Personaleinsatz im Ausland. Personalmanagement, Arbeitsrecht, Sozialversicherungsrecht, Steuerrecht (2., aktual. und überarb. Aufl.). München: C.H. Beck, S. 215–299.

Segall, M.; Dasen, P.; Berry, J.; Poortinga, Y. (1990). Human Behavior in a Global Perspective. An Introduction to Cross-Cultural Psychology. New York: Pergamon Press.

Sekiguchi, T. (2004). Person-organization fit and person-job fit in employee selection. In: review of literature. 54(6). (S. 179–196).

Selmer, J.; Leung, A. (2003). Expatriate career intentions of women on foreign assignments and their adjustment. In: Journal of Managerial Psychology. 18(3). (S. 244-258).

Selmer, J.; Ling, E. S. H.; Shiu, L. S. G.; de Leon, C. T. (2003). Reciprocal adjustment? mainland Chinese managers in Hong Kong vs. Hong Kong Chinese managers on the mainland. In: Cross Cultural Management. 10(3). (S. 58-79).

Shaffer, M. A.; Harrison, D. A.; Gilley, K. M. (1999). Dimensions, Determinants, and Differences in the Expatriate Adjustment Process. In: Journal of International Business Studies. 30(3). (S. 557-581).

Sichler, R. (2001). Subjektivität und Intersubjektivität als methodische Prinzipien. In: Sarges, W. (Hrsg). Weiterentwicklung der Assessment Center Mehode. 2. Aufl. Göttingen: Hogrefe.

Siedenbiedel, G. (2008). Internationales Management. Einflussgrößen, Erfolgskriterien, Konzepte ... leicht verständlich! Stuttgart: Lucius & Lucius

Siemers, S. H. (1995). Klassische Modelle zur Kosten-Nutzen-Analyse von Personalauswahlverfahren. In: Gerpott, T. J.; Siemers, S. H. (Hg.). Controlling von Personalprogrammen. (S. 115-138). Stuttgart: VS Verlag für Sozialwissenschaften.

Simoneit, M. (1933): Wehrpsychologie. Berlin

Slaghuis, B. (2014): Überqualifizierte Bewerber: Genauer hinsehen lohnt sich. Hg. v. CareerBuilder Germany. Online verfügbar unter http://arbeitgeber.careerbuilder.de/blog/ueberqualifizierte-bewerber-genauer-hinsehen-lohnt-sich_, zuletzt geprüft am 03.06.2016.

Snyder, M.; Gangestad, S. W. (2000). Self-monitoring: Appraisal and reappraisal. In: Psychological Bulletin. 126(4). (S. 530-555).

SOKA-BAU (2016). Zahl der Entsendungen weiter gestiegen. Online verfügbar am 06.04.2018 unter https://www.soka-bau.de/soka-bau/medien/nachrichten/beitrag/zahl-der-entsendungen-weiter-gestiegen/

SOKA-BAU (n.d.). Mindestlöhne in der deutschen Bauwirtschaft. Online verfügbar am 06.04.2018 unter https://www.soka-bau.de/europa/de/urlaub-bei-entsendung/mindestloehne-in-der-deutschen-bauwirtschaft/

Söllner, A. (2008): Einführung in das internationale Management, Gabler, Wiesbaden

Spencer-Oatey, H. (2004). Sociolinguistics and intercultural communication. In: Ammon, U.; Dittmar, N.; Mattheier, K.; Trudgill, P. (Hg.). Sociolinguisitics. An International Handbook of the Science of Language and Society. Bd. 3 (S. 2537–2546). Berlin: Mouton de Gruyter.

Spitzberg, B. H.; Changnon, G. (2009). Conceptualizing intercultural competence. In Deardorff, D. K. (Hg.). The SAGE handbook of intercultural competence (S. 2–52). Thousand Oaks: Sage.

Spitzberg, B. H.; Cupach, W. R. (1989). Handbook of Interpersonal Competence Research. New York, Berlin, Heidelberg: Springer.

Stahl, G. K. (1998). Internationaler Einsatz von Führungskräften. München: Oldenbourg.

Stahl, G. K.; Caligiuri, P. (2005). The effectiveness of expatriate coping strategies: The moderating role of cultural distance, position level and time on the international assignment. In: Journal of Applied Psychology. 90(4). (S. 603-615).

Statista (2015): Prognose zur Anzahl der Smartphone-Nutzer weltweit von 2012 (in Milliarden) bis 2019, August 2015. Online verfügbar unter http://de.statista.com/statistik/daten/studie/309656/umfrage/prognose-zur-anzahl-der-smartphone-nutzer-weltweit/, zuletzt geprüft am 02.06.2016.

Statista (2016). Prognose zur Anzahl der Smartphone-Nutzer weltweit von 2012 bis 2020 (in Milliarden). Juni 2016. Online verfügbar am 06.04.2018 unter http://de.statista.com/statistik/daten/studie/309656/umfrage/prognose-zur-anzahl-der-smartphone-nutzer-weltweit/

Statista (2017a). Entwicklung des Bauvolumens in Deutschland in den Jahren 2008 bis 2017. Online verfügbar am 06.40.2018 unter: https://de.statista.com/statistik/daten/studie/167953/umfrage/bauvolumen-in-deutschland-seit-2008/

Statista (n.d.). *Prognostizierte Bevölkerungsentwicklung in Deutschland nach Altersgruppen in den Jahren von 2013 bis 2060 (in Millionen).* Online verfügbar am 20.04.2018 unter https://de.statista.com/statistik/daten/studie/702412/umfrage/demographie-bevoelkerungsentwicklung-in-deutschland-nach-altersgruppen/

Statista (n.d.). *Prognostizierte Entwicklung der Altersstruktur in Deutschland von 2010 bis 2050 (in Millionen Einwohner).* Online verfügbar am 20.04.2018 unter https://de.statista.com/statistik/daten/studie/163252/umfrage/prognose-der-altersstruktur-in-deutschland-bis-2050/

Statistisches Bundesamt (2014): https://www.destatis.de/DE/ZahlenFakten/GesamtwirtschaftUmwelt/Preise/InternationalerVergleich/Tabellen/Teuerungsziffer.pdf?__blob=publicationFile [Abruf: 12-1-2014]

Statistisches Bundesamt DESTATIS (2015). *13. koordinierte Bevölkerungsvorausberechnung.* Online verfügbar am 20.04.2018 unter https://service.destatis.de/bevoelkerungspyramide/

Statistisches Bundesamt DESTATIS (2017a). *Deutscher Außenhandel. Export und Import im Zeichen der Globalisierung.* Online verfügbar am 06.04.2018 unter https://www.destatis.de/DE/Publikationen/Thematisch/Aussenhandel/Gesamtentwicklung/AussenhandelWelthandel5510006159004.pdf?__blob=publicationFile

ders. (2017b). *Kinderlosigkeit, Geburten und Familien. Ergebnisse des Mikrozensus 2016.* Online verfügbar am 20.04.2018 unter https://www.destatis.de/DE/Publikationen/Thematisch/Bevoelkerung/HaushalteMikrozensus/GeburtentrendsTabellenband5122203169014.pdf?__blob=publicationFile

ders. (2017c). *Erwerbstätige sind im Durchschnitt 43 Jahre alt.* Online verfügbar am 20.04.2018 unter https://www.destatis.de/DE/PresseService/Presse/Pressemitteilungen/zdw/2017/PD17_26_p002pdf.pdf?__blob= publicationFile

Statistisches Bundesamt DESTATIS (n.d.). *Wanderungssaldo.* Online verfügbar am 20.04.2018 unter https://www.destatis.de/DE/ZahlenFakten/GesellschaftStaat/Bevoelkerung/Bevoelkerungsstand/Glossar/Wanderungssaldo.html

Steiner, H. (Hg.) (2009): Online-Assessment. Grundlagen und Anwendung von Online-Tests in der Unternehmenspraxis. 1. Aufl. s.l.: Springer-Verlag.

Steinmann, H.; Schreyögg, G. (1997). Management. Grundlagen der Unternehmensführung. Wiesbaden: Gabler.

Stelzer-Rothe, T. (2002): Personalauswahl: Persönliche Auswahlverfahren. Forschungsbericht. In: Reiner Bröckermann und Werner Pepels (Hg.): Handbuch Recruitment. Die neuen Wege moderner Personalakquisition; Planung, Beschaffungswege, Auswahlverfahren; Beiträge aus Forschung und Praxis. 1. Aufl. Berlin: Cornelsen, S. 240–260.

Stening, B. W.; Hammer, M. R. (1992). Cultural baggage and the adaption of expatriate American and Japanese managers. In: Management International Review. 32(1). (S. 7790).

Stierle, C.; van Dick, R.; Wagner, U. (2002). Success or failure? Personality, family, and intercultural orientation as determinants of expatriate managers' success. In: Zeitschrift für Sozialpsychologie. 33(4). (S. 209-218).

Stock-Homburg, R. (2013): Personalmanagement. Theorien – Konzepte – Instrumente. 3., überarb. und erw. Aufl. Wiesbaden: Springer Gabler (Lehrbuch).

Strohschneider, S. (2001). Kultur – Denken – Strategie. Bern: Hans Huber

Stumpf, S. (2003). Interkulturelles Management. In: Thomas, A.; Kinast, E. U.; SchrollMachl, S. (Hg.). Handbuch Interkultureller Kommunikation und Kooperation. Bd 1: Grundlagen und Praxisfelder. (S. 229-242). Göttingen: Vandenhoeck & Ruprecht.

Sünderhauf, K.; Stumpf, S.; Höft, S. (2005). Assessment Center: Von der Auftragsklärung bis zur Qualitätssicherung. Heidelberg: Springer.

Taylor, H. C.; Russell J. T (1939). The relationship of validity coefficients to the practical effectiveness of tests in selection: Discussion and tables. In: Journal of Applied Psychology. 23. (S. 565–578).

Thieme, W. (2000). Interkulturelle Kommunikation und internationales Marketing. Frankfurt am Main: Verlag der Wissenschaften.

Thomas, A.; Kinast, E.-U.; Schroll-Machl, S. (2009). Handbuch Interkulturelle Kommunikation und Kooperation. Vandenhoeck & Ruprecht. Göttingen.

Thornton, G. (1992). Assessment Centers and Managerial Performance. New York: Academic Press.

Ting-Toomey, S. (1999). Communicating Across Cultures. New York/London: Guilford Press.

Torbiörn, I. (1982). Living Abroad. Personal Adjustment and Personnel Policy in the Overseas Setting. Chichester: John Wiley.

Treffer, A. (2017). Internationale Personaleinsatzstrategien und Mobilitätsbereitschaft. Wiesbaden: Springer.

Triandis, H. C. (1972). The Analysis of Subjective Culture. New York: Wiley-Interscience.

Trompenaars, F. (1994). Riding the waves of culture. Understanding Diversity in Global Business. Burr Ridge/New York: Irwin.

Tucker, M.; Bonial, R.; Lahti, K. (2004). The definition, measurement and prediction of intercultural adjustment and job performance among corporate expatriates. In: International Journal of Intercultural Relations. 28(3). (S. 221-251).

Tung, R. L. (1981). Selection and training of personnel for overseas assignment. In: Journal of World Business. 16(1). (S. 68-78).

Ulmer, G. (2013): Gehaltssysteme erfolgreich gestalten, IT-unterstützte Lohn- und Gehaltsfindung, 4. Aufl., Springer, Heidelberg

Unilever (o.J.): Application process. Unilever Future Leaders Programme. Online verfügbar unter https://www.unilever.com/careers/graduates/application-process/, zuletzt geprüft am 09.06.2016.

Unilever global (o.J.): About Unilever. Online verfügbar unter https://www.unilever.com/about/who-we-are/about-Unilever/, zuletzt geprüft am 09.06.2016.

van der Zee, K.; Brinkmann, U. (2002). Assessments in the Intercultural Field: The Intercultural Readiness Check and the Multicultural Personality Questionnaire. Unter http://www.ibinet.nl/ibiqback.htm [Aufruf 05. 08.2017].

van Oudenhoven, J. P.; van der Zee, K. (2002). Predicting multicultural effectiveness of international students: the Multicultural Personality Questionnaire. In: International Journal of Intercultural Relations. 26(6). (S. 679-694).

Verfürth, C. (2002): Praxisbericht. In: Reiner Bröckermann und Werner Pepels (Hg.): Handbuch Recruitment. Die neuen Wege moderner Personalakquisition; Planung, Beschaffungswege, Auswahlverfahren; Beiträge aus Forschung und Praxis. 1. Aufl. Berlin: Cornelsen, S. 261–278.

Volmer, J., Staufenbiel, T. (2006). Entwicklung und Erprobung eines Interviews zur internationalen Personalauswahl. In: Zeitschrift für Arbeits- und Organisationspsychologie 50 (S. 17-22).

von Helmolt, K. (1994). Das Bayreuther Forschungsprogramm ‚Interkulturelles Verhaltenstraining'. Arbeitsfelder und Perspektiven. In Bungarten, T. (Hg.), Kommunikationstraining und -trainingsprogramme im wirtschaftlichen Umfeld (S. 110-122). Tostedt: Attikon.

Wagner, B. (n.d.). Entsendungen innerhalb der Europäischen Union und nach Deutschland. Online verfügbar am 06.04.2018 unter www.faire-mobilitaet.de/++co++2d193572-c5dc-11e6-b88c-525400e5a74a

Wagner, B.; Hassel, A. (2015). Europäische Arbeitskräftemobilität nach Deutschland. Ein Überblick über Entsendung, Arbeitnehmerfreizügigkeit und Niederlassungsfreiheit von EU-Bürgern in Deutschland. Online verfügbar am 06.04.2018 unter https://www.boeckler.de/pdf/ p_study _hbs_301.pdf

Ward, C.; Kennedy, A. (1999). The measurement of sociocultural adaptation. In: International Journal of Intercultural Relations. 23(4). (S. 659-677).

Ward, C.; Rana-Deuba, A. (2000). Home and host culture influences on sojourner adjustment. In: International Journal of Intercultural Relations. 24(3). (S. 291-306).

Waxin, M. F. (2004). Expatriates' interaction adjustment: The direct and moderator effects of culture of origin. In: International Journal of Intercultural Relations. 28(1). (S. 61-79).

Weber, F.; Stüker, T. (2016). Viel Organisation, wenig Emotion. In: Human Resources Manager. Unter https://www.humanresourcesmanager.de/ news/viel-organisation-wenigemotionen.html [Aufruf 09.08.2017].

Weber, W.; Festing, M. (1996). Wiedereingliederung entsandter Führungskräfte – Idealtypische Modellvorstellungen und realtypische Handhabungsformen. In: Macharzina, K.; Wolf, J. (Hg.). Handbuch internationales Führungskräfte-Management. (S. 455-480). Stuttgart: Metzler.

Weber, W.; Mayerhofer, W.; Nienhüser, W.; Kabst, R. (2005): Lexikon Personalwirtschaft. 2., aktualisierte und komplett überarb. Aufl. Stuttgart: Schäffer-Poeschel.

Wechselkurse:
http://www.finanzen.net/devisen/euro-yen-kurs
http://www.finanzen.net/devisen/euro-suedafrikanischer_rand-kurs [Abruf: 12-18-2014]
https://www.rechnungswesen-verstehen.de/steuern/welteinkommensprinzip.php Aufruf 6.3.2018)
https://www.bundesfinanzministerium.de/Content/DE/Glossareintraege/D/004_Doppelbesteuerungsabkommen.html?view=renderHelp, Aufruf 6.3.2018

Weicksel, J. (2015): 44 Millionen Deutsche nutzen ein Smartphone. Online verfügbar unter https://www.bitkom.org/Presse/Presseinformation/44-Millionen-Deutsche-nutzen-ein-Smartphone.html, zuletzt aktualisiert am 09.04.2016, zuletzt geprüft am 17.04.2016.

Weitz, H. (2017). Bedeutung der Bauwirtschaft. Online verfügbar am 06.04.2016 unter http://www.bauindustrie.de/zahlen-fakten/bauwirtschaft-im-zahlenbild/bedeutung-der-bauwirtschaft_bwz/

Wien, A.; Franzke, N. (2014): Personalrecht. Eine praxisorientierte Einführung. Wiesbaden: Springer Gabler.

Wierlacher, A.; Bogner, A. (2003). Interkulturalität. In A. Wierlacher & A. Bogner (Eds.), Handbuch Interkulturelle Germanistik (S. 257-264). Stuttgart: Metzler.

Wirth, E. (1998). Mitarbeiter im Auslandseinsatz. Planung und Gestaltung. Wiesbaden: Gabler.

Wirtz, B. W. (2007): Medien- und Internetmanagement: Gabler Verlag.

Woehr, J. D.; Arthur, W.; Meriac, J. P. (2007), Methodenfaktoren statt Fehlervarianz: eine Metaanalyse der Assessment Center-Konstruktvalidität. In: Schuler, H. (Hg.). Assessment Center zur Potenzialanalyse. (S. S. 81-104). Göttingen: Hogrefe.

Woehr, J. D.; Huffcut, F. (1994). The construct-related validity of assessment center ratings: A review and meta-analysis of the role of methodological factors. In: Journal of Management. 29(2). (S. 231-258).

Woesler, M. (2009). A new model of cross-cultural communication. 2. Aufl. Berlin: Springer.

Wolter, M. I., Mönnig, A., Hummel, M., Weber, E., Zika, G., Helmrich, R. et al. (2016). Wirtschaft 4.0 und die Folgen für Arbeitsmarkt und Ökonomie. Szenario-Rechnungen im Rahmen der BIBB-IAB-Qualifikations- und Berufsfeldprojektionen. IAB-Forschungsbericht 13/2016. Online verfügbar am 20.04.2018 unter http://doku.iab.de/forschungsbericht/2016/fb1316.pdf

Ying, Y.-W. (2005). Variation in acculturative stressors over time: a study of Taiwanese students in the United States. In: International Journal of Intercultural Relations. 29 (1). (S. 59-71).

Yussefi, S. (2011). Interkulturelle Attributionskompetenz. Internationale Personal- und Strategieforschung. Bd.9. München: Rainer Hampp.

ZEIT ONLINE (2015): Flugzeugunglück: „Copilot brachte das Flugzeug vorsätzlich zum Absturz". ZEIT ONLINE GmbH. Hamburg, Germany. Online verfügbar unter http://www.zeit.de/gesellschaft/zeitgeschehen/2015-03/flugzeugunglueck-germanwings-flug-4u9525, zuletzt aktualisiert am 26.03.2015, zuletzt geprüft am 13.06. 2016.

Zülch, M. (2004). „McWorld" oder „Multikulti"? Interkulturelle Kompetenz im Zeitalter der Globalisierung. In: Vedder, G. (Hg.). Diversity Management und Interkulturalität. (S. 1-86). München: Rainer Hampp.

Stichwortverzeichnis